U0251854

建筑制图(第三版)

主　　审／苏宏庆
主　　编／蒲小琼
副 主 编／魏　嘉
编写人员／蒲小琼　魏　嘉　陈　珂
周梦舟　欧阳倩茹

JIANZHU ZHITU
DISANBAN

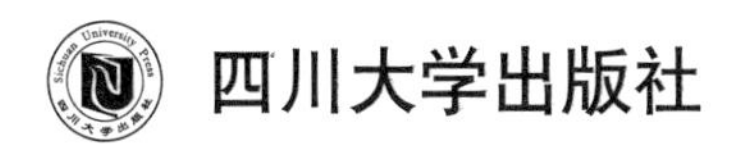

四川大学出版社

责任编辑:毕　潜
责任校对:杨　果
封面设计:墨创文化
责任印制:王　炜

图书在版编目(CIP)数据

建筑制图 / 蒲小琼主编. —3 版. —成都: 四川大学出版社, 2018.1
ISBN 978-7-5690-1579-9

Ⅰ.①建… Ⅱ.①蒲… Ⅲ.①建筑制图 Ⅳ.①TU204

中国版本图书馆 CIP 数据核字 (2018) 第 015525 号

书名　**建筑制图(第三版)**

主　　编　蒲小琼
出　　版　四川大学出版社
地　　址　成都市一环路南一段 24 号 (610065)
发　　行　四川大学出版社
书　　号　ISBN 978-7-5690-1579-9
印　　刷　郫县犀浦印刷厂
成品尺寸　185 mm×260 mm
印　　张　19.75
字　　数　478 千字
版　　次　2018 年 4 月第 3 版
印　　次　2018 年 4 月第 1 次印刷
定　　价　58.00 元

版权所有◆侵权必究

◆读者邮购本书,请与本社发行科联系。
电话:(028)85408408/(028)85401670/
(028)85408023　邮政编码:610065
◆本社图书如有印装质量问题,请寄回出版社调换。
◆网址:http://www.scupress.net

前 言

本书是在由四川大学出版社出版、蒲小琼等主编的《建筑制图》第二版的基础上，根据教育部工程图学教学指导委员会最新修订公布的"普通高等学校工程图学课程教学基本要求"及国家制图标准，并结合高等学校建筑类专业教育培养计划的相关要求，总结多年的教学经验修订编写而成的。本书的修订主要侧重了以下几方面：

（1）在内容组织和安排上，以培养应用型人才为目标，按"应用为目的"和"必须够用为度"的标准，强调学习基础理论、掌握基本知识和基本技能，重点放在学生构图能力的培养和工程识图能力的训练，力求为学生奠定坚实的专业基础。为此，本书精简了点线面部分一般位置求交、综合作图等内容；降低了立体部分两曲面立体相交求相贯线的难度；大幅度调整了组合体、轴测图、建筑形体的表达方法、房屋建筑图等章节的结构和内容，在进一步融入新知识的同时，强化了相关内容的工程性；新增了计算机绘图基础（AutoCAD）部分，既丰富了本书内容，又满足了读者对计算机绘图的学习需求。

（2）在内容的表述上，书中尽量做到文字叙述易读易懂、插图简单清晰。本书对各种画法和表达方法在遵循投影理论规律的基础上，力求做到简明扼要、易懂、易解；对内容的重点、难点和典型例题做了较为详细的分析和叙述。书中尽量突出工程类专业应用性强的特点，以继承和创新并重、理论与实践结合为基准，选择实际工程图样，达到易绘、易读，融会贯通的目的。

（3）本书力求反映新的国家标准和行业标准。本书所采用的标准有《技术制图标准》《总图制图标准（GB/T 50103—2010）》《房屋建筑制图统一标准（GB/T 50001—2010）》《建筑制图标准（GB/T 50104—2010）》《建筑结构制图标准（GB/T 50105—2010）》《给水排水制图标准（GB/T 50106—2010）》等。本书所有章节的内容均按相关标准进行了修订。

（4）已运营4年多的微信公众平台"西米老师微课堂（ximilaoshi）"可与本书配套使用。该平台结合本书及配套习题集提供了相关的数字课件、习题答案、作业范图、模型动画、视频演示、软件学习等资源，内容丰富多彩。读者可微信关注"西米老师微课堂（ximilaoshi）"公众号进行同步学习和交流。

与本书配套的《建筑制图习题集》也由四川大学出版社同时出版。该习题集在选题上，按照教学的基本要求，尽量结合专业，由浅入深，循序渐进，其内容与本书内容密切配合，便于读者自学和练习。

本书可供高等学校本科、高职高专的建筑学、城市规划、景观设计、土木工程、工程管理、工程造价、建筑装饰设计、环境艺术设计、园林设计等专业作为教材使用，也可供其他类型学校，如电视大学、函授大学、网络学院、成人高校等相关专业选用以及相关工程技术人员选用和参考。

本书由蒲小琼担任主编，魏嘉担任副主编，苏宏庆主审。参加本书编写的有蒲小琼（绪论和第1、3、6、7、10章），魏嘉（第8、9章和附录），陈珂（第4、12章），周梦舟（第2、5章），欧阳倩茹（第11章）。

对在本书编写过程中给予大力支持的周兵、陈玲、尹湘云、尚利、张毅、刁燕、艾丽、蒋薇、鄢摄钢、陈军、刘斯俊、魏晓霞、施天天、邓丽、李振帅、黄晓明、李亮、刘东源、陈韵竹、杨丁、马彦、周昀燕、杨青苑、何雨露、邓莉凡等表示特别的感谢。

本书在编写过程中参阅了部分教材，在此特向有关作者和出版社表示诚挚的谢意。

由于编者水平有限，疏漏错误在所难免，敬请广大读者批评指正。

编　者

2018 **年** 3 **月**

目　录

绪　论

一、本课程的性质和任务

工程图样是工程设计、工程施工、加工生产和技术交流的重要技术文件，主要用于反映设计思想、指导施工和制造加工等，被称为“工程界的技术语言”。

本课程是高等院校工科类专业的一门既有系统理论又有较强实践性的专业技术基础课。

本课程包括画法几何、建筑工程制图和计算机绘图基础三个部分的内容。画法几何部分研究如何运用正投影法来图示空间形体及图解空间几何问题的原理和方法；工程制图部分在国家或行业制图标准规定的基础上，研究建筑等工程图样的绘制与阅读方法；计算机绘图基础部分介绍如何运用 AutoCAD 软件绘制工程图样的方法。

本课程的主要任务是：

(1) 学习投影法的基本理论及其应用，着重培养空间想象能力、分析能力和空间几何问题的图解能力。

(2) 掌握制图的基本知识和规范，培养绘制和阅读工程图样的基本能力。

(3) 初步掌握计算机绘制图形的基本方法。

(4) 培养自学能力、分析和解决问题的能力，以及创新能力。

(5) 培养认真、负责的工作态度和严谨、细致的工作作风。

二、本课程的特点及学习方法

本课程的特点是既有系统理论又有较强实践性，需要将理论和实践相结合，不断地进行训练。

画法几何的特点是系统性强、逻辑严谨。上课时应注意认真听讲，做好笔记；复习时应先阅读教材中的相应内容，弄懂在课堂所学习的基本原理和基本作图方法，最好能亲自动手，完成课堂上一些典型图例的作图过程，以检查自己对相关内容的掌握情况；然后独立地完成一定数量的作业，加强对所学内容的理解和掌握。在学习过程中，要注意运用正投影原理来加强空间形体和平面图形之间的对应关系，进行由物到图和由图到物的反复练习，不断提高空间想象能力和空间分析能力。

工程制图的特点是实践性强。只有通过一定数量的画图、读图练习和多次实践，才能逐步掌握画图和读图的方法，提高画图和读图的能力。在完成大作业练习题之前，要仔细阅读作业指示书，然后按指示书的要求（如投影正确、作图准确、字体端正、图面美观等），并遵循国家和行业制图标准，正确使用绘图工具，严肃认真、耐心细致地完成画图和读图作业。

计算机绘图部分可以利用相关的计算机绘图书籍和绘图软件（AutoCAD）进行学习，并上机反复进行图形绘制练习，以熟练地掌握这一技术。

读者可关注微信公众号“西米老师微课堂（ximilaoshi）”，该公众号与该教材配套使用，其内容包含数字课件、习题答案、作业范图、模型动画、视频演示、软件学习等教学模块，方便读者随身、随时、随性地学习和交流。

第 1 章　制图的基本知识和基本技能

1.1　绘图工具、仪器及其使用方法

工程图样的绘制通常有徒手绘制、尺规绘制和计算机绘制三种方式，一般精度要求不高的草图可采用徒手绘制，而精度要求高且比较正式的图样必须选用尺规或计算机绘制。

“工欲善其事，必先利其器”，尺规绘图的工具和仪器种类繁多，下面就学习中常用的绘图工具和仪器作简要介绍。

1.1.1　绘图笔

1.1.1.1　铅笔

铅笔是绘图必备的工具。铅笔笔芯的硬度用字母 H 和 B 标识。H 越高，铅芯越硬，如 2H 的铅芯比 H 的铅芯硬；B 越高，铅芯越软，如 2B 的铅芯比 B 的铅芯软；HB 是中等硬度。通常，H 或 2H 铅笔用于画底稿线以及细实线、点画线、双点画线、虚线等，HB 或 B 铅笔用于画中粗线、写字等，B 或 2B 铅笔用于画粗实线。

铅笔要从没有标记的一端开始削，以便保留笔芯软硬的标记。将画底稿或写字用铅笔的木质部分削成锥形，铅芯外露约 6～8 mm，如图 1－1（a）所示；用于加深图线的铅芯可以磨成如图 1－1（b）所示的形状。

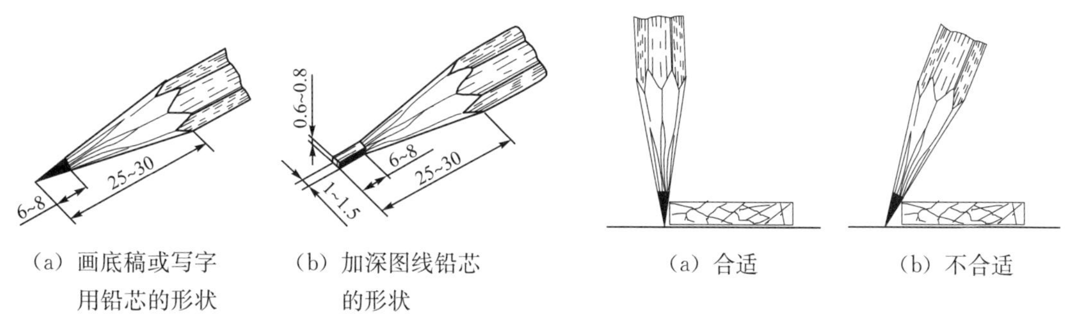

（a）画底稿或写字用铅芯的形状　（b）加深图线铅芯的形状

图 1－1　铅芯的形状

（a）合适　（b）不合适

图 1－2　铅笔笔尖的位置

铅笔绘图时，用力要均匀，不宜过大，以免划破图纸或留下凹痕。铅笔尖与尺边的距离要适中，以保持线条位置的准确，如图 1－2 所示。

1.1.1.2　直线笔和针管笔

直线笔（又名鸭嘴笔）和针管笔都是用来上墨描线的。目前已广泛用针管笔代替了以前的直线笔。针管笔笔端是用不同粗细的针管，绘图时可按所需线宽选用，常用的规格有

0.2 mm、0.3 mm、0.4 mm、0.5 mm、0.6 mm、0.7 mm、0.8 mm、1 mm、1.1 mm等。

直线笔和针管绘图笔使用后必须及时清洗，以避免针管堵塞。

1.1.2 图板、丁字尺和三角板

图板是铺放图纸的垫板，它的工作表面必须平坦光洁，左边为工作导边，可通过光线间隙检查是否平直，图板不能用水洗刷和在日光下曝晒，也不能在图板上切纸。

丁字尺由尺头和尺身组成，如图1-3（a）所示。尺头接触图板的一边必须平直，尺身要紧靠尺头不能松动，尺身的工作边必须保持平直光滑，不能沿尺身的工作边切纸。

丁字尺主要用来画水平线，如图1-3（b）所示。画线时，左手握住尺头，使它始终紧靠图板左边，然后上下移动到要画线的位置，画水平线要自左向右，每画一条线，左手都要向右按一下尺头，看它是否紧贴图板，所画线段的位置离尺头较远时，要用左手按住尺身，以防止尺身摆动或尺尾翘起。

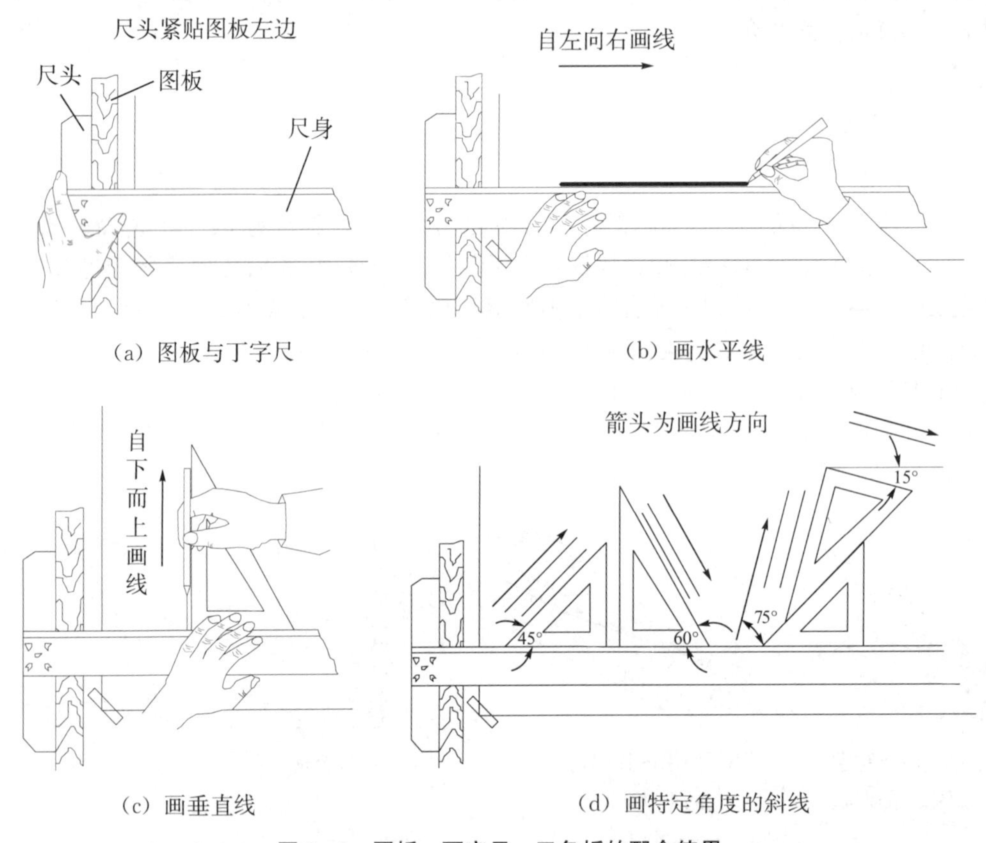

图1-3 图板、丁字尺、三角板的配合使用

三角板的角度要准确，各边应平直光滑。三角板和丁字尺配合使用，可画铅垂线。画铅垂线时，使三角板的一直角边紧靠丁字尺尺身的工作边，然后沿工作边移动三角板至另一直角边到达所画铅垂线的位置，再用左手按住丁字尺和三角板，右手执笔自下而上画线，如图1-3（c）所示。若三角板与图板的接触不好，在画铅垂线时，应把右手的小指轻轻按住三角板滑动。三角板同丁字尺配合使用也可以画特定角度的斜线，如30°、45°、

60°、75° 等，如图 1—3（d）所示。

1.1.3　分规和圆规

1.1.3.1　分规

分规的两条腿都是钢针，它主要是用来截取线段和等分线段的，如图 1—4（a）、（b）所示。使用分规时两腿端部的两个钢针应调整平齐，当两腿合拢时，针尖应汇合于一点。

用分规等分线段可用试分法，如图 1—4（c）所示，若要三等分线段 AB，则先凭目测估算，使分规两针尖的距离大约为 AB 的 1/3，然后从点 A 开始在 AB 上试分，如果最后一点 C 超出（或不到）点 B，说明两针尖的距离大于（或小于）AB 的 1/3，则应使分规两针尖的距离向里闭合（或向外张开）BC 的 1/3，再进行试分，直至刚好等分为止。

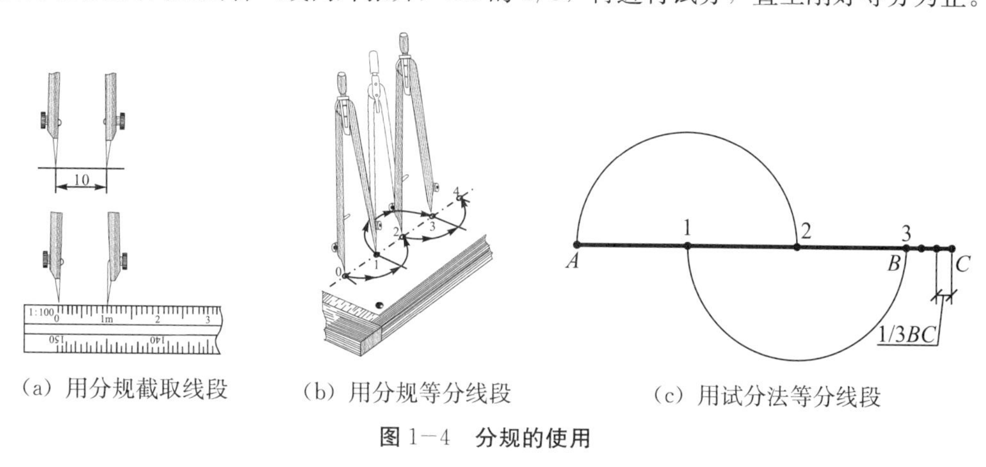

（a）用分规截取线段　（b）用分规等分线段　（c）用试分法等分线段

图 1—4　分规的使用

1.1.3.2　圆规

圆规的一条腿为钢针，另一条腿为铅芯插腿。钢针的一端为圆锥形，另一端带有台肩，如图 1—5 所示。圆规主要用来画圆和圆弧。画圆或圆弧时，将钢针置于圆心上，在铅芯插腿上装铅芯可以绘制铅笔圆，装墨线头可以绘制墨线圆。若在铅芯插腿上装钢针（用不带台肩一端），使两针尖齐平，可作分规使用。

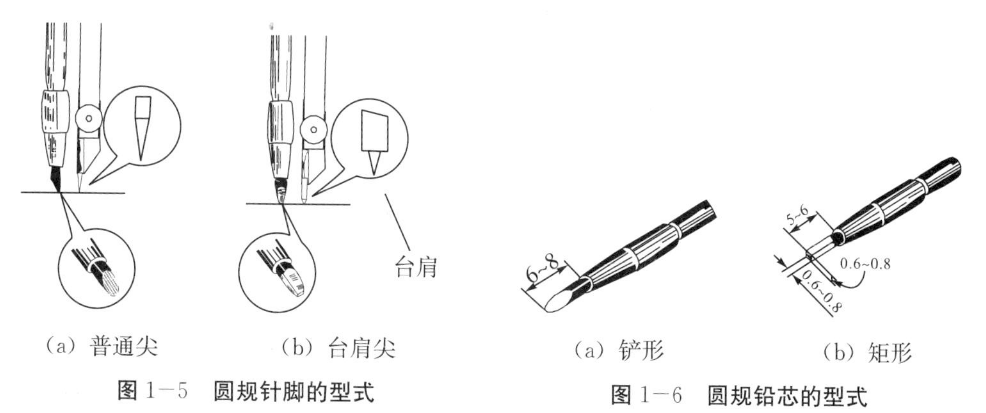

（a）普通尖　（b）台肩尖

图 1—5　圆规针脚的型式

（a）铲形　（b）矩形

图 1—6　圆规铅芯的型式

安装铅芯时，应将铅芯调整得比钢针短一些，当钢针扎入图板后，就与铅芯一样长了，这样，画圆的时候钢针就不会从圆心位置滑掉跑偏，如图 1—5（b）所示。

使用圆规画细线圆时，铅芯插腿应安装较硬的铅芯（如 2H、H），铅芯应磨成铲形，并使斜面向外，如图 1－6（a）所示。画粗实线圆时，铅芯插腿应安装较软的铅芯（如 B、2B），铅芯可磨成矩形，如图 1－6（b）所示。画粗实线圆的铅芯要比画粗直线的铅芯软一号，以便使图线深浅一致。

用圆规画圆时，应将圆规略向前进方向倾斜，如图 1－7（a）所示。画圆时，应随时调整圆规两腿，保证两腿与纸面垂直，如图 1－7（b）所示。画圆时，手持圆规的姿势如图 1－8 所示。画较大圆时，可用加长杆来增大所画圆的半径，并且使圆规两脚都与纸面垂直，如图 1－8（b）所示。画小圆时宜用弹簧圆规或点圆规。

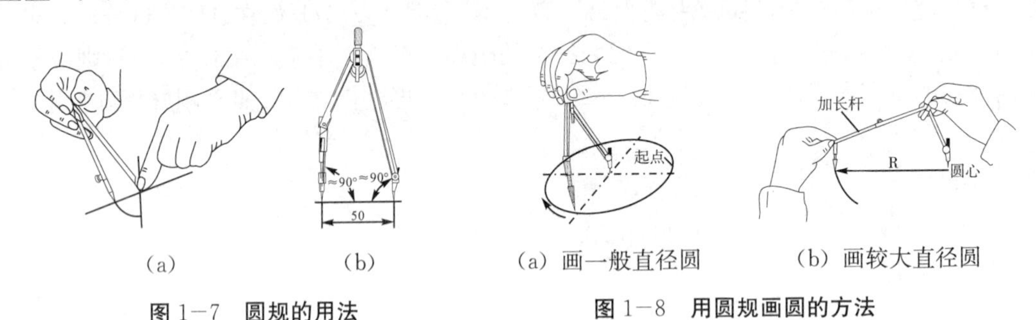

（a）　（b）

图 1－7　圆规的用法

（a）画一般直径圆　（b）画较大直径圆

图 1－8　用圆规画圆的方法

1.1.4　比例尺

图样上所画图形的线性尺寸与实物相应的线性尺寸之比称为比例。比例尺是刻有不同比例的直尺，其形式很多，常用的比例尺做成三棱柱状，称为三棱尺。比例尺只能用来度量尺寸，不能用来画线。尺寸可从比例尺上直接量取，如图 1－9（a）所示；也可以先用分规从比例尺上量取，再移到图纸上，如图 1－9（b）所示。必须注意，不能用分规的针尖在比例尺刻度上扎眼，以免破坏尺面。

公制比例尺所用的单位是米，其代号为“m”。比例尺中的每一种刻度都有一个“m”，没有注“m”的数值也是以米为单位的，如图 1－9 所示。

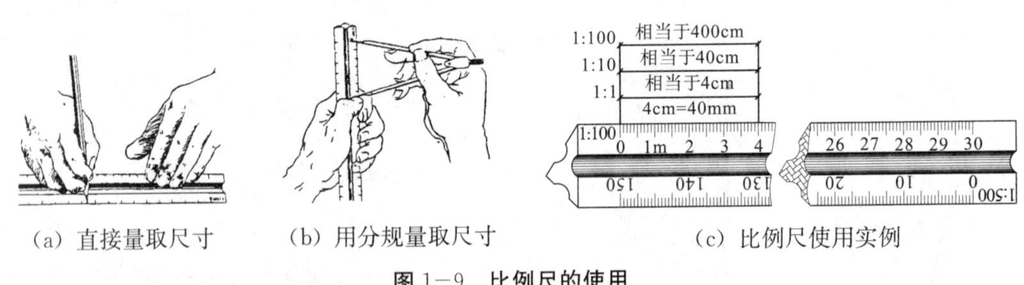

（a）直接量取尺寸　（b）用分规量取尺寸　（c）比例尺使用实例

图 1－9　比例尺的使用

比例尺三棱面上有六个不同的刻度，使用其中某一种刻度时，可直接按该尺面所刻的数值量取或读出该线段的长度。如图 1－9（c）所示，若选用 1∶100 的比例，4 m（400 cm）的长度相当于 1∶10 比例的 40 cm，亦相当于 1∶1 比例的 4 cm，由于 4 cm=40 mm，故 1∶100 比例尺中的每一最小格长度为 1 mm。为此，得出了换算比例尺的规律：比例尺的分母与刻度数值按正比变化，即将比例的分母乘以（或除以）同刻度的倍数。例如，要用 1∶25 的比例画一个长为 250 cm 的图，若选用 1∶100 的比例尺，则需先将 1：25 中的 25 换成 100，即 25×4＝100，而刻度数值也相应变为 250×4＝1000 cm＝10 m；然后在 1：100 的比例尺上找到 10 m 的长度来画图。又如，要用 1：150 的比例画一个长度为 9 m 的图，若选用 1：300 的比例尺，则可把 9×2＝18（m），即在 1：300 的比例尺上找到 18 m 的刻度来画图。

1.1.5　曲线板

曲线板是用来绘制非圆曲线的，图 1－10 所示为复式曲线板。为了能把已知点连成一条光滑的曲线，可以先徒手用细实线轻轻地将已找出曲线上的各点依次连成曲线，再用曲线板将其完成，如图 1－11 所示。

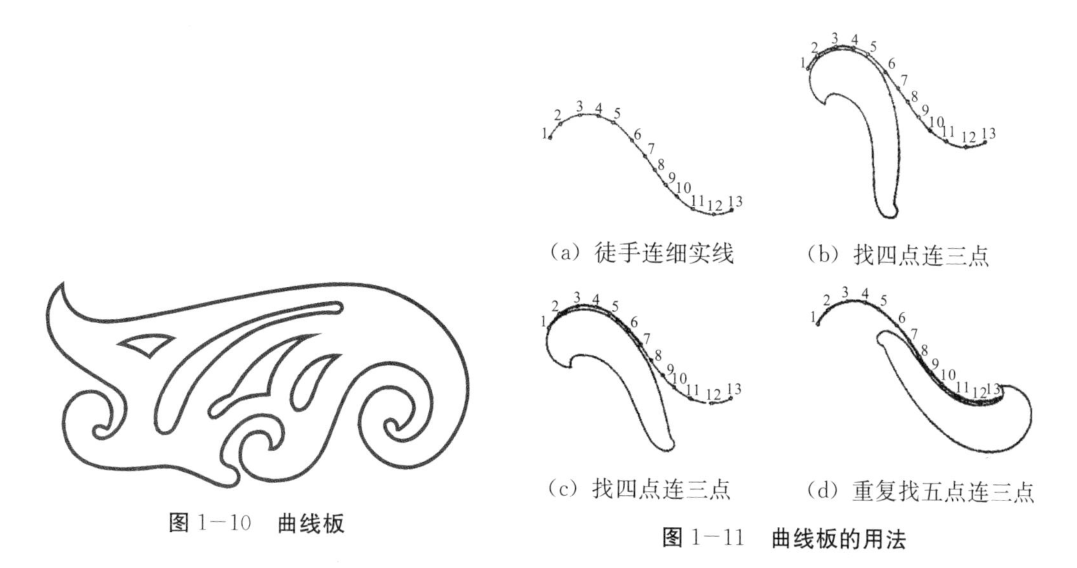

(a) 徒手连细实线　(b) 找四点连三点

(c) 找四点连三点　(d) 重复找五点连三点

图 1－10　曲线板

图 1－11　曲线板的用法

使用曲线板描绘曲线时，应根据曲线的弯曲趋势在曲线板上选择与曲线吻合的部分进行绘制。绘制较长的曲线时，必须分几次完成，具体步骤如下：

①徒手连细实线。用铅笔徒手轻轻地把已知各点依次连接成细实线，如图 1－11（a）所示。

②找四点连三点。第一次至少取三个连续点与曲线板吻合（重合），如图 1－11（b）所示，在图中找出 1～4 四个连续的点与曲线板重合，再分为两段处理：头段（1～3 点）沿曲线板描绘，尾段（3～4 点）暂不描绘，留待下次描绘时重合。

③找四点连三点。以后的各段，都要退回一点，按照找四点连三点的办法，至少找出四个连续点与曲线板吻合，使每一段的首都和前一段的尾重叠。如图 1－11（b）所示，在图中取 3～6 四个连续点与曲线板重合，再分为头段（3～4 点）、中段（3～5 点）和尾段（5～6 点）三段进行处理。头段（3～4 点）与上次的尾段重合，此次只描绘头段（3～4 点）和中段（3～5 点），尾段（5～6 点）留待下次重合时描绘。如此重复，直到全部画出 1～13 点的曲线，如图 1－11（c）、（d）所示。

值得注意的是，在两次描绘的曲线连接部分必须有一小段重合，这种首位重叠的方法充分保证了曲线的光滑。该方法同样适用于画封闭曲线。在描绘对称曲线时，最好先在曲线板上用铅笔标记符号，然后翻转曲线扳，便可以很快地描绘出对称曲线。

1.1.6 其他绘图工具

绘图用的图纸、削铅笔用的刀片、擦图线用的橡皮、固定图纸用的透明胶带、扫橡皮末用的毛刷、磨铅芯用的砂纸、修改图线用的擦图片、为提高绘图质量和速度用的模板等，都是绘图必不可少的工具。如图 1－12 所示。

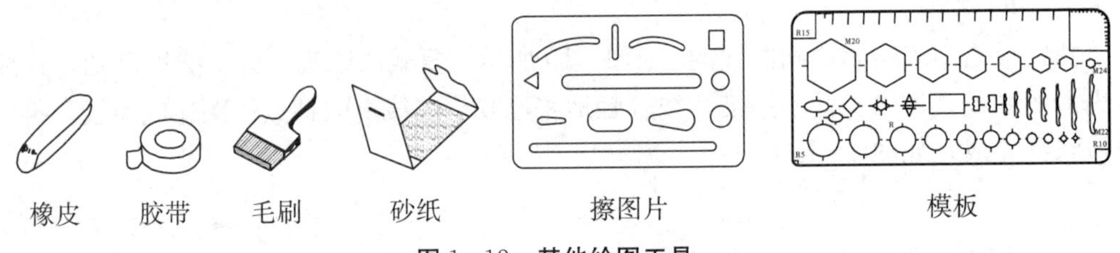

图 1－12 其他绘图工具

1.2 制图的基本规定

图样是工程技术界的共同语言，是产品或工程设计结果的一种表达形式，是产品制造或工程施工的依据，是组织和管理生产的重要技术文件。为了便于技术信息交流，对图样必须作出统一的规定。

由国家指定专门机关负责组织制定的全国范围内执行的标准，称为“国家标准”，简称“国标”，代号为“GB”；由“国际标准化组织”制定的世界范围内使用的国际标准，代号为“ISO”。目前，在建筑方面，国内执行的制图标准主要有《房屋建筑制图统一标准》《总图制图标准》《建筑制图标准》《建筑结构制图标准》等。

本节将分别就《房屋建筑制图统一标准》中规定的基本内容，包括图纸的幅面及格式、比例、字体、图线、尺寸标注等作简要介绍。

1.2.1 图纸幅面和格式

1.2.1.1 图纸幅面

图纸幅面是指由图纸宽度 B 与长度 L 所组成的图面。

（1）基本幅面。

《房屋建筑制图统一标准》规定，绘制技术图样时应优先采用表 1－1 所规定的五种基本幅面，其代号为 A0、A1、A2、A3、A4，尺寸为 $B\times L$（mm×mm）。各图框尺寸应符合表 1－1 的规定。由表 1－1 中可看出，A1 图幅是 A0 图幅对裁剪，A2 图幅是 A1 图幅对裁剪，其余类推。

表 1－1 图纸幅面及图框尺寸 单位：mm

幅面代号	A0	A1	A2	A3	A4
$B\times L$	841×1189	594×841	420×594	297×420	210×297
c	10			5	
a	25				

（2）加长幅面。

必要时，允许选用加长幅面。在选用加长幅面时，图纸的短边尺寸不应加长，A0～A3 幅面长边尺寸可加长，加长尺寸按《房屋建筑制图统一标准》的相关规定执行，这里不再赘述。

在一个工程设计中，每个专业所使用的图纸，不宜多于两种幅面（不含目录及表格所采用的 A4 幅面）。绘图时，图纸可采用横式或竖式放置，图纸以短边作为垂直边为横式，以短边作为水平边为立式。A0～A3 图纸宜横式使用；必要时，也可立式使用。图纸中应有标题栏、图框线、幅面线、装订边线和对中标志。横式使用的图纸，应按图 1－13（a）、（b）的形式进行布置；立式使用的图纸，应按图 1－14（a）、（b）的形式进行布置。注意：对中标志是图纸微缩复制时的标记，它应绘制在图框线各边的中点处，其线宽为 0.35 mm，应伸入内框边 5 mm，如图 1－13 所示。

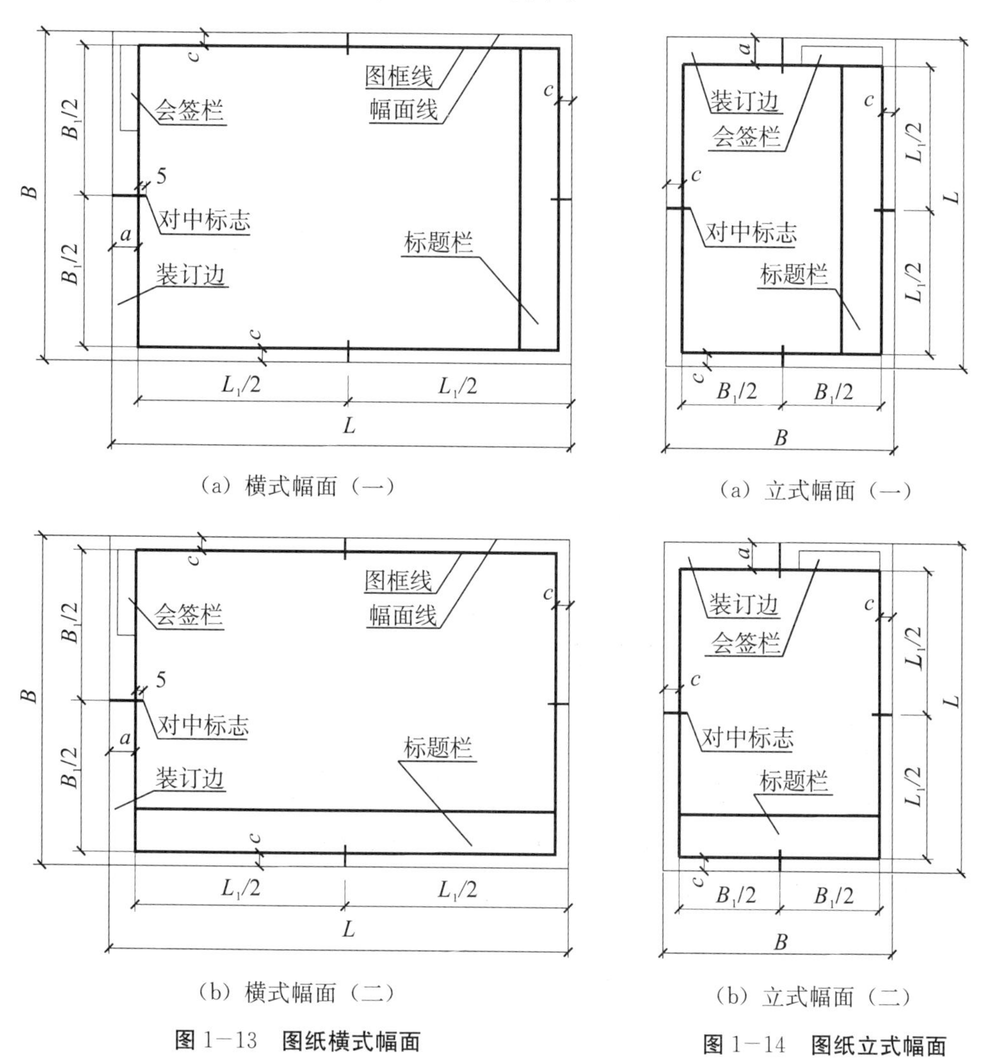

（a）横式幅面（一）　　（a）立式幅面（一）

（b）横式幅面（二）　　（b）立式幅面（二）

图 1－13　图纸横式幅面

图 1－14　图纸立式幅面

1.2.1.2 标题栏与会签栏

标题栏和会签栏是图纸提供图样信息的栏目。图样中标题栏和会签栏的尺寸、格式、分区及内容应根据工程的需要并按《房屋建筑制图统一标准》中的相关规定执行，在本课程的作业中，标题栏和会签栏的位置可按图 1－13、图 1－14 绘出，其尺寸、格式和内容可采用如图 1－15 所示绘制和填写。

(a) 标题栏

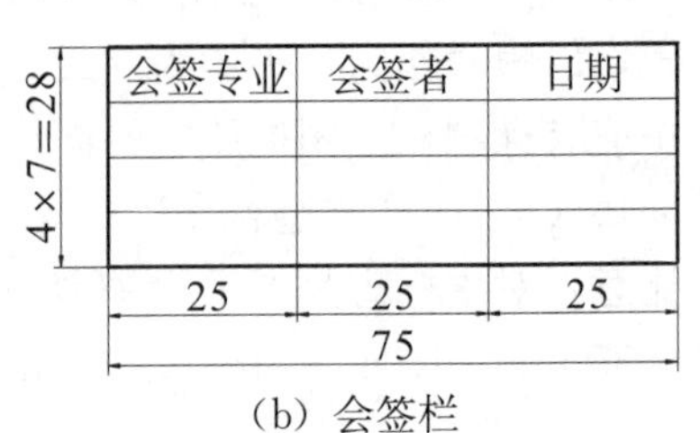

(b) 会签栏

图 1－15　标题栏和会签栏

1.2.2 比例

图样的比例应为图形与实物相对应的线性尺寸之比。比例的符号为“：”，比例应以阿拉伯数字表示，如 1：1、1：5、1：200。比例的大小是指其比值的大小，如 1：10 大于 1：100。

比例宜注写在图名的右侧，字的基准线应取平；比例的字高宜比图名的字高小一号或二号，如图 1－16 所示。

平面图 1：100　　　⑥1：20

图 1－16　比例的注写

绘图所用的比例应根据图样的用途与被绘对象的复杂程度，从表 1－2 中选用，并应优先采用表中常用比例。

表 1－2　绘图所用的比例

常用比例	1：1、1：2、1：5、1：10、1：20、1：30、1：50、1：100、1：150、1：200、1：500、1：1000、1：2000
可用比例	1：3、1：4、1：6、1：15、1：25、1：40、1：60、1：80、1：250、1：300、1：400、1：600、1：5000、1：10000、1：20000、1：50000、1：100000、1：200000

一般情况下，一个图样应选用一种比例。根据专业制图需要，同一图样可选用两种比例。特殊情况下也可自选比例，这时除应注出绘图比例外，还必须在适当位置绘制出相应的比例尺。

1.2.3 字体

图样上所需书写的文字、数字或符号等，均应笔画清晰、字体端正、排列整齐，标点符号应清楚正确。

字体的高度（用 h 表示，单位为 mm）习惯上称为字体的号数，如字高为 7 mm 就是

7 号字。字体的高度，应从表 1—3 中选用。字高大于 10 mm 的文字宜采用 TrueType 字体，若需要书写更大的字，其高度应按$\sqrt{2}$的倍数递增。

表 1—3　文字的字高

字体种类	中文矢量字体	TrueType 字体及非中文矢量字体
字高（mm）	3.5、5、7、10、14、20	3、4、6、8、10、14、20

TrueType 字体的中文名称为“全真字体”，是由 Apple 公司和 Microsoft 公司联合提出的一种采用新型数学字形描述技术的计算机字体，由于该字体支持几乎所有设备，在各种设备上均能以该设备的分辨率输出非常光滑的文字，故目前在工程上得到了广泛的应用。

1.2.3.1　汉字

图样及说明中的汉字，宜采用长仿宋体（矢量字体）或黑体，同一图纸字体种类不应超过两种。长仿宋体的宽度与高度的关系应符合表 1—4 的规定，黑体字的宽度与高度应相同。大标题、图册封面、地形图等的汉字，也可书写成其他字体，但应易于辨认。

表 1—4　长仿宋字高宽关系

字高（mm）	20	14	10	7	5	3.5
字宽（mm）	14	10	7	5	3.5	2.5

汉字的简化字书写应符合国家有关汉字简化方案的规定。汉字只能写成直体，其高度 h 不宜小于 3.5 mm。

仿宋字的特点是笔划粗细均匀、横平竖直、刚劲有力、起落分明、书写规则。汉字的基本笔画如表 1—5 所示。

表 1—5　汉字的基本笔画

形状与写法			
横	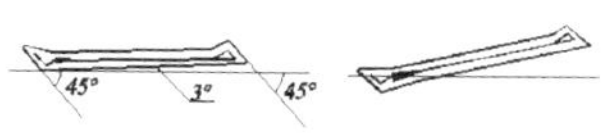 45°　3°　45° 平横　斜横	点	 顿点　尖点　竖点　挑点
竖		挑	
撇	 直撇　斜撇　平撇	钩	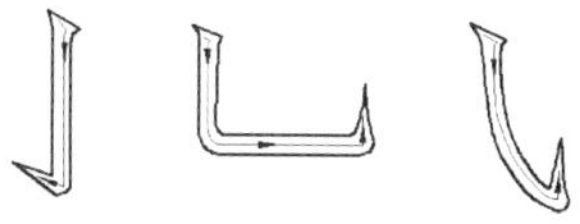 竖钩　平钩　弯钩
捺	 斜捺　平捺	折	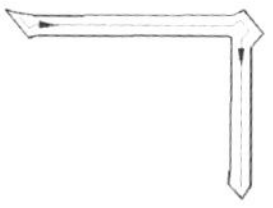

汉字中有很多字是由偏旁部首组成的，对它们应有一定的了解。常用的偏旁部首和有关字例如表 1－6 所示。

表 1－6　常用偏旁部首及字例

偏旁	写法	字例	偏旁	写法	字例
亻	撇斜度宜大而直，竖位于撇的中部	作 位	禾	短横的长度约占字宽的 1/3	利 科
讠	竖点与短横不搭接	设 计	米	横稍上，上密下稀	料 粗
阝	“⻖”要细长，长度约占 1/2，若在字右边则为 3/4 强	附 都	刂	左边竖要长些	制 到
彳	双撇平行，上撇略短，竖笔居中	行 往	戈	弯钩上半部分宜竖直，撇要长	成 或
氵	上点稍右，最下点是挑，斜度要大	河 流	殳	上部占格短些，“又”部略长而宽	投 段
扌	挑的位置不要太高，斜度要大些	据 技	人	撇长捺短结尾高	令 全
纟	第二笔要倾斜	级 缝	宀	上面是竖点，左边点要长些，向上出头	宋 安
火	“丿”要直，下面稍弯	炸 炼	艹	左边竖直，右边斜撇	范 幕
王	王字旁稍短，位置偏上或居中	理 班	⺮	上面是两个短横画，下面是两个斜点	第 算
木	短横的长度占字宽的 1/3 强	校 核	雨	下面四点是短横画	零 雷
车	短横稍低，竖宜居中	轮 输	灬	左边第一点向左偏，其余微向右偏	照 然
日	要较细长	时 明	心	左点低右点高，挑点居中	志 意
衤	点为尖点，撇不要太长	初 被	广	“丿”应向上出头	度 麻
月	要细长	服 期	廴	捺要陡些，最后一笔要向左出头	延 建
钅	撇的斜度要大，不要太长	钢 铺	辶	捺要平些，“⻌”不能与捺交叉	通 道

汉字的书写要领是高宽足格、排列匀称、组合紧密、布局平稳。为了保持字体大小一致，应在按字号大小画的格子内书写。字距约为字高的 1/8～1/4，行距约为字高的1/4～1/3。要写好仿宋字，除练好基本笔画外，还应该掌握字体的结构，并辅以勤学苦练、持之以恒。字体的结构分析如表 1−7 所示。

表 1−7　字体结构分析

要求	一般规律和字例		
高宽足格	掺差字主笔到格 本　余	围合字按量缩进 固　日　口	
长短配合	多横贯穿字 "上短下长中最短" 三　秦	多竖出头字 "左矮右高中最高" 曲　山	
排列匀称	单体字 "疏密均匀" 王　百	横列组合字 "左窄短，右宽长" 林　特	竖向组合字 "上密下稀脚宜长" 界　要
稳定紧密	重心居中或偏右 心　乃	左右穿插 切　改	上下交接 装　磨

为了便于读者临摹学习，这里将工程建设及本课程作业中常用的长仿宋体汉字列出，如图 1−17 所示。

土木建筑工程几何制图投影作线型断视平立侧主

民用房屋东南西北方向剖面设计说明基础踏板墙

柱梁挡板楼梯框架承重结构门窗阳台雨棚混凝土

民用房屋东南西北方向剖面设计说明基础踏板墙

图 1−17　长仿宋体汉字示例

1.2.3.2　数字和字母

图样及说明中的拉丁字母、阿拉伯数字与罗马数字，宜采用单线简体或 ROMAN 字体。拉丁字母、阿拉伯数字与罗马数字的书写规则，应符合表 1−8 的规定。

表 1−8　拉丁字母、阿拉伯数字与罗马数字的书写规则

书写格式	字体	窄字体
大写字母高度	h	h
小写字母高度（上下均无延伸）	$7/10h$	$10/14h$
小写字母伸出的头部或尾部	$3/10h$	$4/14h$
笔画宽度	$1/10h$	$1/14h$
字母间距	$2/10h$	$2/14h$
上下行基准线的最小间距	$15/10h$	$21/14h$
词间距	$6/10h$	$6/14h$

拉丁字母、阿拉伯数字与罗马数字，如需写成斜体字，其斜度应是从字的底线逆时针向上倾斜 75°。斜体字的高度和宽度应与相应的直体字相等。拉丁字母、阿拉伯数字与罗马数字的字高，不应小于 2.5 mm。

数量的数值注写，应采用正体阿拉伯数字。各种计量单位凡前面有量值的，均应采用国家颁布的单位符号注写。单位符号应采用正体字母。

分数、百分数和比例数的注写，应采用阿拉伯数字和数学符号。例如 1/6、60%、1∶200。

当注写的数字小于 1 时，应写出个位的“0”，小数点应采用圆点，齐基准线书写。例如 0.05。

拉丁字母、阿拉伯数字与罗马数字，分别如图 1−18、图 1−19、图 1−20 所示。

ABCDEFGHIJKLMNOPQRSTUVWXYZ

（a）斜体

abcdefghijklmnopqrstuvwxyz

（b）直体

图 1−18　拉丁字母示例

0123456789　0123456789

图 1−19　阿拉伯数字示例

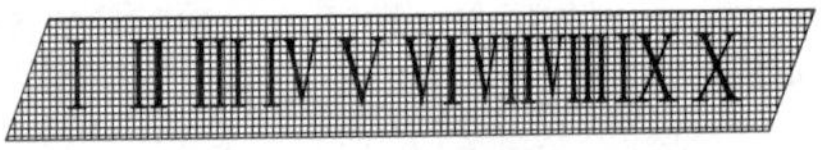

I II III IV V VIVIIVIIIIX X

图 1−20　罗马数字示例

1.2.4　图线

1.2.4.1　基本线宽和线型

根据国家《房屋建筑制图统一标准》中的相关规定，图样中的图线宽度的尺寸系列为 0.13、0.18、0.25、0.35、0.5、0.7、1.0、1.4、2，系数公比为 $1:\sqrt{2}$，单位为 mm。每个图样，应根据其复杂程度与比例大小，先选定基本线宽 b，再选用表 1−9 中相应的

线宽组。注意：图线宽度不应小于 0.1 mm。

表 1—9　线宽组

线宽比	线宽组（mm）			
b	1.4	1.0	0.7	0.5
$0.7b$	1.0	0.7	0.5	0.35
$0.5b$	0.7	0.5	0.35	0.25
$0.25b$	0.35	0.25	0.18	0.13

图纸的图框线和标题栏线，可采用表 1—10 的线宽。

表 1—10　图框线、标题栏线的宽度

幅面代号	图框线	标题栏外框线	标题栏分格线
A0、A1	b	$0.5b$	$0.25b$
A2、A3、A4	b	$0.7b$	$0.35b$

在建筑制图中，图线的线型有实线、虚线、单点长画线、双点长画线、折断线和波浪线，表 1—11 列出了工程建设制图中常用的基本图线的名称、形式、宽度及主要用途。

表 1—11　工程建设制图常用图线

名称		线型	线宽	用途
实线	粗		b	1. 一般作主要可见轮廓线； 2. 平、剖面图中被剖切的主要建筑构造（包括构配件）的轮廓线； 3. 建筑立面图或室内立面图的外轮廓线； 4. 建筑构造详图中被剖切的主要部分的轮廓线； 5. 建筑构配件详图中的外轮廓线； 6. 平、立、剖面的剖切符号
	中粗		$0.7b$	1. 平、剖面图中被剖切的次要建筑构造（包括构配件）的轮廓线； 2. 建筑平、立、剖面图中建筑构配件的轮廓线； 3. 建筑构造详图及建筑构配件详图的一般轮廓线
	中		$0.5b$	平、剖面图中没有剖切到，但可看到的次要建筑构造的轮廓线
	细		$0.25b$	1. 图例线、索引符号、尺寸线、尺寸界线、引出线、标高符号； 2. 图例填充线、家具线、纹样线

续表1－11

名称		线型	线宽	用途
虚线	粗		b	平面图中的排水管道用粗虚线画出
	中粗		0.7b	1. 建筑构造详图及建筑构配件不可见的轮廓线； 2. 平面图中的梁式起重机（吊车）轮廓线； 3. 拟建、扩建建筑物轮廓线
	中	≈1 3～6	0.5b	一般不可见轮廓线
	细		0.25b	1. 总平面图中原有建筑物和道路、桥涵、围墙等设施的不可见轮廓线； 2. 图例填充线、家具线
单点长画线	粗	3～5 10～30	b	起重机（吊车）轨道线
	细		0.25b	中心线、对称线、定位轴线、轴线
双点长画线	粗		b	预应力钢筋线
	细	≈5 10～30	0.25b	假想轮廓线、成型前原始轮廓线
折断线	细		0.25b	部分省略表示时的断开界线
波浪线	细		0.25b	部分省略表示时的断开界线，曲线形构间断开界限构造层次的断开界限

注：地平线线宽可用 1.4b

1.2.4.2 画线时应注意的问题

如图 1－21（a）所示，画线时应该注意的问题如下：

（1）同一张图纸内，相同比例的各图样，应选用相同的线宽组。

（2）相互平行的图例线，其净间隙或线中间隙不宜小于 0.2 mm。

（3）虚线、单点长画线或双点长画线的线段长度和间隔，宜各自相等。单点长画线或双点长画线中的点不是圆点而是长约 1 mm 的短画线。

（4）单点长画线或双点长画线，当在较小图形中绘制有困难时，可用实线代替。

（5）单点长画线或双点长画线的两端，不应是点。点画线与点画线交接点或点画线与其他图线交接时，应是线段交接。

（6）虚线与虚线交接或虚线与其他图线交接时，应是线段交接。虚线为实线的延长线时，粗实线应画到分界点，虚线应留有空隙。当虚线圆弧与虚线直线相切时，虚线圆弧的线段应画至切点，虚线直线则留有空隙。

（7）粗实线与虚线或单点长画线重叠时，应画粗实线。虚线与单点长画线重叠时，应画虚线。

1.2.4.3 图线的画法举例

图线的画法示例如图 1－21 所示。

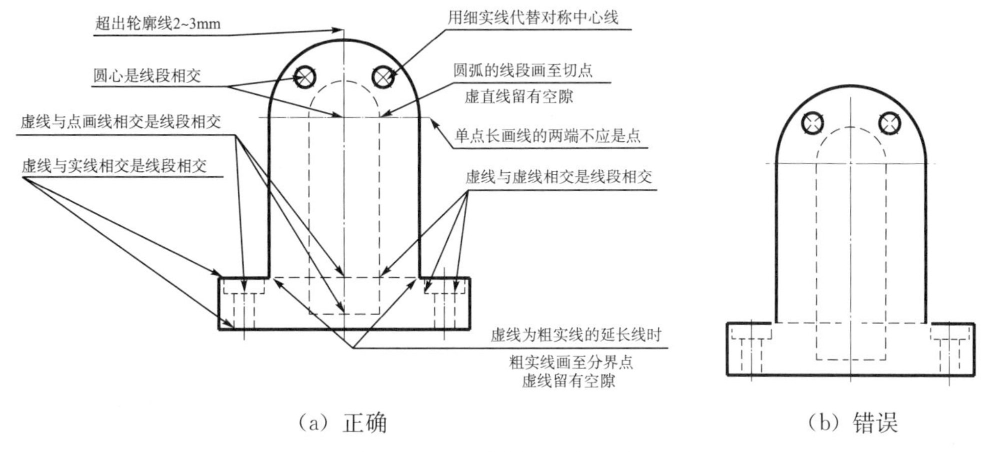

（a）正确　　（b）错误

图 1—21　图线的画法示例

1.2.5　尺寸标注的基本规则

工程图样中除了按比例画出建筑物或构筑物的形状外，还必须正确、齐全和清晰地标注尺寸，以便确定建筑物的大小，作为施工的依据。

1.2.5.1　尺寸的组成

（1）一个完整的尺寸应包括尺寸界线、尺寸线、尺寸的起止符号和尺寸数字，如图 1—22（a）所示。

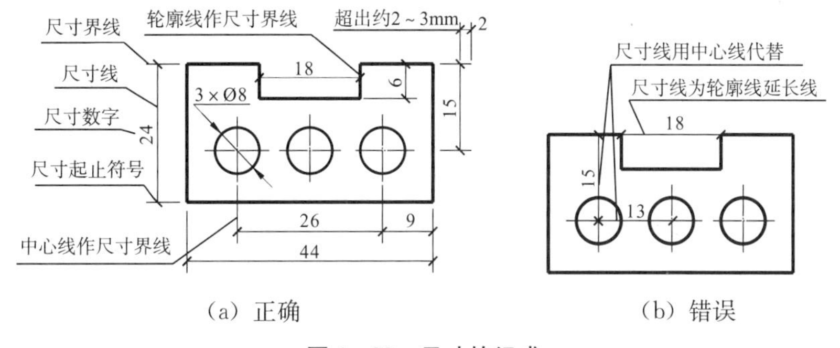

（a）正确　　（b）错误

图 1—22　尺寸的组成

（2）尺寸界线：尺寸界线表示尺寸的范围，如图 1—22（a）所示。

尺寸界线应用细实线绘制，一般应与被标注长度（即被标注的线段）垂直，其一端应离开图形轮廓线不应小于 2 mm，另一端宜超出尺寸线 2～3 mm。图样本身的轮廓线、轴线、对称线和中心线都可用作尺寸界线。

（3）尺寸线：尺寸线应用细实线绘制，一般应与被标注长度平行。图样本身的任何图线及其延长线均不得用作尺寸线，如图 1—22（a）所示。

（4）尺寸起止符号：尺寸起止符号一般用中粗（0.7*b*）斜短线绘制，其倾斜方向应与尺寸界线成顺时针 45°角，长度宜为 2～3 mm，如图 1—23（a）所示。半径、直径、角度与弧长起止符号用箭头表示，如图 1—24（a）所示。箭头的画法如图 1—23（b）所示。

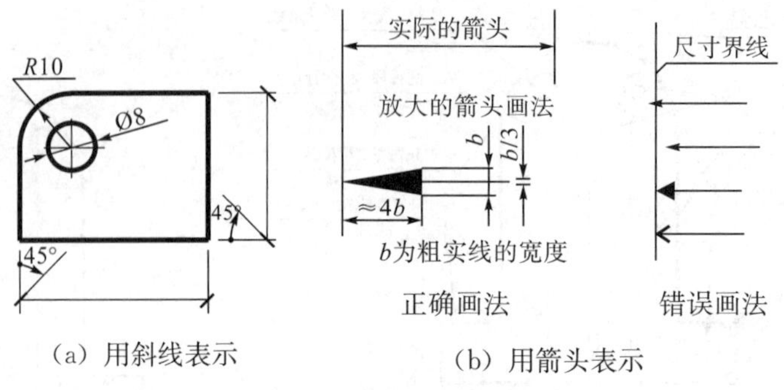

（a）用斜线表示　　（b）用箭头表示

图 1—23　尺寸的起止符号

（4）尺寸数字：图样上的尺寸，应以尺寸数字为准，不得从图上直接量取。图样上的尺寸单位，除标高及总平面图以米为单位外，其他必须以毫米为单位，图上的尺寸都不得再注写单位。尺寸数字应按标准字体书写，同一图样内应采用同一高度的数字。

任何图线或符号都不得穿过数字，当不可避免时，必须把图线或符号断开。如图 1—24（c）所示，在断面图中写数字处，应留空不画图例线。

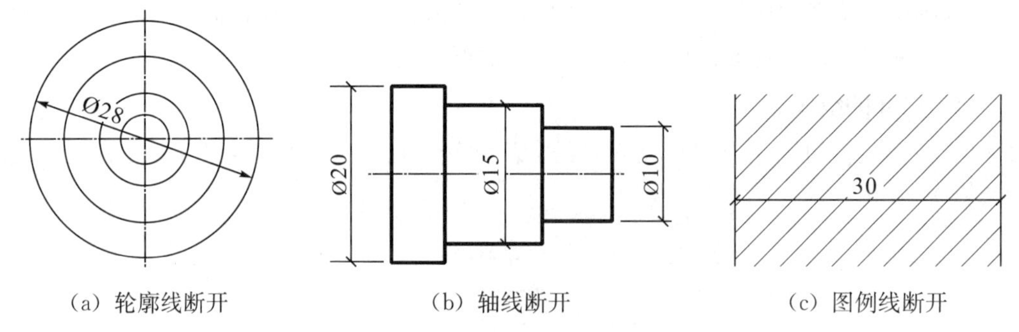

（a）轮廓线断开　　（b）轴线断开　　（c）图例线断开

图 1—24　尺寸数字不能被任何图线穿过

尺寸数字的方向一般应依据其方向注写在靠近尺寸线的上方中部，当尺寸线为水平位置时，尺寸数字在尺寸线上方，字头朝上；垂直位置时，尺寸数字在尺寸线左边，字头朝左；倾斜位置时，要使字头有朝上的趋势，如图 1—25（a）所示，应尽量避免在该图中 30°影线范围内标注尺寸，无法避免时，可按图 1—25（b）所示书写。

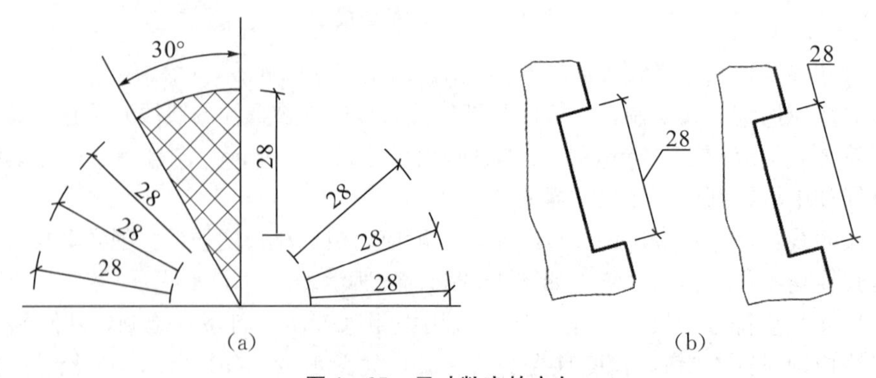

（a）　　（b）

图 1—25　尺寸数字的方向

1.2.5.2　各类尺寸的标注

（1）线性尺寸的标注。

①尺寸数字宜标注在图样轮廓线以外，如图 1－26（a）所示。

②图样轮廓线以外的尺寸线，距图样最外轮廓之间的距离，不宜小于 10 mm。平行排列的尺寸线的间距，宜为 7～10 mm，并应保持一致，如图 1－26（a）所示。

③互相平行的尺寸线，应从被注写的图样轮廓线由近向远整齐排列，较小尺寸应离轮廓线较近，较大尺寸应离轮廓线较远，如图 1－26（a）所示。

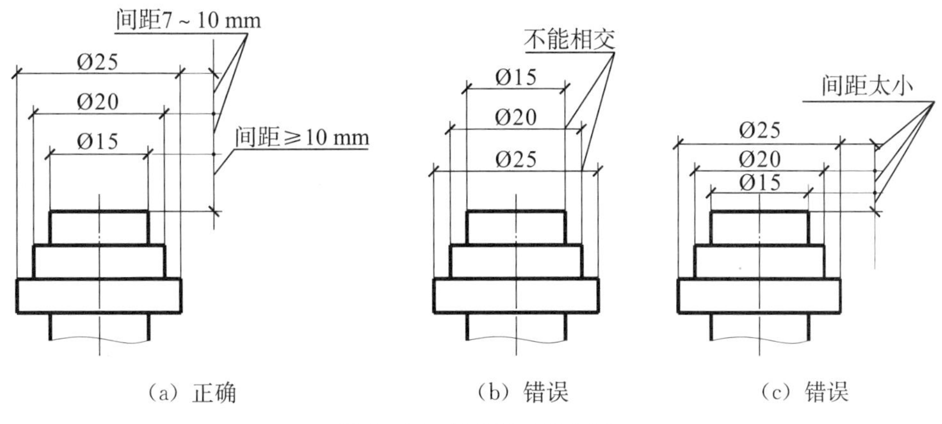

图 1－26　平行尺寸的标注

④对称构件的图形画出一半时，尺寸线应略超过对称中心线或对称轴线，仅在超过一半的尺寸线与尺寸界线相交的一端画尺寸起止符号，尺寸数字应按整体全尺寸注写，其注写位置宜与对称符号对齐，如图 1－27（a）所示。

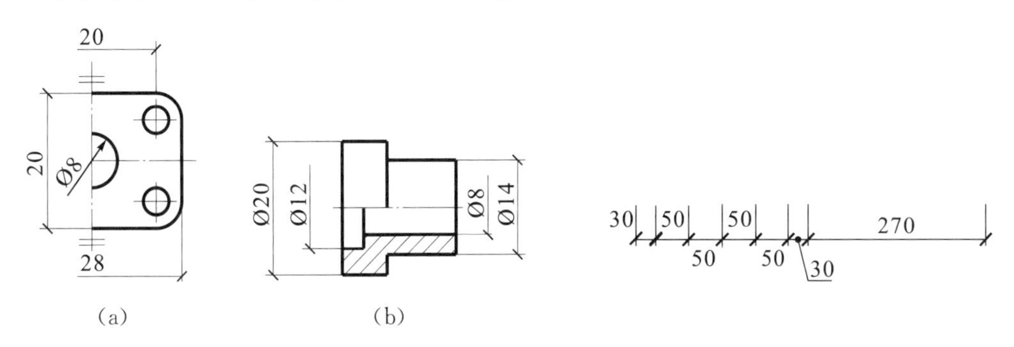

图 1－27　对称尺寸的标注　　图 1－28　尺寸界线距离较小时的尺寸标注

⑤若尺寸界线的距离较小，没有足够的注写位置，最外边的尺寸数字可注写在尺寸界线的外侧，但不能把尺寸线超出最外边的尺寸界线，中间相邻的尺寸数字可上下错开注写，引出线端部可用圆点表示标注尺寸的位置，如图 1－28 所示。

（2）直径、半径及球径的尺寸标注。

①直径的标注。

标注圆或大于 180°圆弧的直径时，尺寸数字前加注直径符号“Ø”，标注直径的尺寸线要通过圆心。若为大直径，则过圆心的尺寸线两端的箭头应从圆内指向圆周，如图 1－29（a）所示；若直径较小，绘制点画线有困难时，则可以按图 1－29（b）所示标注，其中心线可用细实线代替点画线。

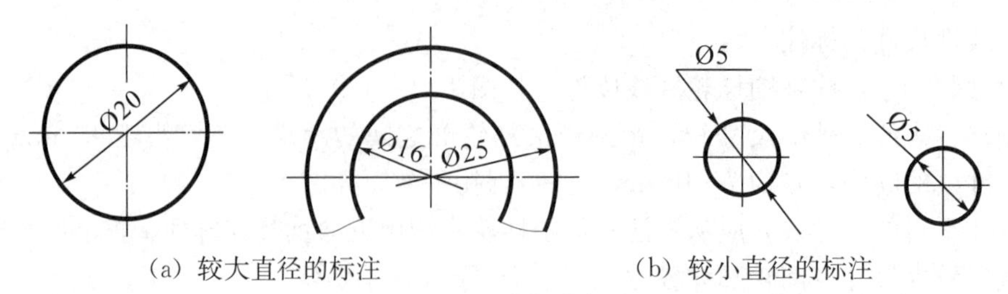

（a）较大直径的标注　　（b）较小直径的标注

图 1－29　直径的标注

②半径的标注。

标注小于或等于 180°圆弧的半径时，尺寸线自圆心引向圆弧，只画一个箭头，尺寸数字前加注半径符号“*R*”，如图 1－30（a）所示。半径很小圆弧的尺寸线可将箭头从圆外指向圆弧，但尺寸线的延长线要经过圆心，如图 1－30（b）所示。当圆弧的半径过大或在图纸范围内无法标出圆心位置时，尺寸线可采用折线形式，如图 1－30（c）所示。若不需要标出其圆心位置时，可按图 1－30（d）所示的形式标注。

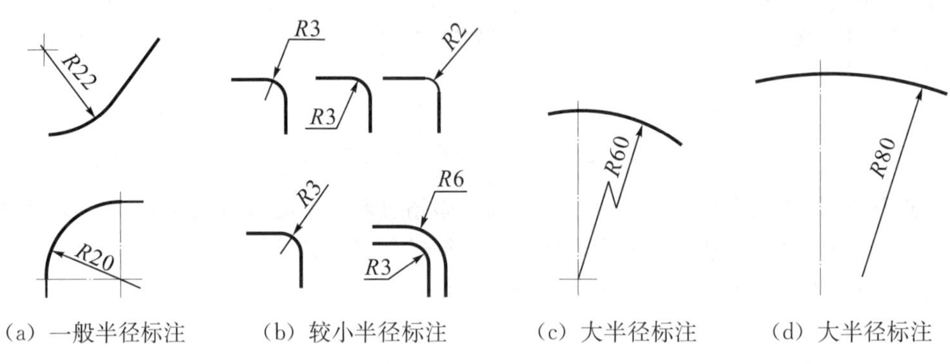

（a）一般半径标注　　（b）较小半径标注　　（c）大半径标注　　（d）大半径标注

图 1－30　半径的标注

③球径的标注。

标注球的直径尺寸时，应在尺寸数字前加注符号“*S*Ø”，如图 1－31 所示。标注球的半径尺寸时，应在尺寸数字前加注符号“*SR*”。注写方法与圆直径和圆半径的尺寸注写法相同。

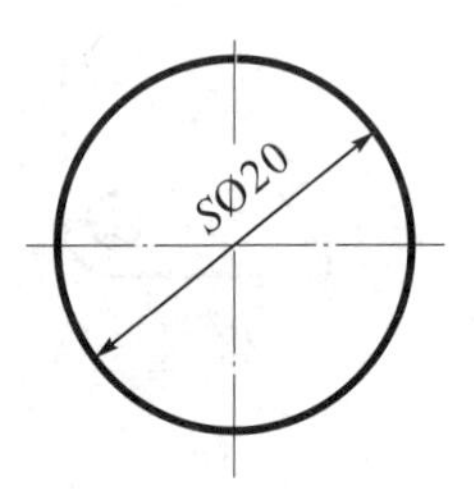

图 1－31　球径的标注

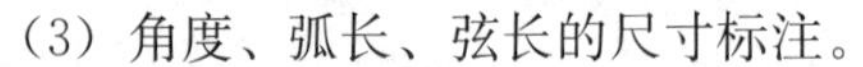

（3）角度、弧长、弦长的尺寸标注。

①角度的标注。

角度的尺寸线应以圆弧表示。该圆弧的圆心应是该角的顶点，角的两条边为尺寸界线。起止符号应以箭头表示，如没有足够位置画箭头，可用圆点代替，角度数字应沿尺寸线方向注写，如图 1－32 所示。

②弧长的标注。

标注圆弧的弧长时，尺寸线应以与该圆弧同心圆的圆弧线表示，尺寸界线应指向圆心，起止符号用箭头表示，弧长数字上方应加注圆弧符号“⌒”，如图 1－33（a）所示。

③ 弦长的标注。

标注圆弧的弦长时，尺寸线应以平行于该弦的直线表示，尺寸界线应垂直于该弦，起止符号用中粗斜短线表示，如图 1－33（b）所示。

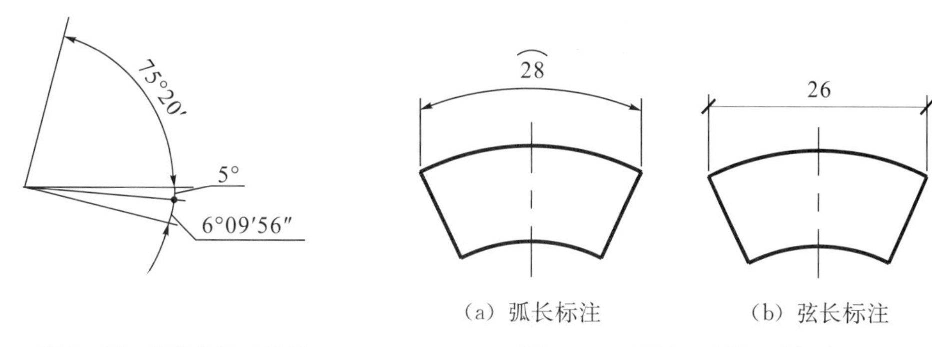

图 1－32　角度的尺寸标注　　图 1－33　弧长、弦长尺寸标注

(4) 坡度的标注。

坡度表示一条直线或一个平面对某水平面的倾斜程度。坡度是斜直线上任意两点之间的高度差与两点间水平距离之比。

如图 1－34 (a) 所示，直角三角形 ABC 中，AB 的坡度＝BC/AC，若设 $BC=1$，$AC=3$，则其坡度＝1/3，标注为 1∶3。

标注坡度时，应加注坡度符号“◄——”，该符号为单面箭头，箭头应指向下坡方向，如图 1－34 (b) 所示。坡度也可用直角三角形形式标注，如图 1－34 (c) 所示。

当坡度较缓时，标注坡度也可用百分数表示，如 $i=n\%$ ($n/100$)，如图 1－34 (d) 所示。

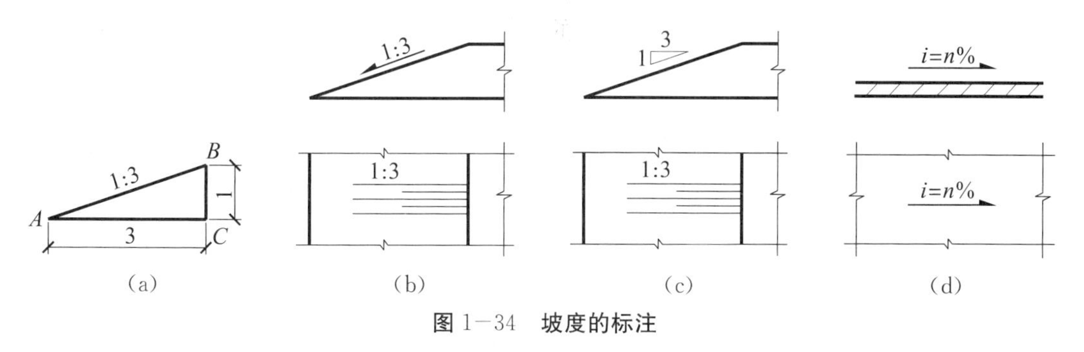

图 1－34　坡度的标注

1.3　几何作图

技术图样中的图形多种多样，但它们几乎都是由直线段、圆弧和其他一些曲线所组成的，因而，在绘制图样时，常常要作一些基本的几何图形，下面就此进行简单介绍。

1.3.1　直线段和两平行线间距离的等分

1.3.1.1　等分任意直线段

如图 1－35 (a) 所示，将直线段 AB 七等分。

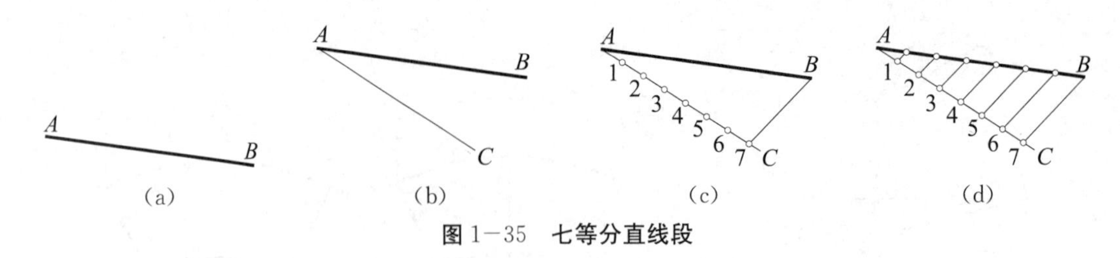

图 1－35 七等分直线段

作图：

①过点 A 任作一辅助线 AC，如图 1－35（b）所示。

②由点 A 开始，任取长度，在 AC 上截取等长七段，找到 1～7 七个点，并连接 $7B$，如图 1－35（c）所示。

③分别过 1～6 点作 $7B$ 的平行线交 AB 于六个点，完成 AB 七等分，如图 1－35（d）所示。

1.3.1.2 等分两平行线之间的距离

如图 1－36（a）所示，将 AB、CD 两平行线之间的距离五等分。

作图：

①如图 1－36（b）所示，先将刻度尺数值为 0 的点置于 AB 上任意一点 K，再将刻度尺绕点 K 作顺时针旋转至刻度尺上五的 n 倍数点（图中 $n=2$，即点 10）与 CD 重合。

② 以 n 为单位沿刻度尺定出 2、4、6、8 点，如图 1－36（c）所示。

③ 分别过 2、4、6、8 点作 AB、CD 的平行线，完成五等分 AB、CD 两平行线之间的距离，如图 1－36（d）所示。

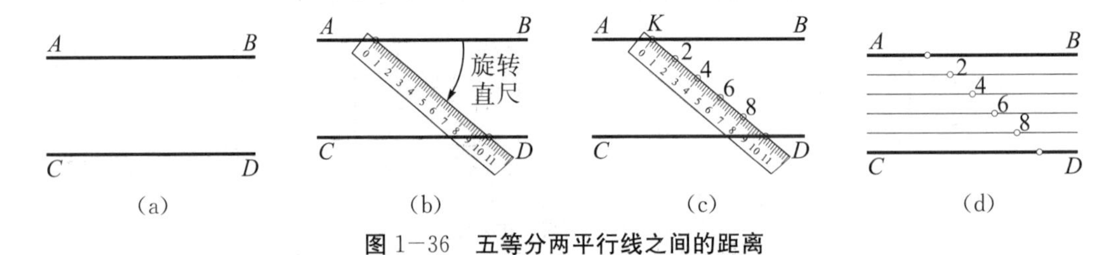

图 1－36 五等分两平行线之间的距离

1.3.2 内接正多边形

画正多边形时，通常先作出其外接圆，然后等分圆周，最后依次连接各等分点。

1.3.2.1 正六边形

（1）圆规法。以正六边形对角线 AB 的长度为直径作出外接圆，根据正六边形边长与外接圆半径相等的特性，用外接圆的半径等分圆周得六个等分点，连接各等分点即得正六边形。如图 1－37（a）所示。

（2）三角板法。作出外接圆后，可利用 60°三角板与丁字尺配合画出正六边形，如图 1－37（b）所示。

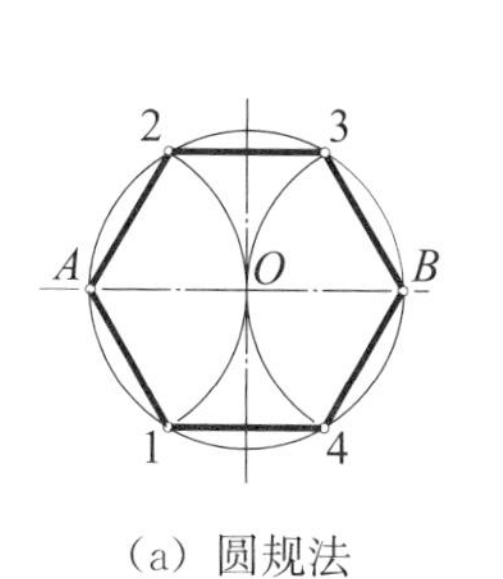

(a) 圆规法

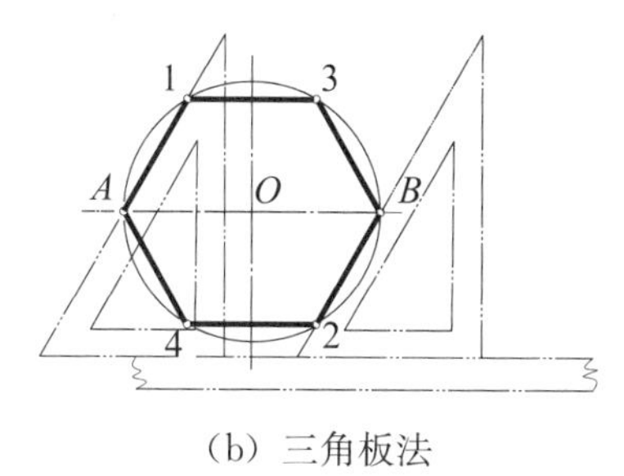

(b) 三角板法

图 1−37　正六边形的画法

图 1−38　正 n 边形的画法

1.3.2.2　正 n 边形

如图 1−38 所示，n 等分铅垂直径 CD（图中 $n=7$）。以 D 为圆心、DC 为半径画弧，交水平中心线于点 E、F；将点 E、F 与直径 CD 上的奇数分点（或偶数分点）连线并延长，与圆周相交得各等分点，顺序连线即得圆内接正 n 边形。

1.3.3　椭圆的画法

已知椭圆的长、短轴或共轭直径均可以画出椭圆，下面分别介绍。

1.3.3.1　已知长短轴画椭圆

（1）用同心圆法画椭圆。

作图：如图 1−39 所示。

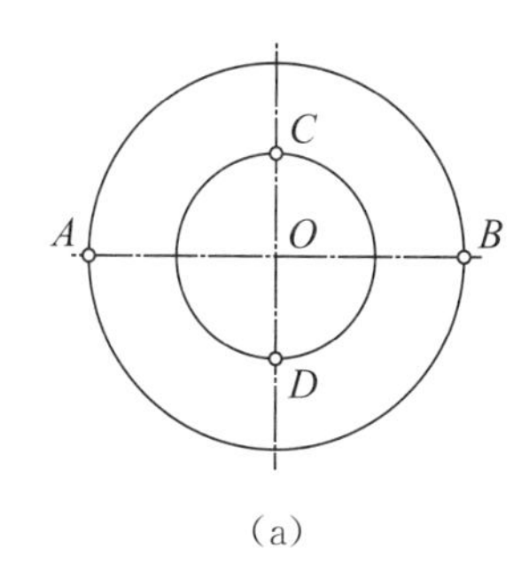

(a)

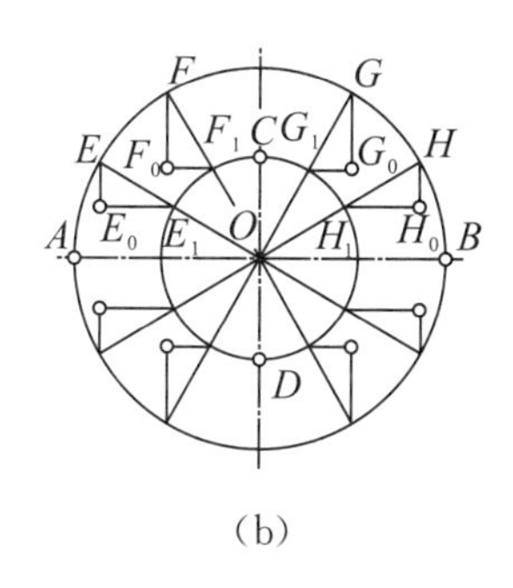

(b)

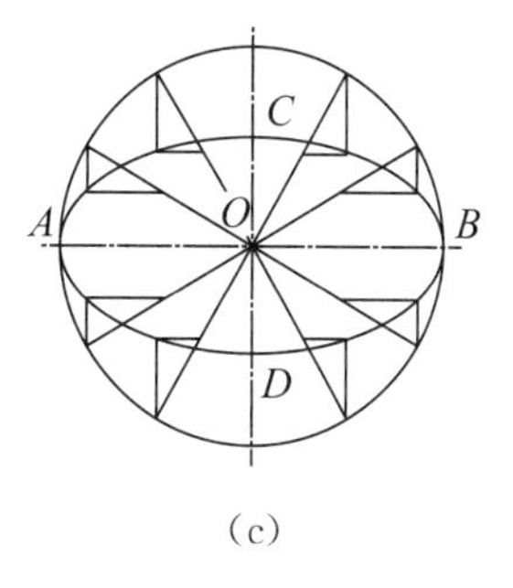

(c)

图 1−39　同心圆法画椭圆

①画出长、短轴 AB、CD，以 O 为圆心，分别以 AB、CD 为直径画两个同心圆，见图 1−39（a）。

②如图 1−39（b）所示，等分大、小两圆周为 12 等分（也可以是其他若干等分）。由大圆各等分点（如 E、F 等点）作竖直线，与由小圆各对应等分点（如 E_1、F_1 等点）所作的水平线相交，得椭圆上各点（如 E_0、F_0、G_0 等点）。

③用曲线板依次光滑地连接 A、E_0、F_0 等各点，即得所求的椭圆，如图 1−39（c）所示。

（2）用四心圆法画椭圆（椭圆的近似画法）。

作图：如图 1−40 所示。

①画出长、短轴 AB、CD，以 O 为圆心、OA 为半径画弧交短轴的延长线于点

K，连 AC；再以 C 为圆心、CK 为半径画弧交 AC 于点 P，如图1−40（a）所示。

②作 AP 的中垂线，交长、短轴于点 O_3、O_1，如图1−40（b）所示。

③取 $OO_2=OO_1$，$OO_4=OO_3$，得 O_2、O_4点，如图1−40（c）所示。

④连 O_1O_3、O_1O_4、O_2O_3、O_2O_4，如图1−40（d）所示。

⑥分别以 O_1 和 O_2 为圆心、O_1C 为半径画弧，与 O_1O_3、O_1O_4 和 O_2O_3、O_2O_4 的延长线交于 E、G 和 F、H 点，如图1−40（e）所示。

⑦再以 O_3 和 O_4 为圆心、O_3A 为半径画弧 EF、GH，即得近似椭圆，如图1−40（f）所示。

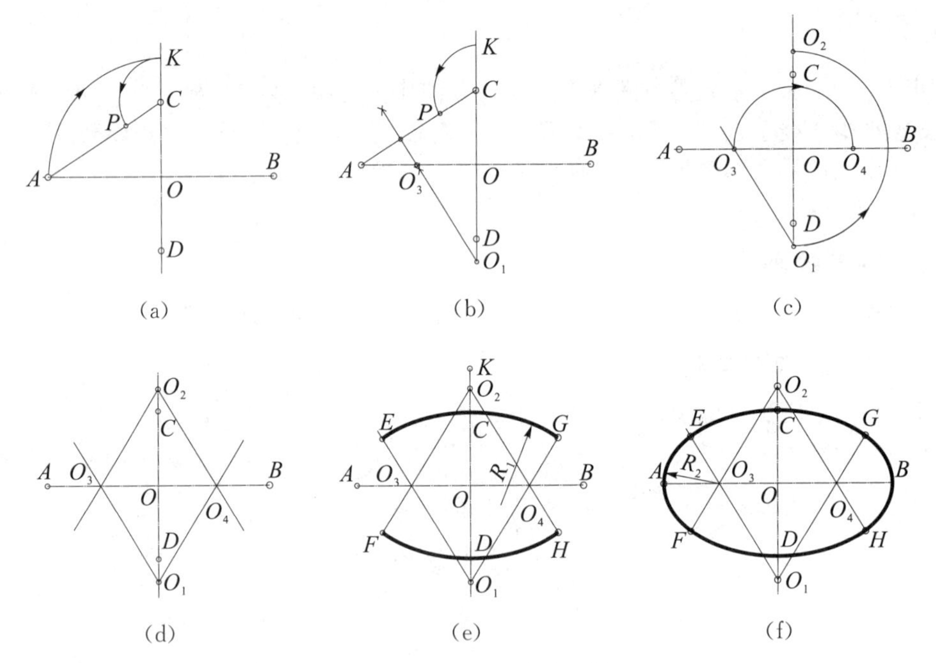

图1−40　四心圆法画椭圆

1.3.3.2　已知共轭直径 MN、KL 画椭圆（八点法）

（1）过共轭直径的端点 M、N、K、L 作平行于共轭直径的两对平行线而得平行四边形 $EFGH$，过 E、K 两点分别作与直线 EK 成45°的斜线交于 R，如图1−41（a）所示。

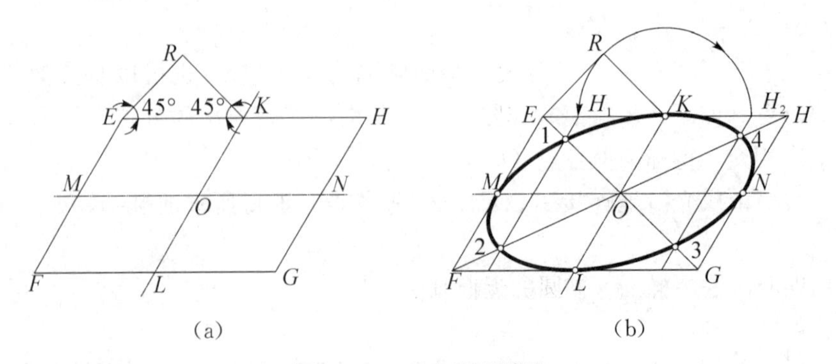

图1−41　八点法画椭圆

（2）如图1—41（b）所示，以K为圆心，KR为半径作圆弧，交直线EH于H_1及H_2，分别通过H_1及H_2作直线平行于KL，分别与平行四边形的两条对角线交于1、2、3、4四点，用曲线板把K、1、M、2、L、3、N、4依次光滑地连成椭圆。

1.3.4　圆弧连接

用已知半径的圆弧将两已知线段（直线或圆弧）光滑地连接起来，这一作图过程称为圆弧连接。即圆弧与圆弧或圆弧与直线在连接处是相切的，其切点称为连接点，起连接作用的圆弧称为连接弧。画图时，为保证光滑地连接，必须准确地求出连接弧的圆心和连接点的位置。

1.3.4.1　圆弧连接的作图原理

（1）与已知直线AB相切的、半径为R的圆弧，如图1—42（a）所示，其圆心的轨迹是一条与直线AB平行且距离为R的直线。从选定的圆心O_1向已知直线AB作垂线，垂足T为切点，即为连接点。

（2）与半径为R_1的已知圆弧AB相切的、半径为R的圆弧，其圆心的轨迹为已知圆弧的同心圆弧。当外切时，同心圆的半径$R_0=R_1+R$，如图1—42（b）所示；内切时，同心圆的半径$R_0=|R_1-R|$，如图1—42（c）所示。连接点为两圆弧连心线与已知圆弧的交点T。

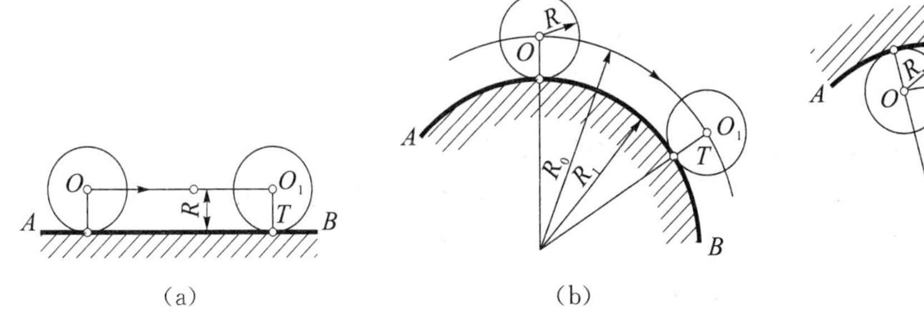

图1—42　圆弧连接的作图原理

1.3.4.2　圆弧连接形式

圆弧连接的形式有三种：用圆弧连接两已知直线；用圆弧连接两已知圆弧；用圆弧连接已知直线和圆弧。现分别介绍如下。

（1）用圆弧连接两已知直线。

用半径为R的圆弧连接两直线AB、BC，如图1—43所示。其作图步骤如下：

①求连接弧圆心O。在与AB、BC距离为R处，分别作它们的平行线ⅠⅡ、ⅢⅥ，其交点O即为连接弧圆心。

②求连接点（切点）T_1、T_2。过圆心O分别作AB、BC的垂线，其垂足T_1、T_2即为连接点。

③画连接弧T_1T_2。以O为圆心，R为半径画连接弧T_1T_2。

当相交两直线成直角时，也可用圆规直接求出连接点T_1、T_2和连接弧圆心O，如图1—44所示。

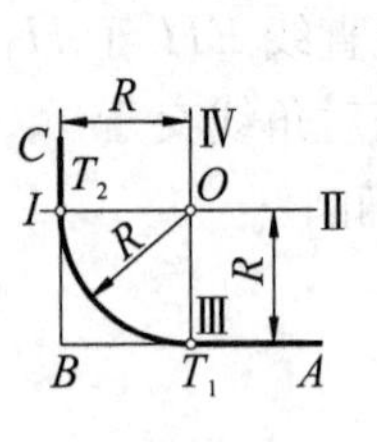

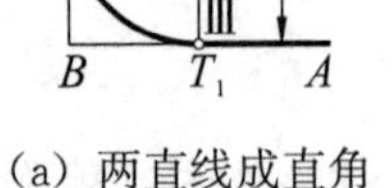

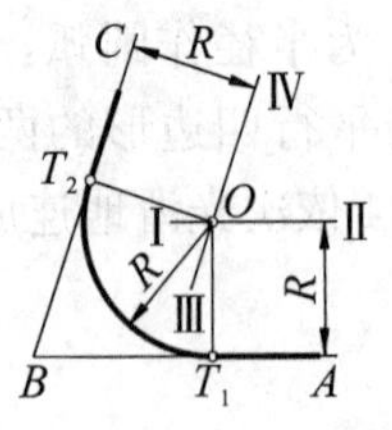

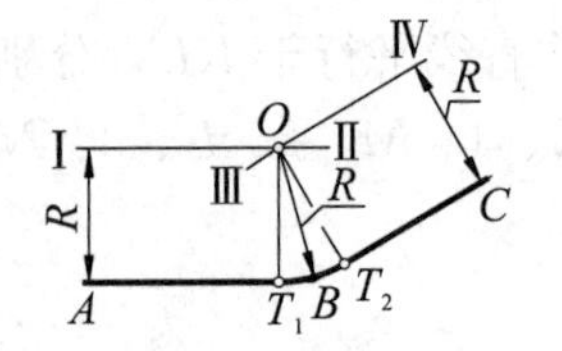

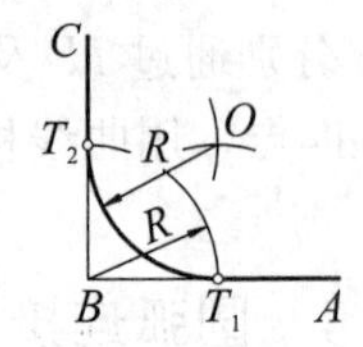

(a) 两直线成直角　(b) 两直线成锐角　(c) 两直线成钝角　用圆规作图

图 1－43　圆弧连接两直线　**图 1－44　两直线成直角**

(2) 用圆弧连接两已知圆弧。

用半径为 R 的圆弧连接半径为 R_1、R_2 的两已知圆弧，如图 1－45 所示。作图步骤如下：

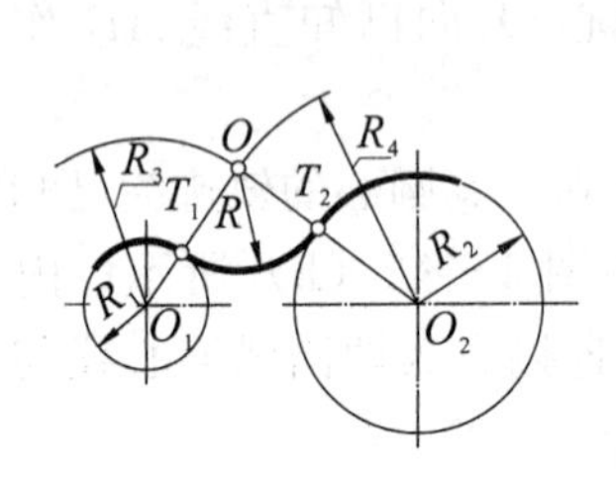

(a) 外切时：$R_3=R_1+R$
$R_4=R_2+R$

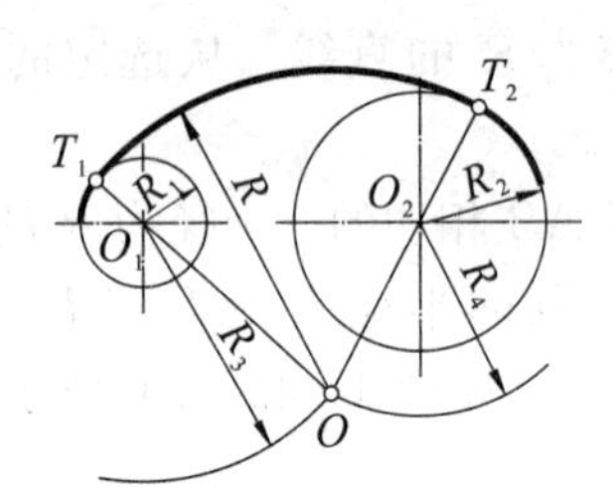

(b) 内切时：$R_3=|R-R_1|$
$R_4=|R-R_2|$

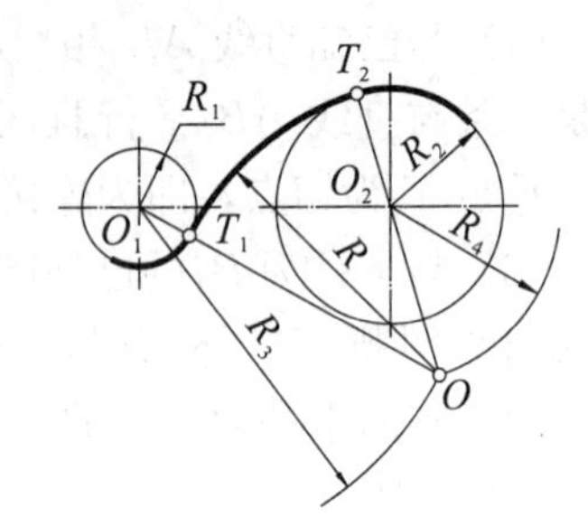

(c) 内、外切时：$R_3=R_1+R$
$R_4=|R-R_2|$

图 1－45　圆弧连接二圆弧

①求连接弧圆心 O。分别以 O_1 和 O_2 为圆心、R_3 和 R_4 为半径画圆弧，其交点 O 即为连接弧圆心。不同情况的连接，其 R_3 和 R_4 不同。外切时，$R_3=R_1+R$，$R_4=R_2+R$，见图 1－45 (a)；内切时，$R_3=|R-R_1|$，$R_4=|R-R_2|$，见图 1－45 (b)；内、外切时，$R_3=R_1+R$，$R_4=|R-R_2|$，见图 1－45 (c)。

②求连接点 T_1、T_2。连接 OO_1、OO_2 与已知圆弧的交点 T_1、T_2 即为连接点。

③画连接弧 T_1T_2。以 O 为圆心、R 为半径画连接弧 T_1T_2。

(3) 用圆弧连接一直线与一圆弧。

用半径为 R 的圆弧连接一已知直线 AB 与半径为 R_1 的已知圆弧 O_1，如图 1－46 所示。作图步骤如下：

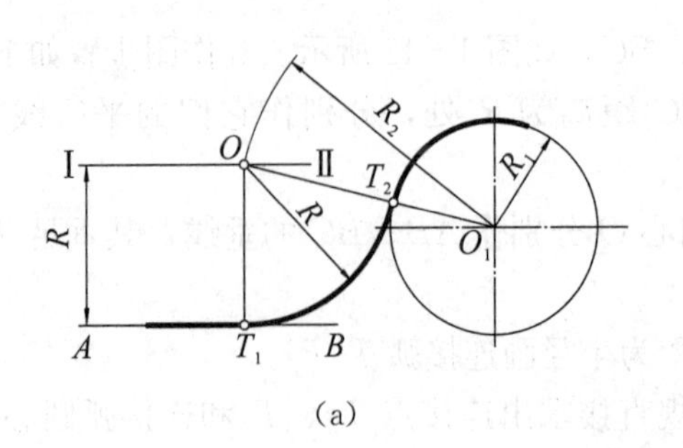

(a)

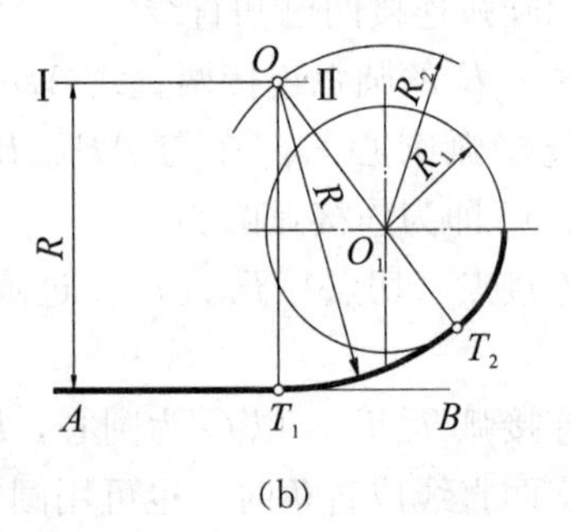

(b)

图 1－46　圆弧连接直线和圆弧

①求连接弧圆心 O。距离 AB 为 R 处作 AB 的平行线ⅠⅡ；再以 O_1 为圆心、R 为半径画圆弧，与直线ⅠⅡ的交点 O 即为连接弧圆心。外切时，$R_2=R_1+R$，如图1－46（a）所示；内切时，$R_2=|R-R_1|$，如图1－46（b）所示。

②求连接点 T_1、T_2。过点 O 作 AB 的垂线得垂足 T_1，连 OO_1，与已知圆弧交于点 T_2，T_1、T_2 即为连接点。

③画连接弧 $\overset{\frown}{T_1T_2}$。以 O 为圆心、R 为半径画连接弧 $\overset{\frown}{T_1T_2}$。

1.4　平面图形的分析与作图步骤

平面图形的分析包括尺寸分析和线段分析。分析图形的主要目的是从尺寸中弄清楚图形中线段之间的关系，从而确定正确的作图步骤。

1.4.1　平面图形的尺寸分析和线段分析

1.4.1.1　平面图形的尺寸分析

平面图形的尺寸按其作用分为定形尺寸和定位尺寸两类。

（1）定形尺寸。

确定图中线段长短、圆弧半径大小、角度的大小等的尺寸称为定形尺寸，如图1－47（a）中的 $R78$、图形底部的 $R13$ 是确定圆弧大小的尺寸，60和64是确定扶手上下方向和左右方向的大小尺寸，这些尺寸都属于定形尺寸。

（2）定位尺寸。

确定图中各部分（线段或图形）之间相互位置的尺寸称为定位尺寸。平面图形的定位尺寸有左右和上下两个方向。每一个方向的尺寸都需要有一个标注尺寸的起点。标注定位尺寸的起点称为尺寸基准。在平面图形中，通常以图形的对称线、回转体的轴线、中心线、物体的底面边线或主要端面边线等作为定位尺寸的基准。图1－47（a）中是把对称线作为左右方向的尺寸基准，扶手的底边作为上下方向的尺寸基准。有时同一方向的基准不止一个，还可能同一尺寸既是定形尺寸，又是定位尺寸，如图1－47（a）中的尺寸80是扶手的定形尺寸，又是左右侧两外凸圆弧的定位尺寸。

1.4.1.2　平面图形的线段分析

按图上所给尺寸齐全与否，图中线段可分为已知线段、中间线段和连接线段三类。

（1）已知线段。

具备齐全的定形尺寸和定位尺寸，不需依靠其他线段而能直接画出的线段称为已知线段。对圆弧而言就是它既有定形尺寸（半径或直径），又有圆心的两个定位尺寸，如图1－47（a）所示扶手的大圆弧 $R78$ 和扶手下端的左右两圆弧 $R13$ 的半径均为已知，同时它们的圆心位置又能被确定，所以，该两圆弧都是已知线段。对直线而言，就是要知道直线的两个端点，如图1－47（a）图形的底边（尺寸64，5）都是已知线段。

（2）中间线段。

定形尺寸已确定，而圆心的两个定位尺寸中缺少一个，需要依靠与其一端相切的已知线段才能确定它的圆心位置的线段称为中间线段。如图1－47（a）所示的半径为13左右外凸的圆弧，具有定形尺寸 $R13$，但 $R13$ 的圆心只知道左右方向的一个定位尺寸 80（因 80 两端的尺寸界线与 $R13$ 的圆弧相切，所以由 80/2－13 后作出与 $R13$ 圆弧的切线平行的直线后就等于知道了圆心左右方向的一个尺寸），要确定圆心的位置，还要依靠与 $R13$ 圆弧相切的已知线段（$R78$）才能完全确定圆心的位置，所以该 $R13$ 的圆弧是中间线段。

（3）连接线段。

定形尺寸已定，而圆心的两个定位尺寸都没有确定，需要依靠其两端相切或一端相切另一端相接的线段才能确定圆心位置的线段称为连接线段，如图 1－47（a）所示的与两个 $R13$ 相切的 $R13$ 的圆弧。

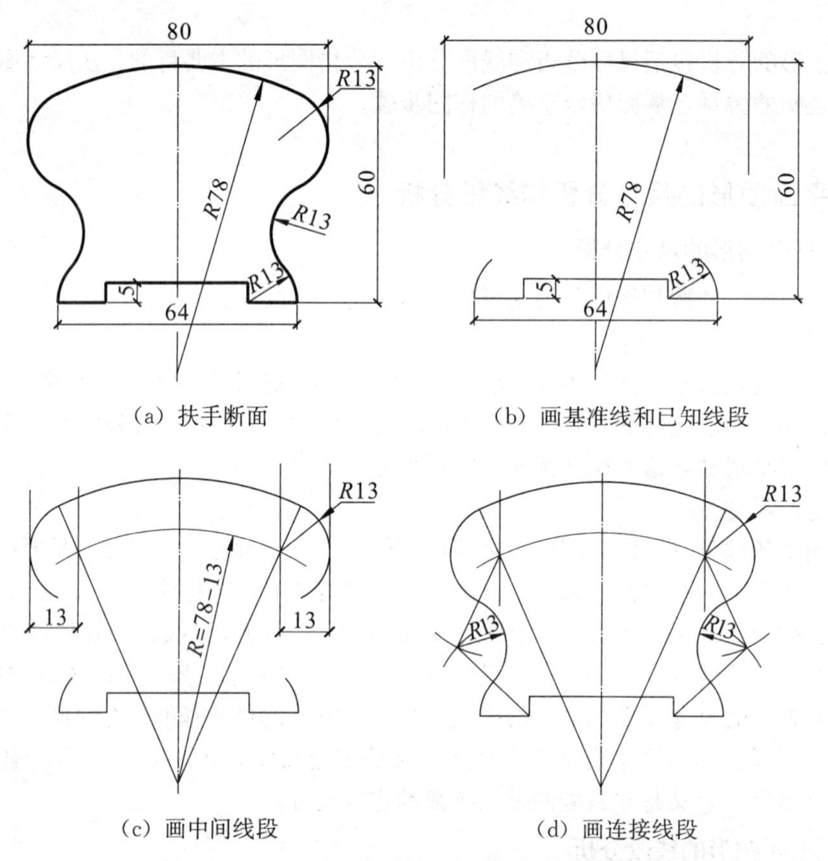

图 1－47　平面图形的线段分析及连接作图

1.4.1.3　作图步骤

画圆弧连接的图形时，必须先分析出其已知线段、中间线段和连接线段，然后依次作出这些线段，顺次连接起来。如图 1－47（a）所示扶手断面图已经做过图形的线段分析，下面将其作图步骤说明如下：

（1）画基准线和已知线段：作左右方向的基准即图形的对称线，作上下方向的基准，即尺寸为 64 的底边。画已知线段如 $R78$、$R13$、5、60、80 等，如图 1－47（b）所示。

（2）画中间线段：根据定位尺寸 80 和外凸圆弧的半径 13，作出与该圆弧切线间距为 13 的平行线，再作半径为 78－13=65，与 $R78$ 同心的圆弧，此圆弧与该平行线的交点即中间圆弧的圆心，如图 1－47（c）所示。

（3）画连接线段：以中间圆弧的圆心为圆心，以该圆弧的半径加连接圆弧的半径为半径作弧，以扶手下方 $R13$ 的圆弧心为圆心，以 $R13+R13$ 为半径作圆弧，两圆弧的交点即连接圆弧的圆心。作各有关的圆心连线找出切点后，光滑地连接各圆弧完成全图，如图 1－47（d）所示。

（4）描深粗实线，标注尺寸，完成全图，如图 1－47（a）所示。

1.4.2　绘图的一般方法和步骤

为了提高绘图的质量与速度，除了掌握常规绘图工具和仪器的使用外，还必须掌握各种绘图方法和步骤。为了满足对图样的不同需求，常用的绘图方法有尺规绘图、徒手绘图和计算机绘图，这里仅介绍尺规绘图和徒手绘图，计算机绘图将在第 12 章介绍。

1.4.2.1　尺规绘图

使用绘图工具和仪器画出的图称为工作图。工作图对图线、图面质量等方面要求较高，所以画图前应做好准备工作，然后再动手画图。画图又分为画底稿和加深图线（或上墨）两个步骤。

用尺规绘制图样时，一般可按下列步骤进行。

（1）准备工作。

①准备绘图工具和仪器。

将铅笔和圆规的铅芯按照绘制不同线型的要求削、磨好；调整好圆规两脚的长短；图板、丁字尺和三角板等用干净的布或软纸擦拭干净；工作地点选择在使光线从图板的左前方射入的地方，并且将需要的工具放在方便之处，以便顺利地进行制图工作。

②选择图纸幅面。

根据所绘图形的大小、比例及所确定图形的多少、分布情况选取合适的图纸幅面。注意，选取时必须遵守表 1－1 和图 1－1、图 1－2 的规定。

③固定图纸。

丁字尺尺头紧靠图板左边，图纸按尺身摆正后用胶纸条固定在图板上。注意使图纸下边与图板下边之间保留 1～2 个丁字尺尺身宽度的距离，以便放置丁字尺和绘制图框与标题栏。绘制较小幅面图样时，图纸尽量靠左固定，以充分利用丁字尺根部，保证作图准确度较高。

（2）画底稿。

画底稿时，所有图线均应使用细线，即用较硬的 H 或 2H 铅笔轻轻地画出。画线要尽量细和轻淡，以便于擦除和修改，但要清晰。

①画图框及标题框。

按表 1－1 及图 1－1、图 1－2 和图 1－3 的要求用细线画出图框及标题栏，可暂不将粗实线描黑，留待与图形中的粗实线一次同时描黑。

②布图。

布置图形应力求匀称、美观。根据图形的大小和标注尺寸的位置等因素进行布图。图形在图纸上分布要均匀，不可偏向一边，相互之间既不可紧靠，也不能相距甚远。确定位置后，再按所设想好的布图方案画出各图形长、宽、高三个方向的基准线，如中心线、对称线、底面边线、端面边线等。

③画图形。

先画物体主要平面（如形体底面、端面）的线；再画各图形的主要轮廓线；然后绘制细节，如小孔、槽和圆角等；最后画其他符号、尺寸线、尺寸界线、尺寸数字横线和仿宋字的格子等。

绘制底稿时要按图形尺寸准确绘制，要尽量利用投影关系，几个有关图形同时绘制，以提高绘图速度。

（3）加深。

铅笔加深时，加深图线时用力要均匀，使图线均匀地分布在底稿线的两侧。用铅笔加深图形的一般顺序为：先粗后细，先圆后直，先左后右，先上后下。

（4）完成其余内容。

画符号和箭头，标注尺寸，写注解，描深图框及填写标题栏等。

（5）检查。

全面检查，如有错误，立即更正，并作必要的修饰。

（6）上墨。

上墨的图样一般用描图纸，其步骤与用铅笔加深的步骤相同。

1.4.2.2　徒手绘图

徒手绘图是指不用绘图工具而按目测比例徒手画出的图样，也称草图。工程技术人员设计建筑物时，常用草图来表达设计意图，以便进一步研究和修改。参观现场时，也常用草图记录现场的情况。因此，对于每个工程技术人员，具有熟练的徒手绘制草图能力尤为重要。

对徒手绘图的要求是：投影正确，线型分明，字体工整，图面整洁，图形及尺寸标注无误。要画好徒手图，必须掌握徒手画各种图形的手法。

（1）直线的画法。

画直线时，手腕不宜紧贴纸面，沿着画线方向移动，眼睛看着终点，使图线画直。为了控制图形的大小比例，可利用方格纸画草图。

画水平线时，图纸倾斜放置，从左至右画出，如图 1－48（a）所示。画垂直线时，应由上而下画出，如图 1－48（b）所示。画倾斜线时，应从左下角至右上角画出，或从左上角至右下角画出，如图 1－48（c）所示。

画 30°、45°、60°的倾斜线时，可利用直角三角形直角边的比例关系近似确定两端点，然后连接而成，如图 1－49 所示。

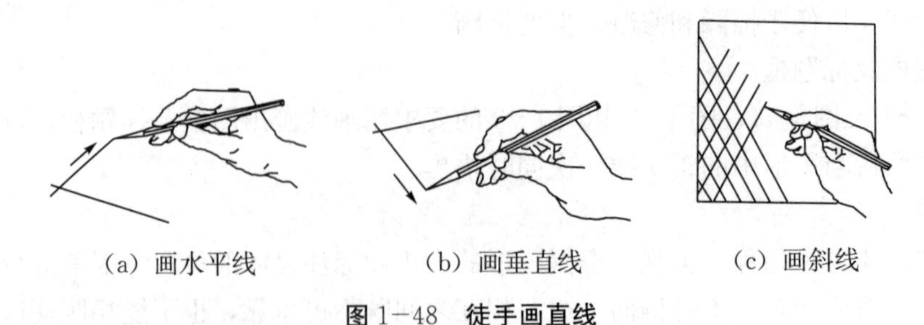

（a）画水平线　（b）画垂直线　（c）画斜线

图 1－48　徒手画直线

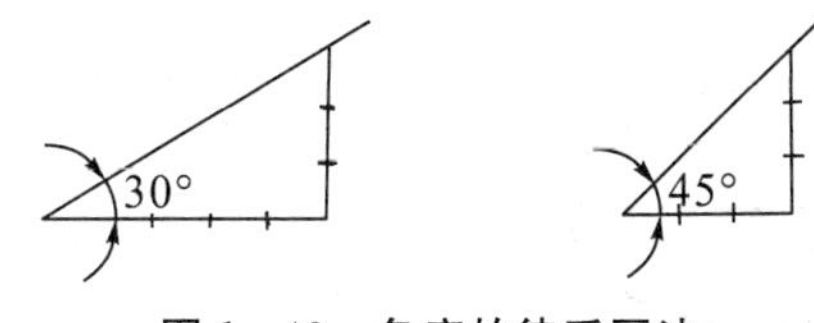

图 1－49　**角度的徒手画法**

(2) 圆和椭圆的画法。

画直径较小的圆时，先画中心线定圆心，并在两条中心线上按半径大小取四点，然后过四点画圆，如图 1－50 (a) 所示。

画较大的圆时，先画圆的中心线及外切正方形，连对角线，按圆的半径在对角线上截取四点，然后过这些点画圆，如图 1－50 (b) 所示。

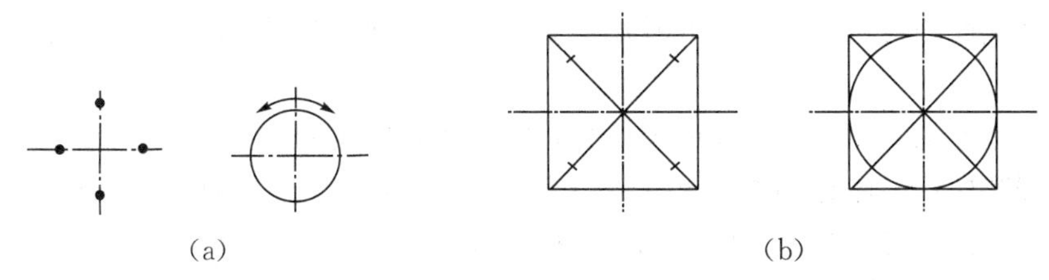

图 1－50　**圆的徒手画法**

当圆的直径很大时，可用如图 1－51 (a) 所示的方法，取一纸片标出半径长度，利用它从圆心出发定出许多圆周上的点，然后通过这些点画圆。或者如图 1－51 (b) 所示，用手作圆规，以小手指的指尖或关节作圆心，使铅笔与它的距离等于所需的半径，用另一只手小心地慢慢转动图纸，即可得到所需的圆。

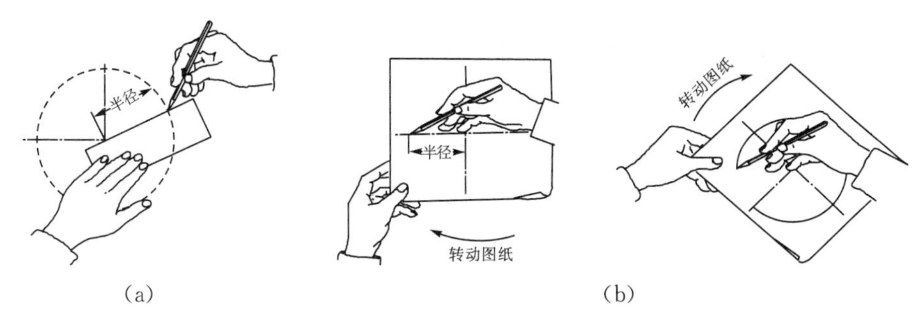

图 1－51　**画大圆的方法**

画椭圆时，可利用长、短轴作椭圆，先在互相垂直的中心线上定出长、短轴的端点，过各端点作一矩形，并画出其对角线。按目测把对角线分为六等分 (如图 1－52 (a) 所示)。以光滑曲线连长、短轴的各端点和对角线上接近四个角顶的等分点 (稍外一点)，如图 1－52 (b) 所示。

由共轭直径作椭圆的方法如图 1－53 (a) 所示，*AB*、*CD* 为共轭直径，过共轭直径的端点作平行四边形并作出其对角线，按目测把对角线分为六等分，用光滑曲线连共轭直径的端点 *A*、*B*、*C*、*D* 和对角线上接近四个角顶的等分点 (稍外一点)，如图 1－53 (b) 所示。

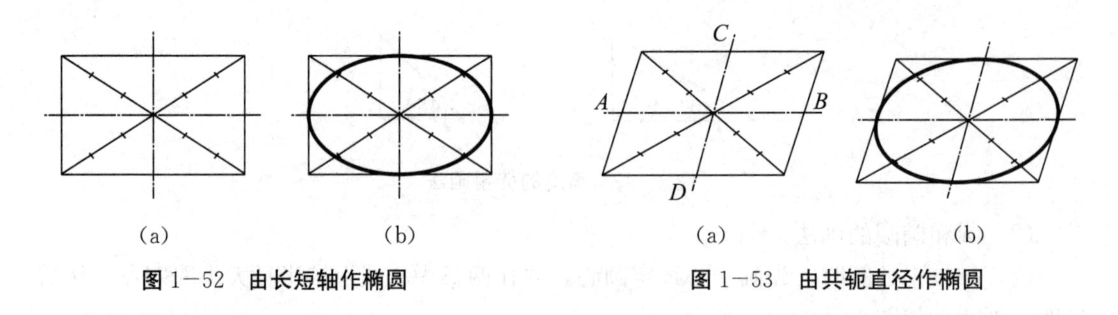

图 1—52 由长短轴作椭圆　　图 1—53 由共轭直径作椭圆

【复习思考题】

1. 图纸幅面的代号有哪几种？其尺寸分别有什么规定？不同幅面代号的图纸之间有什么关系？

2. 什么是比例？图样上标注的尺寸与画图比例有何关系？

3. 工程图样对字体有哪些要求？长仿宋体的特点是什么？字体的号数说明什么？

4. 建筑图样中的图线的宽度分几种？粗实线、中虚线、点画线和细实线的线宽各是多少？其主要用途是什么？

5. 一个完整的尺寸由哪些要素组成？各有哪些基本规定？

6. 已知平面上非圆曲线上的一系列点，怎样用曲线板将它们连成光滑曲线？

7. 叙述按长短轴用同心圆法作椭圆、按长短轴用四心圆法作近似椭圆的作图过程。

8. 什么是圆弧连接？圆弧与圆弧连接时，其连接点应在什么地方？作图方法有哪些规律？

9. 平面图形线段分析的根据和目的是什么？

第 2 章　投影法的基本知识

2.1　投影法概述

2.1.1　投影的概念及投影法的分类

2.1.1.1　投影的概念

在日常生活中，常看到物体呈现影子的现象。例如，在夜晚，将一个四棱台放在灯和地面之间，这个四棱台便在地面上投下影子，如图 2-1（a）所示。但是影子只反映了四棱台底面的外形轮廓，至于四棱台顶面和四个侧棱面的轮廓均未显示出来。如果要把它们都表示清楚，就需要对这种自然射影现象进行科学的改造，即按投影的方法进行投影。光源发出的光线只将形体上各顶点和棱线的影子投射到平面 P 上，这样所得到的图形便称为投影，如图 2-1（b）所示。

投影的方法是：假定空间点 S 为光源，点 S 称为投影中心，影子所投落的平面称为投影面，经过四棱台的点（A、B…）的光线称为投影线（如 SA、SB…），投影线与投影面的交点（如 a、b…）称为点在该投影面上的投影。把相应各顶点的投影连接起来，即得四棱台的投影。投影线、被投影的物体和投影面就是进行投影必须具备的三个条件。

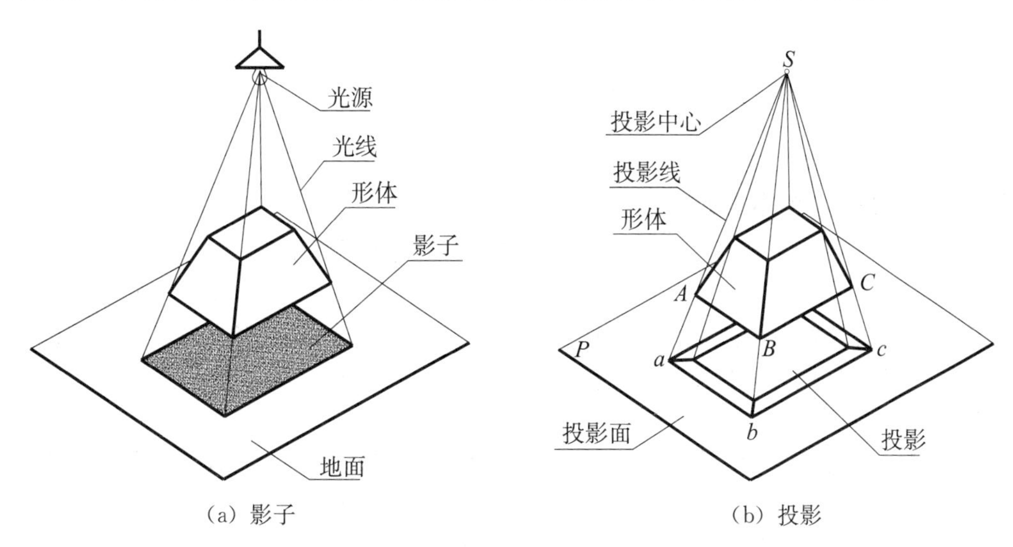

(a) 影子　　(b) 投影

图 2-1　中心投影法

2.1.1.2　投影法的分类

投影法可分为中心投影法和平行投影法两类。

（1）中心投影法。

当投影中心距投影面为有限远时，所有的投影线都会交于一投影中心点，这种投影法称为中心投影法，如图 2－1（b）所示。用这种方法所得的投影称为中心投影。

（2）平行投影法。

当投影中心距投影面为无限远时，所有的投影线到达被投影物体时均视为互相平行，这种投影法称为平行投影法，如图 2－2 所示。用这些互相平行的投射线作出的形体的投影称为平行投影。

根据投影线与投影面的倾角不同，平行投影法又可分为斜投影法和正投影法两种。

（1）斜投影法。

当投影线倾斜于投影面时，称为斜投影法，所得到的平行投影称为斜投影，如图 2－2 (a)所示。

（2）正投影法。

当投影线垂直于投影面时，称为正投影法，所得到的平行投影称为正投影，如图 2－2（b)所示。

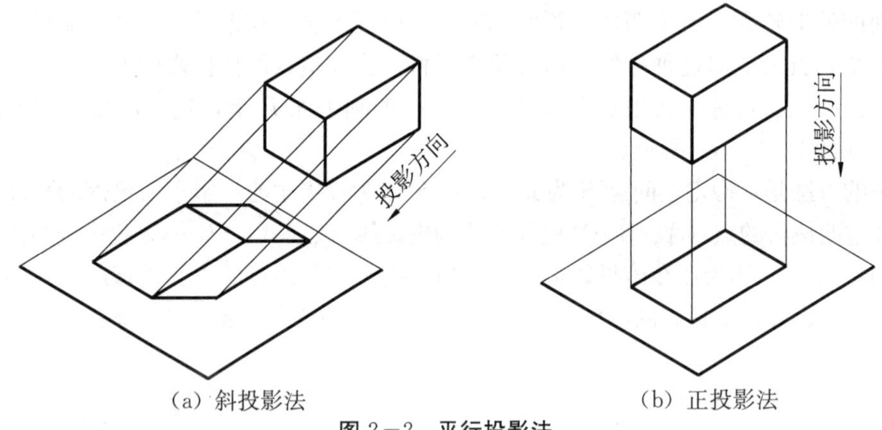

（a）斜投影法　　（b）正投影法

图 2－2　平行投影法

2.1.2　正投影的基本性质

正投影是以平行投影法为作图的依据，其基本性质如下所述。

（1）从属性。

直线上点的投影仍在直线的投影上。如图 2－3 所示，点 C 在直线 AB 上，必有 c 在 ab 上。这种投影性质称为投影的从属性。

（2）定比性。

点分线段所成两线段的长度之比等于该两线段的投影长度之比，如图 2－3 所示，$AC/CB=ac/cb$；两平行线段的长度之比等于它们的投影长度之比，如图 2－3 所示，$AB/EF=ab/ef$。这种投影性质称为投影的定比性。

（3）平行性。

两平行直线的投影仍互相平行。如图 2－3 所示，若已知 $AB \parallel EF$，必有 $ab \parallel ef$。这种投影性质称为投影的平行性。

（4）实形性。

若线段或平面图形平行于投影面，则其投影反映实长或实形。如图 2－4 所示，已知 $DE /\!/ P$ 面，必有 $DE=de$；已知 $\triangle ABC /\!/ P$ 面，必有 $\triangle ABC \cong \triangle abc$。这种投影性质称为投影的实形性。

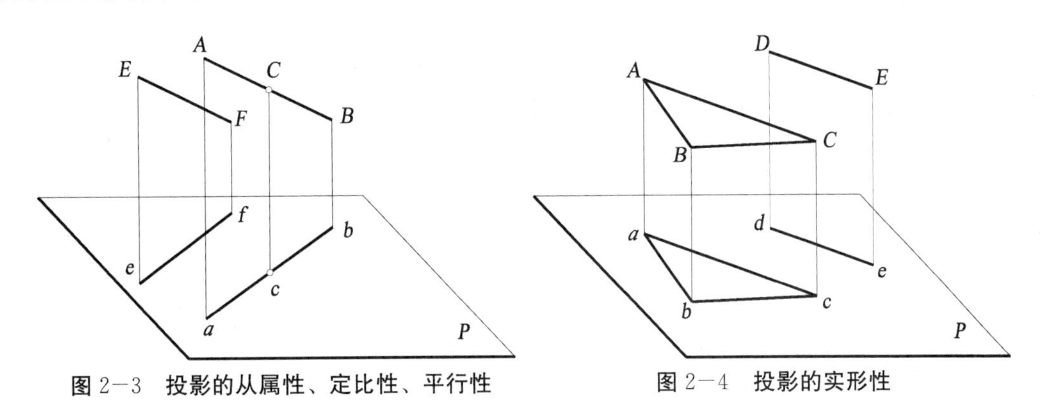

图 2－3　投影的从属性、定比性、平行性　　图 2－4　投影的实形性

（5）积聚性。

若线段或平面图形垂直于投影面，其投影积聚为一点或一直线段。如图 2－5 所示，$DE \perp P$ 面，则点 d 与 e 重合；$\triangle ABC \perp P$ 面，则积聚成直线段 abc。这种投影性质称为投影的积聚性。

（6）类似性。

在图 2－6 中，空间平面图形对投影面来说，既不平行也不垂直，而是倾斜的，这时，它在 P 投影面上的投影既不反映实形也无积聚性，而是比原形小、与原形类似的图形。这种投影性质称为投影的类似性。

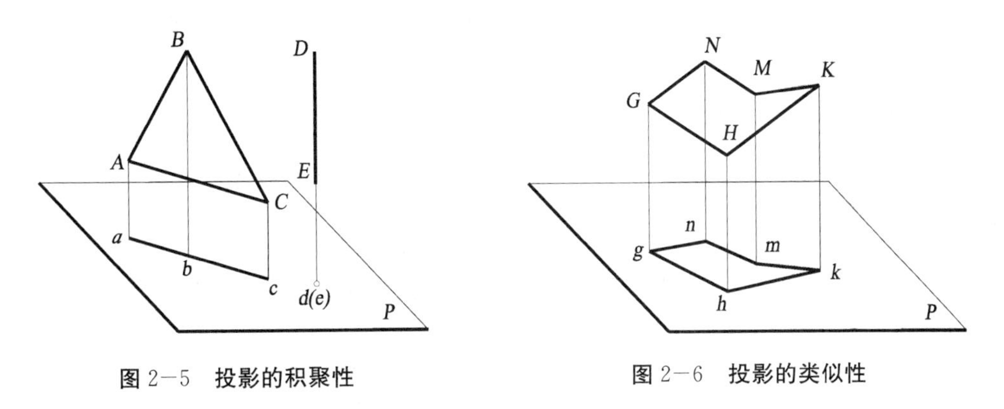

图 2－5　投影的积聚性　　图 2－6　投影的类似性

2.2　工程上常用的四种投影图

图样是用来表示物体形状的，工程上对图样的基本要求是：①度量性好，能准确、清晰地反映物体的形状和大小；②直观性强，富于立体感，使人们易于了解空间物体的形状；③作图简便。

工程上常用的投影图有透视投影图、轴测投影图、多面正投影图及标高投影图。

（1）透视投影图。

透视投影图简称透视图，它是按中心投影法绘制的单面投影图，如图 2－7 所示。这种投影图的优点是形象逼真，与肉眼看到的情况很相似，特别适用于绘制大型建筑物的直观图。其缺点是度量性差，作图复杂。

（2）轴测投影图。

轴测投影图简称轴测图，它是采用平行投影法（正投影法或斜投影法）得到的一种单面投影图。它是将空间的几何形体连同其所在的直角坐标系，一并投影到一个选定的投影面上，使其投影能同时呈现物体的三维形状或三维尺度（X，Y，Z），如图 2－8 所示。这种投影图的优点是立体感强，直观性好。其缺点是度量性不够理想，作图比较麻烦。工程中常将其用作辅助图样。

（3）多面正投影图。

用正投影法将物体向两个或三个互相垂直的投影面进行投影，然后展开投影面所得到的图样称为多面正投影图，简称正投影图，如图 2－9 所示。这种投影图的优点是能准确地反映物体的形状和结构，作图方便，度量性好，所以在工程上被广泛采用。其缺点是立体感差，需要掌握一定的投影知识才能看懂。

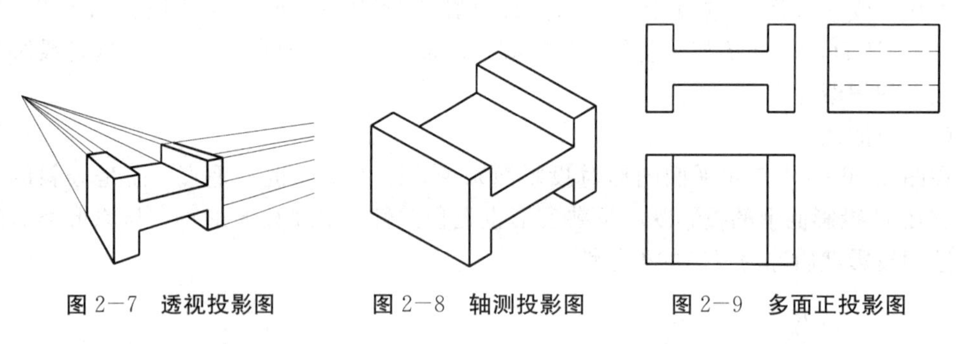

图 2－7　**透视投影图**　　图 2－8　**轴测投影图**　　图 2－9　**多面正投影图**

（4）标高投影图。

标高投影图是一种单面正投影图，多用来表达地形及复杂曲面。图 2－10（a）是图 2－10（b）所示的小山丘的标高投影图。它是假想用一组高差相等的水平面切割地面，如图 2－10（b）所示，将所得的一系列交线（称等高线）投射在水平投影面上，并用数字标出这些等高线的高程而得到的投影图。这种投影图的缺点是立体感差。其优点是在一个投影面上能表达不同高度的形状，所以常用它来表达复杂的曲面和地形。

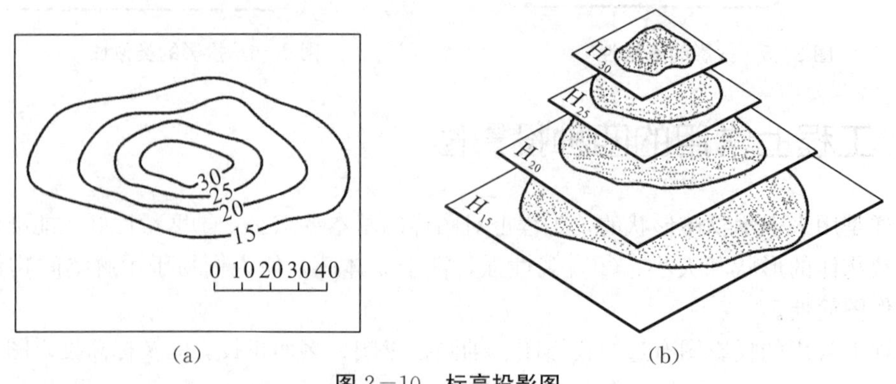

（a）　　（b）

图 2－10　**标高投影图**

2.3　物体的三面正投影图

2.3.1　三面投影图的形成

如图 2－11 所示，三个不同形状的物体，它们在水平面 H 上的投影分别相同，所以，在一般情况下，只凭物体的一个投影不能确定该物体的形状和大小。

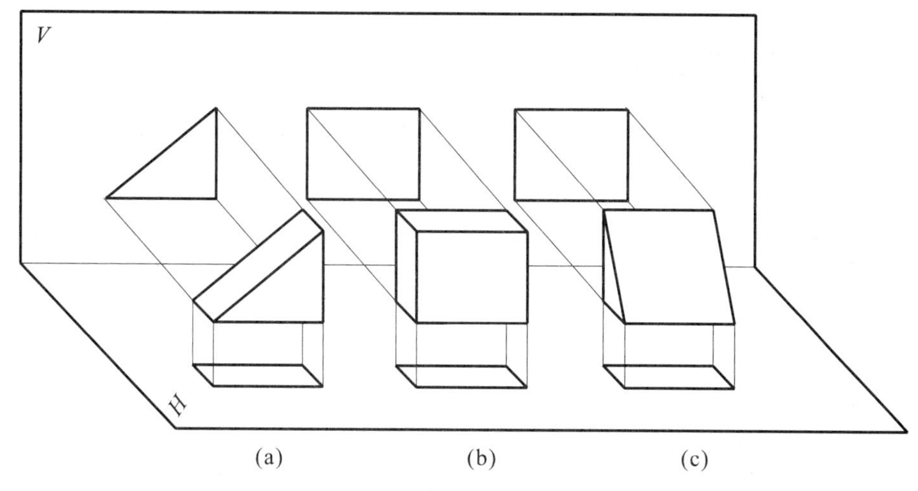

图 2－11　物体在投影面上的投影

一般来说，两面投影可以确定物体的形状。但如图 2－11（b）、（c）所示的两个不同形状的物体，它们在 V、H 面上的投影分别相同，因此，根据它们在 V、H 面上的投影还不能确定它们的空间形状。如果增加投影，这个问题就可以得到解决。增加第三个投影面 W，使其同时与 V、H 面垂面，这样就形成了一个三投影面体系，简称为三面体系，如图 2－12（a）所示。

在该三面体系中将正立投影面 V 称为正面，水平投影面 H 称为水平面，侧立投影面 W 称为侧面。物体在这三个投影面上的投影分别称为正面投影、水平投影、侧面投影。为了使物体表面的投影反映实形，作投影图时，尽可能使物体的表面平行于投影面，然后把物体分别向各投影面进行投影。在图 2－12（a）中，使三角块的前表面平行于 V 面，底面平行于 H 面，右侧面平行于 W 面，则三角块的正面投影反映它前表面的实形，水平投影反映它底面的实形，侧面投影反映它右侧面的实形。如果拿开物体，根据这三个投影就能确定物体的形状。但是，三个投影是分别在三个不同的投影面上的，而实际作图只能在平面图纸上，所以必须把它展开成一个平面。为此，固定 V 面，让 H 面和 W 面分别绕它们与 V 面的交线旋转到与 V 面重合的位置。在实际作图时，只需画出物体的三个投影面而不需画投影面的边框，如图 2－12（b）所示。

2.3.2　三面投影图的对应关系

2.3.2.1　度量对应关系

根据图 2－12 所示的三面投影图可知：正面投影反映物体的长和高；水平投影反映物

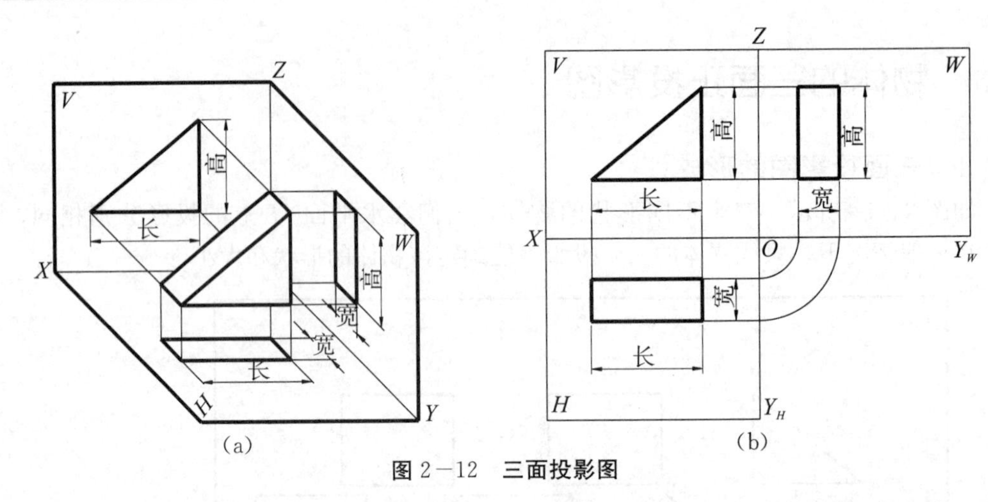

图 2—12　三面投影图

体的长和宽；侧面投影反映物体的宽和高。因为每两个投影总能反映物体的长、宽、高三个方面的尺寸，并且每两个投影中就有一个共同的尺寸，故得三面投影图的度量对应关系如下：

(1) 正面投影和水平投影的长度相等，并且互相对正。

(2) 正面投影和侧面投影的高度相等，并且互相平齐。

(3) 水平投影和侧面投影的宽度相等。

该度量对应关系可简化为：长对正、高平齐、宽相等。这种关系称为三面投影图的投影规律，简称三等规律。

2.3.2.2　位置对应关系

三面投影图的位置对应关系是水平投影在正面投影之下，侧面投影在正面投影之右，如图 2—13 所示。

物体的三面投影图与物体之间的位置对应关系如下：

(1) 正面投影反映了物体的上、下、左、右的位置。

(2) 水平投影反映了物体的前、后、左、右的位置。

(3) 侧面投影反映了物体的上、下、前、后的位置。

应当注意，水平投影和侧面投影中远离正面投影的一边都是物体的前面。

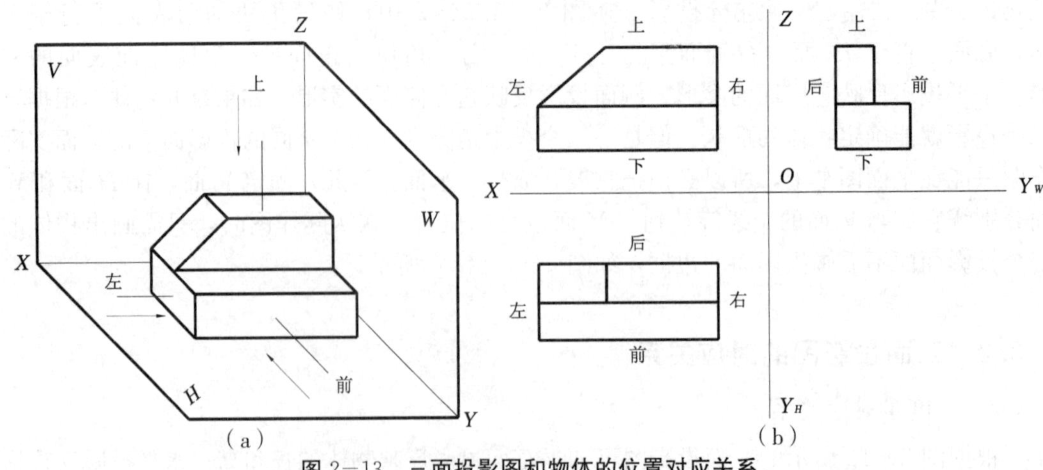

图 2—13　三面投影图和物体的位置对应关系

【例 2－1】试绘制如图 2－14（a）所示物体的三面正投影图。

绘制物体三面投影图前，必须在读懂物体形状的基础上，选择物体形状特征最明显的方向作为正面投影的投射方向，然后根据三面正投影图的三等规律（长对正、高平齐、宽相等）逐步画出物体的三面正投影图。在画图时，物体上的轮廓线，按投影方向凡是可见的均用粗实线画出，不可见的用中粗虚线画出，当虚线和实线重合时只画出实线。

如图 2－14（a）所示物体的作图步骤如下：

（1）分析物体形状，选择 V 面投影方向，如图 2－14（a）所示。

（2）按投影方向，先画出正面投影的外轮廓线（长方形），再根据“长对正、高平齐、宽相等”三等规律画出其他两面投影，如图 2－14（b）所示。

（3）先画出正面投影中缺口的投影，再根据“长对正、高平齐、宽相等”三等规律画出缺口的其他两面投影，如图 2－14（c）所示。注意，不可见的轮廓线应用中粗虚线画出。

（4）检查，擦去多于的图线和作图线，加深加粗图线，完成全图。如图 2－14（d）所示。

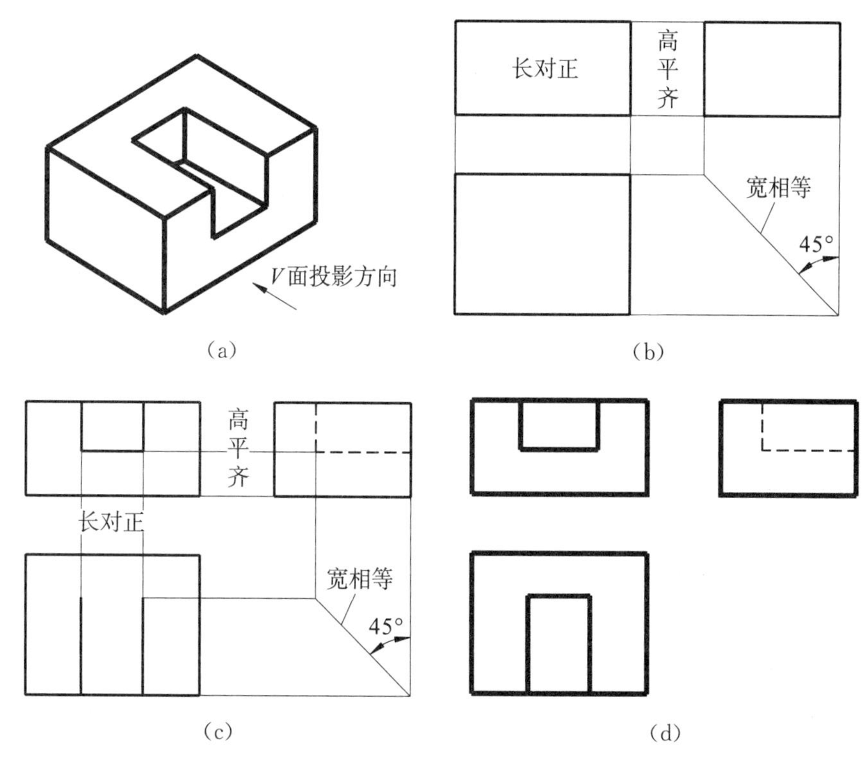

图 2－14　三面投影图和物体的位置对应关系

【复习思考题】

1. 什么是中心投影？什么是平行投影？什么是正投影？
2. 试述正投影的几何性质。
3. 试述三面正投影的形成过程。

第3章 点、直线、平面的投影

点、线、面是构成空间形体最基本的几何元素，它们是不能脱离形体而孤立存在的。要解决形体的投影问题，首先要研究点、线、面的投影。

3.1 点的投影

3.1.1 点的单面投影

如图3−1（a）所示，若投影方向S垂直于投影面H，过空间点A向投影面H作垂线，其垂足a即为点A在H面上的投影。如图3−1（a）所示，A点在H面内的投影a是唯一的。如图3−1（b）所示，仅凭B点的水平投影b，并不能确定B点的空间位置。由于仅凭点的一个投影不能确定该点的空间位置，故需要研究点的多面投影问题。

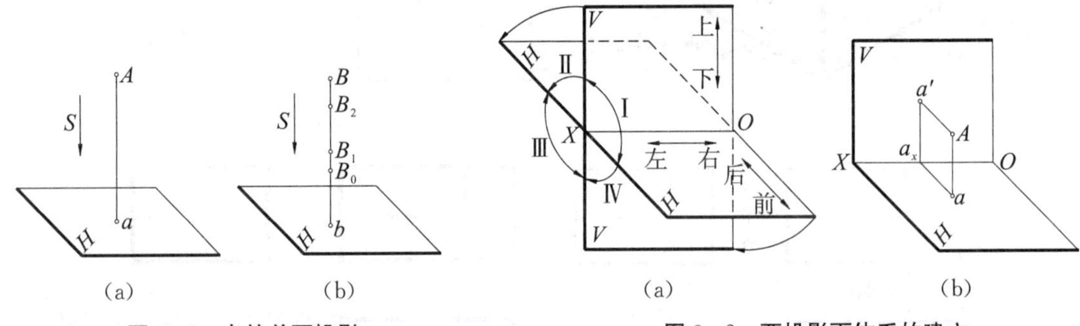

图3−1 点的单面投影

图3−2 两投影面体系的建立

3.1.2 点的两面投影

3.1.2.1 两投影面体系的建立

如图3−2所示，设立两个互相垂直的投影面构成两投影面体系（简称两面体系），其中水平放置的投影面H称为水平投影面（简称水平面或H面），垂直放置的投影面V称为正立投影面（简称正面或V面），H面与V面的交线OX称为投影轴。两面体系的整个空间被相互垂直的H面和V面分为四个部分，每个部分称为一个分角，四个分角Ⅰ、Ⅱ、Ⅲ、Ⅳ的划分顺序如图3−2（a）所示。本书着重介绍第一分角中几何形体的投影。

如图3−2（b）所示，在第一分角内有一点A，由点A分别向H面和V面作垂线，其垂足a、a'分别称为点A的水平投影和正面投影。国家制图标准规定：空间点用大写字母或数字（如A、Ⅱ、…）表示，水平投影用相应的小写字母（如a、2）表示，正面投影用小写字母并在其右上角加一撇（如 a'、$2'$）表示。

如图3－2（b）所示，若已知水平投影 a 和正面投影 a'，即可过 a 作 H 面的垂线 aA，过 a' 作 V 面的垂线 $a'A$，这两条垂线必然交于点 A。因此，点的两个投影能唯一确定该点的空间位置。

3.1.2.2　两面投影图的形成及点的两面投影

如图3－3（a）所示，点 A 的两个投影 a 和 a' 分别在两个不同的平面内，在画投影图时，需要把两个投影画在同一平面内。为此，规定保持 V 面不动，将 H 面绕 OX 轴向下旋转90°，使之与 V 面处于同一平面，如图3－3（b）所示。这就形成了点 A 的两面投影图，如图3－3（c）所示。由于平面可以无限延伸，在画投影图时，只需画出投影轴 OX，而不画出投影面的边界，投影图中也不标记 H、V，如图3－3（d）所示。

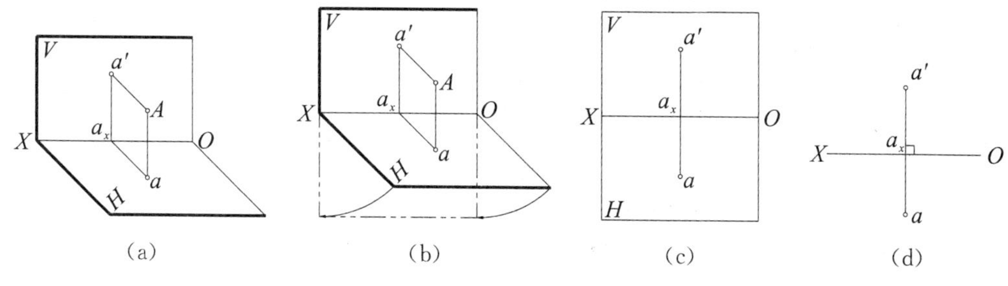

图3－3　点的两面投影

3.1.2.3　点的两面投影规律

如图3－3（a）所示，由于投影线 Aa 和 Aa' 构成的平面 $Aa a_x a'$ 垂直于 H 面和 V 面，所以该面必定垂直于 OX 轴，因而，平面 $Aa a_x a'$ 内过 a_x 的直线 aa_x 和 $a'a_x$ 均垂直于 OX 轴，即 $aa_x \perp OX$，$a'a_x \perp OX$。当 a 随 H 面绕 OX 轴旋转展开与 V 面重合后，点 a、a_x、a' 三点共线，且 $a'a \perp OX$ 轴，如图3－3（d）所示。点两个投影的连线称为投影连线（如 $a'a$）。

在图3－3（a）中，由于矩形平面 $Aa a_x a'$ 的对边相等，故有 $a'a_x = Aa$，$aa_x = Aa'$。而 Aa 和 Aa' 分别为点 A 到 H 面和 V 面的距离。

综上所述，点的两面投影规律可总结如下：

①点的水平投影与正面投影的连线垂直于 OX 轴（即 $aa' \perp OX$）。

②点的水平投影到 OX 轴的距离等于该点到 V 面的距离（即 $aa_x = Aa'$），点的正面投影到 OX 轴的距离等于该点到 H 面的距离（即 $a'a_x = Aa$）。

3.1.3　点的三面投影

3.1.3.1　三投影面体系的建立

前面所述，点的两面投影能唯一确定该点的空间位置，但几何形体经常需要三个投影来表达。为此，在如图3－2（a）所示两投影面体系的基础上增加一个与 V 面和 H 面都垂直的侧立投影面（简称侧面或 W 面）构成三投影面体系（简称三面体系），如图3－4（a）所示。在三面体系中，任意两个投影面均可构成两面体系。

在三面体系中，H 面、V 面和 W 面的交线 OX、OY 和 OZ 相互垂直，称为投影轴，它们的交点称为投影原点，用 O 表示。三个投影面把空间分成八个部分，称为八个卦角。卦角Ⅰ～Ⅷ的划分顺序如图 3-4（a）所示。本书着重介绍第Ⅰ卦角中几何形体的投影。

3.1.3.2 三面投影图的形成及点的三面投影

如图 3-4（b）所示，在第Ⅰ卦角中有一点 A，过点 A 分别向 H、V、W 面作垂线，其交点 a、a'、a''分别称为点 A 的水平投影、正面投影和侧面投影。国家制图标准规定：侧面投影用小写字母并在其右上角加两撇（如 a''、$2''$）表示。

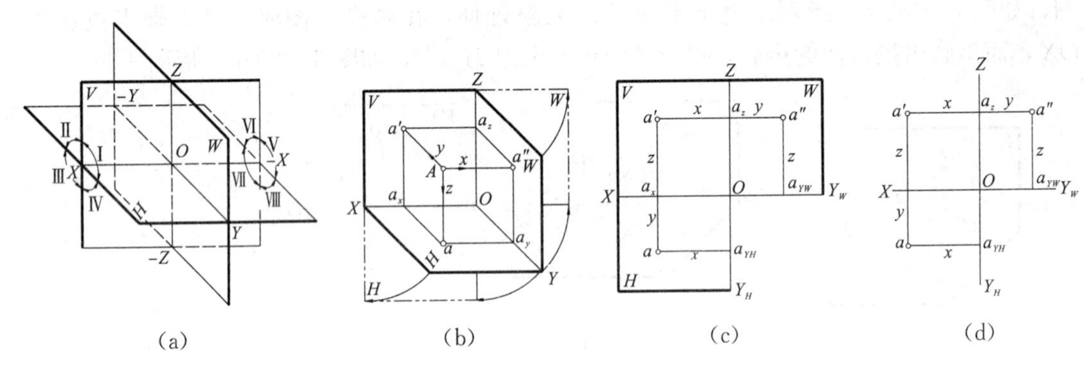

（a）（b）（c）（d）

图 3-4 点的三面投影

在三面体系中，点 A 的三个投影 a、a'和 a''分别在三个不同的平面内，画投影图时，仍需要把三个投影画在同一平面内。为此，仍规定保持 V 面不动，分别将 H 面绕 OX 轴向下旋转 90°，将 W 面绕 OZ 轴向右旋转 90°，使 H 面、W 面与 V 面重合于同一个平面，如图 3-4（b）所示。旋转后，Y 轴和点 a_Y有两个位置，随 H 面向下旋转的 Y 轴用 Y_H表示，点 a_Y记为 a_{YH}；随 W 面向右旋转的 Y 轴用 Y_W表示，点 a_Y记为 a_{YW}，如图 3-4（c）所示。

三面体系经旋转后，即可得到点 A 的三面投影图，与两面投影图同理，三面投影图中不必画出投影面的边界，也不标记 H 、V、W 符号，如图 3-4（d）所示。

3.1.3.3 点的坐标

如图 3-4（b）所示，若将三面体系对应笛卡尔直角坐标系，则投影面（H、V、W）、投影轴（OX、OY、OZ）、投影原点 O 可分别视为坐标面、坐标轴、坐标原点 O。O 点把每一根轴分为两部分，规定：OX 轴从 O 向左为正，向右为负；OY 轴向前为正，向后为负；OZ 轴向上为正，向下为负。在第Ⅰ卦角内，点的坐标值均为正值。

如图 3-4（b）所示，空间点的三面投影与该点的空间坐标有如下关系：

①空间点的任一投影，均反映了该点的某两个坐标值，即：a（x_A，y_A），a'（x_A，z_A），a''（y_A，z_A）。

②空间点的每一个坐标值反映了该空间点到某投影面的距离，如图 3-4（b）所示，即：$aa_y=a'a_z=x$，反映 A 点到 W 面的距离；$aa_x=a''a_z=y$，反映 A 点到 V 面的距离；$a'a_x=a''a_y=z$，反映 A 点到 H 面的距离。

由此可知，点的每一个投影由该点的两个坐标值确定，点的任意两个投影都能反映该点的三个坐标值。如果已知点 A 的一组坐标值 A（x_A，y_A，z_A），就能唯一地确定该点的三面投影（a，a'，a''）；反之亦然。

3.1.3.4　点的三面投影规律

如图3−4（d）所示，空间点 A 的两面投影规律中有 $aa' \perp OX$，同理可得，点 A 的正面投影 a' 与侧面投影 a'' 的连线垂直于 OZ 轴，即 $a'a'' \perp OZ$。如图3−4（b）所示，空间点 A 的水平投影 a 到 OX 轴的距离和侧面投影 a'' 到 OZ 轴的距离均反映该点的 y 坐标，故 $aa_x = a''a_z = y_A$。

综上所述，点的三面投影规律如下：

①点的水平投影和正面投影的连线垂直于 OX 轴，即 $a\,a' \perp OX$。

②点的正面投影和侧面投影的连线垂直于 OZ 轴，即 $a'a'' \perp OZ$。

③点的水平投影到 OX 轴的距离等于该点的侧面投影到 OZ 轴的距离，即 $aa_x = a''a_z$。

比较图2−12和图3−4，可以看出，点的三面投影也符合“长对正、高平齐、宽相等”的“三等”规律。因此，在点的三面投影图中，点的任何两个投影都反映该点到三个投影面的距离，即点的两个投影能唯一确定点的空间位置，所以，只要给出点的任意两个投影，就可以求出该点的第三投影。

【例3−1】如图3−5（a）所示，已知点 C 的二面投影 c、c'，求作其第三投影 c。

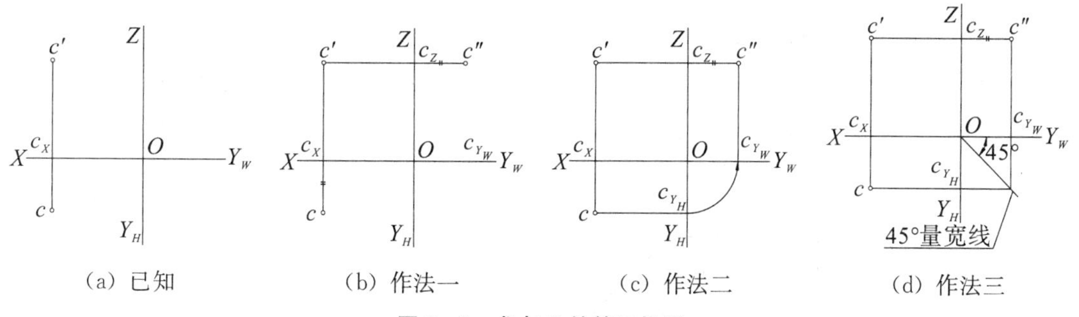

（a）已知　（b）作法一　（c）作法二　（d）作法三

图3−5　求点 C 的第三投影

作图：按三等规律，先过 c' 作一平行于 OX 轴的直线，再用以下三种方法之一求出 c''。

①过 c' 作 OX 轴的垂线，在该垂线上截取 $c''c_Z = cc_X$，即求得的 c''，如图3−5（b）所示。

②以 O 为圆心，Oc_{Y_H} 为半径画弧求得 c_{Y_W} 点，再过 c_{Y_W} 作 OZ 轴的平行线求出 c'' 点，如图3−5（c）所示。

③作45°辅助线（量宽线），将 cc_X 的宽度转至 $c''c_Z$，如图3−5（d）所示。

【例3−2】如图3−6（a）所示，已知点 A 的坐标为（13，8，15），求作点 A 的三面投影。

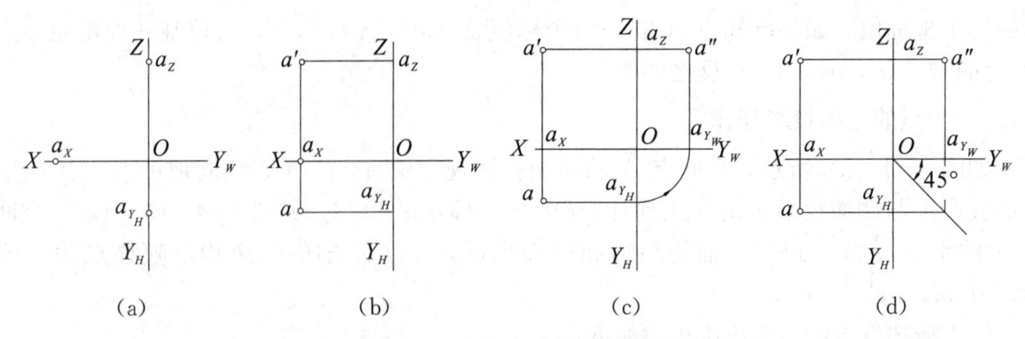

图 3-6　求作点 A 的三面投影

作图：

① 如图 3-6（a）所示，画出投影轴。由 O 沿 OX 取 $x=13$，得 a_X 点，沿 OY_H 取 $y=8$，得 a_{Y_H} 点，沿 OZ 取 $z=15$，得 a_Z 点。

② 如图 3-6（b）所示，过 a_X 点作 OX 轴的垂线，它与过 a_{Y_H} 点而与 OX 平行的直线的交点，即为点 A 的水平投影 a；与过 a_Z 点而与 OX 平行的直线的交点，即为点 A 的正面投影 a'。

③ 由 $aa_X=a_{Y_H}O=a_{Y_W}O=a''a_Z$，在 $a'a_X$ 延长线上即可得到点的侧面投影 a''。作图方法如图 3-6（c）或（d）所示。

3.1.3.5　特殊位置点的投影

（1）投影面上的点。当点在某投影面上时，点在该投影面上的投影与空间点本身重合，其余两投影在相应的投影轴上。如图 3-7 所示，图（a）和图（b）分别为投影面上点 A 和点 B 的直观图和三面投影图。

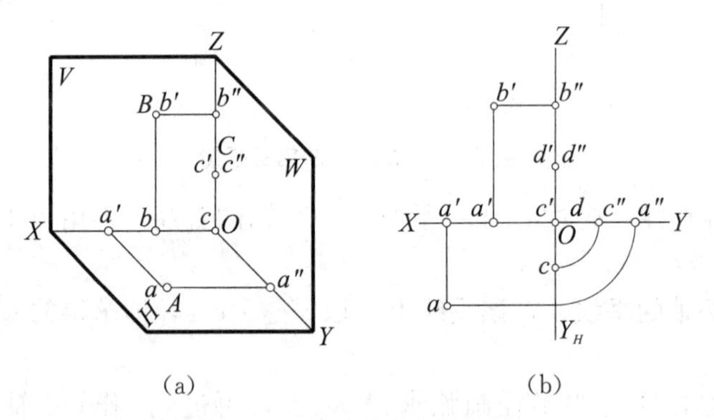

图 3-7　特殊位置点的投影

（2）投影轴上的点。当点在某投影轴上时，点在形成该轴的投影面上的投影与空间点本身重合，第三投影在原点 O 上。如图 3-7 所示，图（a）和图（b）分别为投影轴上点 C 和点 D 的直观图和三面投影投影图。

3.1.4　两点的相对位置

两点的相对位置是指空间两点的左右、前后、上下的相对位置关系，如图 3-8 所示。

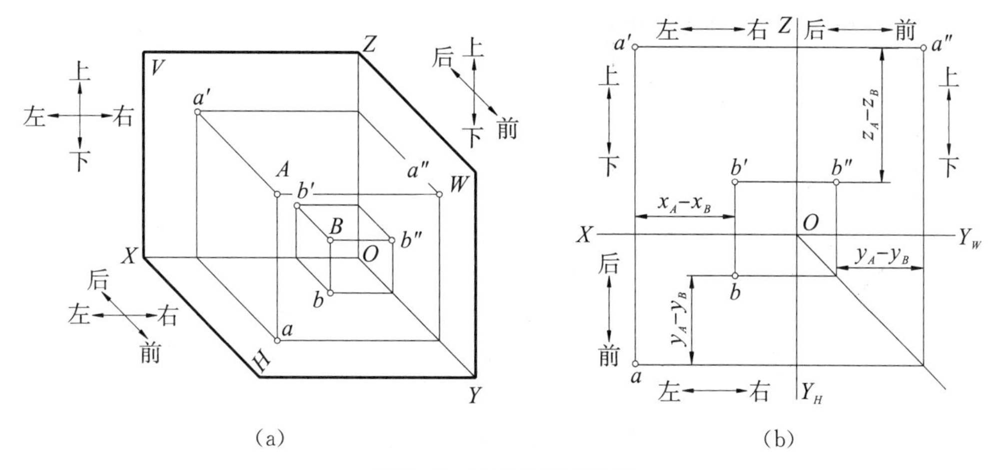

图 3-8　两点的相对位置

3.1.4.1　两点相对位置的判别和确定

两点在同一投影面上的投影称为同面投影，空间两点的相对位置可根据两点同面投影的坐标关系来判别。如图 3-8（b）所示，已知 a'、a、a''和 b'、b、b''。$x_A>x_B$表示 A 点在 B 点之左，$y_A>y_B$表示 A 点在 B 点之前，$z_A>z_B$表示 A 点在 B 点之上，即 A 点在 B 点的左、前、上方。若知其确切位置，则可用两点的坐标差（即两点在三个方向上分别对各投影面的距离差）来确定。在图 3-8（a）中，A 点在 B 点左方 x_A-x_B处，A 点在 B 点前方 y_A-y_B处，A 点在 B 点上方 z_A-z_B处。由于 A、B 两点的坐标差已确定，这两点的相对位置就完全确定了。

3.1.4.2　重影点及其可见性

当空间两点在某个投影面上的投影重合为一点时，表示该两点由于某个坐标相同而位于同一条投射线上，这两点称为对某投影面的重影点（简称重影点）。如图 3-9 所示，A、B 两点位于 H 面的同一条垂直线（投射线）上，它们在 H 面上的投影 a、b 重合，这时，可称 A、B 两点为对 H 面的重影点。由于 A 点位于 B 点的正上方，即 $z_A>z_B$，故点 A 可见，点 B 被点 A 遮住了不可见。为了在投影图中表示可见性，对不可见的点加注括号来表示，故 A、B 两点的水平投影表示为 a（b）。同理，称 C、D 两点为对 V 面的重影点。此时，C 点位于 D 点的正 Q 前方，即 $y_C>y_D$，点 C 可见，点 D 被点 C 遮住了不可见，故 C、D 两点的正面投影表示为 c'（d'）。

由上分析可知，A、B 两点的正面投影 a'、b'均可见，C、D 两点的水平投影 c、d 亦可见。因此，要判别空间两点重影点的可见性，可根据它们不重合的同面投影来判别，坐标值大的为可见，坐标值小的为不可见，即左遮右、前遮后、上遮下。

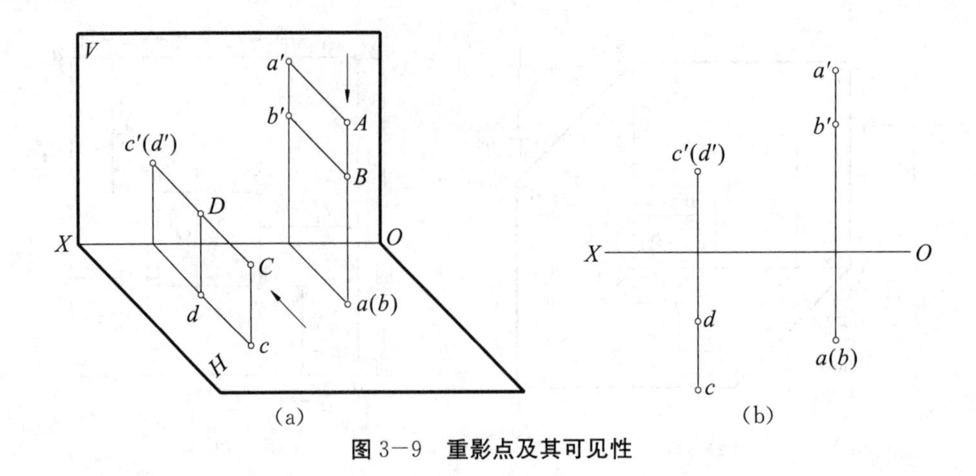

(a)　　　　　　　　　　(b)

图 3-9　重影点及其可见性

3.2　直线的投影

3.2.1　直线的投影

3.2.1.1　直线的确定

任何直线的位置均可由该直线上的任意两点来确定，也可由直线上一点及直线的方向（例如平行于另一条已知直线）来确定。直线是可以无限延伸的，但通常用有限长度的线段（两定点之间的部分）来表示，在本节及以后章节中所讲的“直线”一般是指用线段表示的直线。

3.2.1.2　直线的投影

一般情况下，直线的投影仍为直线，只有当直线平行于某一投影方向时，其投影才积聚为一点，如图 3-10（a）所示。

直线可视为点的集合，直线的投影就是直线上点的投影的集合。而两个点可以确定一条直线，故直线的投影可由直线上两点的同面投影来确定。若要作出如图 3-10（b）所示直线 AB 的三面投影，只需分别作出 A、B 的同面投影 a、b，a'、b'，a''、b''，然后再将同面投影相连即可，如图 3-10（c）所示。直线的两个投影能唯一确定该直线的空间位置。

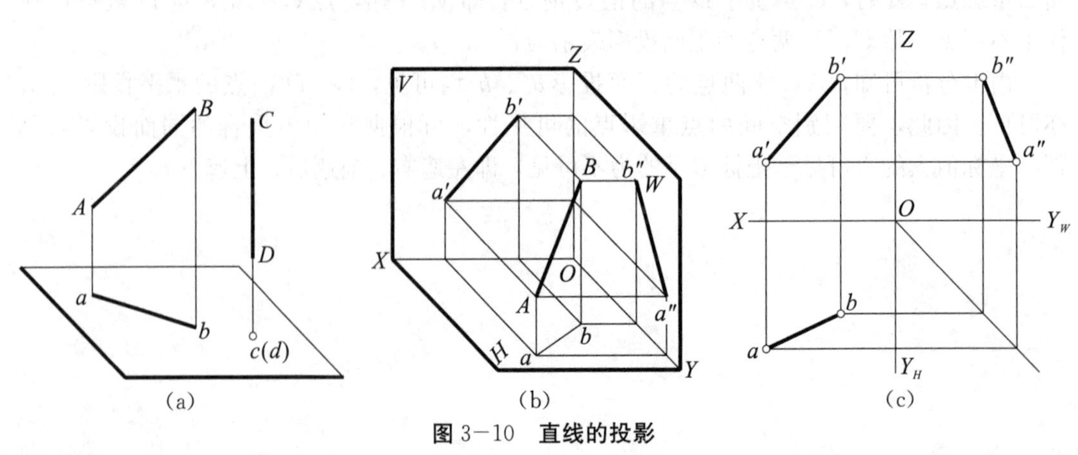

(a)　　　　　　(b)　　　　　　(c)

图 3-10　直线的投影

3.2.2　各种位置直线的投影特性

在三面体系中，根据直线与投影面所处的相对位置不同，可将直线分为投影面平行线、投影面垂直线和一般位置直线三种。前两种又称为特殊位置直线。直线对 H、V、W 三投影面的倾角，分别用 α、β、γ 来表示。

3.2.2.1　投影面平行线

只平行于一个投影面而与其他两个投影面倾斜的直线称为投影面平行线。只平行于 H 面的直线称为水平线；只平行于 V 面的直线称为正平线；只平行于 W 面的直线称为侧平线。

投影面平行线的投影特性如表 3－1 所示。

通过对表 3－1 的分析，可归纳出投影面平行线的投影特性如下：

（1）直线在它所平行的投影面上的投影，反映该线段的实长和对其他两投影面的倾角。

（2）直线在其他两个投影面上的投影分别平行于相应的投影轴，且都小于该线段的实长。

表 3－1　投影面平行线的投影特性

	立体图	投影图	投影特性
水平线	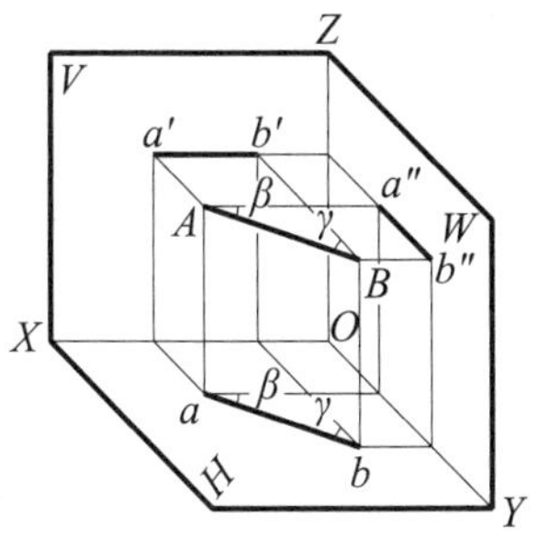	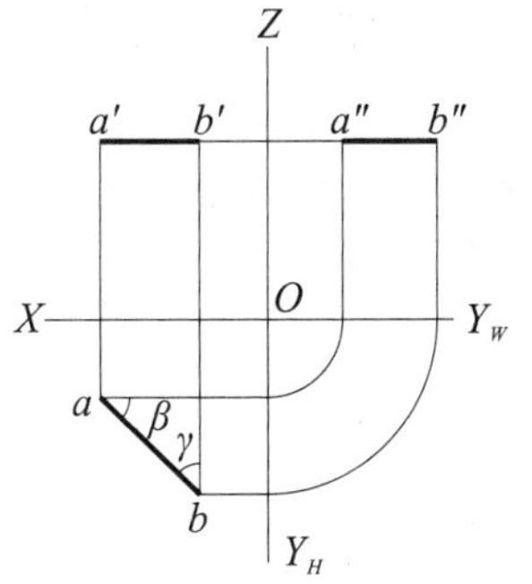	1. $ab=AB$ 2. $a'b' \parallel OX$ 轴，$a''b'' \parallel OY_W$ 轴 3. ab 与 OX 轴和 OY_H 轴的夹角分别反映 β 和 γ
正平侧	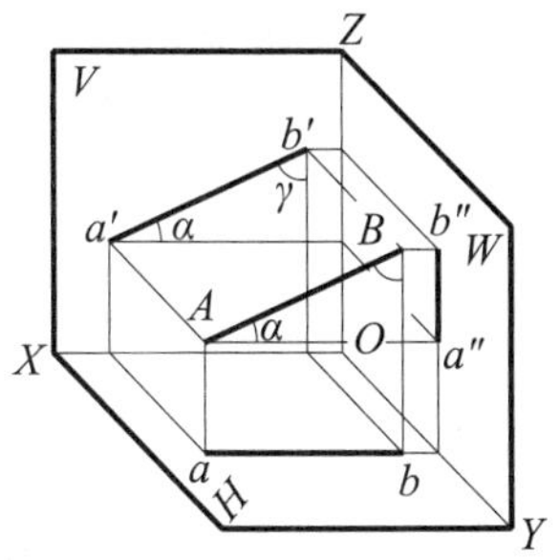	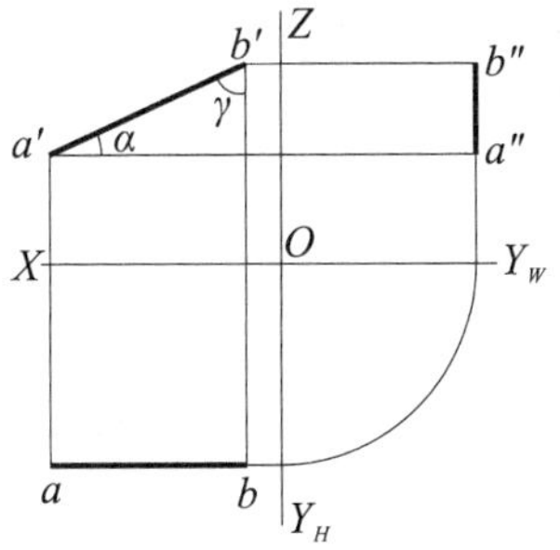	1. $a'b'=AB$ 2. $ab \parallel OX$ 轴，$a''b'' \parallel OZ$ 轴 3. $a'b'$ 与 OX 轴和 OZ 轴的夹角分别反映 α 和 γ

续表3-1

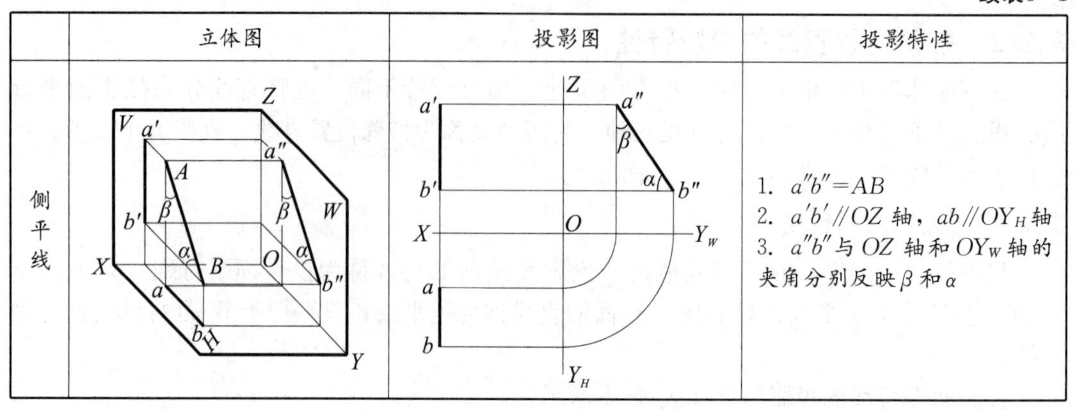

	立体图	投影图	投影特性
侧平线			1. $a''b''=AB$ 2. $a'b'$ // OZ 轴，ab // OY_H 轴 3. $a''b''$ 与 OZ 轴和 OY_W 轴的夹角分别反映 β 和 α

3.2.2.2　投影面垂直线

投影面垂直线是指垂直于一个投影面且同时平行于其余两个投影面的直线。与水平面垂直的直线，称为铅垂线；与正面垂直的直线，称为正垂线；与侧面垂直的直线，称为侧垂线。

投影面垂直线的投影特性如表 3-2 所示。

通过对表 3-2 的分析，可归纳出投影面垂直线的投影特性如下：

(1) 直线在它所垂直的投影面上的投影积聚成一点。

(2) 直线在其他两个投影面上的投影分别垂直于相应的投影轴，且反映该直线段的实长。

表 3-2　投影面垂直线的投影特性

	立体图	投影图	投影特性
铅垂线			1. $a'b' \perp OX$ 轴，$a''b'' \perp OY_W$ 轴 2. ab 积聚为一点 3. $a'b'=a''b''=AB$
正垂线			1. $ab \perp OX$ 轴，$a''b'' \perp OZ$ 轴 2. $a'b'$ 积聚为一点 3. $ab=a''b''=AB$

续表3－2

	立体图	投影图	投影特性
侧垂线			1. $a'b' \perp OZ$ 轴，$ab \perp OY_H$ 轴 2. $a''b''$积聚为一点 3. $a'b'=ab=AB$

3.2.2.3　一般位置直线

对三个投影面都处于倾斜位置的直线称为一般位置直线。如图 3－11（a）所示，直线 AB 同时倾斜于 H、V、W 三个投影面，它与 H、V、W 的倾角分别为 α、β、γ。

由于一般位置直线倾斜于三个投影面，故其投影特性如下：

（1）直线的各面投影均不反映线段的实长，也无积聚性。如图 3－11（a）所示，直线的三面投影的长度都短于实长。

（2）直线的三面投影均倾斜于投影轴，它们与投影轴的夹角均不反映空间直线与任何投影面的倾角。如图 3－11（a）所示，直线 AB 与 H 面的倾角 α 就是直线 AB 与 ab 的夹角，但此夹角并不在图 3－11（b）中任一投影与投影轴的夹角中反映出来。

对于投影面平行线和投影面垂直线，它们的实长及其对投影面的倾角均可以在投影图上直接看出来。但对于一般位置直线，它的实长及其对投影面的倾角不能在投影图上直接看出来，因此，要解决这个问题，还必须进一步分析线段与其投影之间的关系。

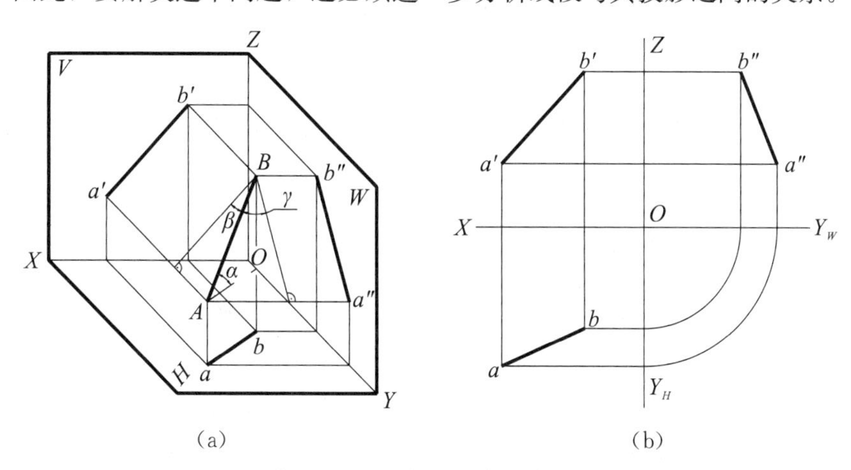

图 3－11　一般位置直线的投影

＊3.2.3　求一般位置直线段的实长及其对投影面的倾角

虽然一般位置线段的投影不反映线段实长，它的投影与投影轴的夹角也不反映线段对投影面的倾角，但由于线段的两个投影完全确定了它在空间的位置，所以其实长和倾角是可以求出来的。求一般位置直线段实长和倾角的方法很多，最基本的方法是直角三角形法。下面以线段的两面投影来研究直角三角形法的原理和作图方法。

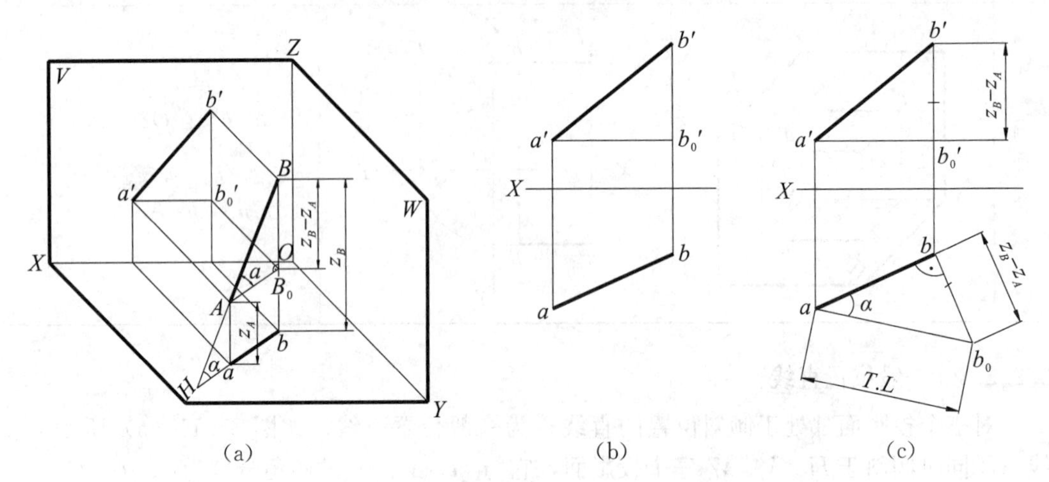

图 3－12　求一般位置线段实长及其对投影面的倾角 α

如图 3－12（a）所示，空间线段 AB 和水平投影 ab 构成一垂直于 H 面的平面 $ABba$。过点 A 作 $AB_0 /\!/ ab$，并交投影线 Bb 于点 B_0，则 AB_0B 构成一直角三角形。该直角三角形中，一直角边 $AB_0=ab$，另一直角边 $BB_0=z_B-z_A$（即线段 AB 两端点的 z 坐标差）；斜边即为线段 AB 的实长，AB 与 AB_0的夹角$\angle BAB_0=\alpha$。本书图中均用“$T.L$”表示线段的实长。

由上分析可知，该直角三角形的具体作图方法如图 3－12（c）所示。

（1）以 ab 为直角边，过 b 作 $bb_0 \perp ab$，取 $bb_0=z_B-z_A$。

（2）连接 ab_0，则 ab_0即为 AB 的实长，ab_0与 ab 的夹角即为线段 AB 对 H 面的倾角 α。

同理，也可以在投影图上作出反映 β、γ 的另外两个直角三角形，从而求出 β、γ，如图 3－13（b）所示。这种通过作直角三角形求线段实长及其对投影面倾角的方法称为直角三角形法。

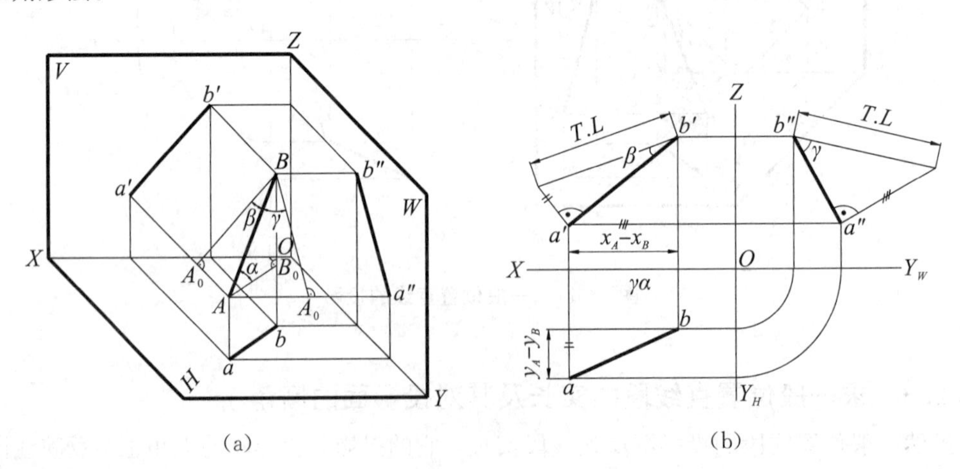

图 3－13　求一般位置线段实长及其对投影面的倾角 β、γ

由图 3−12、图 3−13 可知，在各个直角三角形中，实长与水平投影的夹角是 α，而 α 的对边长一定是 z 坐标差；实长与正面投影的夹角是 β，β 的对边长一定是 y 坐标差；实长与侧面投影的夹角是 γ，γ 的对边一定是 x 坐标差。用直角三角形法，可求一般位置线段的实长及其对投影面的倾角。

3.2.4　直线上的点

3.2.4.1　直线上的点的投影特性

根据正投影的投影特性可知，直线上的点具有从属性和定比性。

（1）从属性。若点在直线上，则该点的各个投影一定在直线的同面投影上，且符合点的投影规律；反之，点的各投影都在直线的同面投影上，且符合点的投影规律，则该点一定在该直线上。如图 3−14 所示，点 C 在直线 AB 上。若点不在直线上，则点的投影不具备上述性质。如图 3−15 所示，点 K 不在直线 AB 上。

（2）定比性。在直线段上的点将该直线段分割成比例，则该点的各个投影必定将该直线段的同面投影分割成相同比例的两段，这个关系称为定比关系。如图 3−14 所示，点 C 将线段 AB 分割为 AC、CB 两段，则 $AC:CB=ac:cb=a'c':c'b'=a''c'':c''b''$。

3.2.4.2　点与直线的从属关系的判断

（1）点是否在一般位置直线上的判断。

对于点是否在一般位置直线上，可由任意两面投影进行判断。如图 3−14（b）中对点 C、如图 3−15 中对点 K 的判断。

（2）点是否在投影面平行线上的判断。

对于点是否在投影面平行线上，一般可以用以下两种方法进行判断：

① 由该直线所平行的投影面上的投影及另一投影进行判断，如图 3−16（a）所示。

② 利用点分直线段成定比的性质进行判断，如图 3−16（b）所示，由于 $a'k':k'b'\neq ak:kb$，故点 K 不在直线 AB 上。

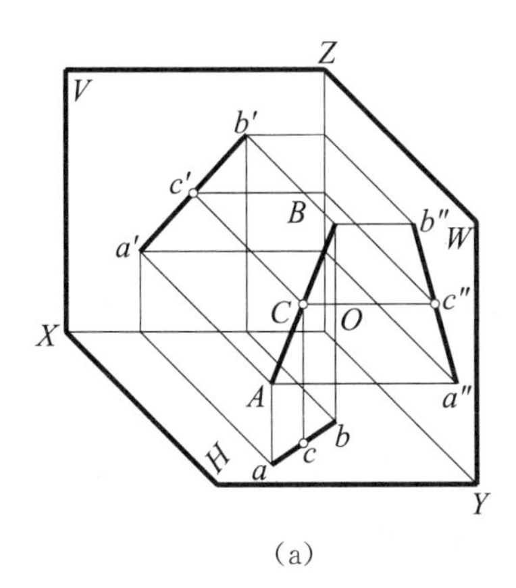

(a)

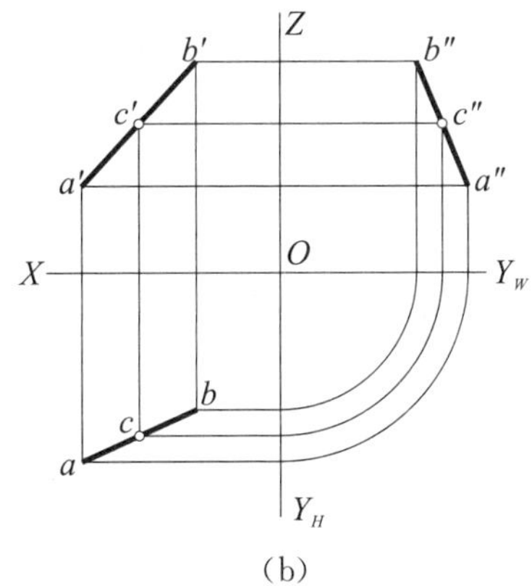

(b)

图 3−14　点 C 在直线上

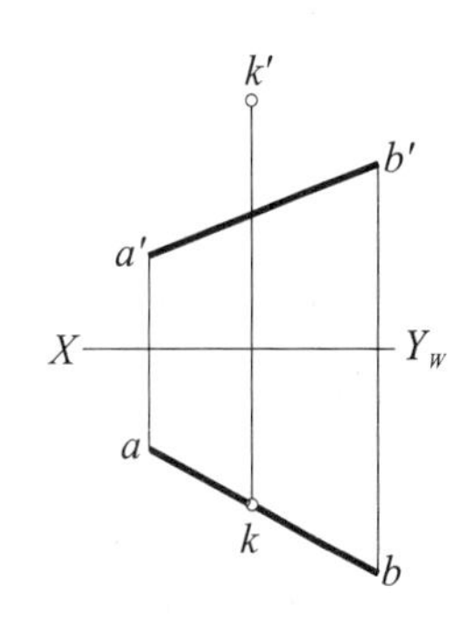

图 3−15　点 K 不在直线 AB 上

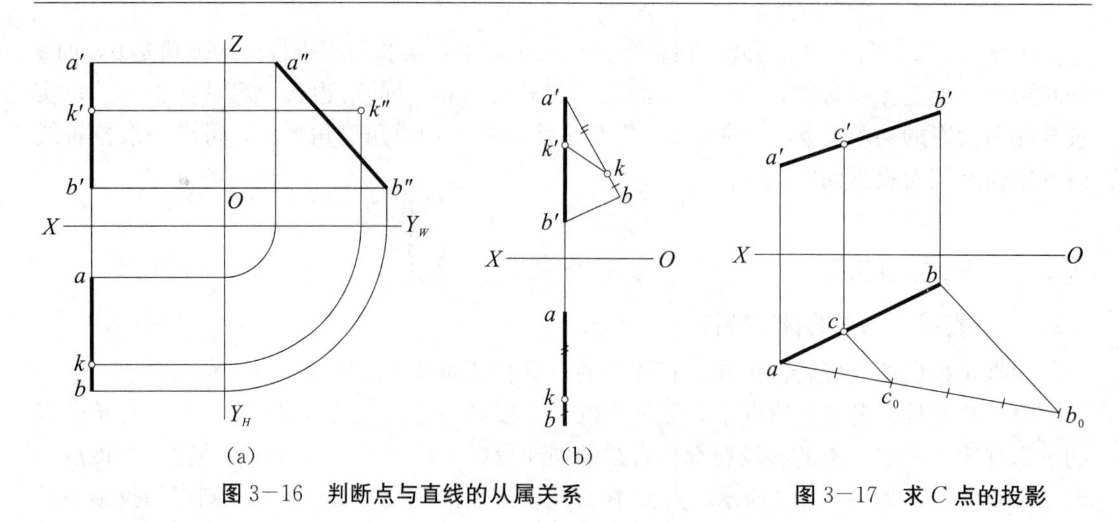

图 3－16　判断点与直线的从属关系　　　　图 3－17　求 C 点的投影

【例 3－3】如图 3－17 所示，在直线 AB 上取点 C，使 $AC：CB=2：3$，求点 C 的投影。

分析：利用直线上点的投影性质，利用定比关系即可求解。

作图：如图 3－17 所示。① 过 a 任作一辅助直线 ab_0；② 将 ab_0 分为五等分，取 c_0，使 $ac_0：c_0b_0=2：3$；③ 连 bb_0，过 c_0 作 $c_0c // b_0b$，得 c，即点 C 的水平投影；④ 由 c 即可求得 c'。

3.2.5　直线的迹点

3.2.5.1　直线的迹点

直线与投影面的交点，称为直线的迹点。直线与正面的交点称为正面迹点，用 N 表示；与水平面的交点称为水平迹点，用 M 表示；与侧面的交点称为侧面迹点，用 S 表示。

3.2.5.2　迹点的特性和画法

迹点是直线和投影面的共有点，作为投影面上的点，它在该投影面的投影必定与该点本身重合，而另一投影则在投影轴上；作为直线上的点，它的各个投影必定在该直线的同面投影上。

迹点的画法如图 3－18（b）所示。

①正面迹点：延长直线 AB 的水平投影 ab 与 OX 轴相交而得交点 n，自 n 作 OX 轴的垂线与直线 AB 的正面投影 $a'b'$ 相交得点 n'。n、n' 即为 N 的两个投影，迹点 N 与 n' 重合。

②水平迹点：延长直线 AB 的正面投影 $a'b'$ 与 OX 轴相交得 m' 点，自 m' 作 OX 轴的垂线与直线 AB 的水平投影 ab 相交得点 m。m'、m 即为 M 的两个投影，迹点 M 与 m 重合。

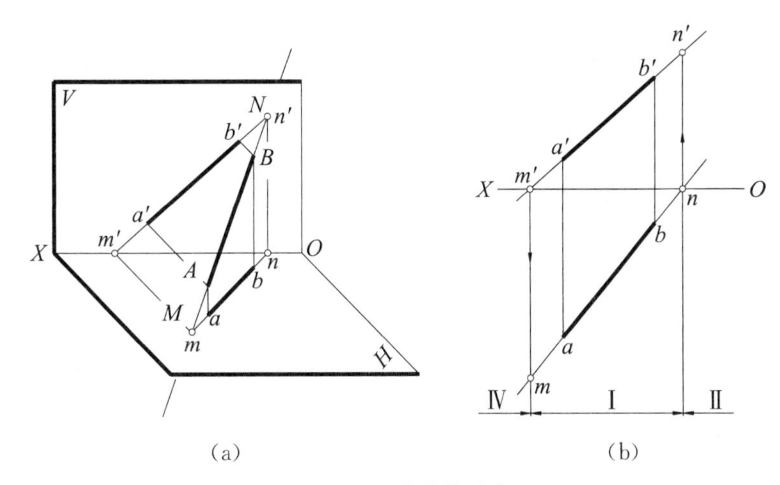

图 3－18　直线的迹点

3.2.6　两直线的相对位置

两直线在空间的相对位置有平行、相交和交叉三种情况。

3.2.6.1　两直线平行

若空间两直线相互平行，则其同面投影必定相互平行（特殊情况下积聚），且平行两直线同面投影长度之比等于其空间长度之比；反之，若两直线的各个同面投影互相平行，或两直线各组同面投影长度之比等于其空间长度之比，则此两直线在空间也一定互相平行。如图 3－19 所示，$AB /\!/ CD$，则 $ab /\!/ cd$，$a'b' /\!/ c'd'$，$a''b'' /\!/ c''d''$，且 $AB : CD = ab : cd = a'b' : c'd' = a''b'' : c''d''$。

当两直线都处于一般位置时，仅根据它们的任意两面投影是否相互平行就可判断它们在空间是否平行，如图 3－19（b）所示。但当两直线同时平行于某一投影面时，一般需用其他方法判断它们是否平行。

如图 3－20（a）所示，AB 和 CD 都平行于侧投影面。一般可用以下方法来判断它们是否平行：

①如图 3－20（b）所示，可分别连接 A 和 D、B 和 C，检查 $a'd'$ 与 $b'c'$ 的交点 k' 和 ad 与 bc 的交点 k 是否在 OX 轴的同一条垂线上。若在同一条垂线上，则 AD 和 BC 相交，点 A、B、C、D 共面，AB 和 CD 平行；若不在同一条垂线上，则 AD 和 BC 交叉，点 A、B、C、D 不共面，AB 和 CD 交叉。该例 AB 和 CD 不平行。

②如图 3－20（c）所示，通过检查两直线在所平行的投影面上的投影是否平行来判断两直线是否平行。直线 AB、CD 都是侧平线，虽然它们的正面投影和水平投影都相互平行，但它们的侧面投影 $a''b''$、$c''d''$ 不平行，故 AB 和 CD 不平行。

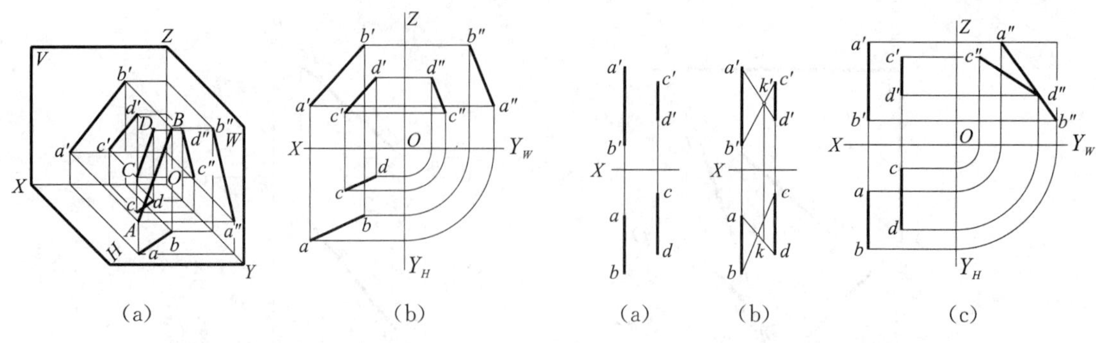

图 3—19　两直线平行　　　　图 3—20　判断两直线是否平行

3.2.6.2　两直线相交

若空间两直线相交，则其同面投影一定相交（特殊情况下积聚），且交点符合点的投影规律；反之，若两直线的各个同面投影均相交，且交点符合点的投影规律，则此两直线在空间也一定相交。

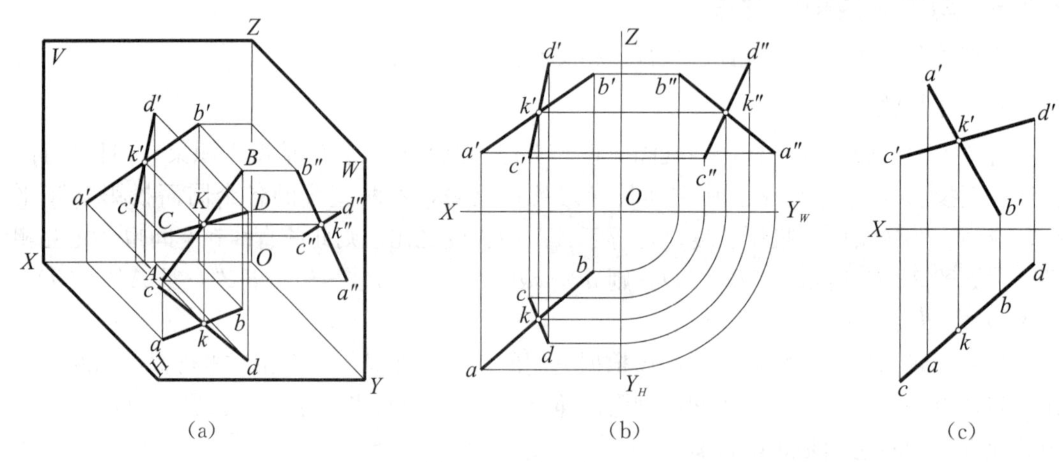

图 3—21　两直线相交

如图 3—21（a）所示，直线 AB 与 CD 相交，其同面投影 ab 与 cd、$a'b'$ 与 $c'd'$、$a''b''$ 与 $c''d''$ 均相交，其交点 k'、k、k'' 即为 AB 与 CD 的交点 K 的三面投影。

在投影图上判断空间两直线是否相交的方法如下：

（1）当两直线都处于一般位置时，则只需观察两组同面投影即可判断。如图 3—21（b）所示，由于 AB 和 CD 均为一般位置直线，而 ab 与 cd、$a'b'$ 与 $c'd'$、$a''b''$ 与 $c''d''$ 均相交，且其交点 k'、k、k'' 符合点 K 的投影关系，故可判断两直线 AB 和 CD 在空间为相交。如图 3—21（c）所示，由于 AB 和 CD 的水平投影积聚成一条直线，表明这两条直线在同一平面内（垂直于 H 面的同一平面内），而其正面投影相交于 k'，故直线 AB 和 CD 亦相交。

（2）当两直线中的一直线平行于某一投影面时，一般要看直线所平行的那个投影面上的投影才能确定它们是否相交。如图 3—22 所示，两直线 AB 和 CD 的正面投影和水平投影均相交，由于 AB 是一侧平线，这时可以利用侧面投影检查其交点是否符合点的投影规律。从图中可以看出，正面投影的交点和侧面投影的交点连线不垂直于 OZ 轴，所以 AB

和CD不相交。

此例也可以利用定比关系来判断直线是否相交。在图3－22（b）中，$a'e'$∶$e'b'\neq ae$∶ed，可以判定E点不是直线AB上的点，即E点不是两直线的交点，所以AB与CD不相交。

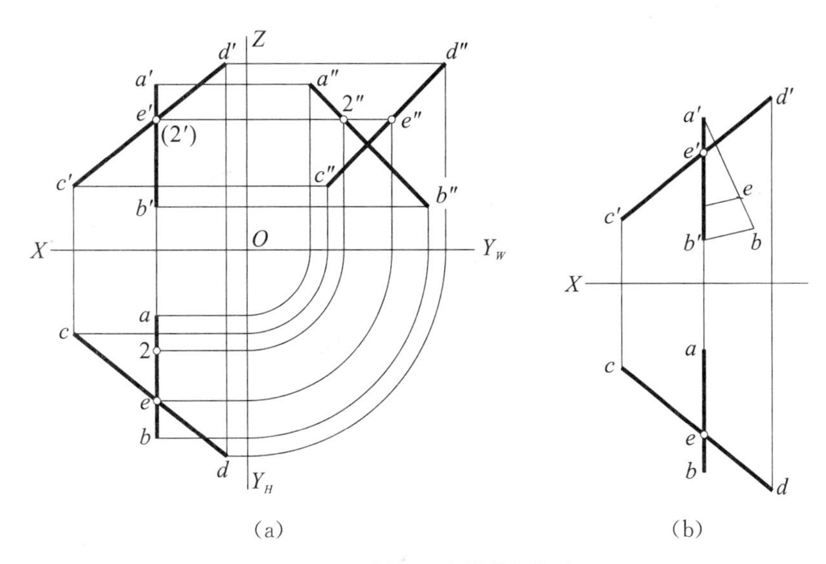

图3－22　判断两直线是否相交

3.2.6.3　两直线交叉

在空间既不平行也不相交的两直线，称为交叉两直线，也称异面直线。交叉两直线不具备平行两直线和相交两直线的投影特点，在投影图上，凡是不符合平行或相交条件的两直线都是交叉两直线。

交叉两直线的同面投影可能有两组都互相平行，但不可能三组同面投影都互相平行，如图3－22所示。交叉两直线的三组同面投影可能均相交，但其三个交点不符合同一点的投影规律，这种交点实际上是重影点的投影，即两直线上不同两点在某投影面上的重合投影。如图3－23（a）所示，直线AB和CD的水平投影ab和cd的交点3（4），只是AB上的Ⅲ点和CD上的Ⅳ点在H面上的重合投影；$c'd'$和$a'b'$的交点$1'$（$2'$）也只是CD上的Ⅰ点和AB上的Ⅱ点在V面上的重合投影。在投影图上，如图3－23（b）所示，正面投影的交点$1'$（$2'$）和水平投影的交点3（4）的连线不垂直于OX轴，即不符合点的投影规律，这说明AB和CD是交叉两直线。

交叉两直线的重影点也存在着可见性的问题。如图3－23（a）所示，Ⅰ点和Ⅱ点是对V面的一对重影点，因为$Y_{Ⅰ}>Y_{Ⅱ}$，即Ⅰ点离V面较远，也就是说，直线CD上的1点挡住了AB上的Ⅱ点，所以Ⅰ点可见，Ⅱ点不可见。在如图3－23（b）所示的投影图中，CD和AB的正面投影有一交点$1'$（$2'$），过此点向下作一铅垂直线，先交ab于2点，后交cd于1点，从图中可以看出$y_{Ⅰ}>y_{Ⅱ}$，即Ⅰ点在前，Ⅱ点在后，所以Ⅰ点可见，Ⅱ点不可见。

同理，Ⅲ点和Ⅳ点是对H面的一对重影点，因$z_{Ⅲ}>z_{Ⅳ}$，所以Ⅲ点可见，Ⅳ点不可见。

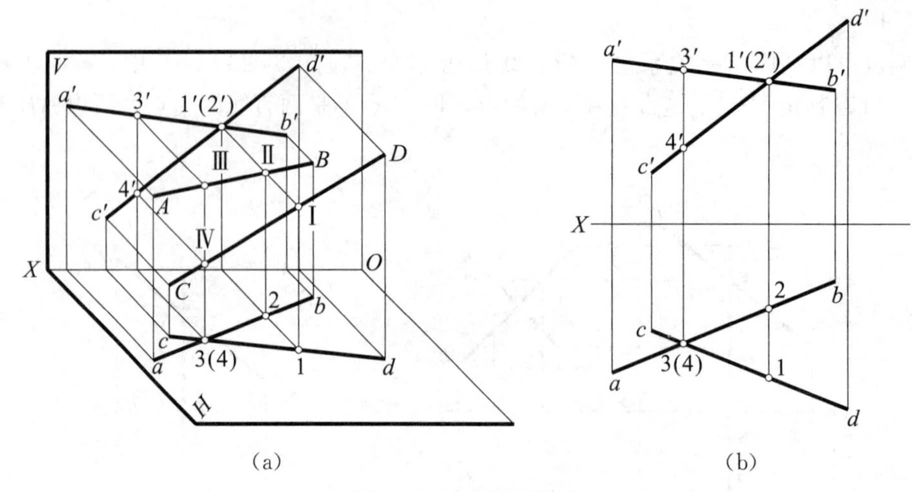

(a)　　　　　　　　　　　　　　　(b)

图 3－23　交叉两直线

【例 3－4】判断图 3－24 中两直线的相对位置。

分析：根据两直线平行、相交、交叉的投影特点进行判断。

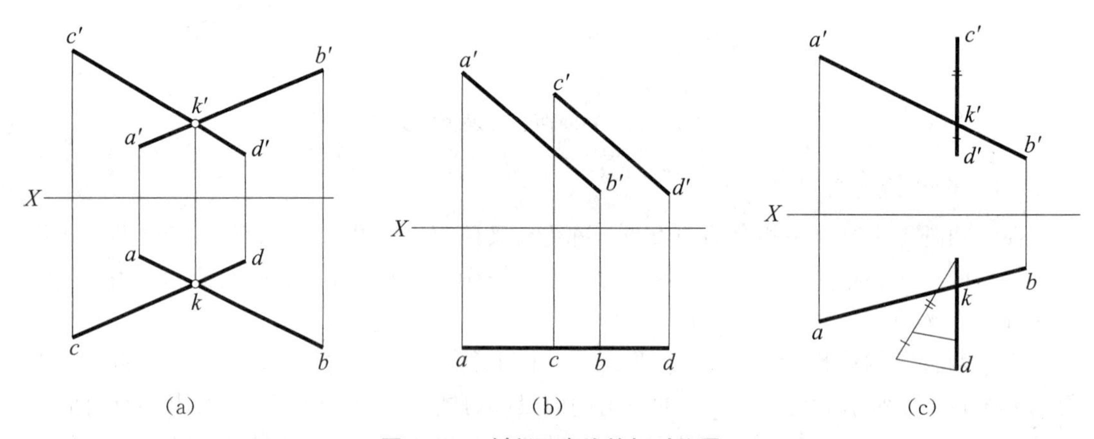

(a)　　　　　　　　(b)　　　　　　　　(c)

图 3－24　判断两直线的相对位置

判断：在图 3－24（a）中，直线 AB、CD 为一般位置直线，正面投影 $a'b'$、$c'd'$ 相交于 k'，水平投影 ab、cd 相交于 k。k'、k 是点 K 的二面投影，故 AB、CD 是相交两直线。

在图 3－24（b）中，直线 AB、CD 是正平线，且正面投影 $a'b' /\!/ c'd'$，水平投影 $ab /\!/ cd$，故 AB、CD 是平行两直线。在图 3－24（c）中，直线 AB 为一般位置直线，CD 为侧平线，它们的正面投影和水平投影分别相交。但由于 $c'k' : k'd' \neq ck : kd$，点 K 不属于直线 CD，故直线 AB、CD 没有共有点，为交叉两直线。此题亦可由两直线的侧面投影进行判断。

【例 3－5】如图 3－25（a）所示，已知两直线 AB、CD 及点 M 的正面投影 m'，试过点 M 作直线 $MN /\!/ CD$ 并与直线 AB 相交。

分析：直线 AB、CD 均为一般位置直线，若 $MN /\!/ CD$，则 MN 与 CD 的各面投影均平行；若直线 MN 与 AB 相交，则 MN 与 AB 的各面投影均相交，且两直线具有共有点。

作图：如图 3－25（b）所示。

① 过 m' 作 $m'n' /\!/ c'd'$ 且与 $a'b'$ 相交于 n'，n' 即为直线 AB、MN 的共有点 N 的正面

投影。

② 由 n' 求出 n。

③ 过 n 作 $mn /\!/ cd$，由 m' 求出 m。$m'n'$、mn 即为所求。

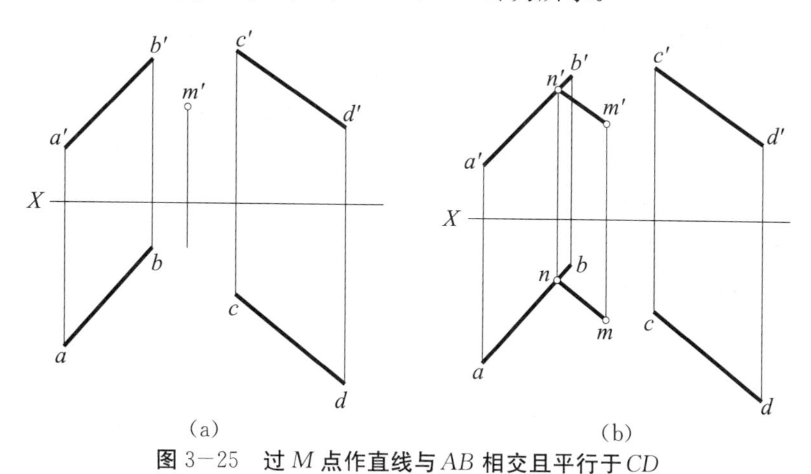

图 3-25　过 M 点作直线与 AB 相交且平行于 CD

*3.2.7　一边平行于投影面的直角的投影

空间相交或交叉成直角的两条直线的投影可能是直角或不是直角。当直角的两边同时平行于一投影面时，它在该投影面上的投影仍为直角；当直角的两边都不平行于投影面时，其投影肯定不是直角。除这两种情况以外，还有另外一种情况，就是常用的一边平行于投影面的直角的投影定理（简称直角投影定理）。

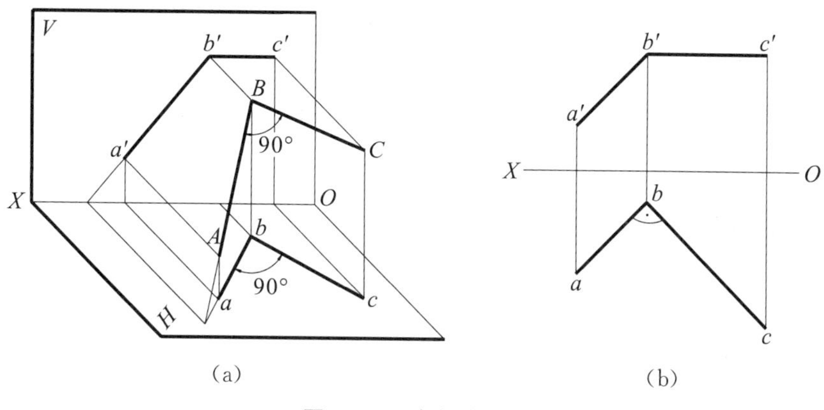

图 3-26　直角的投影

直角投影定理：若构成直角的两边中有一边平行于某一投影面，则该直角在该投影面上的投影仍为直角。

如图 3-26（a）所示，已知 $BC \perp AB$，且 $BC /\!/ H$ 面，但 AB 不平行于 H 面，也不垂直于 H 面，求证 $cb \perp ab$。

证明：如图 3-26（a）所示，因为 $BC \perp AB$，$BC \perp Bb$，故 $BC \perp$ 平面 $ABba$，又因 $BC /\!/ H$ 面，所以 $bc /\!/ BC$，则 $bc \perp$ 平面 $ABba$，故 $bc \perp ab$，即 $\angle abc$ 为直角，如图 3-26（b）所示。

逆定理：若一角在某一投影面上的投影为直角，且其中有一条边平行于该投影面，则该角在空间必定为直角。

由此可知，当相交两直线的某一投影反映直角时，还要观察其中是否有边线为该投影面的平行线，才能确定两直线是否互相垂直。在图 3－27 中，由于$\angle a'b'c'=90°$，BC 为正平线（因 $bc /\!/ OX$ 轴），所以空间两直线 AB 和 CD 互相垂直。

直角投影定理既适用于相互垂直的相交两直线，也适用于交叉垂直的两直线。如图 3－28 所示，AB、CD 是垂直交叉两直线，因为 $ab /\!/ OX$ 轴，AB 是正平线，$a'b' \perp c'd'$，所以 AB 和 CD 是互相垂直的，称为交叉垂直。

【例 3－6】如图 3－29 所示，求 A 点到水平线 BC 的距离。

分析：直线 BC 是水平线，过 A 点向 BC 所作的垂线 AK 是一般位置线，根据直角投影定理可知：要使 $AK \perp BC$，则要求 $ak \perp bc$。

作图：① 过 a 作 $ak \perp bc$，得交点 k；② 由 k 作 OX 轴的垂线交 $b'c'$ 于 k'；③ 连接 a'、k'，则 $a'k'$ 和 ak 即为所求距离的两个投影；④ 用直角三角形法求出 $a'K_0$，即为所求距离的实长。

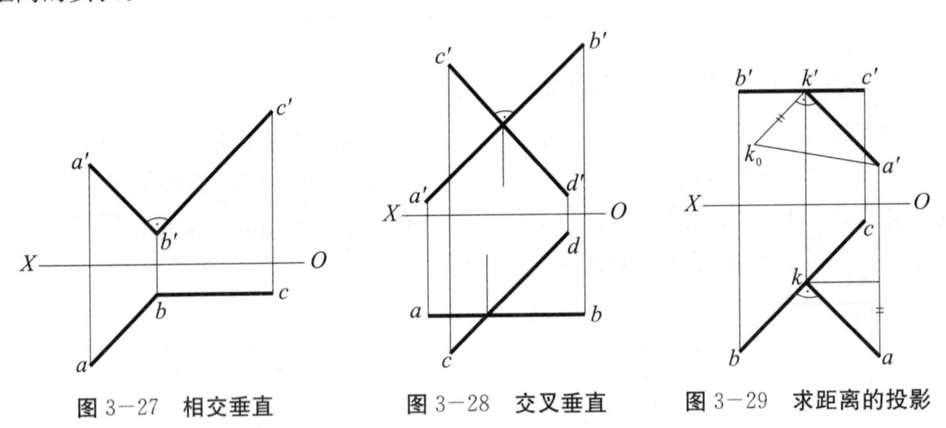

图 3－27　相交垂直　　图 3－28　交叉垂直　　图 3－29　求距离的投影

3.3　平面的投影

3.3.1　平面的表示法

3.3.1.1　用几何元素表示平面

空间平面的投影可以用确定该平面的几何元素的投影来表示，常见的有如图 3－30 所示五种形式，即：

①不在同一条直线上的三个点，如图 3－30（a）所示。

②一直线和该直线外一点，如图 3－30（b）所示。

③平行两直线，如图 3－30（c）所示。

④相交两直线，如图 3－30（d）所示。

⑤平面图形，如图 3－30（e）所示。

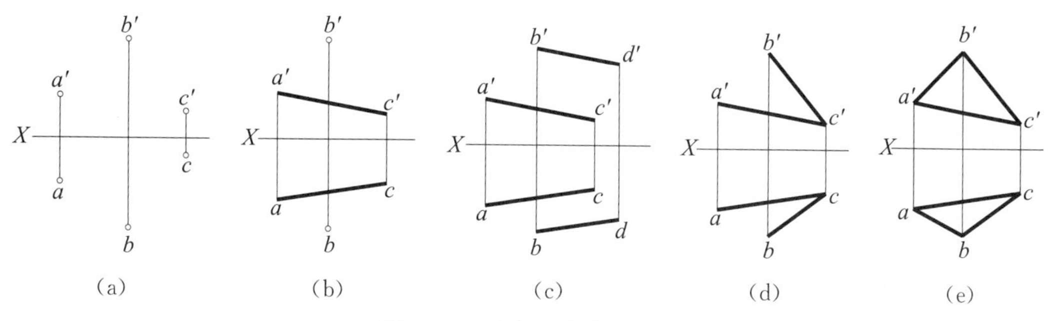

图 3－30　几何元素表示平面

*3.3.1.2　用迹线表示平面

平面与投影面的交线称为平面的迹线。如图 3－31（a）所示，平面 P 与 H 面、V 面、W 面的交线，分别称为水平迹线、正面迹线、侧面迹线。迹线的符号用平面名称加注投影面名称的注脚表示，如图中的 P_H、P_V、P_W表示。用迹线表示平面，其实质就是用两直线表示平面。如图 3－31 所示的 P 面是用 P_H和 P_V两条相交直线来表示的。

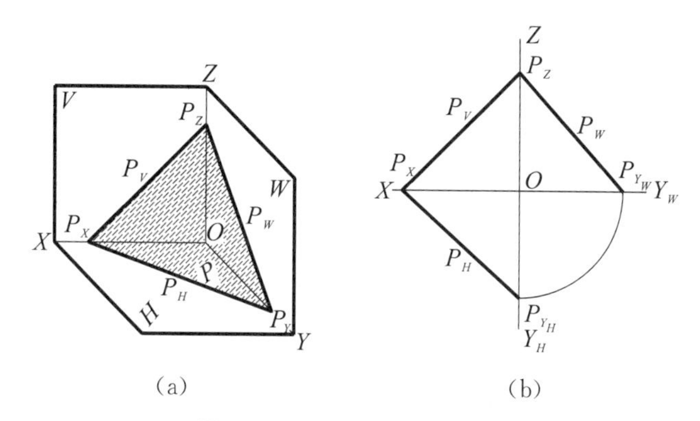

图 3－31　用迹线表示的平面

根据三面共点原理，迹线如果相交，其交点必定在投影轴上，如图 3－31（a）所示，P、V、H 三面共点于 P_X；P、H、W 三面共点于 P_Y；P、V、W 三面共点于 P_Z。P_X、P_Y、P_Z 称为迹线的集合点。迹线是平面与投影面的交线，它的一个投影是它本身，其余投影在投影轴上。

3.3.2　各种位置平面的投影特性

在三投影面体系中，根据平面与投影面的相对位置不同，平面可分为一般位置平面、投影面垂直面和投影面平行面三种，后两种称为特殊位置平面。平面与 H、V、W 三投影面所形成的二面角称为平面对投影面的倾角，一般规定用 α、β、γ 来表示。

3.3.2.1　一般位置平面

与三个基本投影面既不平行也不垂直的平面称为一般位置平面。一般位置平面的三个倾角既不等于 0°，也不等于 90°。用平面图形表示的一般位置平面的各个投影既没有积聚性，也不反映实形，各个投影均为类似形，不反映平面对投影面的倾角，如图 3－32（a）所示。用迹线表示的一般位置平面的各迹线均倾斜于投影轴，且与各投影轴的夹角都不反映平面对投影面的倾角，如图 3－32（b）所示。

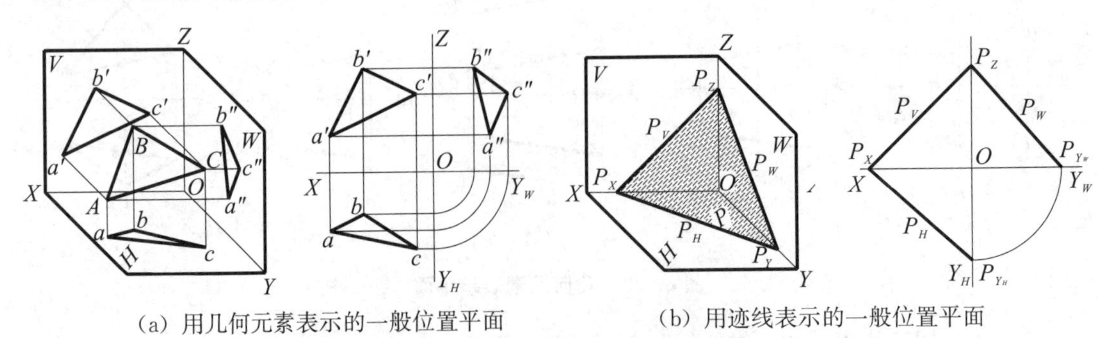

（a）用几何元素表示的一般位置平面　　（b）用迹线表示的一般位置平面

图 3－32　一般位置平面的三面投影图

3.3.2.2　投影面垂直面

投影面垂直面是只垂直于一个投影面，而倾斜于其余两个投影面的平面。与水平面垂直的平面称为铅垂面；与正面垂直的平面称为正垂面；与侧面垂直的平面称为侧垂面。

铅垂面、正垂面和侧垂面的投影特性，如表 3－3 所示。

表 3－3　投影面垂直面的投影特性

	铅垂面	正垂面	侧垂面
立体图			
投影图			
用迹线表示			

续表3—3

	铅垂面	正垂面	侧垂面
投影特性	1. 水平投影 $abcd$ 或 P_H 积聚为一倾斜于投影轴 OX、OY_H 的直线； 2. 正面投影 $a'b'c'd'$ 和侧面投影 $a''b''c''d''$ 具有类似性，$P_V \perp OX$ 轴，$P_W \perp OY_W$ 轴； 3. 水平投影 $abcd$ 或 P_H 与 OX 轴、OY_H 轴的夹角分别反映 β 和 γ	1. 正面投影 $a'b'c'd'$ 或 P_V 积聚为一倾斜于投影轴 OX、OZ 的直线； 2. 水平投影 $abcd$ 和侧面投影 $a''b''c''d''$ 具有类似性，$P_H \perp OX$ 轴，$P_W \perp OZ$ 轴； 3. 正面投影 $a'b'c'd'$ 或 P_V 与 OX 轴、OZ 轴的夹角分别反映 α 和 γ	1. 侧面投影 $a''b''c''d''$ 或 P_W 积聚为一倾斜于投影轴 OZ、OY_W 的直线； 2. 正面投影 $a'b'c'd'$ 和水平投影 $abcd$ 具有类似性，$P_H \perp OY_H$ 轴，$P_V \perp OZ$ 轴； 3. 侧面投影 $a''b''c''d''$ 或 P_W 与 OZ 轴、OY_W 轴的夹角分别反映 β 和 α

通过对表 3—3 的分析，总结出投影面垂直面的投影特性如下：

①平面在其所垂直的投影面上的投影积聚成一倾斜直线，此直线与投影轴所成夹角即为平面对相应投影面的倾角。

②平面的其他两面投影均为类似形。

3.3.2.3　投影面平行面

投影面平行面是平行于一个投影面，同时垂直于其余两个投影面的平面。平行于水平面的平面称为水平面，平行于正面的平面称为正平面，平行于侧面的平面称为侧平面。

水平面、正平面和侧平面的投影特性如表 3—4 所示。

表 3—4　投影面平行面的投影特性

	水平面	正平面	侧平面
立体图	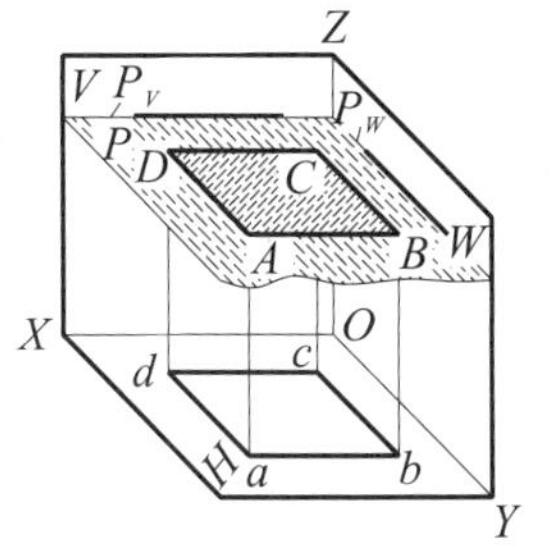	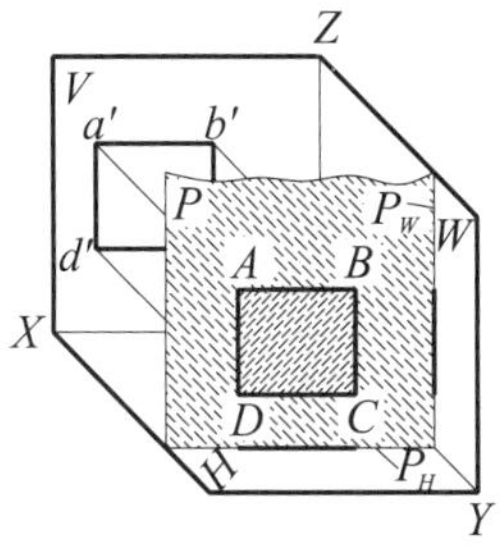	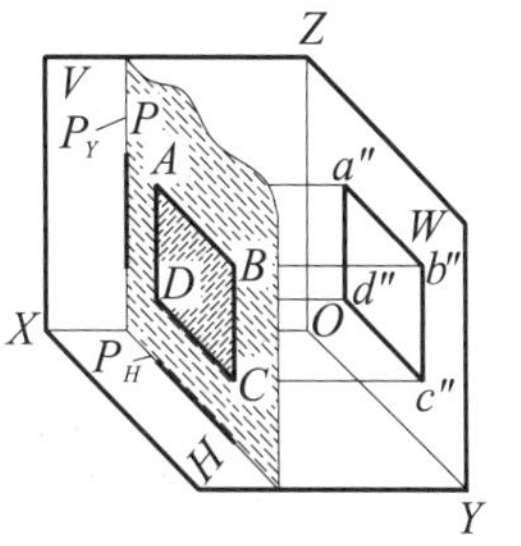
投影图	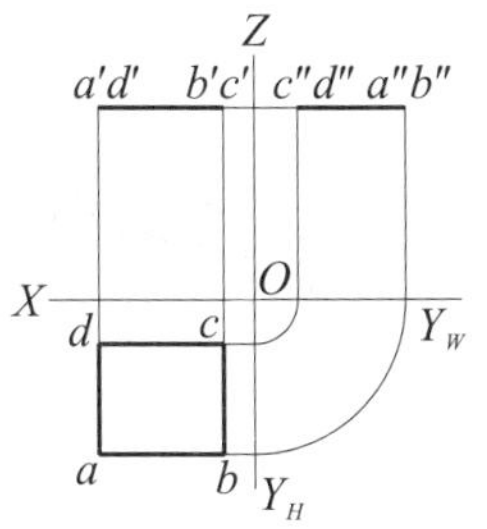	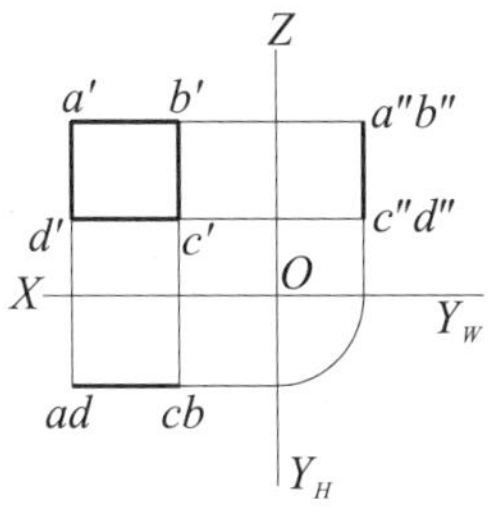	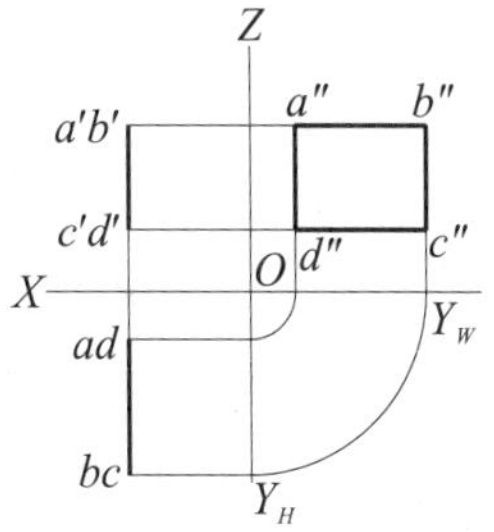

续表3－4

	水平面	正平面	侧平面
用迹线表示	Z P_V P_W O Y_W Y_H	Z P_W X O Y_W P_H Y_H	Z P_V X O Y_W P_H Y_H
投影特性	1. 正面投影 $a'b'c'd'$ 或 P_V 有积聚性，且平行于 OX 轴； 2. 侧面投影 $a''b''c''d''$ 或 P_W 有积聚性，且平行于 OY_W 轴； 3. 水平投影 $abcd$ 反映实形，无水平迹线	1. 水平投影 $abcd$ 或 P_H 有积聚性，且平行于 OX 轴； 2. 侧面投影 $a''b''c''d''$ 或 P_W 有积聚性，且平行于 OZ 轴； 3. 正面投影 $a'b'c'd'$ 反映实形，无正面迹线	1. 正面投影 $a'b'c'd'$ 或 P_V 有积聚性，且平行于 OZ 轴； 2. 水平投影 $abcd$ 或 P_H 有积聚性，且平行于 OY_H 轴； 3. 侧面投影 $a''b''c''d''$ 反映实形，无侧面迹线

通过对表 3－4 的分析，总结出投影面平行面的投影特性如下：

①平面在其所平行的投影面上的投影反映实形。

②平面的其他两面投影积聚成水平直线或铅垂直线，即平行于相应的投影轴。

3.3.3　平面内的直线和点

3.3.3.1　平面内的直线

（1）直线在平面内的几何条件。

①若直线通过平面内的两个已知点，则该直线在平面内。如图 3－33（a）所示，平面 P 是由两相交直线 AB 和 BC 所确定的。在 AB 和 BC 上各取一点 D 和 E，则由该两点所决定的直线 DE 一定在平面 P 内。

②若直线通过平面内一已知点，且平行于该平面内的一直线，则该直线在此平面内。如图 3－33（b）所示的 CF。

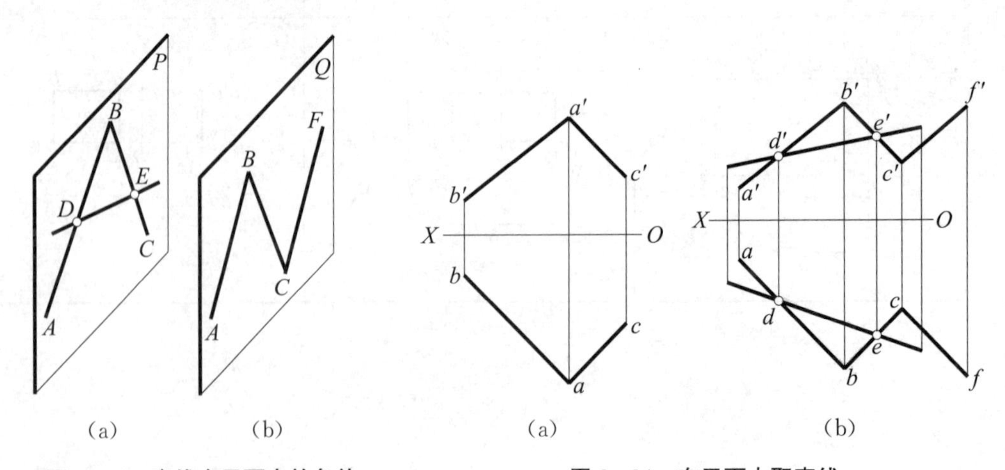

图 3－33　直线在平面内的条件　　图 3－34　在平面内取直线

（2）在平面内取直线的方法。

①在平面内取两个已知点并连成直线。

②在平面内过一已知点作一直线，使所作的直线与该平面内某一已知直线平行。

【例 3－7】如图 3－34（a）所示，平面由相交二直线 AB、BC 所确定，试在该平面内任作一直线。

作图：如图 3－34（b）所示，在直线 AB 上任取一点 D（d'，d），又在直线 BC 上任取一点 E（e'，e），则直线 DE（$d'e'$，de）就一定在已知平面内；通过平面内一已知点 C（c'，c），作直线 CF（$c'f'$，cf）$/\!/AB$，则 CF 也必在已知平面内。

3.3.3.2　**平面内的点**

（1）点在平面内的几何条件。

若点在平面内的任一直线上，则此点必在此平面内。

（2）在平面内取点的方法。

①直接在平面内的已知直线上取点。

②先在平面内取直线（该直线要满足直线在平面内的几何条件），然后在该直线上取符合要求的点。

【例 3－8】如图 3－35（a）所示，平面由平行两直线 AB、CD 所确定，已知 K 点在此平面内，并知 K 的水平投影 k，求 k'。

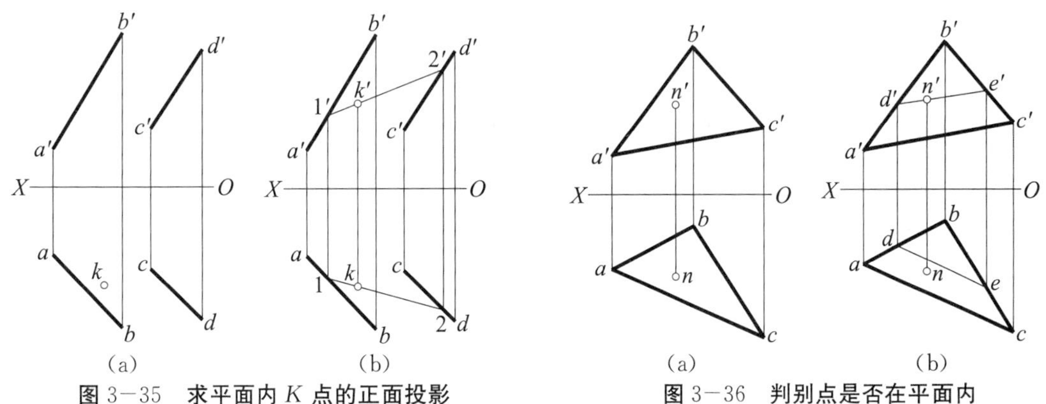

图 3－35　求平面内 K 点的正面投影　　　　图 3－36　判别点是否在平面内

作图：如图 3－35（b）所示，过 K 作一直线，使与 AB、CD 交于Ⅰ、Ⅱ点，即过 k 任作一直线交 ab 于 1 点，交 cd 于 2 点，然后求 $1'$、$2'$，连接 $1'$、$2'$，再在 $1'2'$ 上求 k'。

【例 3－9】试检查图 3－36（a）中的点 N（n'，n）是否在平面 ABC 内。

作图：如图 3－36（b）所示，在平面 ABC 内任作一条辅助直线 DE（$d'e'$，de），使 $d'e'$ 过 n'（或使 de 过 n）再作 de（$d'e'$）。若 de 也通过 n（或 $d'e'$ 过 n'），则 N 点一定在△ABC 内，由图 3－36（b）可知 N 点不在△ABC 内。若 N 点在△ABC 图形外，检查的方法也是一样，因为△ABC 只代表平面的空间位置，并不是平面的大小。

【例 3－10】如图 3－37（a）所示，已知四边形 $ABCD$ 的水平投影 $abcd$ 和两邻边 AB、BC 的正面投影 $a'b'$、$b'c'$，试完成四边形的正面投影。

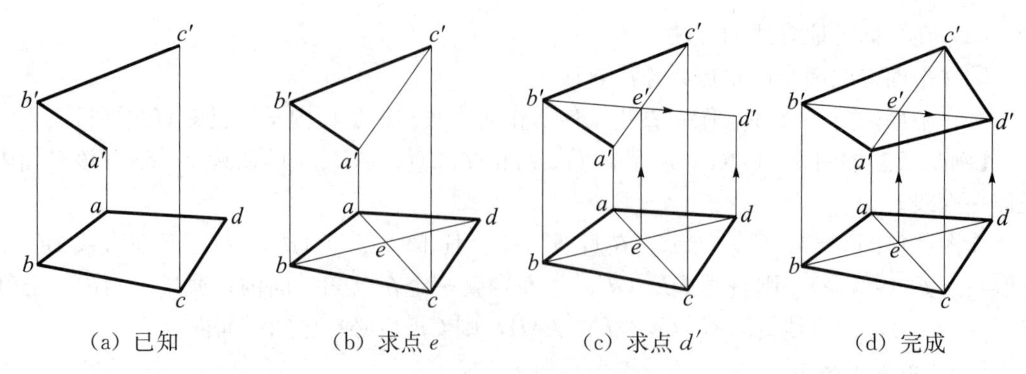

(a) 已知　(b) 求点 e　(c) 求点 d'　(d) 完成

图 3－37　完成四边形的正面投影

分析：点 D 是四边形平面的一个顶点，对角线 AC、BD 是相交二直线，用对角线作为辅助线可以找到点 D，然后连接 AD 和 CD 即可完成作图。

作图：

①连对角线 ac 和 $a'c'$，再连对角线 bd，并与 ac 相交于 e，如图 3－37（b）所示。

②自 e 点向上作联系线，在 $a'c'$ 上找到 e'，连接 $b'e'$ 并延长，与自 d 点向上作的联系线交于 d'，如图 3－37（c）所示。

③连接 $a'd'$ 和 $c'd'$，完成作图，如图 3－37（d）所示。

3.3.3.3　包含一般位置直线作投影面的垂直面

如图 3－38（a）所示，若要包含直线 AB 作投影面垂直面，就必须利用投影面垂直面的积聚性进行作图。图 3－38（b）、（d）分别为用几何元素表示的铅垂面和正垂面，图 3－38（c）、（e）分别为用迹线表示的铅垂面和正垂面。

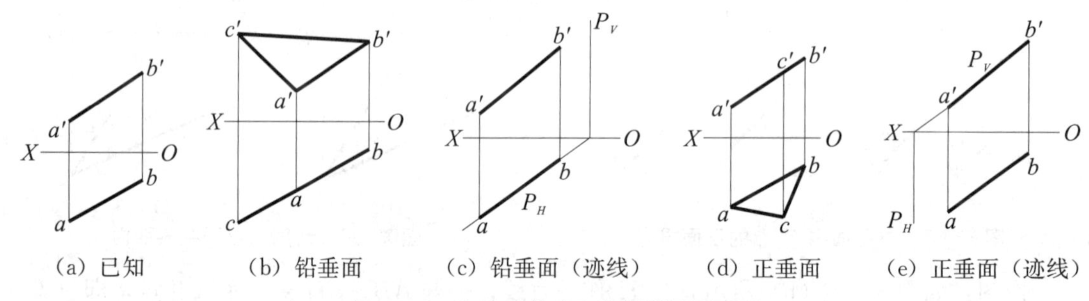

(a) 已知　(b) 铅垂面　(c) 铅垂面（迹线）　(d) 正垂面　(e) 正垂面（迹线）

图 3－38　包含直线 AB 作投影面垂直面

3.3.3.4　平面内的特殊位置直线

平面内有两种特殊位置直线，即投影面平行线和最大斜度线。

（1）平面内的投影面平行线。

平面内的投影面平行线有平面内的水平线、正平线和侧平线三种，它们分别平行于 H、V、W 面。平面内的投影面平行线既是平面内的直线，又是投影面平行线，它除具有一般投影面平行线的投影特性外，还具有直线在平面内的几何条件。若为迹线面，还平行于它所在面的相应迹线。如图 3－39 所示，直线 AB 是平面 P 内的水平线，它的投影除了具有水平线的投影特点（即 AB 的正面投影 $a'b'$ 平行于 OX 轴）外，其水平投影 ab 也平行于水平迹线 P_H。由此，就可以在投影图中作出平面内的投影面平行线。

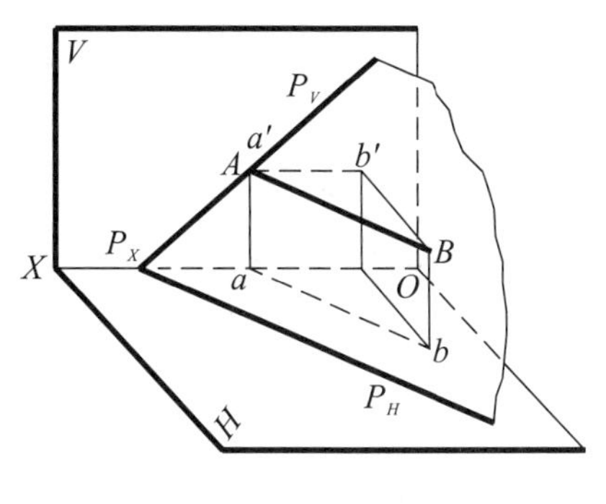

图 3−39　平面内的水平线

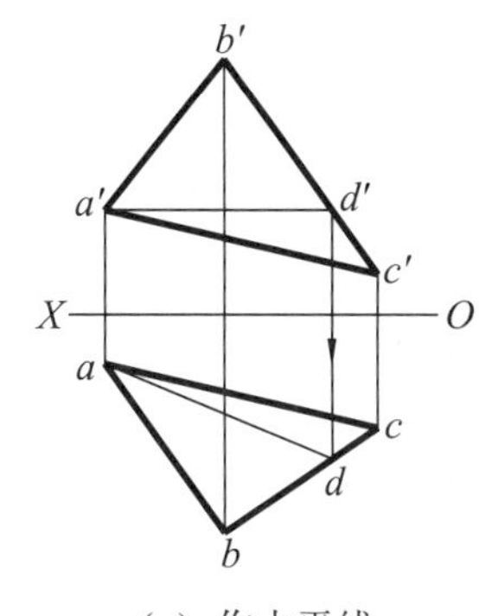

（a）作水平线

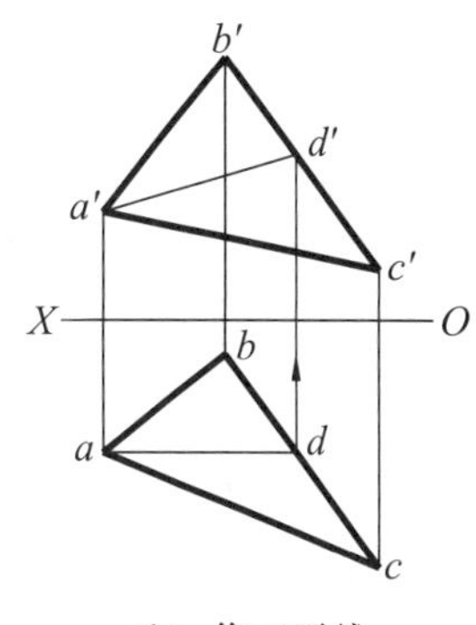

（b）作正平线

图 3−40　作平面内的投影面平行线

【例 3−11】如图 3−41（a）所示，△*ABC* 为一平面，试在此平面内作水平线。

作图：过△*ABC* 内一已知点 *A*（*a*′，*a*），作水平线 *AD*。因为水平线的正面投影平行于 *OX* 轴，所以过 *a*′作 *a*′*d*′∥*OX* 轴而与 *b*′*c*′交于 *d*′，由 *d*′作出 *d*，连接 *a*、*d* 即得 *AD* 的水平投影 *ad*。

【例 3−12】如图 3−41（b）所示，△*ABC* 是一平面，试在此平面内作正平线。

作图：在△*ABC* 内作正平线 *AD*，根据正平线的投影性质，过 *a* 作 *ad*∥*OX* 轴，再由 *ad* 作出 *a*′*d*′，即为所求。

【例 3−13】如图 3−41（a）所示，在△*ABC* 内求作一点 *K*，使 *K* 距 *H* 面为 15 mm，距 *V* 为 10 mm。

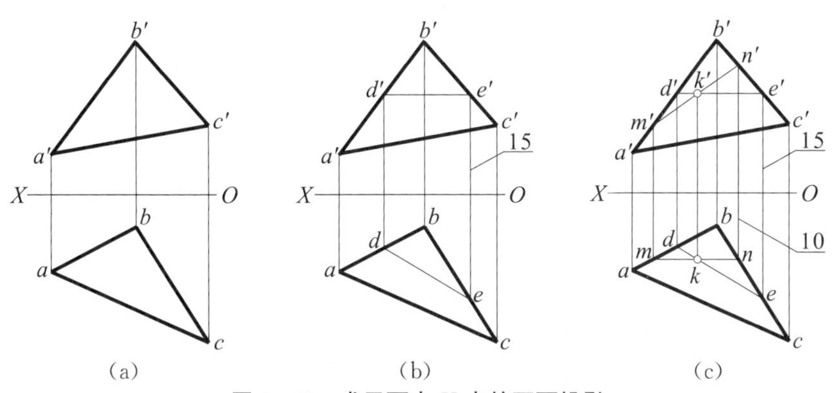

图 3−41　求平面内 *K* 点的两面投影

作图：先在△*ABC* 内取一距 *H* 面为 15 mm 的水平线 *DE*，如图 3−41（b）所示；再在△*ABC* 内取一距 *V* 面为 10 mm 的正平线 *MN*，如图 3−41（c）所示；*DE*、*MN* 的交点 *K* 即为所求。

（2）平面内的最大斜度线。

平面内对投影面倾角最大的直线称为最大斜度线。如图 3−42 所示，当一只静止的球 *A* 从平面 *P* 上的 *A* 点自由滚动时，总是会沿着 *P* 面内对 *H* 面最陡的直线 *AK* 滚动，该直线 *AK* 就是 *P* 面内过 *A* 点对投影面 *H* 的大斜度线。

若 *AK* 对 *H* 面的倾角为 α，*AL* 为 *P* 面内过 *A* 点任作的另一条直线，*AL* 与 *H* 面的倾角为 α_1；作 $AK_1=AK$，则有 $\alpha>\alpha_1$（证明从略），故最大斜度线对投影面的倾角为最大。

在图 3−42 中，过点 A 作水平线 BC，由于 $BC /\!/ P_H$，$BC \perp AK$，根据直角的投影定理，有 $ak \perp bc$，$ak \perp P_H$，即平面内对水平面的最大斜度线的水平投影必定垂直于该平面内水平线的水平投影（包括水平迹线）。

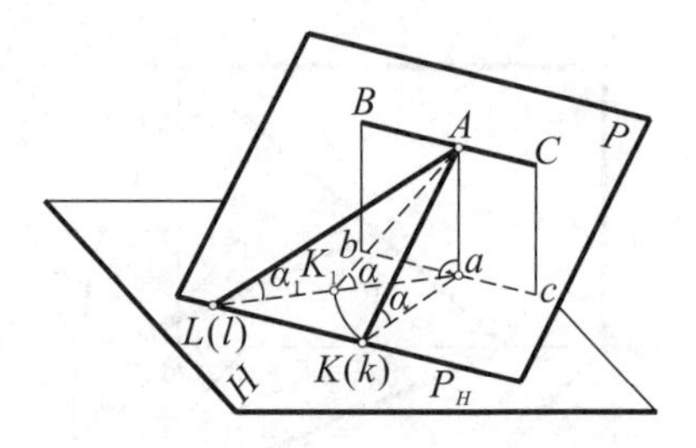

图 3−42　平面内的最大斜度线

最大斜度线可确定空间唯一的平面。对某投影面的最大斜度线一经给定，则与其垂直相交的投影面平行线即被确定，此相交二直线所确定的平面就唯一确定了。如图 3−42 所示，对 H 面的最大斜度线 AK，与水平线 BC 决定了唯一的平面 P。

最大斜度线可确定平面对投影面的倾角。如图 3−42 所示，因 $AK \perp P_H$，$ak \perp P_H$，故 AK 与 ak 的夹角为 P 面与 H 面的二面角，它代表 P 面与 H 面的倾角。也就是说，平面内对水平面的最大斜度线与水平面的倾角就代表该平面与水平面的倾角。在工程上，称平面内对水平面的最大斜度线为坡度线，并常用坡度线来解决平面对水平面的倾角问题。

【例 3−14】试求如图 3−43 所示平面 ABC 对 H 面的倾角 α。

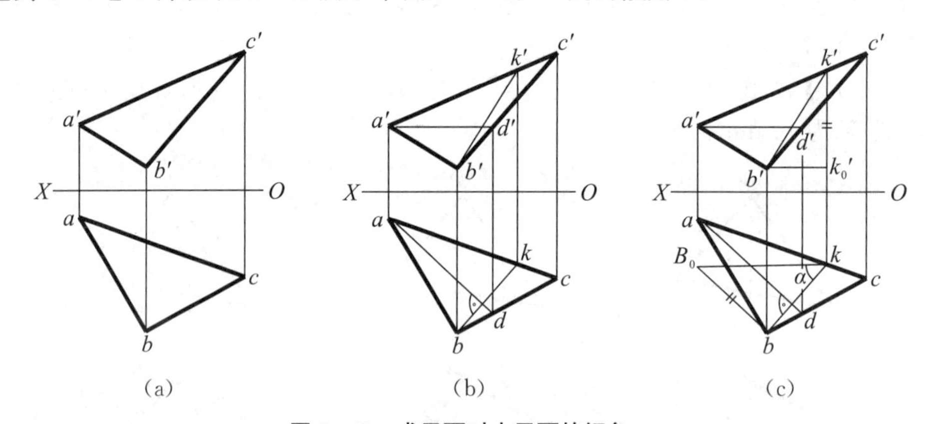

图 3−43　求平面对水平面的倾角 α

作图：$\triangle ABC$ 所在平面对 H 面的倾角就是该平面内对 H 面的最大斜度线与 H 面的倾角。因为平面内对 H 面的最大斜度线应垂直于平面内的水平线，所以解题的关键是：必须首先在此平面内任作出一条水平线。为此，先过 a' 作 $a'd' /\!/ OX$ 轴，找出相应的 ad，再作 $bk \perp ad$，bk 即为最大斜度线的水平投影。如图 3−43（b）所示，根据 bk 作出 $b'k'$。最后用直角三角形法在图 3−43（c）中的水平投影中作出 BK 的实长 kB_0，kB_0 与 kb 之间的夹角即为所求的 α 角。

同理，平面内对正面（或侧面）的最大斜度线的正面（或侧面）投影必定垂直于该平面内正平线（或侧平线）的正面（或侧面）投影（包括正面迹线或侧面迹线），对 V 面的倾角 α。

【例 3−15】如图 3−44（a）所示，已知 AB 为平面对 V 面的最大斜度线，试作出该平面的投影图。

分析：过 AB 上任一点（如点 B），作正平线垂直于 AB，即可得所求平面。

作图：如图 3－44（b）所示。过 b' 作 $c'd' \perp a'b'$；过 b 作 $cd /\!/ X$ 轴。相交两直线 AB、CD 所确定的平面即为所求。如图 3－44（c）所示为直观图。

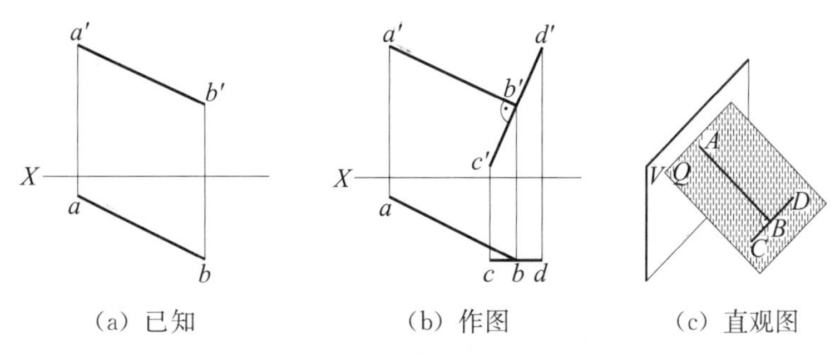

（a）已知　（b）作图　（c）直观图

图 3－44　由最大斜度线确定平面

3.4　直线与平面、平面与平面的相对位置

直线与平面、平面与平面的相对位置是指空间一直线与一平面之间或空间两平面之间的平行、相交和垂直三种情况。

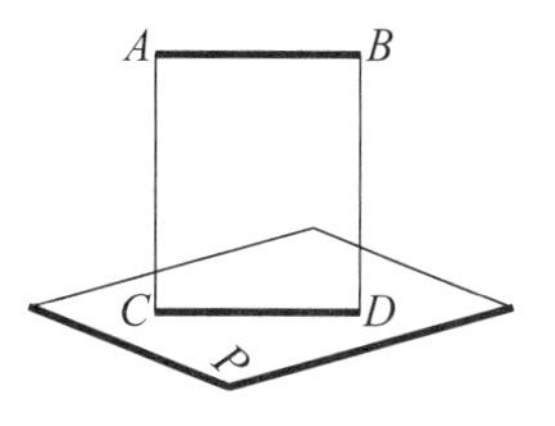

图 3－45　直线平行于平面的条件

3.4.1　平行

3.4.1.1　直线与平面平行

（1）直线与平面平行的几何条件。

如果平面外一直线与平面内的任何一直线平行，则此直线与该平面平行。如图 3－45 所示，直线 AB 平行于平面 P 内一直线 CD，则直线 AB 平行于平面 P；反之，如果平面内作不出与空间直线平行的直线，即可确定此直线不与该平面平行。

（2）作直线平行于平面。

【例 3－16】如图 3－46（a）所示，试过点 K 作直线 KL 平行于$\triangle ABC$ 所在的平面。

作图：如图 3－46（b）所示，在平面$\triangle ABC$ 内作任一直线 AD（$a'd'$，ad）；如图 3－46（c）所示，过 k' 作 $k'l' /\!/ a'd'$，过 k 作 $kl /\!/ ad$，则直线 KL（$k'l'$，kl）平行于平面$\triangle ABC$。过平面外一定点，可作无数条直线与已知平面平行。

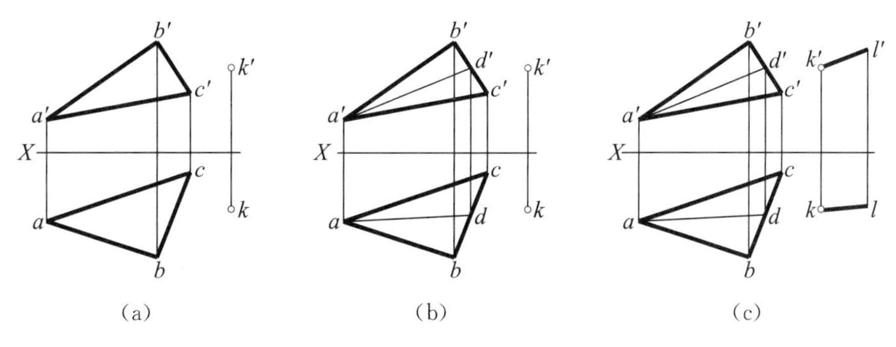

（a）　（b）　（c）

图 3－46　过点 K 作直线平行于平面

(3) 作平面平行于直线。

【例 3-17】如图 3-47 (a) 所示，试过点 K 作平面 KLM 平行于直线 AB。

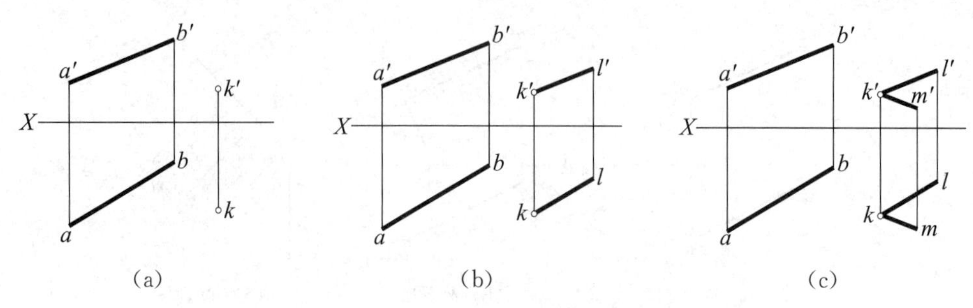

图 3-47 作平面平行于定直线

作图：如图 3-47 (b) 所示，过 k' 作 $k'l' /\!/ a'b'$，过 k 作 $kl /\!/ ab$；如图 3-47 (c) 所示，过点 K 再作任一直线 KM ($k'm'$, km)，平面 KLM ($k'l'm'$, klm) 平行于直线 AB。由于包含定直线可作无数平面，故过直线外一点可作无数平面平行于定直线。

(4) 直线与平面平行的判别。

判别直线与平面或平面与直线是否平行，是要看在投影图中能否找到直线与平面相互平行的几何条件，若能找出，则二者平行，否则不平行。

如图 3-48 所示，虽然 $a'c' /\!/ d'e'$，$ab /\!/ de$，但是不具备 $AC /\!/ DE$ ($a'c' /\!/ d'e'$，$ac /\!/ de$)，或 $AB /\!/ DE$ ($a'b' /\!/ d'e'$，$ab /\!/ de$) 的几何条件，故直线 DE 与平面△ABC 不平行。

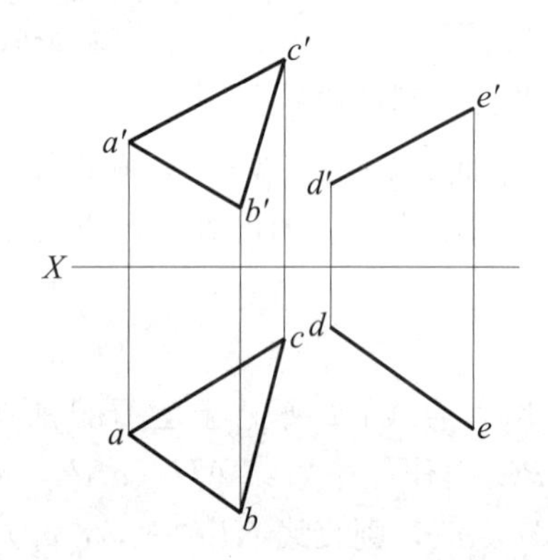

图 3-48 直线与平面平行的判别

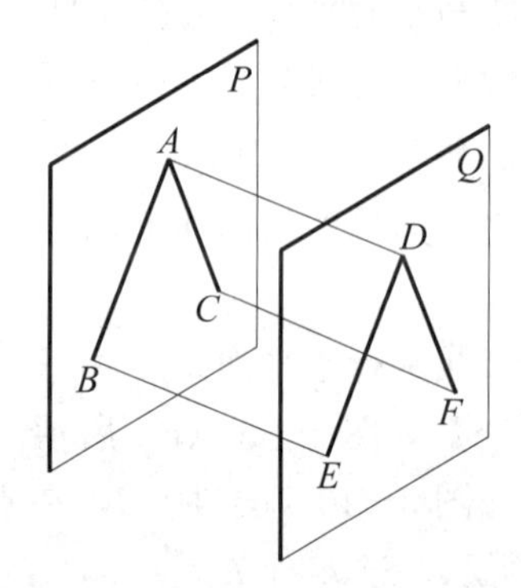

图 3-49 两平面平行的条件

3.4.1.2 平面与平面平行

如果一平面内的相交两直线对应地平行于另一平面内的相交两直线，则这两个平面互相平行。如图 3-49 所示，由于平面 P 内的相交二直线 AB、AC 对应平行于平面 Q 内的相交二直线 DE、DF，则平面 $P /\!/ Q$。

【例 3-18】如图 3-50 (a) 所示，已知 $AB /\!/ CD$，过点 K (k', k) 作平面平行于直线 AB、CD 所组成的已知平面。

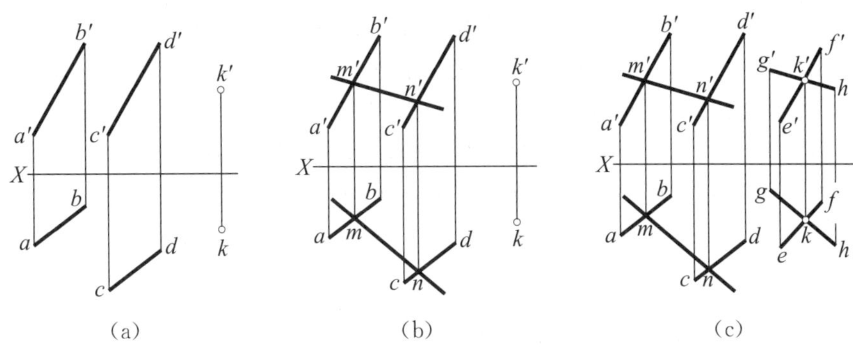

图3-50　作平面平行于平面

分析：过点 K 作相交二直线对应平行于已知平面的相交二直线，则此二平面平行。

作图：如图3-50（b）所示，作直线 MN（$m'n'$，mn）与 AB、CD 相交；如图3-50（c）所示，过 k' 作 $e'f' /\!/ a'b'$，$g'h' /\!/ m'n'$，过 k 作 $ef /\!/ ab$，$gh /\!/ mn$，则由相交二直线 EF、GH 所确定的平面即为所求。

【例3-19】试判断如图3-51（a）所示三组平面是否平行。

根据平面与平面平行的几何条件，凡在两平面内能作出一对对应平行的相交二直线，则此二平面平行，否则不平行。

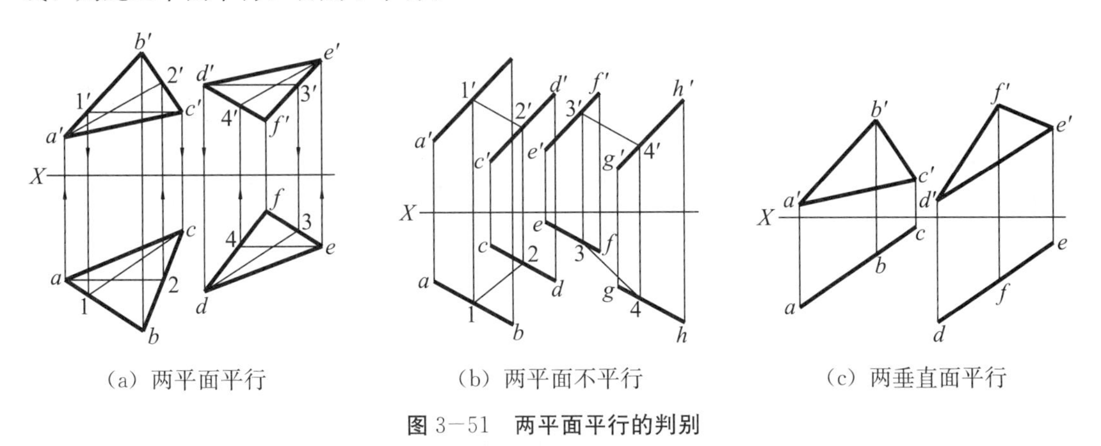

图3-51　两平面平行的判别

如图3-51（a）所示，$\triangle ABC$ 面内相交的正平线和水平线对应平行于 $\triangle DEF$ 面内相交的正平线和水平线，故 $\triangle ABC /\!/ \triangle DEF$。

如图3-51（b）所示，两平面都由平行二直线（$AB /\!/ CD$，$EF /\!/ GH$）所确定，且二面投影对应平行，但由于在此两平面内不可能作出一对对应平行的相交二直线，故此二平面不平行。

当给出的两平面都垂直于同一投影面时，可直接根据有积聚性的投影来判别两平面是否互相平行。如图3-51（c）所示，两铅垂面的水平投影互相平行，故这两个平面平行。

3.4.2　相交

直线与平面或平面与平面若不平行，就一定相交。直线与平面相交只有一个交点，该交点是直线与平面的共有点，也是直线投影可见与不可见的分界点。平面与平面相交只有一条交线，该交线是两平面的共有线，也是平面投影可见与不可见的分界线。因此，相交问题除求出交点或交线以外，还必须对相交元素（直线或平面）投影重叠区域进行可见性判别，可见性判别的方法有直接观察法和重影点判别法两种。

①直接观察法：利用直线或平面具有积聚性的投影直接判别可见性。

②重影点判别法：利用直线与平面或平面与平面相交时在某投影面上的重影点来判别可见性。重影点的选择原则是：要判别哪个投影面内的可见性，就在那个投影面内去找重影点。

相交可分为特殊情况相交和一般情况相交两种情况。

3.4.2.1 特殊情况相交

当相交的两个元素（直线或平面）至少有一个在某个投影面内的投影具有积聚性时，称为特殊情况相交。特殊情况相交可利用积聚投影直接确定交点或交线的一个投影，再利用从属性求出其他投影，再判别可见性。

(1) 特殊情况下直线与平面相交。

交点是直线与平面的共有点，交点永远可见，交点是直线投影可见与不可见的分界点。

【例 3-20】如图 3-52（b）所示，求一般位置直线 MN 和铅垂面$\triangle ABC$ 相交的交点。

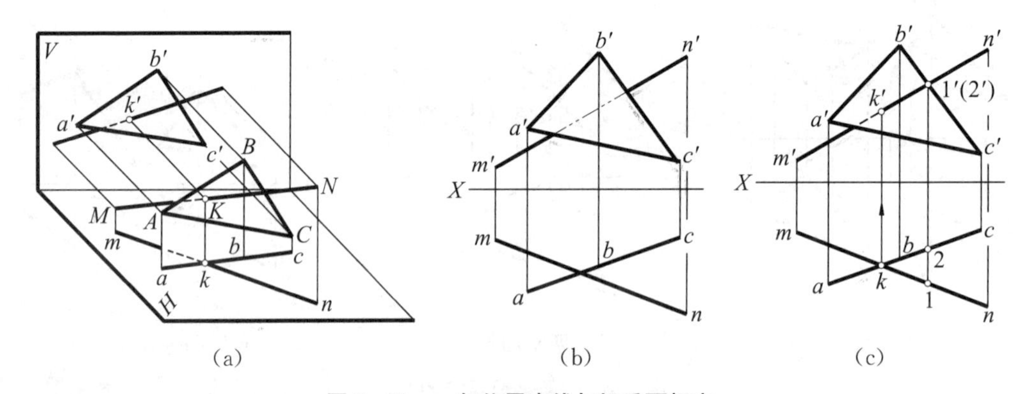

图 3-52 一般位置直线与铅垂面相交

分析：特殊位置平面至少有一个投影（或迹线）有积聚性，可利用积聚性从图上直接求出交点。

作图：

①求交点。如图 3-52（a）、(b) 所示，由于$\triangle ABC$ 的水平投影积聚成一直线，因此 MN 的水平投影 mn 与$\triangle ABC$ 的水平投影 abc 的交点 k，便是交点 K 的水平投影。由 k 求得 k'，k 和 k' 即为所求交点的两个投影。

②判别可见性。选用重影点法进行判别。由于$\triangle ABC$ 为铅垂面，MN 的水平投影积聚，仅正面的 $m'n'$ 与$\triangle a'b'c'$ 相重叠部分才需判别可见性。因此，可以在 $m'n'$ 与$\triangle a'b'c'$ 相重叠的部分的两端任找一个重影点，如图 3-52（b）中的 1′（2′）点。由水平投影可看出，Ⅰ、Ⅱ两点分别是交叉两直线 MN 和 BC 上的点，$m'n'$ 与 $b'c'$ 的交点 1′（2′）是交叉两直线对 V 面的重影点的重合投影。可以看出，位于 MN 上的Ⅰ点的 y 坐标比 BC 上的

Ⅱ点的 y 坐标值大些，因此对 V 面来说，$n'k'$可见，画实线；而交点的正面投影 k'是可见与不可见的分界点，故 $k'm'$线段上被$\triangle a'b'c'$遮挡部分为不可见，画成虚线，如图 3－52（c）所示。本例亦可以采用直接观察法进行可见性判别，读者可自己分析比较。

【例 3－21】如图 3－53（a）所示，求铅垂线 EF 与一般位置平面$\triangle ABC$ 相交的交点。

分析：特殊位置直线（投影面垂直线）的一个投影有积聚性，交点的投影也随之积聚。交点的其余投影可用在平面内取点的方法求取。

作图：

①求交点。如图 3－53（a）所示，铅垂线 EF 与一般位置平面$\triangle ABC$ 相交，铅垂线 EF 的水平投影具有积聚性，交点 K 的水平投影也随之积聚在 ef 上。如图 3－53（b）所示，在水平投影中过 k 点在$\triangle abc$ 面内取辅助直线 ag，求出 $a'g'$，$a'g'$与 $e'f'$的交点，即为交点 K 的正面投影 k'。

②判别可见性。选用重影点法进行可见性判别。如图 3－53（c）所示，在正面投影中任取一重影点的投影，如 1′、2′，由水平投影可知 $y_{\text{Ⅱ}}>y_{\text{Ⅰ}}$，点Ⅱ的正面投影 2′可见；再根据交点是可见与不可见的分界点可知，$k'f'$可见，$k'e'$与 $a'b'c'$重叠部分不可见，故将 $k'e'$处于 $a'b'c'$范围内的一段画成虚线。

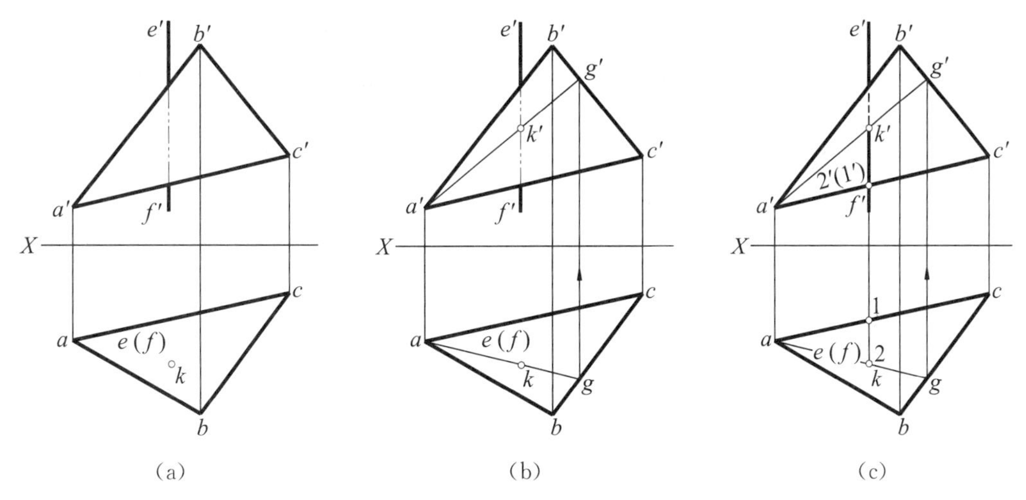

图 3－53　铅垂线与一般位置平面相交

（2）特殊情况下平面与平面相交。

交线是两个平面的共有线，交线永远可见，交线是可见与不可见的分界线，且交线是两平面最短的一段重合线。求两平面的交线问题，可看作是求两个平面的两个共有点的问题。

【例 3－22】如图 3－54（a）所示，求一般位置平面△ABC 与铅垂面△DEF 相交的交线。

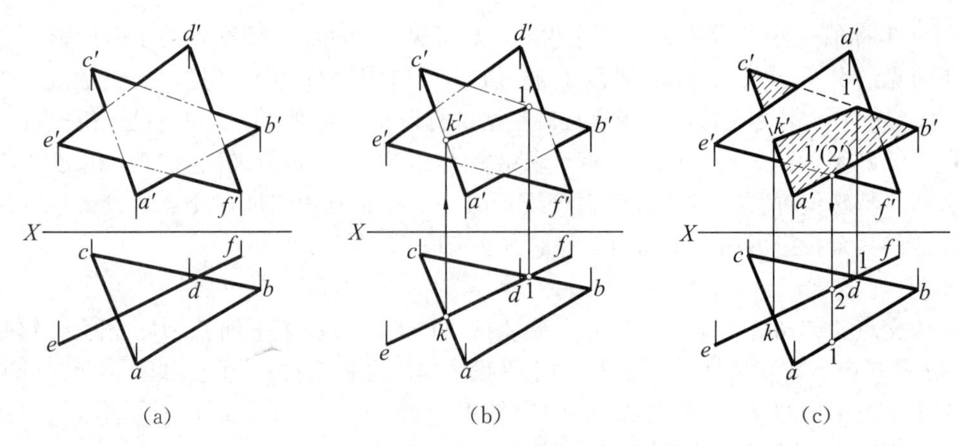

图 3-54　一般位置平面与铅垂面相交

分析：求一般位置平面与特殊位置平面的交线问题，可归结为求一般位置平面内的两条直线与特殊位置平面的两个交点问题，而这个问题的解决方法就是前述的直线与特殊位置平面相交问题的应用。

作图：

（1）如图 3-54（a）所示，一般位置平面△*ABC* 与铅垂面△*DEF* 相交，交线的水平投影积聚在 *def* 上的 *kl* 一段，如图 3-54（b）所示。求出 $k'l'$并连线，则 *KL*（$k'l'$，*kl*）为此两平面的交线。

（2）判别可见性。由于两平面的正面投影有投影重叠部分，需进行可见性判别。如图 3-54（c）所示，在正面投影中，任选两平面的两条交叉直线（如 *AB*、*EF*）的重影点在 *V* 面的投影，如 1′（2′），根据其水平投影可知 $y_{\mathrm{I}} > y_{\mathrm{II}}$，又因为交线是可见与不可见的分界线，故两平面的正面投影的可见性如图 3-54（c）所示。当然，此例用直接观察法判别可见性更为方便，读者可自己分析。

【例 3-23】如图 3-55（a）所示，求正垂面△*DEF* 与铅垂面△*ABC* 相交的交线。

分析：如图 3-55（a）所示，正垂面△*DEF* 与铅垂面△*ABC* 相交，交线的两面投影分别重合在两平面具有积聚性的投影上。

作图：

（1）求交点。如图 3-55（b）所示，在正垂面△*DEF* 的正面投影上求出ⅠⅡ的正面投影 1′2′，由此求得 12，两平面的交线必在ⅠⅡ上；在铅垂面 *ABC* 的水平投影上，求出Ⅲ Ⅳ的水平投影 34，由此求得 3′4′，两平面的交线必在Ⅲ Ⅳ上；由于要求的交线要表示在两平面的共有范围内，故交线ⅡⅣ（2′4′，24）即为所求。

（2）判别可见性。两平面的投影的可见性利用重影点进行判别，请读者自己完成，如图 3-55（c）所示。

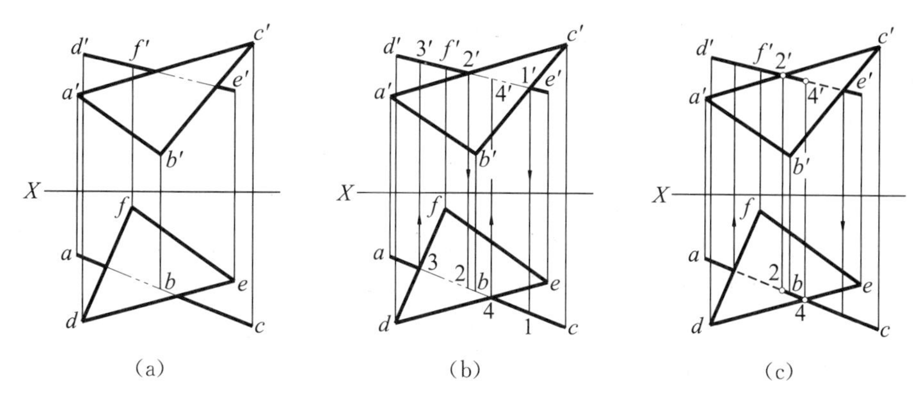

图 3－55　分别垂直于不同投影面的两平面相交

【例 3－24】如图 3－56 所示，求同时垂直于某投影面的两平面的交线。

分析：当两个平面同时垂直于某投影面时，交线为该投影面的垂直线。

作图：

①如图 3－56（a）所示，两正垂面△*ABC* 与△*DEF* 相交，其交线 *KL* 为正垂线，$a'b'c'$与$d'e'f'$的交点$k'l'$即为交线的正面投影，由此在 *ac* 上求得 *l*，在 *de* 上求得 *k*，*kl* 为交线的水平投影。由于两平面的水平投影有重叠部分，故有遮挡与被遮挡的关系。两平面的水平投影的可见性可以利用重影点的可见性为依据进行判别：在水平投影中任选一对重影点的投影，如点 1、2，通过正面投影可知 $Z_{\text{Ⅰ}}>Z_{\text{Ⅱ}}$，点Ⅰ的水平投影可见；又因为交线是可见与不可见的分界线，故两平面的水平投影的可见性如图 3－56（a）所示，其中不可见的部分用虚线表示。

②如图 3－56（b）所示，正垂面△*ABC* 与水平面 *P* 相交，交线为正垂线 *KL*（$k'l'$，*kl*）。由于平面 *P* 无边界，故仅将交线作于△*ABC* 平面的界限内，且不进行可见性判别。

③如图 3－56（c）所示，两个铅垂面 *ABCD* 与 *EFGH* 相交，该两相交平面的水平投影积聚成两相交直线。此两直线的交点必为两平面交线（铅垂线）*MN* 的水平投影。交线 *MN* 的正面投影一定在两平面的正面投影的重叠范围内。显然，水平投影不产生可见性问题。从水平投影中可以判别正面投影的可见性，其可见性如图所示。

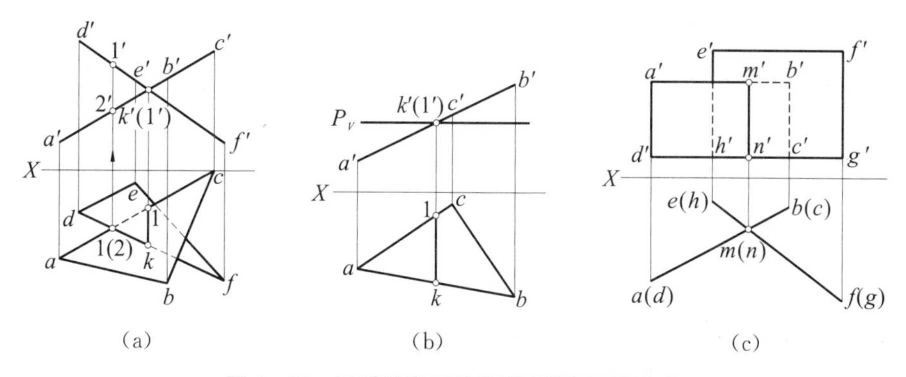

图 3－56　同时垂直于某投影面的两平面相交

3.4.2.2　一般情况相交

当相交的两个元素在任何投影面内的投影都没有积聚性时，称为一般情况相交。一般情况相交时直线和平面都没有积聚性，不能直接确定其交点或交线的投影，故可通过作辅助平面来帮助求解。

（1）一般位置直线与一般位置平面相交。

如图3－57（a）所示为一般位置直线与一般位置平面相交，直线DE与$\triangle ABC$的交点K是$\triangle ABC$内的点，它一定在$\triangle ABC$内的一条直线上（如MN上），如图3－57（b）所示。这样，过交点K的直线MN就和已知直线DE构成一个辅助平面R，如图3－57（c）所示。显然，直线MN就是已知平面$\triangle ABC$和辅助平面R的交线。交线MN与已知直线DE的交点K，就是直线DE与平面$\triangle ABC$的交点。综上所述，一般位置直线与一般位置平面相交求交点的步骤如下：

（1）包含已知直线作一辅助平面（一般取特殊位置的投影面垂直平面或平行平面）。

（2）求出辅助平面与已知平面的交线。

（3）求出交线与已知直线的交点。

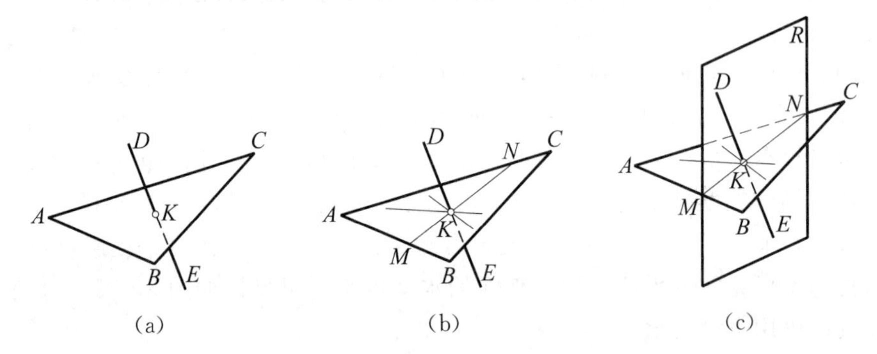

图3－57　一般位置直线与一般位置平面相交

【例3－25】如图3－58（a）所示，直线EF与平面$\triangle ABC$相交，求其交点。

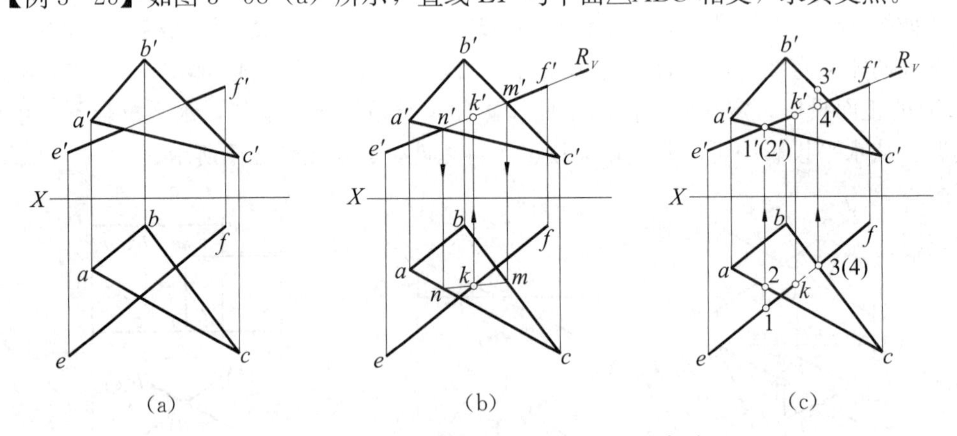

图3－58　一般位置直线与一般位置平面相交

作图：包含直线EF作正垂面R，如图3－58（b）所示；求R与$\triangle ABC$的交线MN（$m'n'$，mn）；mn与ef的交点k即为交点的水平投影。在$e'f'$上求得点k'，点K（k'，k）即为交点，如图3－58（c）所示。

直线正面投影可见性判别：在正面投影中任选一对重影点的投影，如$1'$、$2'$，根据其水平投影可知$Y_{\mathrm{I}}>Y_{\mathrm{II}}$，则$k'e'$可见；$k'f'$与$a'b'c'$的重叠部分不可见。

直线水平投影可见性判别：在水平投影中任选一对重影点的投影，如3、4，根据其正面投影可知 $Z_{Ⅲ}>Z_{Ⅳ}$，则 kf 与 abc 重叠部分不可见。

（2）一般位置平面与一般位置平面相交。

求两个一般位置平面相交的交线同样可先求出两个共有点，再连线并判别平面投影的可见性。求共有点方法是：在一个平面内任取两直线，或在两个平面内各取任一直线，分别求出此两直线对另一平面的交点。

【例3—26】如图3—59（a）所示，两个三角形 ABC 和 DEF 相交，求其交线。

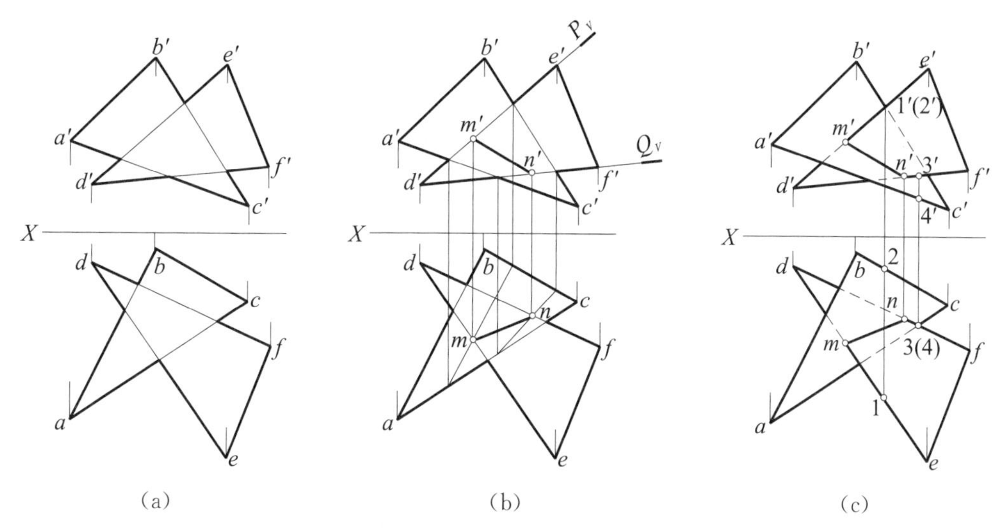

图3—59　求两个一般位置平面的交线

作图：如图3—59（b）所示，分别包含 DE、DF 作辅助正垂面 P、Q，用图3—58的方法求出 DE、DF 与△ABC 的两交点 M（m'，m）和 N（n'，n），则 MN（$m'n'$，mn）即为两个三角形的交线。

可见性判别（重影点法）：由于三角形 ABC 和 DEF 在正面和水平面的投影均没有积聚性，故都必须进行可见性判别。注意：要判别哪个投影面内的可见性，就在那个投影面内去找重影点。

①正面投影可见性判别：如图3—59（b）所示，在正面内找出重影点1′（2′），它是 $d'e'$ 和 $b'c'$ 的交点，按长对正找出水平投影中相应的1、2两点。由于 $y_{Ⅰ}>y_{Ⅱ}$，即可确定 $m'e'$ 为可见；同法，可确定 $n'f'$ 为可见。由于四边形 $e'm'n'f'$ 可见，而交线是可见与不可见的分界线，故该三角形的另一端 $d'm'n'$ 被△$a'b'c'$ 遮住的部分为不可见，$b'c'$ 被△$d'e'f'$ 遮住的部分也不可见。

②水平面投影可见性判别：如图3—59（b）所示，在水平面内找出重影点3（4），它是 df 和 ac 的交点，按长对正找出正面投影中相应的3′、4′两点。由于 $z_{Ⅲ}>z_{Ⅳ}$，即可用上述方法判别出水平投影中两三角形投影重叠部分的可见性。

两平面图形相交，可有两种情况。图3—60所示交线是由一个平面图形的两条边与另一平面图形的两个交点所决定的。这是一个平面图形穿过另一平面图形的情况，称为“全交”。图3—61表示两个平面图形各有一条边被彼此相交，称为“互交”。

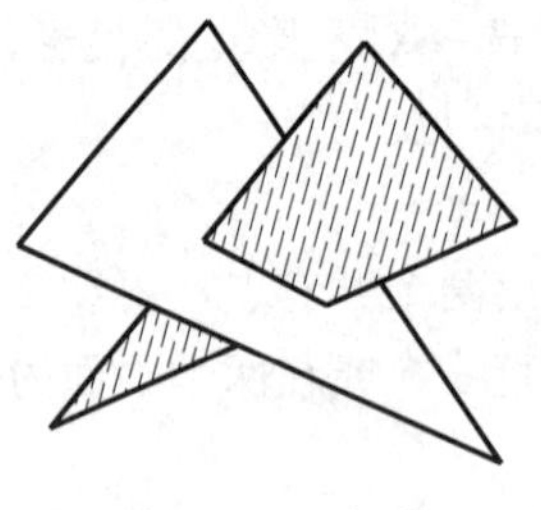

图 3－60　全交

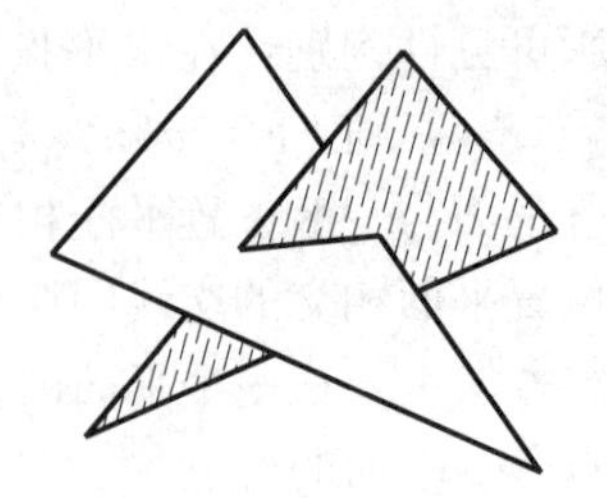

图 3－61　互交

【例 3－27】如图 3－62 所示，用三面共点原理求两平面的交线。

分析：如图 3－62（a）所示，已知 P、Q 为相交两平面，作不与该两平面平行的 R 面为辅助面，R 与平面 P 的交线为 MN，R 与平面 Q 的交线为 KL，MN 与 KL 的交点 A 即为 P、Q、R 三面所共有（三面共点），点 A 即是 P、Q 两平面交线上的点；同理，再以 S 面为辅助面，又可求得另一个共有点 B，连 AB 即为 P、Q 两平面的交线。

作图：

①如图 3－62（c）所示，作水平面 R 为辅助面，求出 R 与△ABC 的交线 Ⅰ Ⅱ（$1'2'$，12）与 DE、FG 的交线Ⅲ Ⅳ（$3'4'$，34），Ⅰ Ⅱ与Ⅲ Ⅳ的交点 K（k'，k）即为一个共有点；同理，以 S 为辅助面，又可求得另一个共有点 L（l'，l）。

②连接 KL（$k'l'$，kl）即为所求交线。

需要注意的是，辅助平面是可以任意选取的，但为了作图方便，一般应选特殊位置平面为辅助面。这种作图方法应用了“三面共点”的原理，故称三面共点法。两平面的图形不重叠而离开较远时使用此法较好。此法在以后有关相交的章节中用得较多，应很好掌握。

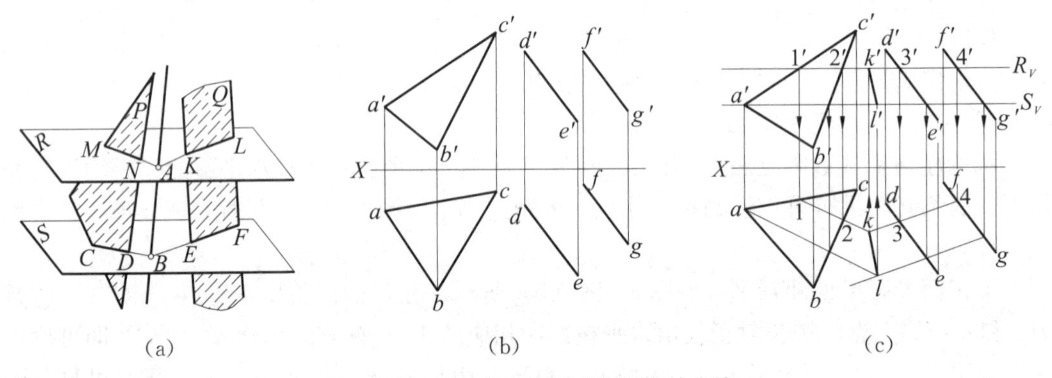

图 3－62　三面共点原理求两平面的交线

3.4.3　垂直

3.4.3.1　直线与平面垂直

（1）直线垂直于一般位置平面。

由初等几何学可知：若一直线垂直于平面内任意相交两直线，则该直线垂直于平面；反之，若一直线垂直于一平面，则此直线必定垂直于该平面内的所有直线。

如图 3－63（a）所示，直线 $AB \perp P$ 面，那么直线 AB 必垂直于平面 P 内的直线 EF、CD 和 GH 等一切直线。为了作图方便，在作直线垂直于平面时，通常使用平面内的正平线和水平线。

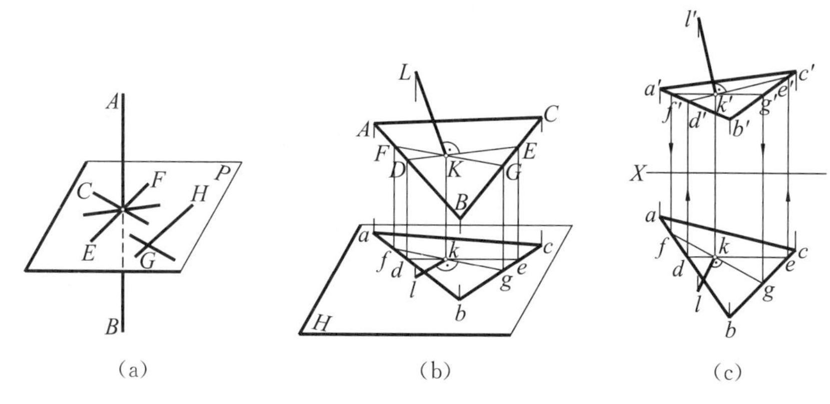

图 3－63　直线与平面垂直

【例 3－28】如图 3－64（a）所示，试过直线 AB 上一点 K，作平面垂直于直线 AB。

分析：过直线 AB 上的一点 K，只能作一平面垂直于该直线。根据直线垂直于平面的几何条件，所作的平面必须包含垂直于直线 AB 的相交两直线，同时此平面又必须通过 K 点。因此，可以利用直线垂直于一般位置平面的作图方法过点 K 作直线的垂线。

作图：如图 3－64（b）所示，过直线上的一点 K（k'，k）作正平线 KC（$k'c'$，kc），$k'c' \perp a'b'$；过 K 点作水平线 KD（$k'd'$，kd），$kd \perp ab$。相交两直线 KC 和 KD 所确定的平面即为所求。

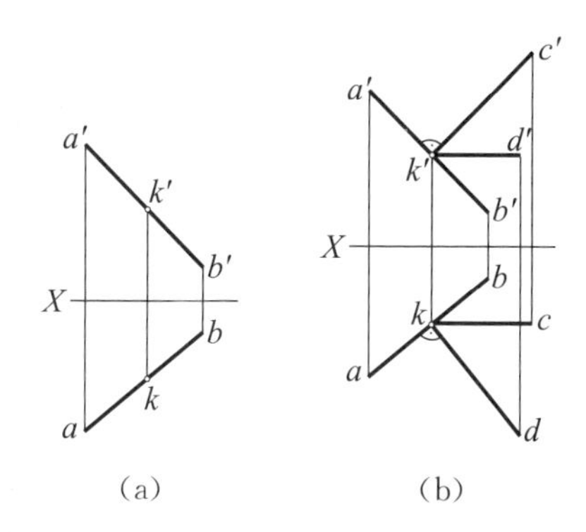

图 3－64　过 K 点作平面垂直于直线 AB

（2）直线垂直于投影面垂直面。

当直线垂直于某投影面垂直面时，此直线必定为该投影面的平行线。如图 3－65（a）所示，当直线 DE 垂直于正垂面时，DE 必定为正平线，其垂足为 K 点；如图 3－65（b）所示，当直线 DE 垂直于铅垂面时，DE 必定为水平线，其垂足点为 K 点。

3.4.3.2　两平面互相垂直

由初等几何学可知：如果一直线垂直于一平面，则包含此直线的一切平面都垂直于该平面。在图 3－66（a）中，因为 $AB \perp R$ 面，所以包含直线 AB 的 P 和 Q 等平面均垂直于平面 R。反之，如果两平面互相垂直，则由第一平面内任一点向第二平面所作的垂线，一定在第一平面内。如图 3－66（b）所示，A 点是平面Ⅰ内的任一点，直线 AB 垂直于平面Ⅱ，因直线 AB 在第一平面内，所以两平面互相垂直。如图 3－67 所示，直线 AB 也垂直于平面Ⅱ，但直线不在平面Ⅰ内，所以两平面不垂直。

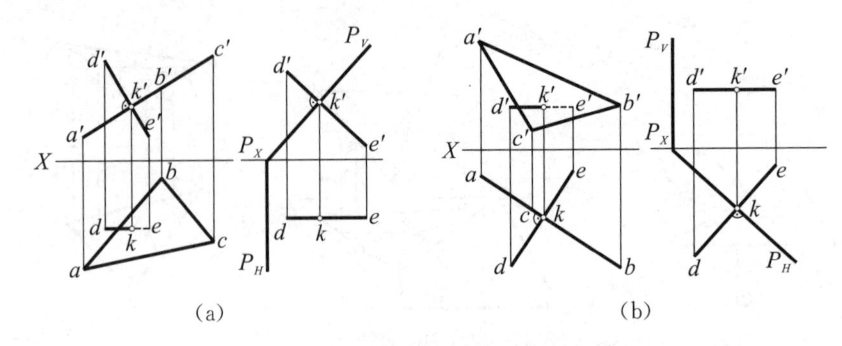

图 3－65　直线垂直于投影面垂直面

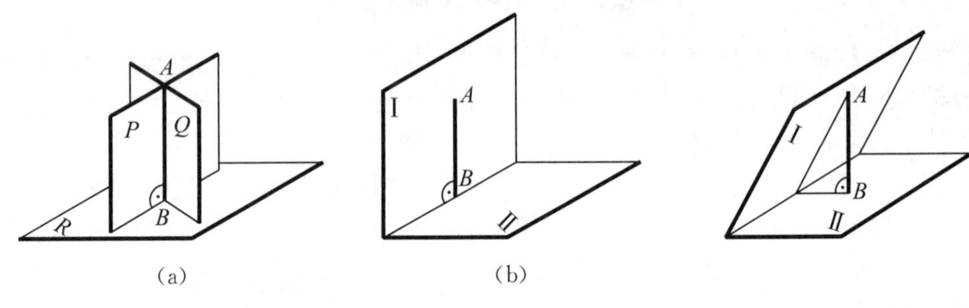

图 3－66　两平面垂直　　　　图 3－67　两平面不垂直

【例 3－29】如图 3－68（a）所示，过 D 点作平面垂直于由△ABC 所给定的平面。

分析：过 D 点作一直线 DE 垂直于△ABC，则包含 DE 的一切平面都垂直于△ABC，故本题有无穷多解。任作一直线 DF（$d'f'$，df）与 DE 相交，则 DE 与 DF 所确定的平面便是其中一个解。

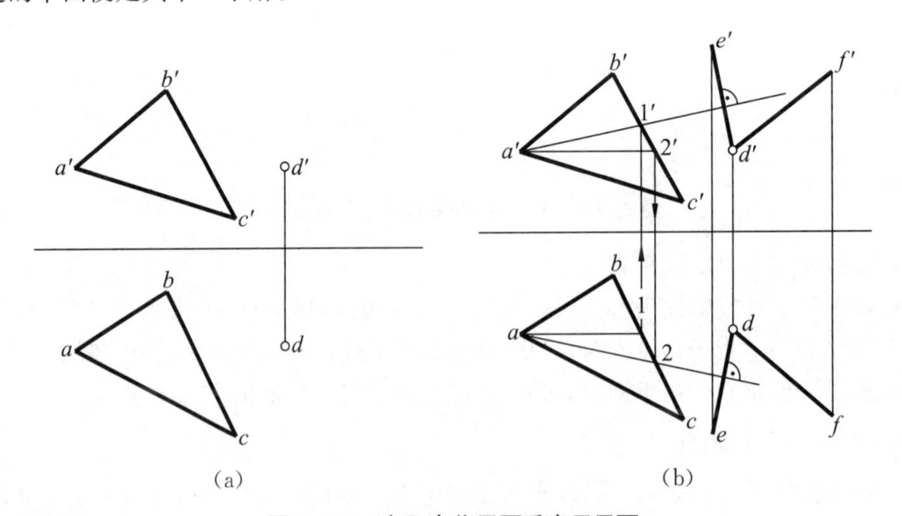

图 3－68　过 D 点作平面垂直于平面

作图：如图 3－68（b）所示，先在△ABC 内作正平线 AⅠ（$a'1'$，$a1$）和水平线 AⅡ（$a'2'$，$a2$）；然后过 D 点作 DE 垂直于△ABC，即 $d'e' \perp a'1'$，$de \perp a2$；再过 D 点

作任一直线DF，则DE和DF所确定的平面垂直于$\triangle ABC$。

3.4.4　综合作图

在工程上，经常会遇到求几何元素同时满足两个以上条件的问题，解这类问题需要综合运用几方面的基本概念和作图方法。

【例3－30】如图3－69所示，求D点到$\triangle ABC$的距离。

分析：求点到平面的距离，除了自该点向平面作垂线外，还需求出垂线与平面的交点（垂足），最后求出该点到垂足的线段实长。

作图：先在$\triangle ABC$内作一正平线AF（$a'f'$，af）和一水平线AH（$a'h'$，ah），如图3－69（b）所示；再自D点作直线$DE\perp\triangle ABC$，即作$d'e'\perp a'f'$，$de\perp ah$，如图3－69（b）所示；然后包含直线DE作辅助正垂面P，即包含$d'e'$作P_V，求出DE与$\triangle ABC$的交点K（k'，k）如图3－69（c）所示；最后用直角三角形法求出线段DK（$d'k'$，dk）的实长D_0k'即可。

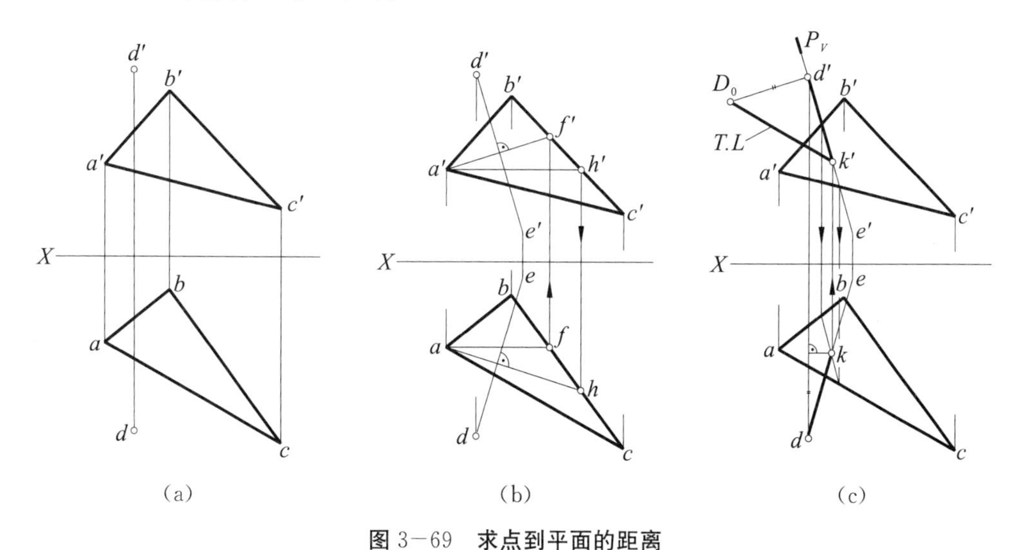

图3－69　求点到平面的距离

【例3－31】如图3－70（a）所示，求A点到一般位置直线BC的距离。

分析：求A点到直线BC的距离，就是过A点向BC作垂线，再求A点与垂足连线的实长，但BC是一般位置直线，过空间一点A向BC所作的垂线也是一般位置直线，此两条互相垂直的一般位置直线，其投影不反映直角关系。所以不能在投影图上直接作出。要解决这个问题，需要过点作垂直于直线的辅助平面。在图3－70（a）中，如果有一直线AK要垂直于直线BC，则AK必定在过A点而垂直于直线BC的平面Q内。因此，应先过已知点A作平面Q垂直于BC，再求出BC与平面Q的交点K，连直线AK即为所求。

作图：

① 过A点作辅助平面Q垂直于BC，Q面由正平线AD和水平线AE所给定。图3－70（b）中，$a'd'\perp b'c'$，$ae\perp bc$。

② 如图3－70（c）所示，求出直线BC与辅助平面Q的交点K。为此，过BC作一

辅助正垂面 P（图中以 P_V 表示），求出 P 面与 Q 面的交线 Ⅰ、Ⅱ（$1'2'$、12），从而求出交点 K（k'，k）。

③ 连接 A、K，则 AK（$a'k'$，ak）即为所求垂线，如图 3-70（c）所示。

④ 求出线段 AK（$a'k'$，ak）的实长 A_0K，即为 A 点到 BC 的距离，如图 3-70（c）所示。

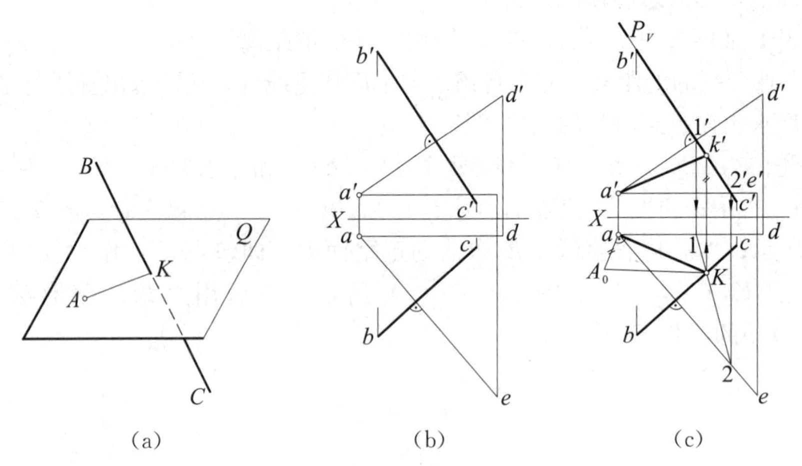

图 3-70　求 A 点到直线 BC 的距离

【例 3-32】如图 3-71（a）所示，已知矩形一边 AB 的两面投影（$a'b'$，ab）及邻边 BC 的正面投影 $b'c'$，试完成该矩形的两面投影。

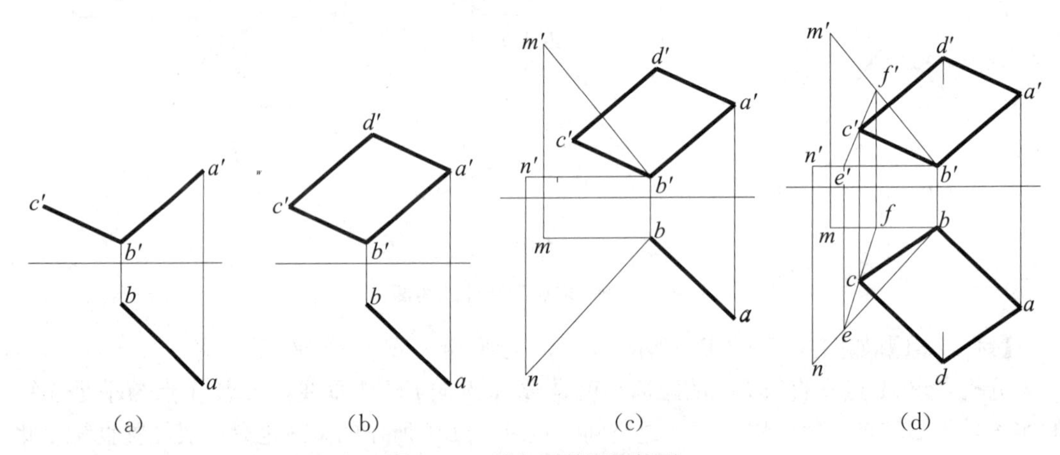

图 3-71　求矩形的两面投影

分析：由于 $ABCD$ 是一个矩形，其对边相互平行，所以只要作出 AB 和 BC 两边，矩形即可作出。本题的关键是作出 C 点的水平投影 c，过 B 点并与直线 AB 垂直的直线的轨迹为过 B 点且垂直于直线 AB 的平面，所以矩形的 BC 边必须在此垂面内。利用在面上取点的方法求出点 C，过点 C 作对应边的平行线即可完成矩形 $ABCD$ 的投影。

① 完成矩形 $ABCD$ 的正面投影 $a'b'c'd'$，如图 3-71（b）所示。

②过 B 点作正平线 BM（$b'm'$，bm）、水平线 BN（$b'n'$，bn）与直线 AB 垂直，如图 3-71（c）所示。

③在由两相交直线 BM、BN 所决定的平面内作辅助线 EF，即先过 c' 点作 $e'f'$，通

过联系线作出 ef，由 c'的联系线在 ef 上求出 C 点的水平投影 c，再过 c 作对应边的平行线 8，完成矩形的水平投影 $abcd$，如图 3－71（d）所示。

【例 3－33】如图 3－72（a）所示，过 E 点作直线 EF 与交叉二直线 AB、CD 均相交。

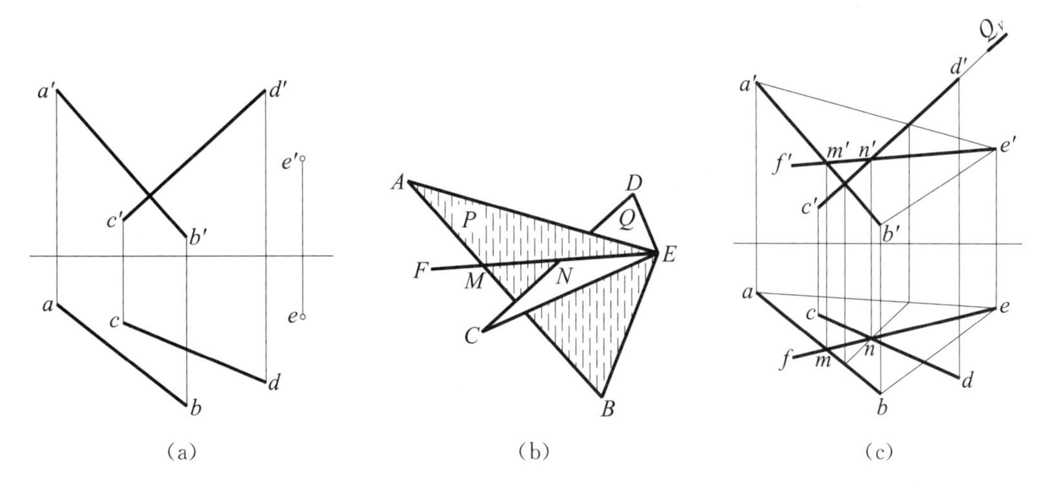

图 3－72　过点作直线与交叉二直线相交

分析：在图 3－72（b）中，假定所求直线 EF 已经作出，EF 与直线 AB 交于 M 点，与直线 CD 交于 N 点，则 EF 分别与直线 AB、CD 决定了平面 P 和平面 Q，EF 为 P、Q 二平面所共有，即 EF 为 P、Q 二平面的交线。由此可知，求该直线的实质就是求二平面的交线。因为已知点 E 是 P、Q 二平面的一个共有点，所以只需求出另一个共有点，即可求出二平面的交线。为此，可求直线 CD 与 P 面（EAB）的一个交点 M，也可以求直线 AB 与 Q 面（ECD）的一个交点 N。最后连 EN 或 EM，即为所求直线。

作图：如图 3－72（c）所示，求直线 CD（$c'd'$，cd）与$\triangle ABE$（$\triangle a'b'e'$，$\triangle abe$）的交点 N（n'，n）；连 EN（$e'n'$，en）即得所求直线 EF（$e'f'$，ef）。

【例 3－34】如图 3－73（a）所示，在直线 DE 上求一点 C，使它与 A、B 两点等距离。

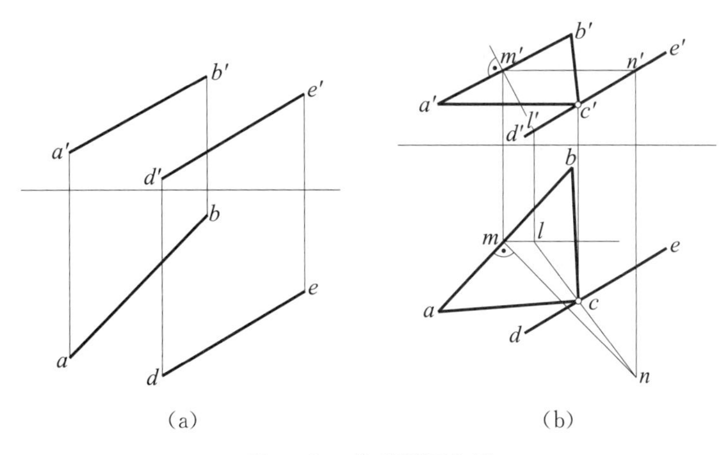

图 3－73　作等腰三角形

分析：与 A、B 两点等距离之点的轨迹就是直线 AB 的中垂面，它与直线 DE 的交点就是所求三角形的顶点 C。

作图：先在直线 AB 上取中点 M，过 M 点作 AB 的垂面，如图 3－73（b）所示；作出直线 DE 与中垂面的交点 C，如图 3－73（b）所示，即为所求。

【复习思考题】

1. 点的两面投影规律和三面投影规律各是什么？
2. 如何根据点的二投影求其第三投影？
3. 如何根据点的轴测图画出它的三面投影图？如何根据点的投影图画出它的轴测图？
4. 如何判别两点间的相对位置？
5. 什么叫重影点？如何判别重影点的可见性？
6. 试述投影面平行线和投影面垂直线的投影特性。
7. 直角三角形法求线段实长有哪几个要素？如何利用这些要素确定直角三角形？只作一个直角三角形是否可以同时求出直线对两个投影面的倾角？
8. 如何在投影图上判断点是否在直线上？
9. 已知侧平线上一点的水平投影，不用侧面投影如何求该点的正面投影？
10. 在投影图上如何判别两直线是平行、相交还是交叉？
11. 在什么条件下，直角的投影仍为直角？
12. 在投影图中表示平面的方法有哪些？
13. 试述投影面垂直面和投影面平行面的投影特性。
14. 试述在平面内取点、取线的作图方法。
15. 已知平面内一点的投影，如何求出另一个投影？
16. 如何检查空间四点是否在同一平面内？
17. 试述平面内正平线和水平线的投影特性，并说明其作图方法。
18. 平面内对投影面的最大斜度线的投影特性及其用途如何？如何作出一般位置平面与投影面的倾角？
19. 试述直线与平面平行、平面与平面平行的几何条件。
20. 作图说明如何过一点作一平面平行于已知平面。
21. 作图说明如何求两特殊位置平面的交线。
22. 作图说明如何求投影面垂直线与一般位置平面的交点，并判别可见性。
23. 两平面相交，求其交线的实质是什么？如何求两平面的交线？怎样判别图形的可见性？
24. 试述直线垂直于一般位置平面的投影特性。
25. 两平面互相垂直的几何条件是什么？如何判别两平面是否互相垂直？

第 4 章　投影变换

4.1　概述

一般几何问题大体上可分为定位问题和度量问题两类。定位问题是对有关几何形体在空间的相对位置而言的，如：求直线与平面的交点、两平面的交线等。度量问题则是指确定距离、角度、实长、实形等。当几何元素对投影面处于特殊位置（平行或垂直）时，某些度量或定位问题便易于解决了。

如图 4-1（a）所示，正面投影 $a'b'$ 反映线段的实长；如图 4-1（b）所示，水平投影 $\triangle abc$ 反映三角形的实形；如图 4-1（c）所示，AB、CD 为两交叉直线，当直线 AB 垂直于水平面时，AB、CD 的公垂线成为水平线，其水平投影 m（n）反映两交叉直线的最短距离；如图 4-1（d）所示，$\triangle ABC$ 为正垂面，a'（b'）c' 与 OX 轴的夹角反映该平面与水平面的倾角 α；如图 4-1（e）所示，$\triangle ABC$ 垂直于 V 面，根据 3.4.2.1 直线与特殊位置平面相交所述内容，$\triangle ABC$ 与直线 EF 的交点 K 很容易确定。

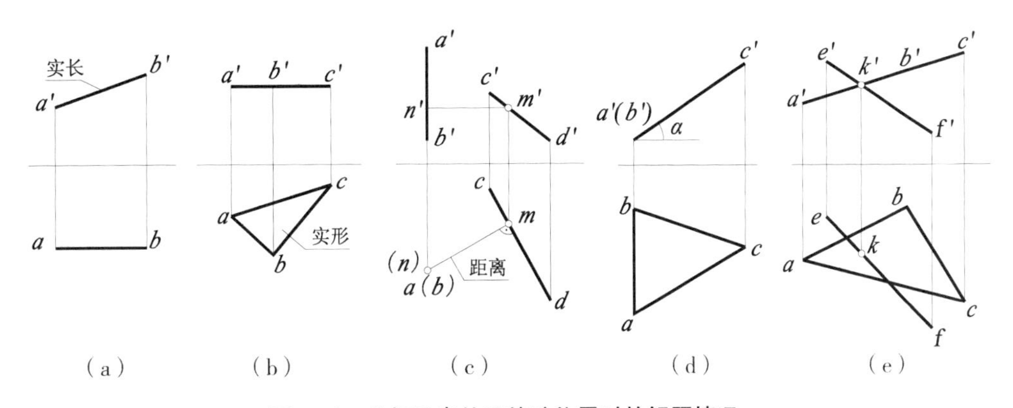

图 4-1　几何元素处于特殊位置时的解题情况

但是，很多问题中的几何元素并不对投影面处于特殊位置，这时就需要采用一定的方法来改变空间形体对投影面的相对位置，以达到简化问题的目的。这种将空间形体对投影面的相对位置由原来的一般位置变为特殊位置，从而解决度量问题和定位问题的方法称为投影变换法。

常用的投影变换法有换面法和旋转法两种。

4.2 换面法

4.2.1 基本概念

换面法就是保持空间几何元素的位置不动，用新的投影面代替原来的投影面，使几何元素对新的投影面的相对位置处于有利于解题的位置的方法。如图 4－2（a）所示，铅垂面△ABC 在 V 面和 H 面所组成的投影体系（以下简称 V/H 体系）中的两个投影都不反映实形。如果选取一个既平行于铅垂面△ABC 又垂直于 H 面的 V_1 面来代替 V 面，则新的 V_1 面和不变的 H 面构成了一个新的两面体系 V_1/H，此时，△ABC 在 V_1/H 体系中的投影 $a_1'b_1'c_1'$就反映了△ABC 的实形。再以 V_1 面和 H 面的交线 X_1 为轴，使 V_1 面旋转到和 H 面重合的位置，就得到△ABC 在 V_1/H 体系中的投影图，如图 4－2（b）所示。这样的方法称为变换投影面法，简称换面法。

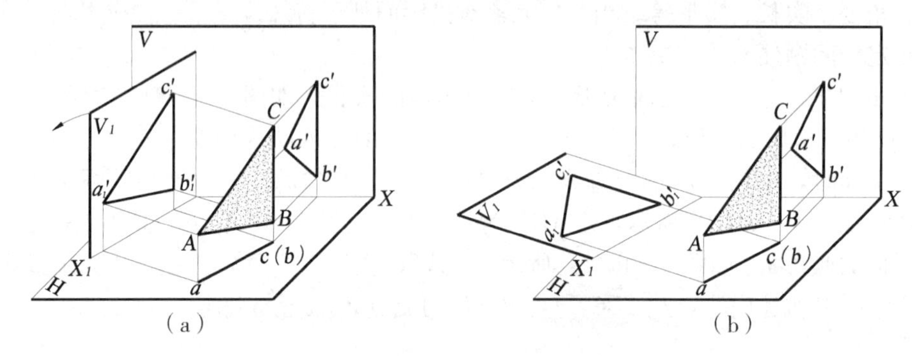

图 4－2　换面法

必须指出，新投影面 V_1 并不能任意选择，它必须符合以下两个条件：

（1）新投影面必须垂直于一个不变投影面，以构成一个新的两面体系。

（2）空间几何元素必须对新投影面处于特殊位置，以利于解题。

4.2.2 投影变换规律

由于点是最基本的几何元素，也是作图的基础，我们先研究点的投影变换。

4.2.2.1 点的一次变换

如图 4－3（a）所示，V/H 体系中有一点 A，其正面投影为 a'，水平投影为 a。为了改变 A 点的正面投影，用 V_1 面代替 V 面，并使 V_1 面垂直于 H 面，以便形成新的二面体系 V_1/H。这时 V 面称为旧投影面，H 面称为不变投影面，V_1 面称为新投影面，X 轴称为旧投影轴（简称旧轴），X_1 轴称为新投影轴（简称新轴）。应当指出，不管投影面如何变换，都是向新投影面作正投影的。

如图 4－3 所示，由 A 点向 V_1 面作正投影 a_1'，这时，称 a'为旧投影，称 a_1'为新投影，它们之间存在下列关系：

（1）由于这两个体系具有公共的水平面 H，所以 A 点到 H 面的距离（Z 坐标）在新、旧体系中都是相同的，即 $a_1'a_{x1}'=Aa=a'a_x$。

（2）当 V_1 面绕 X_1 轴旋转重合到 H 面上时，根据点的投影变换规律可知 $a_1'a$ 必定垂直于 X_1 轴，这和 $a'a$ 垂直于 X 轴的性质是一样的。

根据以上分析，可得点的投影变换规律如下：

（1）点的新投影和不变投影的连线必定垂直于新轴。

（2）点的新投影到新轴的距离等于被替换的旧投影到旧轴的距离。

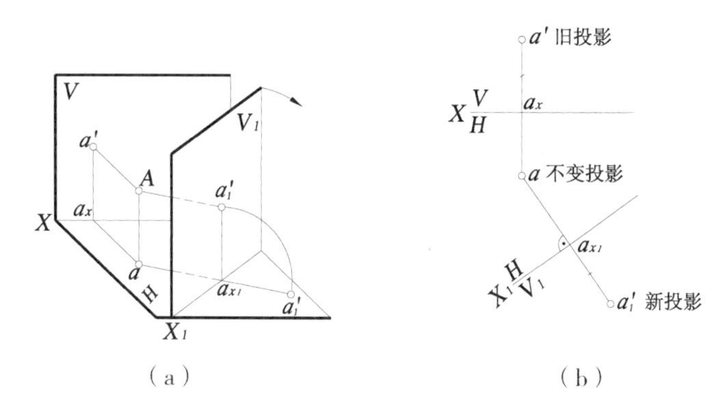

（a）　　　　　　　　　　　　（b）

图 4－3　点在 V_1 面的新投影的作法

按上述规律，如图 4－3（b）所示，由 V/H 体系中 A 点的投影（a'，a）可求出 V_1/H 体系中的投影 a_1'，其作图步骤如下：

（1）按要求画出新投影轴 X_1（新投影轴确定了新投影面在投影图上的位置）。

（2）过 a 点作 X_1 的垂线。

（3）在此垂线上截取 $a_1'a_{x1}=a'a_x$，a_1' 即为所求的新投影。水平投影 a 为新、旧投影所共有，故为不变投影。

如图 4－4（a）所示，若要变换水平面，则可选择 H_1 面代替 H 面，且使 H_1 面垂直于 V 面，H_1 面和 V 面构成新投影体系 V/H_1。在 H_1 面内求出新投影 a_1。因新、旧两体系具有公共的 V 面，所以 $aa_x = A\,a' = a_1a_{x1}$。

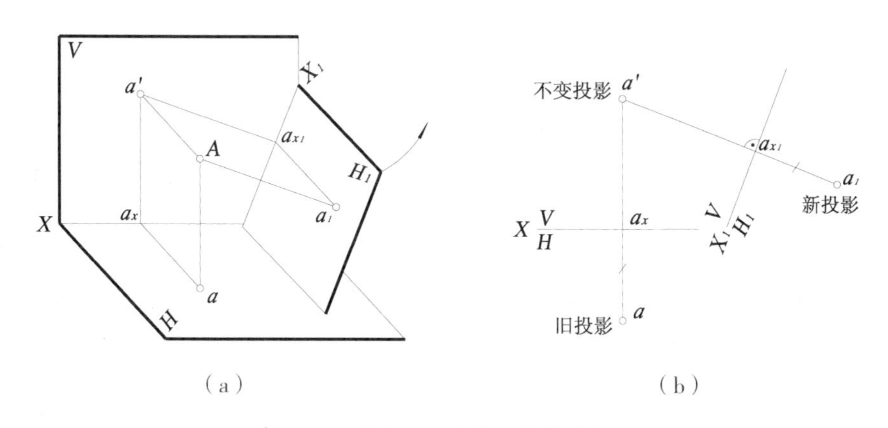

（a）　　　　　　　　　　　　（b）

图 4－4　点在 H_1 面的新投影的作法

如图 4－4（b）所示，在投影图上由 a'、a 求作 a_1 的步骤如下：

（1）作 X_1 轴。

（2）过 a' 作 $a'a_{x1} \perp X_1$。

（3）在垂直线上截取 $a_1a_{x1} = aa_x$，a_1 即为所求。

4.2.2.2 点的两次变换

运用换面法解决实际问题，有时需要变换两次或更多次投影面。如图 4-5 所示为变换两次投影面时求点的新投影的方法，其变换原理和作图方法与变换一次投影面相同。

应当注意：在变换投影面时，新投影面的选择必须符合前面所述的两个基本条件，而且不能一次同时变换两个投影面，必须一个变换完成以后再变换另一个，而且，在变换过程中，正面和水平面的变换必须交替地进行。如图 4-5 所示，先用 V_1 面代替 V 面，构成新体系 V_1/H，再以这个体系为基础，用 H_2 面代替 H 面，又构成新体系 V_1/H_2。

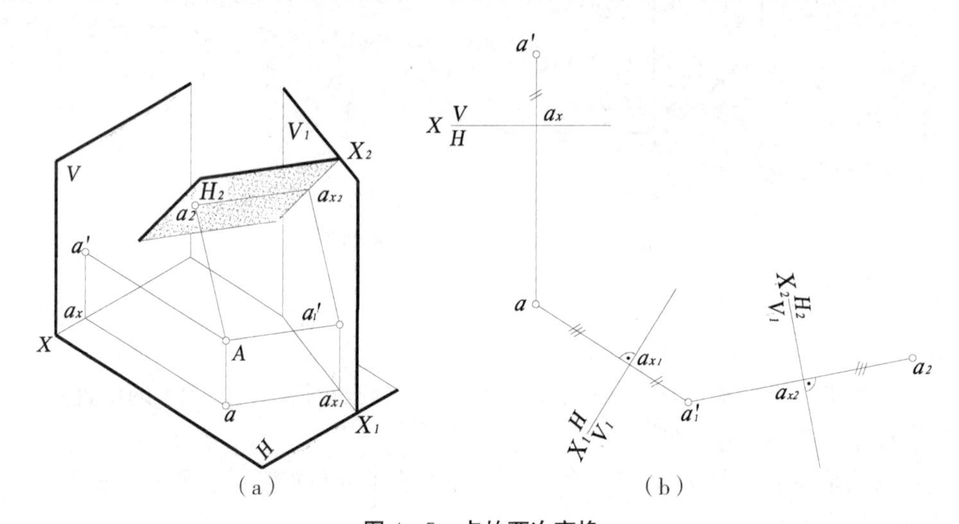

图 4-5 点的两次变换

4.2.3 基本作图问题

在利用换面法解决实际问题时，可归结为：将一般位置直线变为投影面平行线、将一般位置直线变为投影面垂直线、将一般位置平面变为投影面垂直面、将一般位置平面变为投影面平行面四个问题。

4.2.3.1 将一般位置直线变为投影面平行线

若将一般位置直线变为投影面平行线，则新投影面必定与此直线平行并与不变投影面垂直。根据投影面平行线的投影特性，新投影轴应平行于直线的不变投影。如图 4-6（a）所示，新投影面 V_1 平行于一般位置直线 AB 且垂直于 H 面，这时，直线 AB 在 V_1/H 新体系中成为 V_1 面的平行线，新投影轴 X_1 平行于直线 AB 的不变投影 ab。

如图 4-6（b）所示，若将一般位置直线 AB 变换为新体系中的 V_1 面平行线，则其投影图的作法为：

（1）作新轴 X_1，使 $X_1 /\!/ ab$，因新轴 X_1 与 ab 的距离长短不影响解题，故可在图中的适当位置定出 X_1 轴。

（2）分别求出线段 AB 两端点的新投影 a_1' 和 b_1'。

（3）连 $a_1'b_1'$ 即为直线 AB 的新投影。$a_1'b_1'$ 反映线段 AB 的实长，$a_1'b_1'$ 和 X_1 轴夹

角就是直线 AB 与 H 面的倾角 α。

若将直线 AB 变换为新体系中的 H_1 面平行线，则应将 H 面变为 H_1 面，这时就要作新轴 $X_1 /\!/ a'b'$，然后求出 a_1b_1，则 a_1b_1 反映线段的实长，a_1b_1 与 X_1 的夹角代表 AB 与 V 面的倾角 β。

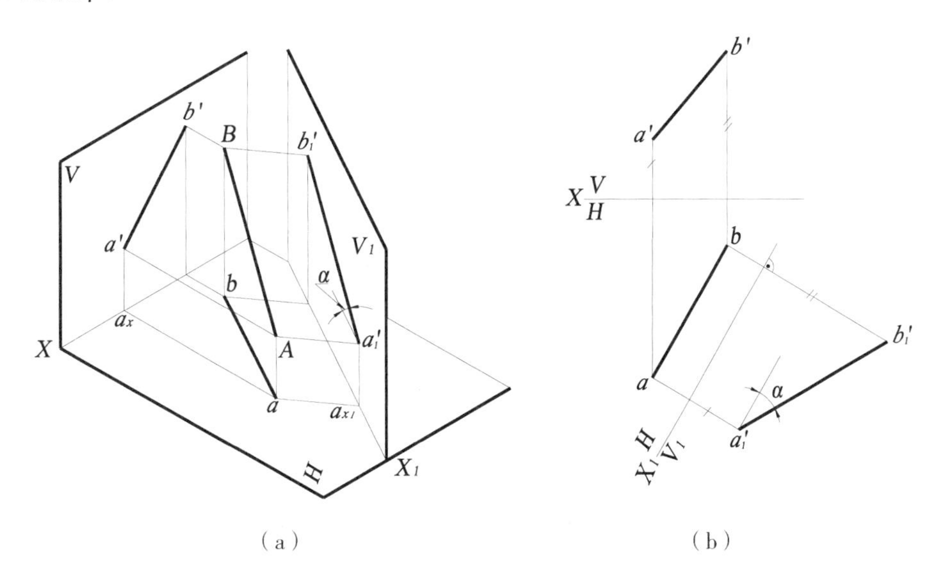

图 4-6　将一般位置直线变为投影面平行线

4.2.3.2　将一般位置直线变为投影面垂直线

若将一般位置直线变为投影面垂直线，则必须使新投影面垂直于此直线。但是，与一般位置直线垂直的平面一定是一般位置的平面，它不和原体系中任一投影面垂直，不能构成相互垂直的新二面体系，因此，要解决这个问题，一次变换不可能完成，必须变换两次投影面，即：首先使一般位置直线变为新投影面的平行线；再将投影面的平行线变为另一投影面的垂直线。

如图 4-7（a）所示，要将一般位置直线 AB 变为 H_2 面的垂直线，首先变换 V 面，用 V_1 代替 V 面，使直线 AB 在 V_1/H 体系中成为 V_1 面的平行线；然后变换 H 面，用 H_2 面代替 H 面，使直线 AB 在 V_1/H_2 体系中成为 H_2 面的垂直线。

根据投影面垂直线的投影特性，新投影轴应垂直于直线的不变投影。如图 4-7（b）所示，先作 X_1 轴平行于 ab，求出 $a_1'b_1'$ 后作 X_2 轴垂直于 $a_1'b_1'$，在 V_1/H_2 体系中，直线 AB 的投影积聚成一点。

4.2.3.3　将一般位置平面变为投影面垂直面

根据平面与平面垂直的条件，欲将△ABC 平面变为新体系中的投影面垂直面，只需将该平面内的任一直线变为新投影面的垂直线即可。但是要将平面内一般位置直线变为投影面垂直线，必须变换两次投影面，而将投影面平行线变为投影面垂直线则只需变换一次投影面。如图 4-8（a）所示，若新投影面 V_1 垂直于△ABC 平面内的水平线 CK，也必定垂直于△ABC，并能保证 V_1 面垂直于 H 面。为此，通常在平面内取一投影面平行线（如 CK）为辅助线，取与它垂直的平面 V_1 作为新投影面，则一般位置平面△ABC 就成为新体系中的投影面垂直面了。

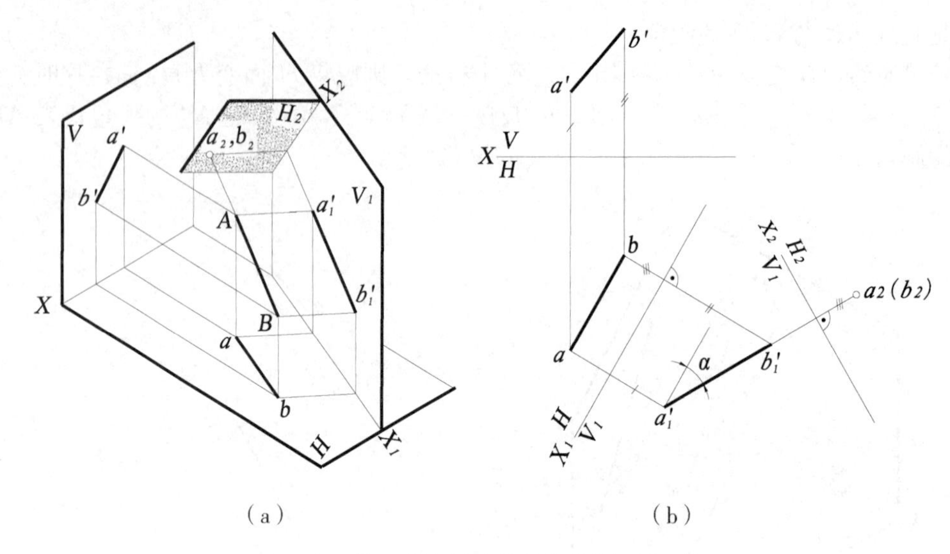

(a)　　　　　　　　　　(b)

图 4-7　将一般位置直线变为投影面垂直线

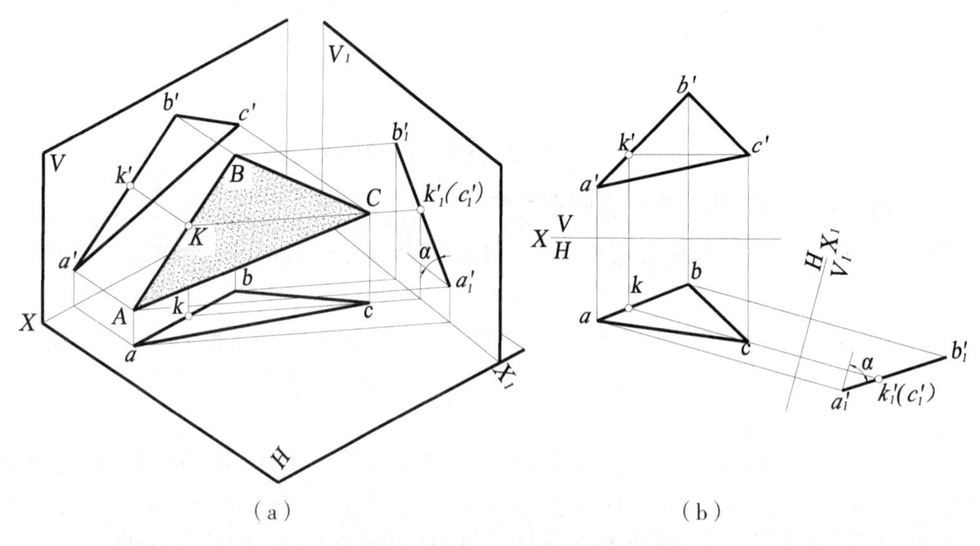

(a)　　　　　　　　　　(b)

图 4-8　将一般位置平面变为投影面垂直面

如图 4-8（b）所示，若将△ABC 变为 V_1 面垂直面，其投影图的作法为：

（1）在△ABC 内取一水平线 CK（$c'k'$，ck）。

（2）作 V_1 面代替 V 面，使新投影轴 $X_1 \perp ck$，这样，△ABC 在新体系中就成为投影面垂直面了。

（3）求出△ABC 的三点 A、B、C 在 V_1 面上的投影 a_1'、b_1'、c_1'，则 $a_1'b_1'c_1'$积聚成一直线，$a_1'b_1'c_1'$与 X_1 轴的夹角 α 即为△ABC 与 H 面的倾角。

如果要将△ABC 变为 H_1 面的垂直面，则要在△ABC 内作一条正平线，使新轴 X_1 垂直于该正平线的正面投影，然后求△ABC 在 H_1 面上的投影。

4.2.3.4　将一般位置平面变为投影面平行面

欲将一般位置平面变为投影面平行面，必须使新投影面平行于此平面。若直接作一个新投影面平行于一般位置的平面，则此新投影面也一定是一般位置平面，它不与原体系中任一投影面垂直，不能构成互相垂直的二面体系。所以要解决这个问题必须变换两次投影面，即：

（1）首先使一般位置平面变为新投影面垂直面，如图4－8所示。

（2）再将投影面垂直面变为另一新投影面平行面（新投影面的选取情况与图4－2类似）。

如图4－9（a）所示，若要将△ABC变为V面平行面，其投影图作法为：

（1）将△ABC变换为新投影面H_1的垂直面。先在△ABC内作正平线AK，取新投影面$H_1 \perp AK$（在投影图中就是作$X_1 \perp a'k'$），然后求出△ABC在H_1面上积聚成一直线的投影$b_1a_1c_1$。

（2）将△ABC再变换成另一新投影面V_2的平行面。作V_2面∥△ABC（在投影图中就是作$X_2 /\!/ b_1a_1c_1$），然后作出a_2'、b_2'、c_2'。这样，△ABC在V_2/H_1体系中便成为投影面平行面，△$a_2'b_2'c_2'$反映了△ABC的实形。

若要将△ABC变为H面平行面，其投影图作法如图4－9（b）所示。

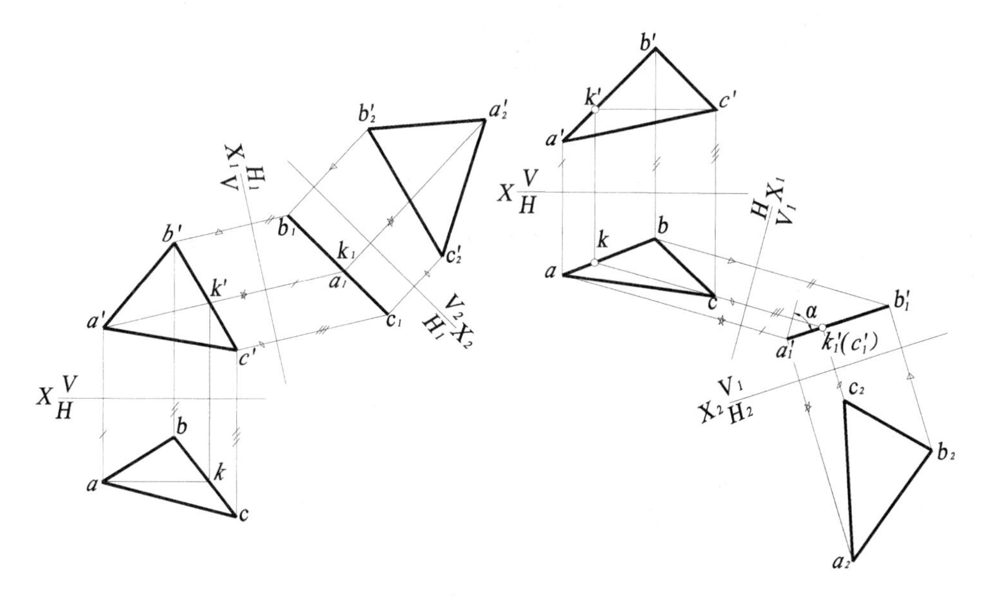

（a）将ΔABC变为V面平行面　　（b）将ΔABC变为H面平行面

图4－9　将△ABC变为投影面平行面

4.2.4　换面法应用举例

【例4－1】如图4－10所示，求点D到△ABC的距离及其投影。

分析：如图4－10（a）所示，若D点到△ABC的距离DK是投影面H的平行线，则DK在H面上的投影dk就反映距离DK的实长。当DK是H面的平行线时，由于$DK \perp$△ABC，则必有△$ABC \perp H$面。因此，为了在投影图中直接得到所求的距离，就要将平面△ABC变换为新体系中的投影面垂直面。由于△ABC已变为投影面垂直面，所以，垂足K可以利用△ABC投影的积聚性直接求得。

作图：如图4-10（b）所示。

（1）将△ABC变为新体系的H_1面的垂直面。在△ABC内作一正平线BE，作$H_1 \perp BE$，即$X_1 \perp b'e'$，然后求出△ABC和D点在H_1面的投影$a_1b_1c_1$和d_1。

（2）求出距离DK。过d_1作$d_1k_1 \perp a_1b_1c_1$，得垂足k_1，d_1k_1即为DK的实长。

（3）求DK在原体系中的两投影。因为d_1k_1反映DK的实长，所以$DK /\!/ H_1$面，则$d'k' /\!/ X_1$轴。过k_1作X_1轴的垂线与过d'作X_1轴的平行线相交于k'，由k'可求出k。

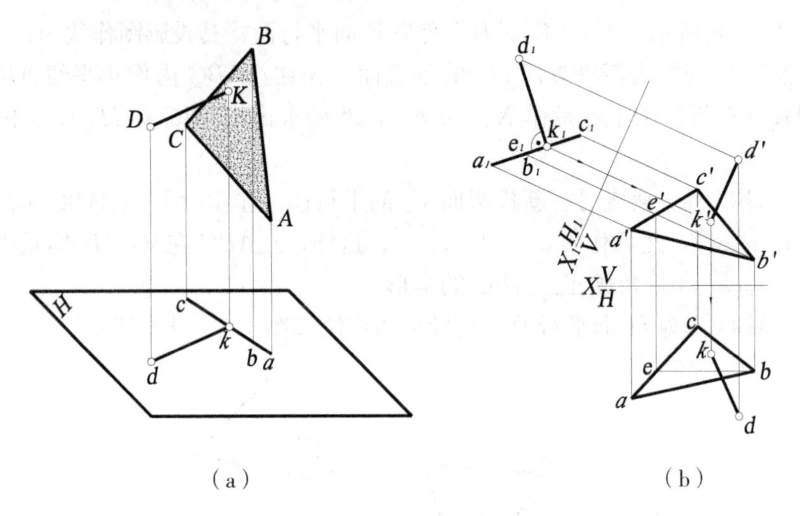

图4-10　求点到平面的距离

【例4-2】如图4-11（a）所示，求M点到直线AB的距离MK及其投影$m'k'$和mk。

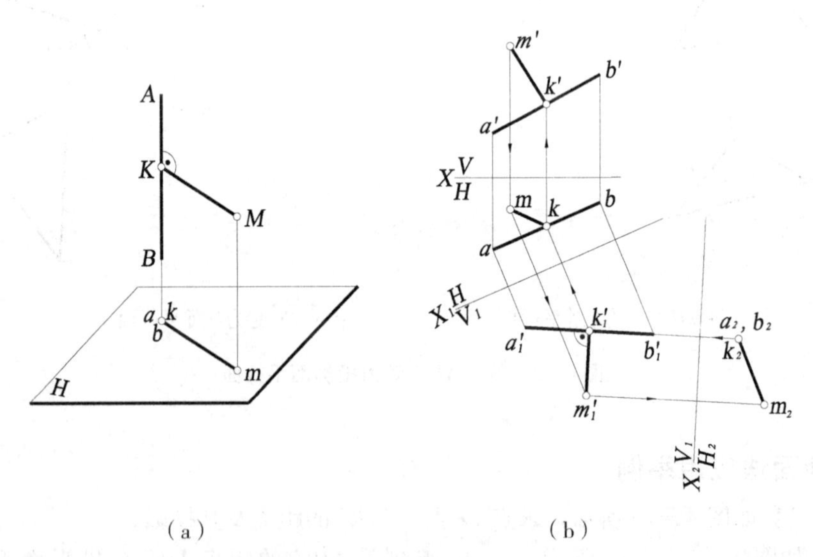

图4-11　求点到直线的距离

分析：如图4-11（a）所示，因为$MK \perp AB$，如将AB变为新投影面H的垂直线，则$MK /\!/ H$面，因此，只需将直线AB变为H面垂直线，即可求得mk。但是直线AB是一般位置的直线，不能直接变换为投影面垂直线。为此，要先将直线AB变为V_1

面的平行线，再变为 H_2 面的垂直线。

作图：如图 4－11（b）所示。

（1）作新投影轴 $X_1 /\!/ ab$，求出 V_1 面上的投影 $a_1'b_1'$ 和 m_1'。

（2）作另一投影轴 $X_2 \perp a_1'b_1'$，求出 H_2 面上的投影 a_2b_2 和 m_2。

（3）垂足 k 在 H_2 面的投影 k_2 和 a_2b_2 积聚成一点，连接 m_2、k_2，则 m_2k_2 为距离 MK 的实长。

（4）因为 $MK /\!/ H_2$，所以 $m_1'k_1' /\!/ X_2$ 轴，求出 k_1'、k 和 k'，从而求出 mk 和 $m'k'$。

【例 4－3】如图 4－12 所示，有两条交叉管道 AB 和 CD，现要在两管道之间用一根最短的管子将它们连接起来，求连接点的位置和连接管的长度。

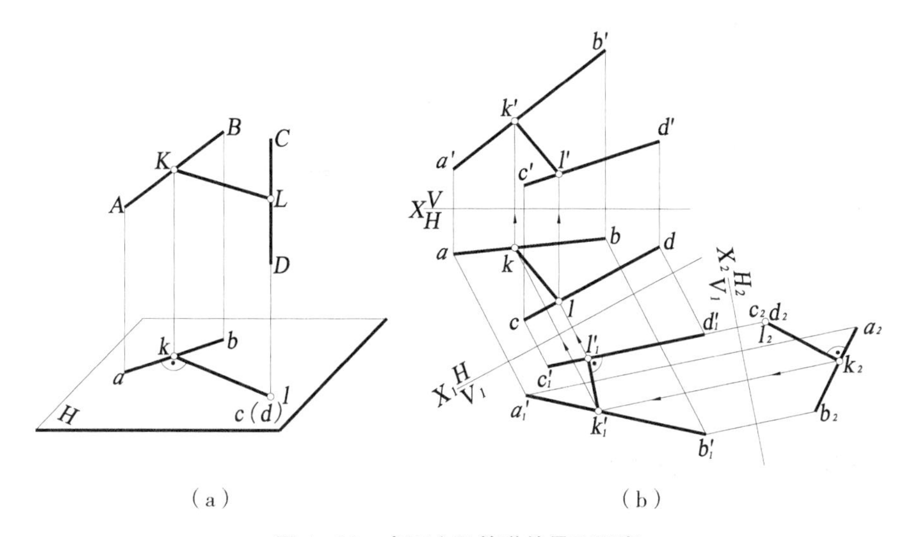

（a）　　　　　　　　　　　　（b）

图 4－12　求两交叉管道的最短距离

分析：将两管道看作两直线，本题实质就是要确定两交叉直线的公垂线的位置及该线段的实长。若将两交叉直线之一（如 CD）变为垂直于某一投影面 H 的直线，如图 4－12（a）所示，则公垂线 KL 必定平行于 H 面。KL 在 H 面的投影反映实长。KL 与另一直线 AB 在 H 面的投影反映直角。利用这个关系即可确定公垂线的位置。

作图：如图 4－12（b）所示。

（1）将直线 CD 变为新体系 V_1/H 中的 V_1 面平行线，即作 $X_1 /\!/ cd$，求出 $c_1'd_1'$ 和 $a_1'b_1'$。

（2）将直线 CD 变为新体系 V_1/H_2 中的 H_2 面垂直线，即作 $X_2 \perp c_1'd_1'$，求出 c_2d_2 和 a_2b_2。

（3）过 l_2 点（即 c_2 或 d_2）作 a_2b_2 的垂线，垂足为 k_2。k_2l_2 即为公垂线 KL 的实长。

（4）求出 k_1'后，过 k_1'作 $k_1'l_1' /\!/ X_2$，从而求得 l_1'，据此可求 k_1 和 $k'l'$。

【例 4－4】如图 4－13 所示，求△ABC 和△ABD 两平面间的夹角。

分析：如图 4－13（a）所示，如果两平面同时垂直于投影面 H，则两平面在该投影面上积聚的投影就反映出两平面间真实的夹角。要使两平面同时变为新投影面的垂直面，就必须将它们的交线变换为新投影面垂直线。由于本例的交线 AB 是一般位置直线，要经过两次交换才能将交线 AB 变为新投影面垂直线。

作图：如图 4－13（b）所示。

（1）将交线 AB 变为 V_1 面平行线，即作 $X_1 /\!/ ab$。

（2）将交线 AB 变为 H_2 面垂直线，即作 $X_2 \perp a_1'b_1'$。这时$\triangle ABC$ 和$\triangle ABD$ 都垂直于 H_2 面，由此求出的它们具有积聚性的投影 $a_2b_2c_2$ 和 $a_2b_2d_2$，这两条直线之间的夹角 θ，就是两平面之间的夹角。

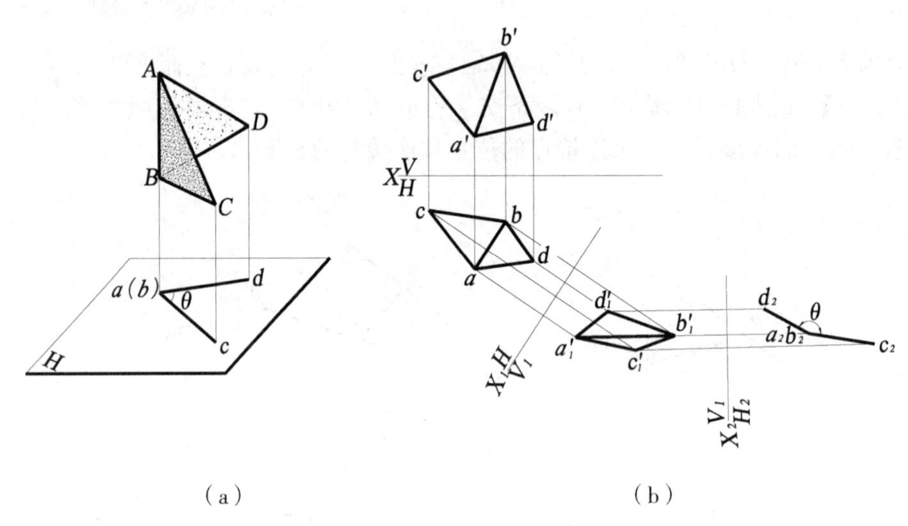

（a）　（b）

图 4－13　求两平面间的夹角

4.3　绕垂直轴旋转法

4.3.1　基本概念

旋转法就是保持投影面不动，使空间几何元素绕某一轴线旋转到对解题有利的位置的方法。如图 4－14（a）所示，将一般位置的线段 AB 绕垂直于 H 面的轴 Oo 旋转，使其新位置 AB_1 平行于 V 面。此时，AB_1 的正面投影 $a_1'b_1'$ 便反映了线段 AB 的实长，如图 4－14（b)所示。

如图 4－15 所示，B 点绕直线 OO 旋转时，其运动轨迹为一圆周。圆所在的平面 S 与直线 OO 垂直，平面 S 称为旋转平面。旋转平面与旋转轴的交点 O_1 称为旋转中心。旋转中心到旋转点（例如 B 点）的距离 O_1B 称为旋转半径。点由一个位置 B 到另一个位置 B_1 时，旋转半径所转过的角 θ 称为旋转角。

根据旋转轴与投影面的相对位置不同，一般分为绕垂直于投影面的轴旋转和绕平行于投影面的轴旋转两种。本节只研究绕垂直于投影面的轴旋转。

4.3.2　点的旋转

4.3.2.1　点绕铅垂轴旋转的作图

如图 4－16（a）所示，M 点绕垂直于 H 面的轴 OO 旋转时，它必在垂直于旋转轴（即平行于 H 面）的平面内作圆周运动。因此，点的旋转轨迹在 V 面上的投影是一条垂直于旋转轴正面投影 $o'o'$的直线，在 H 面上的投影，则反映圆的实形，即以旋转轴的水平

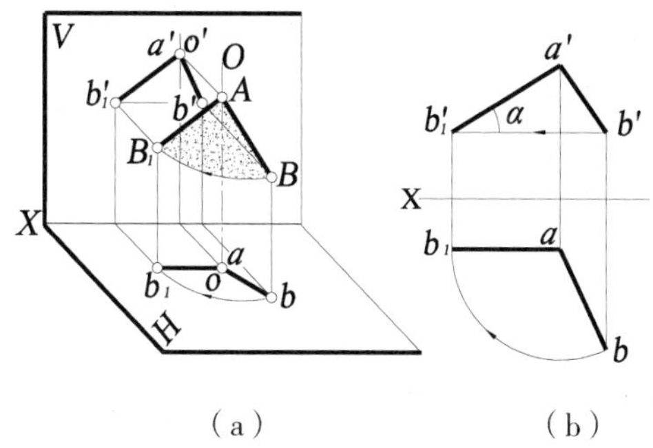

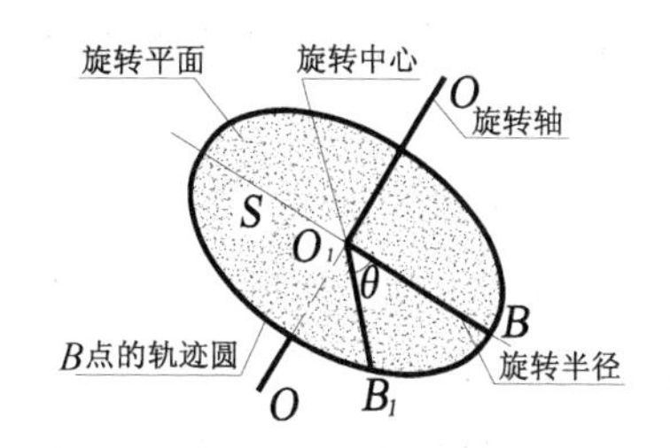

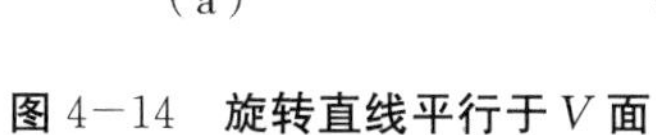

图 4－14　旋转直线平行于 V 面

图 4－15　点绕直线旋转图

投影 o 为圆心，以旋转半径 R 为半径的圆周。假如 M 点旋转一任意角度 α 到新位置 M_1，则它的水平投影同样旋转一 α 角，旋转轨迹的水平投影是一段圆弧 mm_1，而其正面投影则为一段直线 $m'm_1'$。点绕铅垂轴旋转的投影图作图方法如图 4－16（b）所示。

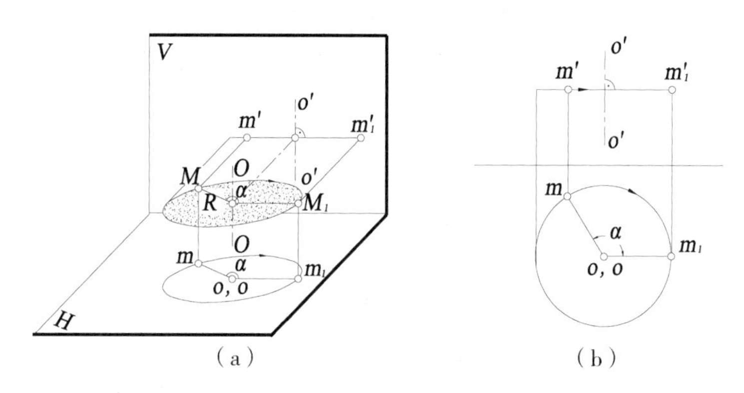

图 4－16　点绕铅垂轴旋转

4.3.2.1　点绕正垂轴旋转的作图

如图 4－17（a）所示，M 点绕垂直于 V 面的正垂轴 OO 旋转时，它必在平行于 V 面的平面内作圆周运动，故 M 点的运动轨迹在 V 面上的投影反映圆的实形，而在 H 面上的投影是一条垂直于旋转轴的水平投影 oo 的直线，其长度等于圆的直径，如图 4－17（b）所示。

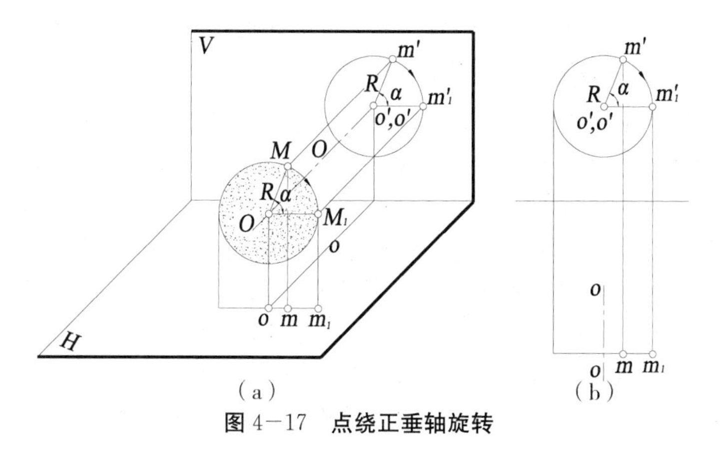

图 4－17　点绕正垂轴旋转

综上所述，当点绕垂直于某一投影面的轴旋转时，点在该投影面上的投影作圆周运动，此圆周的圆心就是旋转轴在该投影面上的投影，其半径就是旋转半径；而点在另一投影面上的投影则作直线移动，此直线必定垂直于旋转轴在该投影面上的投影（即平行于 OX 轴）；旋转时点的两投影始终符合点的投影规律。

4.3.3 直线的旋转

直线可由两点所确定，因此要使直线绕一轴旋转某一角度时，只要在此直线上任取两点绕同轴、向同一方向旋转同一角度（简称旋转的三同原则），然后将旋转后的两点连接起来，即得该直线旋转后的位置。

图 4－18 所示为一般位置直线 AB 绕垂直于 V 面的轴 OO，按反时针方向旋转角度 θ 后的新投影图的作法。如图 4－18（b）所示，由于点绕垂直于 V 面的轴旋转时，其轨迹的正面投影为圆弧，所以以 o'为圆心，$o'a'$为半径，按反时针方向旋转一角度 θ，即得 A 点的新投影 a_1'。而点 A 的水平投影 a 在平行于 OX 轴的直线上移动，此直线与从 a_1' 向 OX 轴所作的垂线交于点 a_1，a_1 即为 A 点的新水平投影。用同样的方法，可作 B 点的新投影 b_1'和 b_1。如图 4－18（c）所示，连 $a_1'b_1'$ 和 a_1b_1，即得所求线段 AB 的新投影。

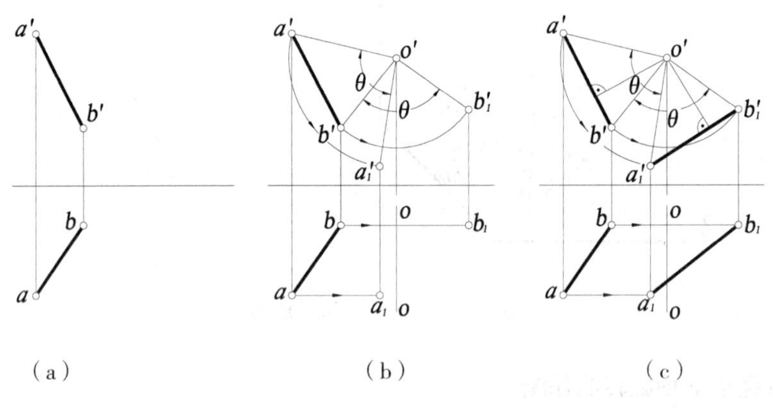

图 4－18 线段的旋转

由图 4－18（c）可知 $a'b'=a_1'b_1'$（两全等三角形的对应边），这是因为一线段绕正垂轴旋转时，它对 V 面的倾角不变。所以线段在 V 面的投影长度不变。要改变直线与某投影面的倾角，旋转轴必须垂直于另一投影面。下面讨论两个基本的作图问题。

4.3.3.1 将一般位置直线旋转为投影面平行线

将一般位置直线旋转为投影面平行线是求线段实长最常用的方法。

要使直线平行于某一个投影面，必先正确地选择旋转轴。如果所选取的轴垂直于 V 面，就不可能使直线旋转到平行于 V 面了，因为绕垂直于 V 面的轴旋转时，直线对 V 面的倾角 β 保持不变，因此必须选择垂直于 H 面的轴旋转，才能将直线旋转为正面平行线。

图 4－19（a）所示为以铅垂线为旋转轴将直线 AB 旋转为正平线的作图方法。旋转轴的位置可以是任意的，但为了使作图简便，常使旋转轴通过直线 AB 的一个端点 A，这样，线段旋转时，A 点在原位转动，位置不变，只需转动一个 B 点即可。当直线 AB 成为正平线时，其水平投影应平行于 OX 轴。因此，如图 4－19（b）、（c）所示，以点 a 为

圆心，ab 为半径作圆弧，使 ab 旋转到平行于 OX 轴的位置 ab_1，则 ab_1 就是直线 AB 旋转为正平线时的水平投影。再由 b' 作直线平行 OX 轴，求出新的正面投影 b_1'，则 $a'b_1'$ 即为直线 AB 旋转后的正面投影，它反映了线段 AB 的实长。

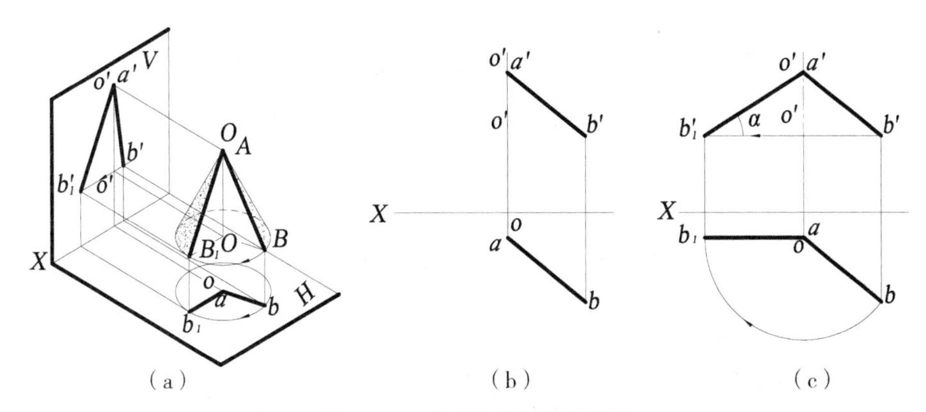

图 4－19　将 AB 旋转为正平线

如果要使直线旋转为水平线，则必须使直线绕垂直于 V 面的轴旋转。如图 4－20 所示为以正垂线为旋转轴，将线段 AB 旋转成为水平线的作图方法。a_1b 为线段 AB 的实长。

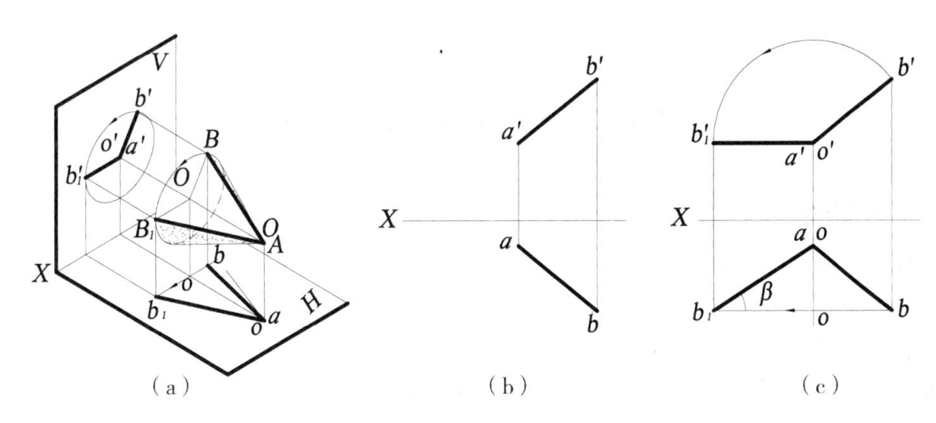

图 4－20　将 AB 旋转为水平线

4.3.3.2　将一般位置直线旋转为投影面垂直线

一般位置直线旋转一次不能成为投影面垂直线，因为一般位置直线对 V 面和 H 面都是倾斜的。当此直线绕铅垂轴旋转时，不能改变直线对 H 面的倾角，只能改变直线对 V 面的倾角；而当此直线再绕正垂轴旋转时，才能改变直线对 H 面的倾角。

因此，要将一般位置直线旋转为铅垂线，需要旋转两次，即先将此直线绕铅垂轴旋转为正平线，再绕正垂轴旋转为铅垂线，其作图方法如图 4－21 所示。首先，将直线 AB 绕过 B 点的铅垂轴旋转到平行于 V 面的位置 A_1B（$a_1'b'$，a_1b），然后，再绕过 A_1 点的正垂轴将直线旋转到垂直于 H 面的位置 A_1B_2（$a_1'b_2'$，a_1b_2）。直线 A_1B_2 的水平投影 a_1b_2 积聚为一点，正面投影 $a_1'b_2'$ 垂直于 OX 轴。

同理，如要将一般位置直线旋转为正垂线，须先绕正垂轴旋转为水平线，再绕铅垂轴旋转为正垂线，如图 4－22 所示。

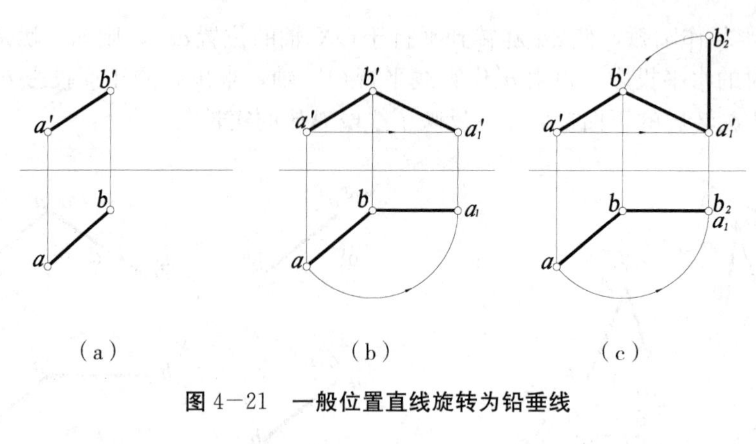

图 4－21　**一般位置直线旋转为铅垂线**

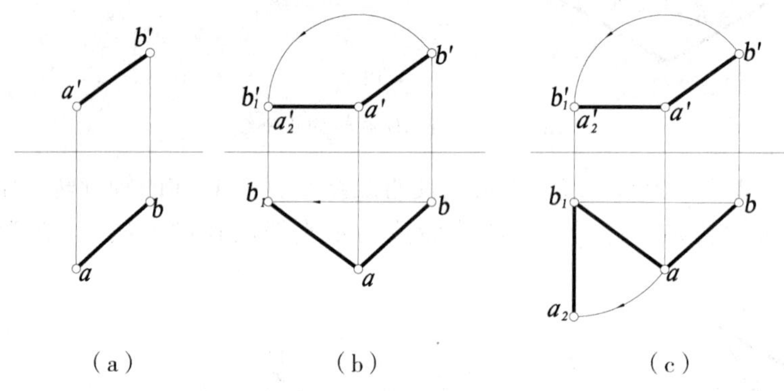

图 4－22　**一般位置直线旋转为正垂线**

4.3.4　平面的旋转

平面是由不在同一直线上的三点（或其他几何元素）确定的，因此，旋转平面时，只需将决定平面的三点加以旋转，求出旋转后的投影即可。

如果平面是$\triangle ABC$，当它绕正垂轴旋转时，AB、BC、CA 三边对 V 面的倾角不变，则三边的正面投影长度不变，故$\triangle ABC$ 的正面投影的形状和大小也不变，即$\triangle a'b'c' \cong \triangle a_1'b_1'c_1'$，如图 4－23 所示。平面图形绕铅垂轴旋转时，其水平投影的形状和大小也不变。

综上所述，当平面图形绕垂直于某一投影面的轴旋转时，它对该投影面的倾角不变，它在该投影面上的投影的形状和大小也不变。

下面讨论两个基本作图问题。

4.3.4.1　将一般位置平面旋转为投影面垂直面

根据平面与平面相互垂直的条件，当平面内的一直线垂直于某一投影面，则此平面必定垂直于该投影面，因此，只要在平面内取一直线连同平面一起旋转，当把该直线变成投影面垂直线时，该平面就变成投影面垂直面了。由前面所述可知，将一般位置直线变为投影面垂直线必须旋转两次，而将投影面平行线变为投影面垂直线只需要旋转一次。

如图 4－23 所示，若要将$\triangle ABC$ 旋转为铅垂面，先在$\triangle ABC$ 内取一正平线 CD 作为辅助线，使其绕过点 C 的正垂轴旋转到垂直于 H 面的位置 CD_1（使 $c'd_1' \perp OX$ 轴，d_1 与 c 重合)，这时，$\triangle A_1B_1C$ 就成为铅垂面，其水平投影必定积聚为一直线。根据旋转的三同原则，$\triangle ABC$ 的正面投影$\triangle a'b'c'$的形状和大小不变。具体作图时，只要作$\triangle c'd_1'a_1' \cong \triangle c'd'a'$，$\triangle c'd_1'b_1' \cong \triangle c'd'b'$，即可求出$\triangle c'a_1'b_1'$。$\triangle A_1CB_1$ 的水平投影为直线 a_1cb_1。

同理，如图 4－23（b）所示，若要将$\triangle ABC$ 旋转为正垂面，只需在平面内作一水平线（BD，即图中的 $b'd'$、bd）为辅助线，使其绕铅垂轴旋转成正垂线，则$\triangle ABC$ 就成为正垂面了。

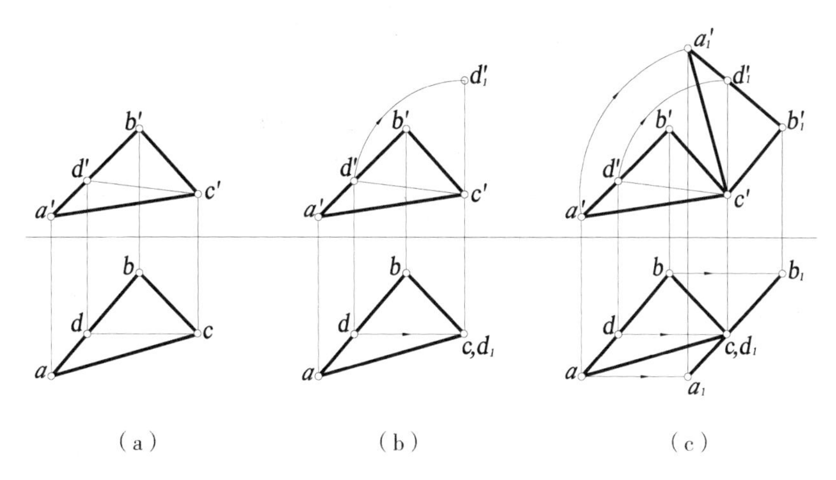

图 4－23　一般位置平面旋转为铅垂面

4.3.4.2　将一般位置平面旋转为投影面平行面

将一般位置平面绕投影面垂直轴旋转为某投影面的平行面必须绕不同的轴先后旋转两次，即先旋转成投影面垂直面，再旋转成某投影面的平行面。

如图 4－24 所示，若要将一般位置平面旋转为水平面，先在平面内作一水平辅助线 BD（$b'd'$，bd），使其绕过点 B 的铅垂轴旋转成正垂面 A_1BC_1（作图方法与图 4－22 基本相同）；再使其正面投影 $a_1'b'c_1'$绕过 c_1'的正垂轴旋转到与 X 轴平行的位置得 $c_1'b_2'a_2'$；最后求出其水平投影 $c_1b_2a_2$。这时，$\triangle A_2B_2C_1$ 平面平行于水平面，则$\triangle c_1b_2a_2$ 反映$\triangle ABC$ 的实形。

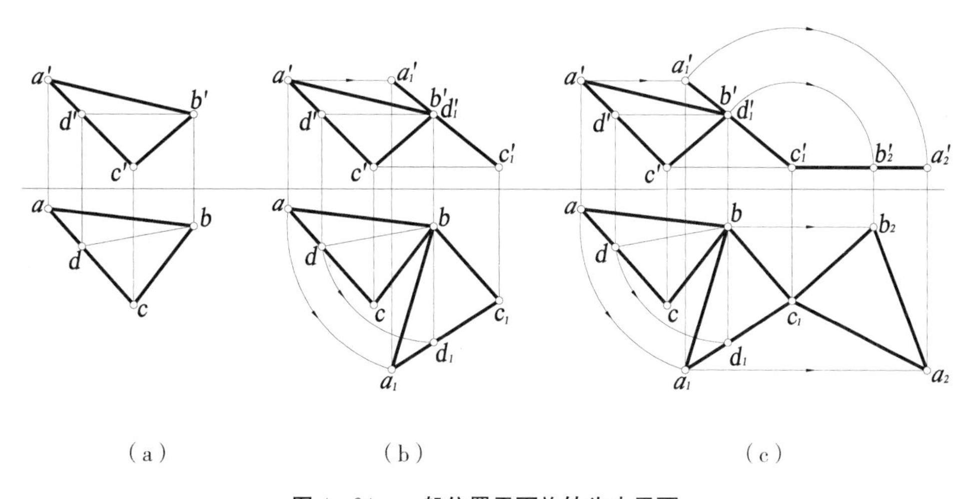

图 4－24　一般位置平面旋转为水平面

同理，若要将一般位置平面旋转为正平面，则必须先使它绕正垂轴旋转为铅垂面，再将此铅垂面绕铅垂轴旋转为正平面。

【复习思考题】

1. 投影变换的目的是什么？常用的方法有哪两种？
2. 什么叫换面法？确立新投影面的基本条件是什么？
3. 试述换面法中点的投影变换规律。
4. 试述用换面法将一般位置直线变为投影面垂直线的方法和步骤。
5. 试述用换面法将一般位置平面变为投影面平行面的方法和步骤。
6. 用换面法求一般位置直线对 V 面的倾角 β 时，必须变换哪一个投影面？
7. 什么叫旋转法？试述点绕垂直轴旋转的作图规律。
8. 怎样用旋转法求线段的实长？
9. 怎样用旋转法求平面图形的实形？

第 5 章　曲线与工程曲面

5.1　曲线

5.1.1　概述

5.1.1.1　曲线的形成和分类

曲线可看作是一动点连续改变方向的运动轨迹，也可看作是平面与曲面或曲面与曲面的交线。按点运动是否有规律，可分为规则曲线和不规则曲线两种，通常研究的是规则曲线。

按曲线上各点的相对位置，曲线又可以分为平面曲线和空间曲线。凡曲线上所有的点都位于同一平面内的称为平面曲线，如圆、椭圆、抛物线等；凡曲线上任意四个连续的点不位于同一平面内的称为空间曲线，如螺旋线。

5.1.1.2　曲线的投影

曲线的投影在一般情况下仍为曲线，如图 5－1 所示。当平面曲线所在的平面垂直于某一投影面时，它在该投影面上的投影积聚为一直线，如图 5－2 所示。当平面曲线所在的平面平行于某一投影面时，它在该投影面上的投影反映曲线的实形，如图 5－3 所示。

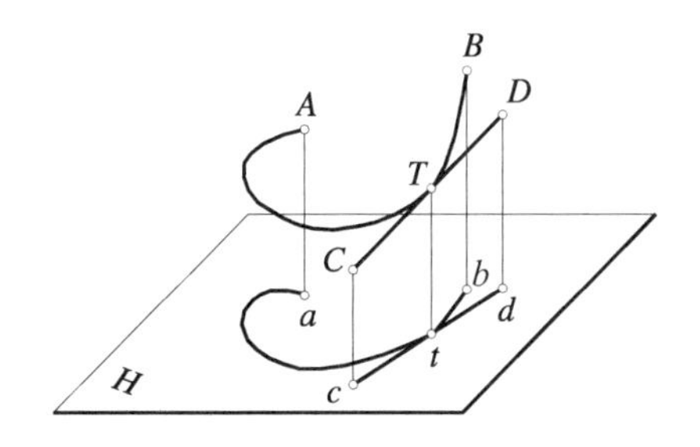

图 5－1　切线的投影

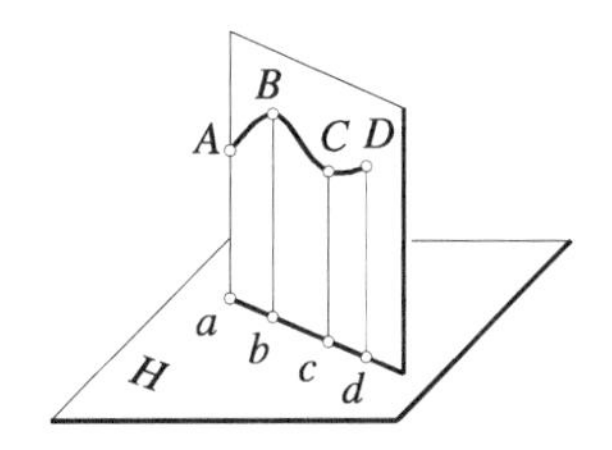

图 5－2　投影为直线图

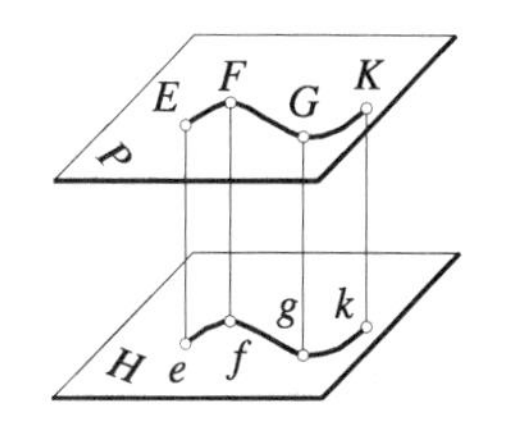

图 5－3　投影反映实形

二次曲线的投影一般仍为二次曲线。圆和椭圆的投影一般是椭圆，在特殊情况下也可能是圆或直线；抛物线或双曲线的投影一般仍为抛物线或双曲线。

直线与曲线在空间相切，它们的同面投影一般仍相切，曲线在投影上的切点就是空间切点的投影，如图 5－1 所示。

空间曲线的各面投影都是曲线，不可能是直线。

5.1.1.3　曲线的投影图画法

因为曲线是点运动的轨迹，所以只要画出曲线上一系列点的投影，并将各点的同面投影顺次光滑地连接，即得曲线的投影图，如图 5－2 所示。

5.1.2 圆的投影

圆是平面曲线，它与投影面的相对位置不同，其投影也不同。

5.1.2.1 平行于投影面的圆

平行于投影面的圆在该投影面上的投影反映圆的实形。

5.1.2.2 倾斜于投影面的圆

倾斜于投影面的圆在该投影面上的投影为椭圆，其画法如下：

（1）找出曲线上适当数量的点画椭圆。

在圆周上选取一定数量的点，尤其是特殊点。求出这些点的投影后，再光滑地连成椭圆曲线。

（2）根据椭圆的共轭直径画椭圆。

若两直径之一平分与另一直径平行的弦，则这一对直径称为共轭直径。如图5－4（a）所示，平面 P 内有一圆 O，P 面倾斜于 H 面，该圆在 H 面上的投影为椭圆。圆内任意一对互相垂直的直径 AB、CD 在 H 面上的投影为 ab、cd，cd 平分与 ab 平行的弦 mn，这对直径 ab、cd 称为共轭直径。因为圆有无穷多对互相垂直的直径，所以椭圆有无穷多对共轭直径（共轭直径画椭圆的方法见图 1－41）。

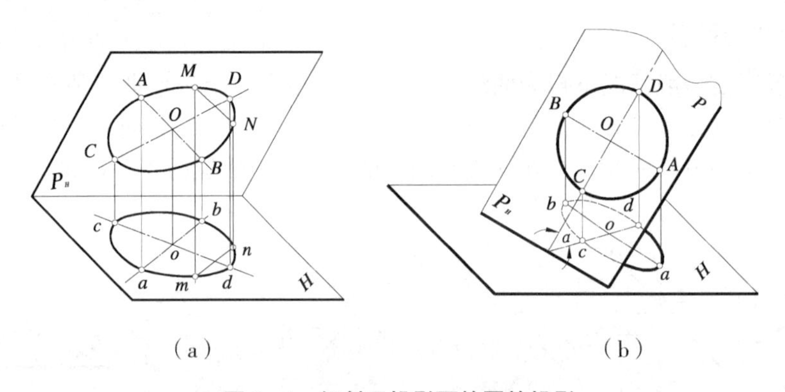

（a）　　　　（b）

图 5－4　倾斜于投影面的圆的投影

（3）已知椭圆的长、短轴画椭圆。

在一般情况下，椭圆的一对共轭直径并不互相垂直。只有当圆内两互相垂直的直径之一平行于投影面，另一直径是对该投影面的最大斜度线时，此两直径投影后，其对应的共轭直径才是互相垂直的。如图 5－4（b）所示，平面 P 上圆的直径 AB 平行于 H 面，$CD \perp AB$，根据直角投影定理得 $ab \perp cd$。这样的共轭直径，椭圆内只有一对。这一对相互垂直的直径称为椭圆的轴，其中长的（ab）称为长轴，短的（cd）称为短轴。

长轴的方向为 $ab /\!/ P_H$，大小为 $ab = AB =$ 圆的直径。短轴的方向为 $cd \perp P_H$，大小为 $cd = CD \times \cos\alpha =$ 圆的直径 $\times \cos\alpha$，α 为 P 面对 H 面的倾角。

已知椭圆的长、短轴的方向和大小之后，便可以根据图 1－39 所示的方法画椭圆，或用图 1－40 所示的方法画近似椭圆。

5.2　曲面的形成和分类

5.2.1　曲面的形成

曲面可以看作一动线运动的轨迹。动线称为母线，如图 5−5 中的 AB，母线在曲面上任一位置称为素线。当母线按一定规则运动时所形成的曲面称为规则曲面。控制母线运动的点、线、面分别称为定点、导线和导面。如图 5−6 中，KL 称为导线。本章只研究规则曲面。

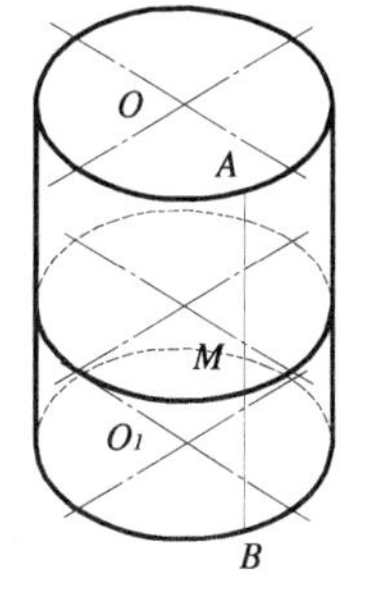

图 5−5　圆柱面的形成

5.2.2　曲面的分类

按母线的形状不同，曲面可分为两大类：直线面和曲线面。

（1）直线面。

由直母线运动而成的曲面称为直线面，如圆柱面、圆锥面、椭圆柱面、椭圆锥面、双曲抛物面、锥状面和柱状面等，其中圆柱面和圆锥面称为直线回转面。

（2）曲线面。

由曲母线运动而成的曲面称为曲线面，如球面、环面等。其中球面和环面称为曲线回转面。

同一曲面也可看作是以不同方法形成的。直线面也有由曲母线运动形成的，如图5−5 所示的圆柱面，也可以看作是由一个圆沿轴向平移而形成的。

5.2.3　曲面投影的表示法

画曲面的投影时，一般应画出形成曲面的导线、导面、定点以及母线等几何要素的投影，如图 5−6 中的 KL（$k'l'$，kl）、NN_1（$n'n_1'$，nn_1）和 NM_1（$n_1'm_1'$，n_1m_1）等。为了使图形表达清晰，还应画出曲面的各个投影的轮廓线，如图 5−6 中的 $n'n_1'$、$m'm_1'$ 和 nn_1、mm_1 等。

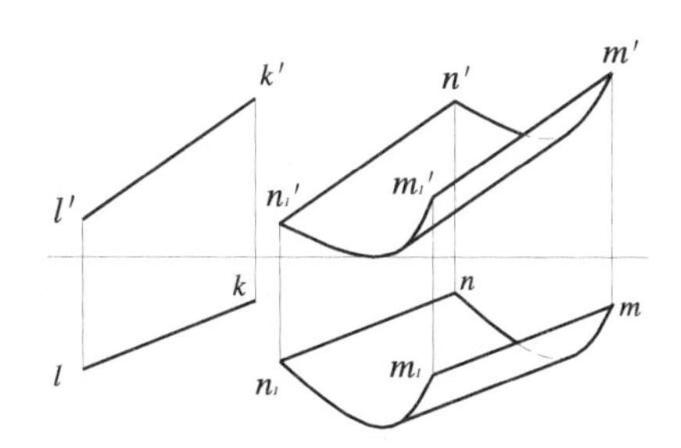

图 5−6　曲面投影的表示法

5.3　工程曲面

工程曲面有柱面（圆柱面、椭圆柱面、任意柱面）、锥面（圆锥面、椭圆锥面、任意锥面）、双曲抛物面、锥状面、柱状面等直线面以及球面、环面等。上述曲面中的圆柱面、圆锥面、球面和环面均属回转面，已于第 5 章立体中研究过。本节只研究回转面以外的工程曲面。

5.3.1　柱面

直母线 MM_1 沿曲导线 M_1N_1 移动，且始终平行于直导线 KL 时，所形成的曲面称为柱面，如图 5－7 所示。上述曲面可以是不闭合的，也可以是闭合的。

通常以垂直于柱面素线（或轴线）的截平面与柱面相交所得的交线（这种交线称为截交线）的形状来区分各种不同的柱面。若截交线为圆，则称为圆柱面，如图 5－8 所示；若截交线为椭圆，则称为椭圆柱面，如图 5－9 所示。

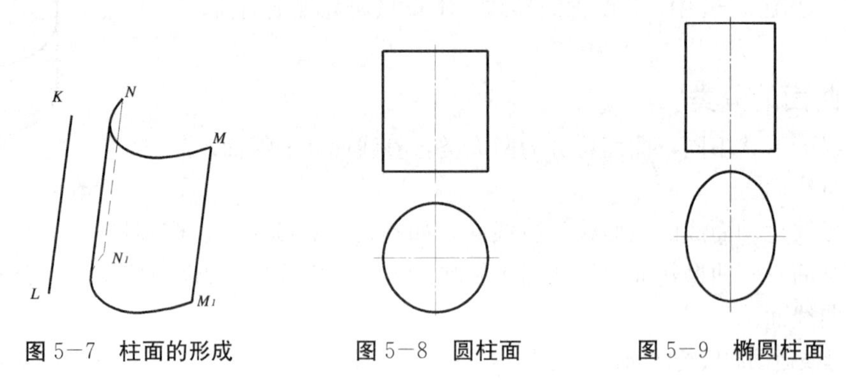

图 5－7　柱面的形成　　图 5－8　圆柱面　　图 5－9　椭圆柱面

在图 5－10 中所示的柱面，用垂直于其素线的平面切割它，所得的截交线为椭圆，这种柱面称为椭圆柱面，又因为它的轴线与柱底面倾斜，故称为斜椭圆柱面。

在图 5－10 所示斜椭圆柱的投影中，斜椭圆柱的正面投影为一平行四边形，上下两边为斜椭圆柱顶面和底面的积聚投影，左右两边为斜椭圆柱最左和最右两素线的正面投影，即主视转向轮廓线，图中只标出了主视转向轮廓线 $a'b'$ 和侧视转向轮廓线 $c''d''$。俯视转向轮廓线与顶圆和底圆的水平投影相切。斜椭圆柱的侧面投影是一个矩形。因为斜椭圆柱面是直线面，所以要在它的表面上取点，可在其表面上作辅助直素线，然后按点的投影规律作出点的各面投影。图 5－10 中，若已知 N 点为柱面上的一点，既可在该柱面上作一辅助直素线求该点的各面投影，也可以通过该点作辅助水平面求出该点的各面投影，这是因为该柱面的水平截面为圆。图 5－10 只表示出了辅助直素线。

在工程图中，为了便于看图，常在柱面无积聚性的投影上画疏密的细实线，这些疏密线相当于柱面上一些等距离素线的投影。疏密线越靠近转向轮廓线，其距离越密；越靠近轴线则越稀。图 5－11 是闸墩的视图，其左端为半斜椭圆柱，右端为半圆柱，二者均画上疏密线。

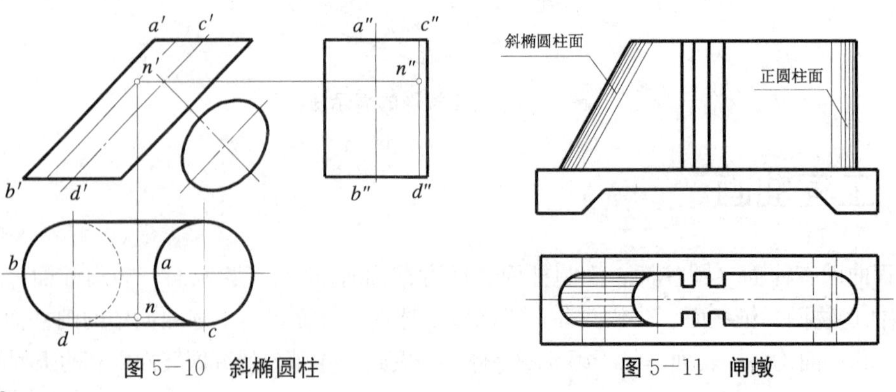

图 5－10　斜椭圆柱　　图 5－11　闸墩

5.3.2　锥面

直母线 SM 沿曲导线 MM_1M_2…移动，且始终通过定点 S 时，所形成的曲面称为锥面，如图 5－12 所示。曲导线可以是不闭合的，也可以是闭合的。

如锥面无对称面，则为一般锥面，如图 5－12 所示。如锥面有两个以上的对称面，则为有轴锥面，而各对称面的交线就是锥面的轴线。如以垂直于锥面轴线的截平面与锥面相交，其截交线为圆时称为圆锥面，截交线为椭圆时称为椭圆锥面。若椭圆锥面的轴线与锥底面倾斜时，称为斜椭圆锥面，如图 5－13 所示。

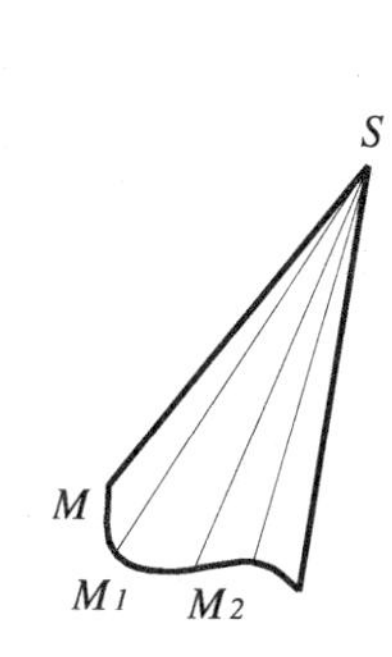

图 5－12　锥面的形成

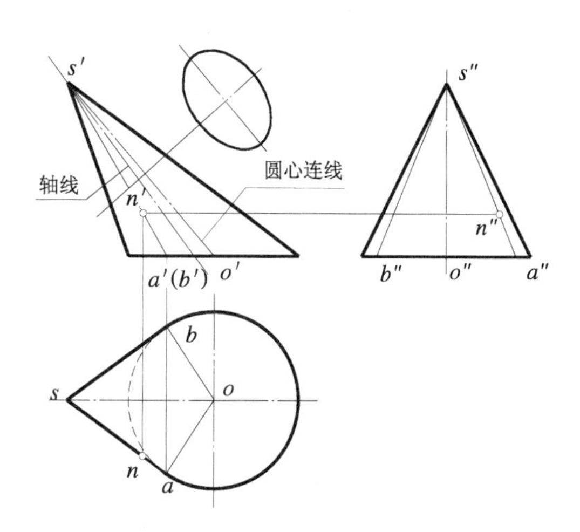

图 5－13　斜椭圆锥面

斜椭圆锥面的投影如图 5－13 所示，斜椭圆锥面的正面投影是一个三角形，它与正圆锥面的正面投影的主要区别在于：此三角形不是等腰三角形。三角形内有两条点画线，其中与锥顶角平分线重合的一条是锥面轴线，另一条是圆心连线，图中的椭圆是移出断面，其短轴垂直于锥面轴线而不垂直于圆心连线。斜椭圆锥面的水平投影是一个反映底圆（导线）实形的圆以及与该圆相切的两转向轮廓线 sa、sb，这两条素线的正面投影为 $s'a'$、$s'b'$，侧面投影为 $s''a''$、$s''b''$。斜椭圆锥面的侧面投影是一个等腰三角形。

斜椭圆锥面是直线面，所以要在它的表面上取点，可先在其表面上取辅助直素线，然后按点的投影规律作出点的各投影。在图 5－13 中，若已知 N 点为锥面上的一点，则可先作锥面上的素线 SA，使 SA 通过 N 点，然后作出 N 点的各投影，如图 5－13 中的 n'、n、n''。

若用平行于斜椭圆锥底面的平面 P 截此锥面，其截交线均为圆，该圆的圆心在锥顶至锥底的圆心的连线上，半径的大小则随剖截位置的不同而不同，如图 5－14 所示。

锥面在建筑工程中有着广泛的应用，图 5－15 表示了用锥面构成的建筑形体。

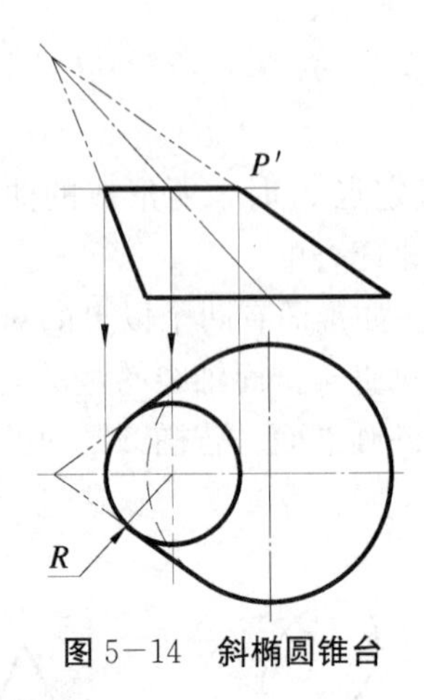

图 5－14　**斜椭圆锥台**

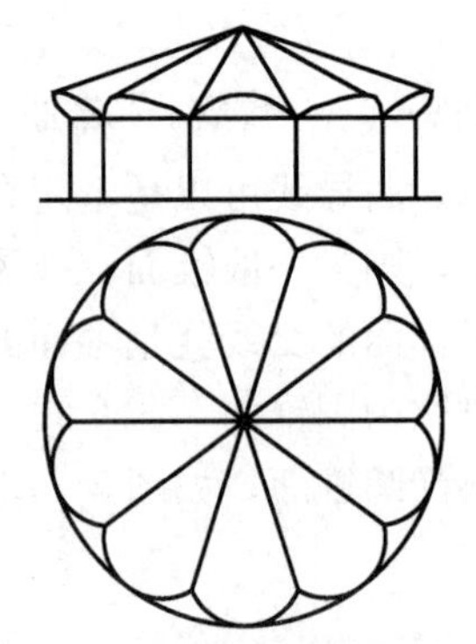

图 5－15　**用锥面构成的壳体建筑**

5.3.3　双曲抛物面

如图 5－16（a）所示，直线（母线）沿二交叉直导线 AB、CD 移动，并始终平行于铅垂面 P（导平面），从而形成双曲抛物面 $ABCD$。在这种双曲抛物面中，只有素线（母线的任一位置）才是直线。相邻两素线是交叉两直线，所以这种曲面不能展成一平面。

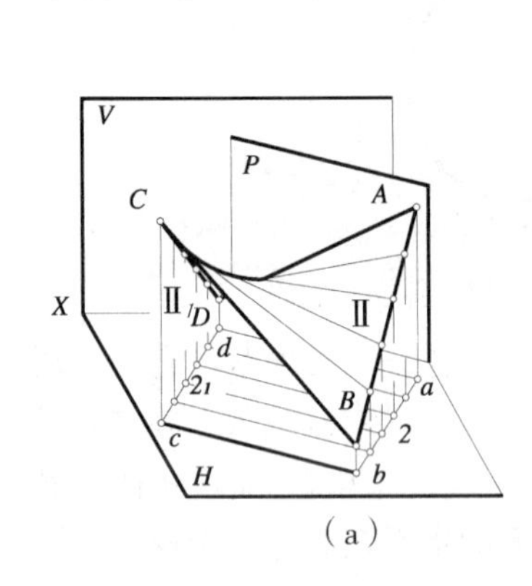

（a）

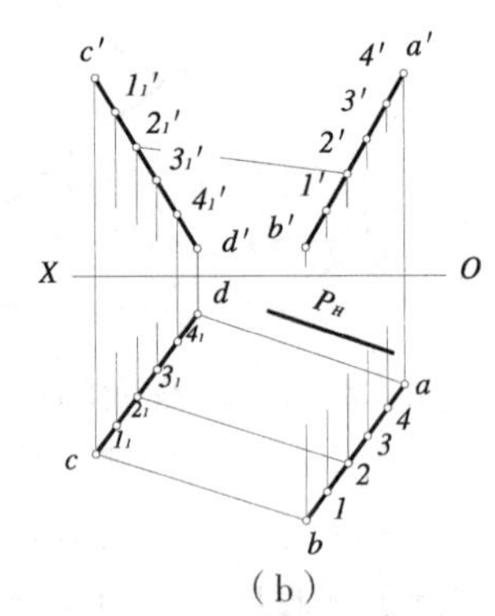

（b）

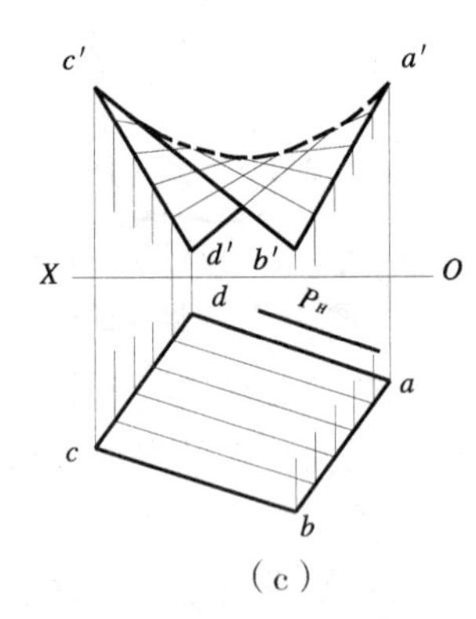

（c）

图 5－16　**双曲抛物面**

若已知两交叉直导线 AB、CD 和导平面 P（在投影图中为 P_H），根据双曲抛物面的形成特点和点在直线上的投影特性即可作出双面抛物面的投影图。

作图步骤如下：

（1）作出二交叉直导线 AB、CD 及导平面 P 的投影后，把 AB 分为若干等分，本例为 5 等分，得分点 b、1、2、3、4、a 和 b'、$1'$、$2'$、$3'$、$4'$、a'。因各素线的水平投影平行于 P_H，所以过 ab 上的各分点即可作出 cd 上的对应分点 c、1_1、2_1、3_1、4_1、d，并求出 $c'd'$ 上对应点 c'、$1_1'$、$2_1'$、$3_1'$、$4_1'$、d'，如图 5－16（b）所示。

（2）连接各对应点，如 bc，11_1，22_1，…，ad 和 $b'c'$，$1'1_1'$，$2'2_1'$，…，$a'd'$ 即得各素线的投影。

（3）在正面投影上作出与各素线都相切的包络线（该曲线为抛物线，也是该曲面对 V 面的投影轮廓线），即完成双曲抛物面的投影，如图 5－16（c）所示。应当指出，正面投影中 $d'a'$ 等几根素线被曲面遮挡部分要画成虚线。

双曲抛物面通常用于屋面结构中，图 5－17 所示为用双曲抛物面构成的屋顶。

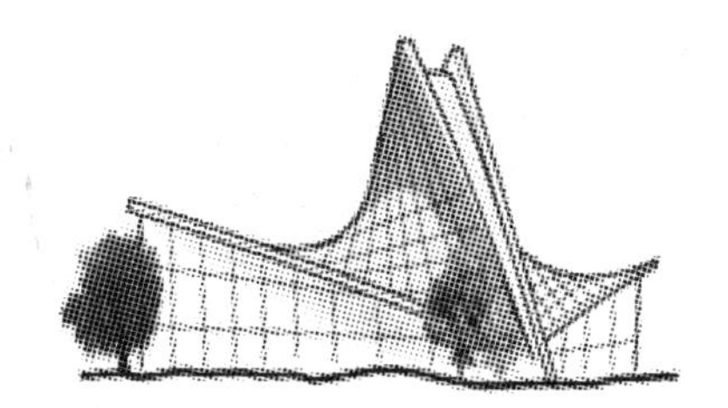

图 5−17　双曲抛物面屋顶

5.3.4　单叶双曲回转面

如图 5−18（a）所示，单叶双曲回转面是由直母线（AB）绕着与它交叉的轴线（OO）旋转而成的。单叶双曲回转面也可由双曲线（MN）绕其虚轴（OO）旋转而成。当直线 AB 绕 OO 轴回转时，AB 上各点的运动轨迹都为垂直于 OO 的圆。端点 A、B 的轨迹是顶圆和底圆，AB 上距 OO 最近的 F 点形成的圆最小，称为喉圆。

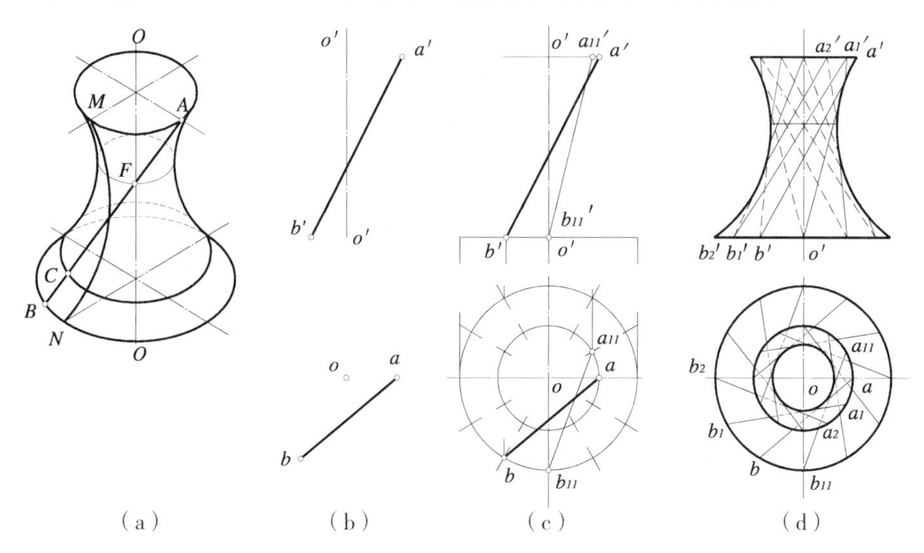

图 5−18　单叶双曲回转面的形成和画法

投影图的画法如下：

（1）画出直母线 AB 和轴线 OO 的投影，如图 5−18（b）所示。

（2）以 O 为圆心，oa、ob 为半径画圆，得顶圆和底圆的水平投影。按长对正规律，得顶圆和底圆的正面投影（分别为两段水平直线），如图 5−18（c）所示。

（3）将两纬圆分别从 a、b 开始，各分为相同的等分（本例为 12 等分），a、b 按相同方向旋转 30°（即圆周的 1/12）后得 a_{11}、b_{11}，$a_{11}b_{11}$ 即曲面上的一条素线 $A_{11}B_{11}$ 的水平投影，它的正面投影为 $a_{11}'b_{11}'$，如图 5−18（c）所示。

（4）依次作出每条素线旋转 30°（顺时针和逆时针均可）后的水平投影和正面投影，如图 5−18（d）中的 b_1a_1、$b_1'a_1'$等。

（5）作各素线正面投影的包络线，即得单叶双曲回转面对 V 面的转向轮廓线，这是双曲线。各素线水平投影的包络线是以 O 为圆心作与各素线水平投影相切的圆，即喉圆的水平投影，如图 5−18（d）所示。在单叶双曲回转面的水平投影中，顶圆、底圆和喉圆都必须画出。在正面投影中被遮挡的素线用虚线画出。

图 5－19 所示冷凝塔是单叶双曲回转面的工程实例。

图 5－19　冷凝塔

5.3.5　锥状面

直母线沿一直导线和一曲导线移动，同时始终平行于一导平面，这样形成的曲面称为锥状面，工程上称为扭锥面。图 5－20 中所示的锥状面 *ABCD* 是一直母线 *MN* 沿直导线 *AB* 和一平面曲导线 *CD* 移动，同时始终平行于导平面 *P*（图中 *P* 面平行于 *V* 面）而形成的。

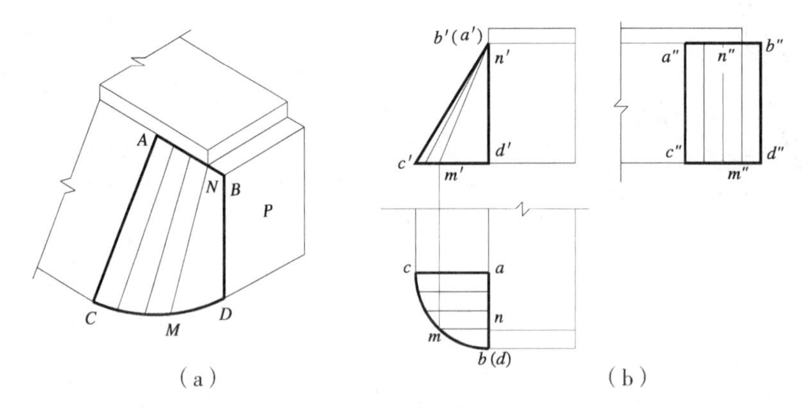

图 5－20　锥状面

图 5－20（b）为投影图。因为导面为正平面，所以该锥面的素线都是正平线，它们的水平投影和侧面投影都是一组平行线，其正面投影为放射状的素线。

图 5－21 所示为锥状面作为厂房屋顶的一个实例。

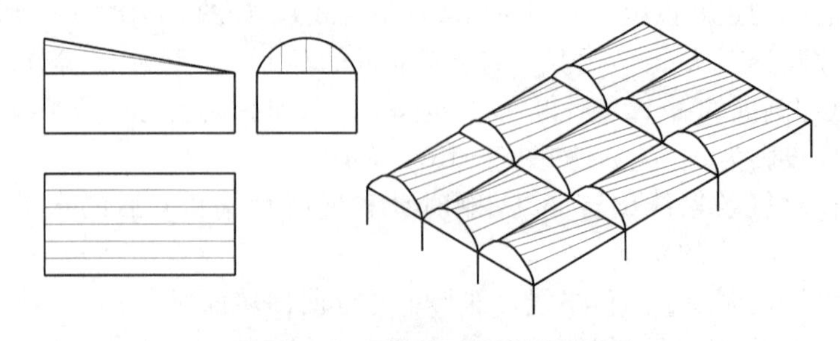

图 5－21　用锥状面构成的屋顶

5.3.6　柱状面

直母线沿不在同一平面内的两曲导线移动，同时始终平行于一导平面，这样形成的曲面称为柱状面，工程上称为扭柱面。

图 5－22（a）所示的柱状面是直母线 MN 沿顶面的圆弧和底面的椭圆弧移动，且始终平行于导平面 P（正平面）而形成的，图 5－22（b）为其投影图。因为各素线都是正平线，所以在投影图上先画素线的水平投影（或侧面投影），在水平投影中找到素线与圆弧和椭圆弧的交点，然后画出素线的其他投影。

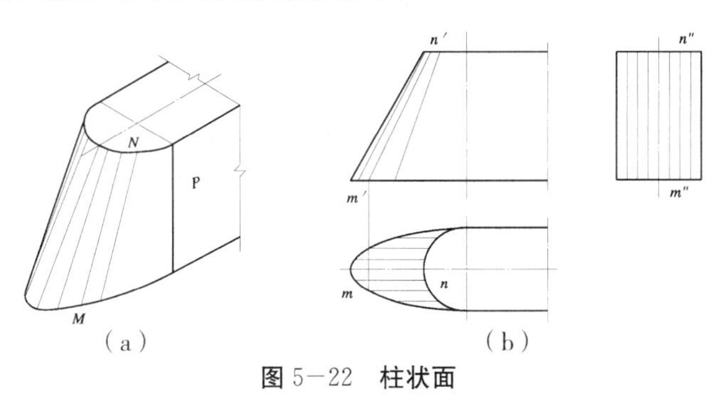

图 5－22　柱状面

5.4　螺旋线和正螺旋面

5.4.1　螺旋线

螺旋线是工程上应用较广泛的空间曲线之一。螺旋线有圆柱螺旋线和圆锥螺旋线等，最常见的是圆柱螺旋线，下面只研究这种螺旋线。

5.4.1.1　圆柱螺旋线的形成

一动点沿圆柱面上的直母线做等速运动，而同时该母线又绕圆柱轴线作等角速度回转时，动点在圆柱面上所形成的曲线称为圆柱螺旋线，如图 5－23（a）所示。这里的圆柱称为导圆柱。

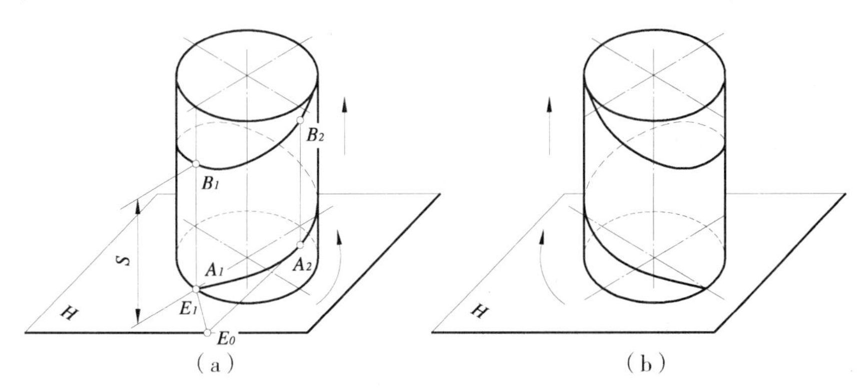

图 5－23　右螺旋线和左螺旋线

当母线旋转一周时，动点沿轴线方向移动的距离称为导程，用 S 表示。按旋转方向，螺旋线可分为右螺旋线和左螺旋线两种。它们的特点是右螺旋线的可见部分自左向右升高，如图 5－23（a）所示；左螺旋线的可见部分自右向左升高，如图 5－23（b）所示。

导圆柱的直径、导程和旋向（螺旋线的旋转方向）称为螺旋线的三个基本要素，据此可画出螺旋线的投影图。

5.4.1.2 圆柱螺旋线的画法

圆柱螺旋线的画法如图 5－24 所示。

（1）根据导圆柱的直径和导程画出圆柱的正面投影和水平投影，把水平投影的圆分为若干等分，本例为 12 等分，按逆时针方向依次标出各等分点（本例的旋向为右旋）。

（2）在导圆柱的正面投影中，把轴向的导程也分为相同等分，自下而上依次标记各等分点。

（3）自正面投影的各等分点作水平线，自水平投影的各等分点作铅垂线，与正面投影同号的水平线相交，即得螺旋线上的点，用光滑的曲线依次连接各点即得螺旋线的正面投影。因本例为右旋螺旋线，看不见的部分是从右向左上升的，用虚线画出。

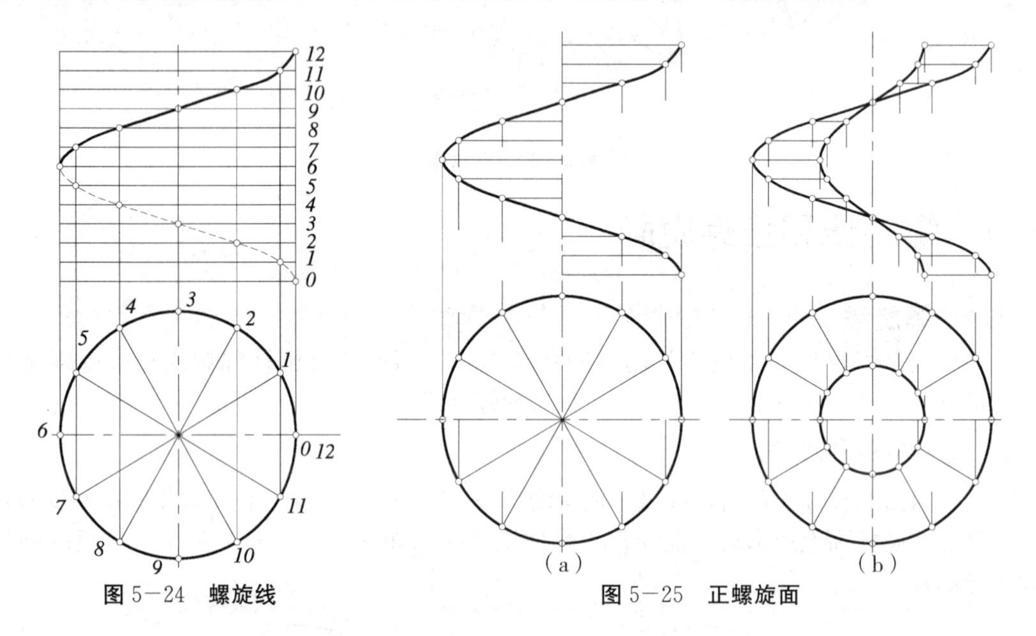

图 5－24 螺旋线

图 5－25 正螺旋面

5.4.2 正螺旋面

5.4.2.1 正螺旋面的形成

一直母线沿一圆柱螺旋线运动，且始终与圆柱轴线相交成直角，这样形成的曲面称为正螺旋面。图 5－25（a）中，直导线的一端沿螺旋线（曲导线），另一端沿圆柱轴线（直导线），且始终平行于 H 面（导平面）而运动，所以正螺旋面是锥状面。

5.4.2.2 正螺旋面的画法

（1）按图 5－25 的方法画出圆柱螺旋线和圆柱轴线的投影。

（2）过螺旋线上各等分点分别作水平线与轴线相交，这些水平线都是正螺旋面的素线，其水平投影都交于圆心，如图 5－25（a）所示。

图 5－25（b）为空心圆柱螺旋面的两个投影，由于螺旋面与空心圆柱相交，在空心

圆柱的内表面形成一条与曲导线同导程的螺旋线，此螺旋线的画法与图 5－24 所示螺旋线的画法相同。

5.4.2.3　**工程实例**（见图 5－26）

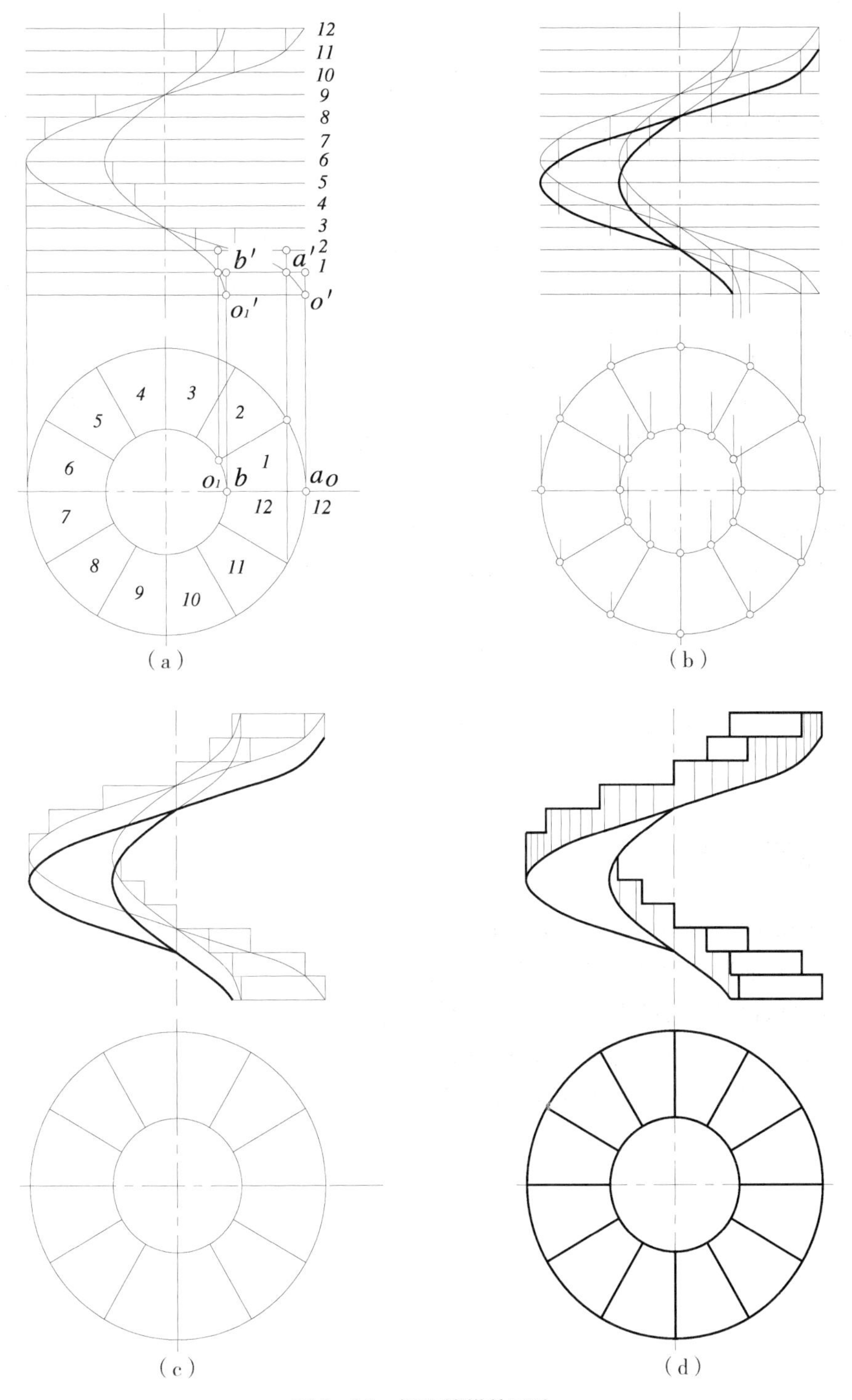

图 5－26　螺旋楼梯的画法

已知螺旋楼梯所在内外导圆柱面的直径、导程、步级（12 级）、踏步高（$S/12$）、梯板竖向厚度（$S/12$），试作出右向螺旋楼梯的投影图。

分析：螺旋楼梯的踏面为扇形，踢面为矩形，踏面的两端面为圆柱面，如图 5－26（d）所示。

作图：

（1）根据已知条件画出导圆柱的内外螺旋线，画法如图 5－24 所示。

（2）按导程的等分点作出空心圆柱螺旋面，画法如图 5－25 所示。

（3）画螺旋楼梯踏面和踢面的两个投影，如图 5－26（a）所示。把螺旋楼梯的水平投影分为 12 等分，每一等分就是该楼梯上的一个踏面的水平投影。该楼梯踢面上的水平投影积聚在两个踏面的分界线上，例如第一级踢面的水平投影在直线 o_1bao 上。第一级踢面的底线 $o_1'o'$ 是螺旋面的第一根素线，过 $o_1'o'$ 分别画一铅垂直线，截取一步级的高度得 $b'a'$，连矩形 $a'b'o'o_1'$ 即得第一级踢面的正面投影。第一级踏面的水平投影为第 1 个扇形，此扇形的正面投影积聚成水平直线 $a'b'$，$a'b'$ 与第二级踢面的底线（另一条螺旋面素线）重合，用类似的方法可作出各级踢面和踏面的正面投影。应当注意，第 5～9 级的踢面被楼梯本身遮挡而不可见，可见的是底面的螺旋面。

（4）螺旋楼梯板底面的投影如图 5－26（b）所示。梯板底面的螺旋面的形状和大小与梯板的螺旋面完全相同，只是两者相距一个竖向厚度。为此把内外螺旋线向下移一个梯板厚度即得梯板底面的螺旋线。图 5－26（b）中用粗实线画出的内外螺旋线所形成的封闭图形就是梯板底面的可见螺旋面。

（5）综合图 5－26（a）、（b）并把梯板底面的螺旋面的可见轮廓线用粗实线画出，如图5－26（c）所示。

（6）在正面投影中把踏步两端的可见圆柱面用疏密线画出，并完成全图，如图 5－26（d）所示。

【复习思考题】

1. 平面曲线与空间曲线的区别是什么？
2. 单叶双曲回转面是怎样形成的？其投影如何绘制？
3. 双曲抛物面是怎样形成的？其投影如何绘制？
4. 柱状面和锥状面是怎样形成的？两者有何区别？
5. 以上述曲面为例，讨论在投影图上需要绘制出的曲面上的要素。

第 6 章　立　体

工程建筑物的形状是多种多样的，但都可以认为是由若干基本形体组合而成的。

凡占有一定空间的物体均可称为几何体，本章讨论的简单几何体是指那些构造要素最为单一的一类几何体。根据其表面的性质，可分为平面立体和曲面立体。

（1）平面立体。

由若干平面围成的几何体称为平面立体，如棱柱、棱锥等。

（2）曲面立体。

由曲面或由曲面和平面围成的几何体称为曲面立体，如圆柱体、圆锥体、圆球体、圆环体等。

如图 6－1（a）所示的闸墩可分解为图 6－1（b）所示的三棱柱、四棱柱、半圆柱等基本形体。

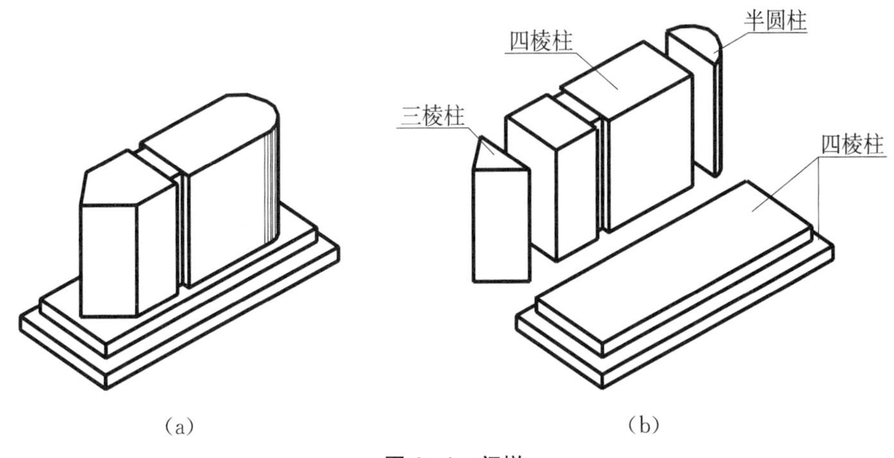

图 6－1　闸墩

6.1　立体的投影及在其表面上取点取线

任何几何体所占有的空间范围，由其表面确定，因此，求作几何体的投影，实质上是对其表面进行投影。在几何体投影图中，可见的轮廓线用粗实线画，不可见的轮廓线用虚线画；当实线与虚线或点画线重合时画实线，当虚线与点画线重合时画虚线。

本节主要介绍基本几何体的投影特性以及在其表面上取点、取线的投影作图方法。

6.1.1　平面立体的投影及在其表面上取点取线

平面立体上相邻表面的交线是平面立体棱线或底面的边线。画平面立体的投影，实质上就是画出立体上所有棱线和底面边线的投影，并按它们的可见性分别用粗实线或虚线表示。

常见的平面立体有棱柱和棱锥两种。棱柱的棱线彼此平行，棱锥的棱线相交于一点。

为了正确地作出平面立体的投影，首先应确定平面立体摆放的位置。摆放时，应尽可能多地使平面立体的表面成为特殊位置平面；其次要选定正面投影图的投影方向，使正面投影图更多地表现立体的形状特征。下面介绍棱柱和棱锥的投影特性以及在其表面上取点、取线的投影作图方法。

6.1.1.1 **棱柱**

（1）棱柱的形状特点及其投影。

在一个几何体中，如果有两个面相互平行，而其余每相邻两个面的交线都相互平行，这样的几何体称为棱柱。平行的两个面为棱柱的底面，其余的面称为棱柱的侧面或棱面，相邻两棱面的交线称为棱柱的侧棱或棱线。侧棱垂直于底面的棱柱称为直棱柱；侧面与底面斜交的棱柱称为斜棱柱；底面是正多边形的直棱柱称为正棱柱。通常，把正棱柱或直棱柱简称棱柱，一般可用底面多边形的边数来区别不同的棱柱，常见的棱柱有三棱柱、四棱柱、六棱柱等。

下面以图 6-2 所示的正三棱柱为例说明其投影的作法。

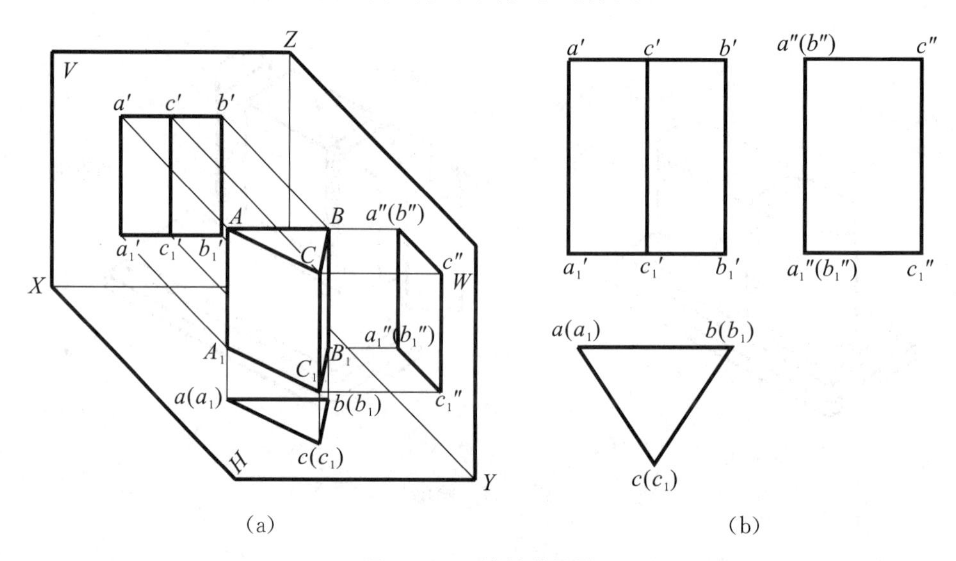

图 6-2　三棱柱的投影

画正三棱柱的投影时，一般可按下列步骤进行。

① 选择安放位置。

为了更好地利用投影的实形性和积聚性，可使正三棱柱的上下两底面都平行于 H 面，并使它的一个棱面（AA_1B_1B）平行于 V 面，如图 6-2（a）所示。

② 投影作图。

将棱锥向三个投影面投影，作出三棱柱的三面正投影图，如图 6-2（b）所示。

③ 投影分析。

水平投影：反映上下两底面的实形，两底面的投影重合；三个棱面的投影积聚且与底面的对应边重合。

正面投影：反映后棱面 AA_1B_1B（正平面）的实形；上下底面的投影积聚，与 AB、A_1B_1 重合；两前棱面 AA_1C_1C、CC_1B_1B 的正面投影为类似形。

侧面投影：两前棱面 AA_1C_1C、CC_1B_1B 的侧面投影为类似形，且投影完全重合；上下底面和后棱面都具有积聚性。

从本章开始，在画立体投影图时，为使图形清晰，不再画投影轴以及点的投影连线，投影关系通过三等规律予以保证，依然满足长对正、高平齐、宽相等。需要特别注意的是，水平投影和侧面投影中量取 Y 坐标的起始点应一致。各投影图间的距离对形体形状的表达无影响。

（2）棱柱表面上取点、取线。

求作平面立体表面上的点、线，必须根据已知投影分析该点、线属于哪个表面，并利用在平面上求作点、线的原理和方法进行作图，其可见性取决于该点、线所在表面的可见性。

【例 6-1】已知正六棱柱表面上点 A、B、C 的一个投影如图 6-3（a）所示，求作该三点的其他投影。

分析：根据题目所给的条件，点 A 在顶面上，点 B 在左前棱面上，点 C 在右后棱面上，利用表面投影的积聚性和投影规律可求出其余投影。

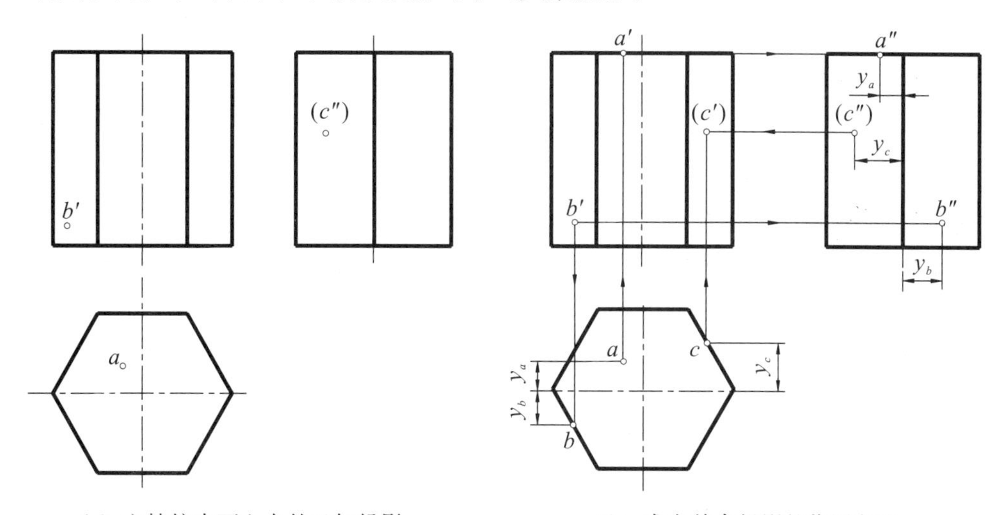

（a）六棱柱表面上点的已知投影　　（b）求点其余投影的作图方法

图 6-3　六棱柱表面上取点

作图：如图 6-3（b）所示，正六棱柱左前棱面上有一点 B，其正面投影 b' 为已知，由于该棱面的水平投影有积聚性，故可利用积聚性先求出 b，然后根据“宽相等”（y_b）的关系求出 b''。同法可求出其余各点。判别可见性：

① 点 A 所在平面的正面投影和侧面投影有积聚性，不作判别。

② 点 B 在左前棱面上，其侧面投影可见。

③ 点 C 在右后棱面上，其正面投影不可见。

【例 6-2】已知三棱柱表面上的折线段 AB 的正面投影，如图 6-4（a）所示，求其他投影。

分析：由于 AB 在三棱柱的两个表面上，故 AB 实际上是一条折线，其中 AC 属于左棱面，CB 属于右棱面。可根据面内取点的方法作出点 A、B、C 的三面投影，连接各同面投影，即为所求。

作图：作图方法如图 6-4（b）所示。判别可见性：

① 水平投影有积聚性，不作判别。

② 点 B 在右棱面上，其侧面投影 $b''C$ 不可见，$c''b''$不可见。

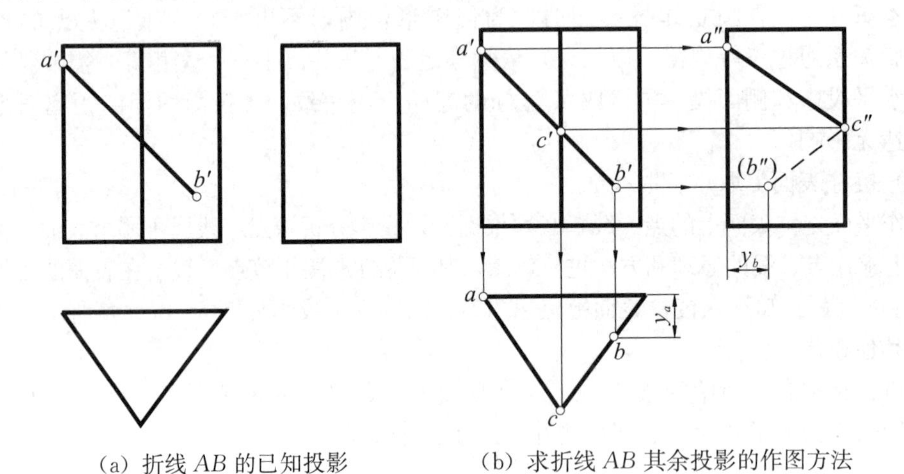

（a）折线 AB 的已知投影　　（b）求折线 AB 其余投影的作图方法

图 6-4　棱柱表面上取线

6.1.1.2　棱锥

（1）棱锥的形状特点及其投影。

在一个几何体中，如果有一个面是多边形，其余各面是具有一个公共顶点的三角形，这样的几何体称为棱锥。这个多边形是棱锥的底面，各个三角形就是棱锥的侧面或棱面。如果棱锥的底面是一个正多边形，而且顶点与正多边形底面中心的连线垂直于该底面，这样的棱锥称为正棱锥；如果棱锥顶点与正多边形底面中心的连线不垂直于该底面，则称为斜棱锥。通常可用底面多边形的边数来区别不同的棱锥，常见的有三棱锥、四棱锥等。

下面以图 6-5 所示的正三棱锥为例来说明棱锥的投影。

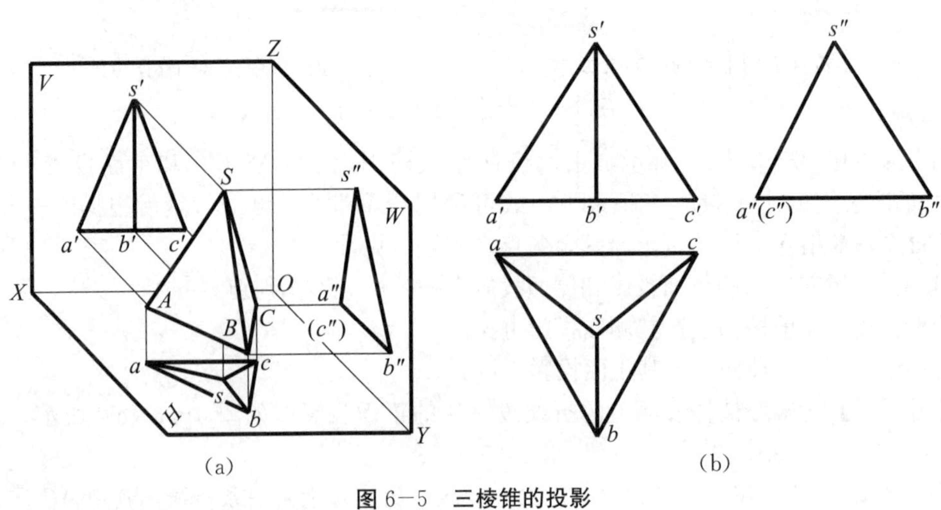

（a）　　（b）

图 6-5　三棱锥的投影

① 选择安放位置。

使三棱锥的底面△ABC∥H，确定正视图的投影方向：使三棱锥的棱面 SAC 为侧垂面，△SAB、△SBC 为一般位置平面。

② 投影作图。

作出 S、A、B、C 的投影后，分别依次连接各点的同面投影，得此三棱锥的三面投影。投影图中可见线段画成粗实线，不可见线段画成虚线。

③ 投影分析。

由于三棱锥各棱面均倾斜于投影面，所以其三面投影均不反映实形。

(2) 棱锥表面上取点、取线。

【例 6-3】如图 6-6 (a) 所示，已知正三棱锥表面上点 K 的正面投影 k'，点 N 的侧面投影 n''，求点 K、N 的其余投影。

分析：根据已知条件可知，点 K 属于棱面 SAB，点 N 属于棱面 SBC。利用面内取点的方法，可求得其余投影。

作图：作图可用以下两种方法。

方法一：如图 6-6 (b) 所示，在正面投影上过锥顶 s' 和 k' 作直线 $s'e'$，在水平投影图中找出点 e，连接 se，根据点在线上的投影性质求出其水平投影 k 和侧面投影 k''；同理，可在侧面投影图中过点 n'' 作出 $s''f''$，然后再依次求出 n、n'。

方法二：如图 6-6 (c) 所示，在正面投影图中过点 k' 作直线 $e'f'$∥$a'b'$，点 e' 在 $s'a'$ 上，在水平投影图中找出点 e，作 ef∥ab，同样可求出其水平投影 k 和侧面投影 k''；同理，可在侧面投影图中过点 n'' 作出 $g''h''$∥$b''c''$，然后再依次求出 n、n'。

判别可见性：

(1) 由于锥顶在上，K、N 的水平投影均可见。

(2) 点 K 属于左棱锥面，其侧面投影可见；点 N 属于右棱锥面，其侧面投影不可见。

【例 6-4】如图 6-7 (a) 所示，求棱锥表面上线 MN 的水平投影和侧面投影。

分析：MN 实际上是三棱锥表面上的一条折线 MKN，如图 6-7 (b) 所示。

作图：求出 M、K、N 三点的水平投影和侧面投影，连接同面投影即为所求投影。判别可见性：由于棱面 SBC 的侧面投影不可见，所以直线 KN 的侧面投影 $n''k''$ 不可见。

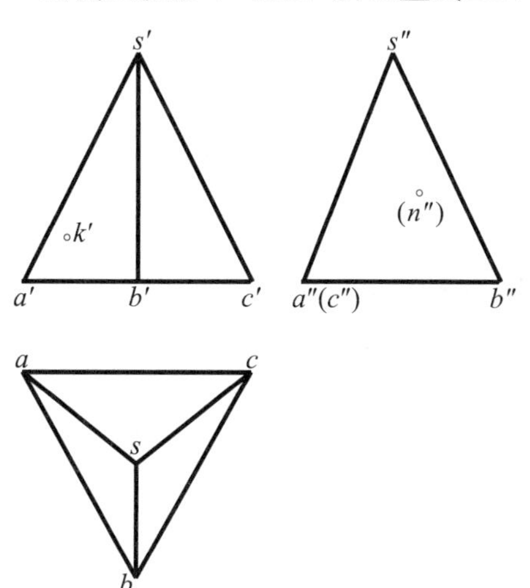

(a)

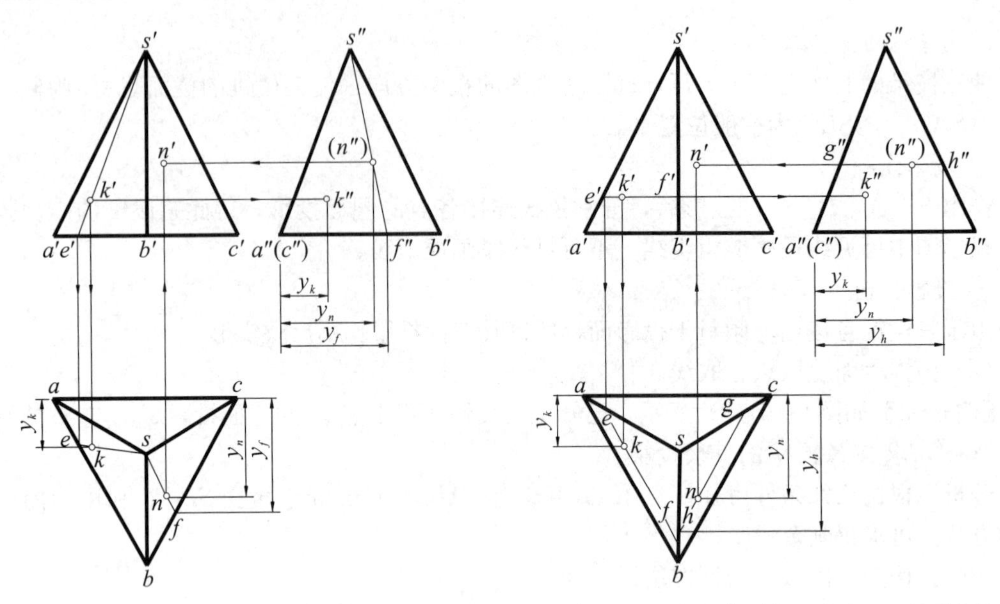

（b）方法一　过 K 作与锥顶 S 的连线　　（c）方法二　过 K 作平行于底边 AB 的平行线

图 6－6　棱锥表面上取点（辅助线法）

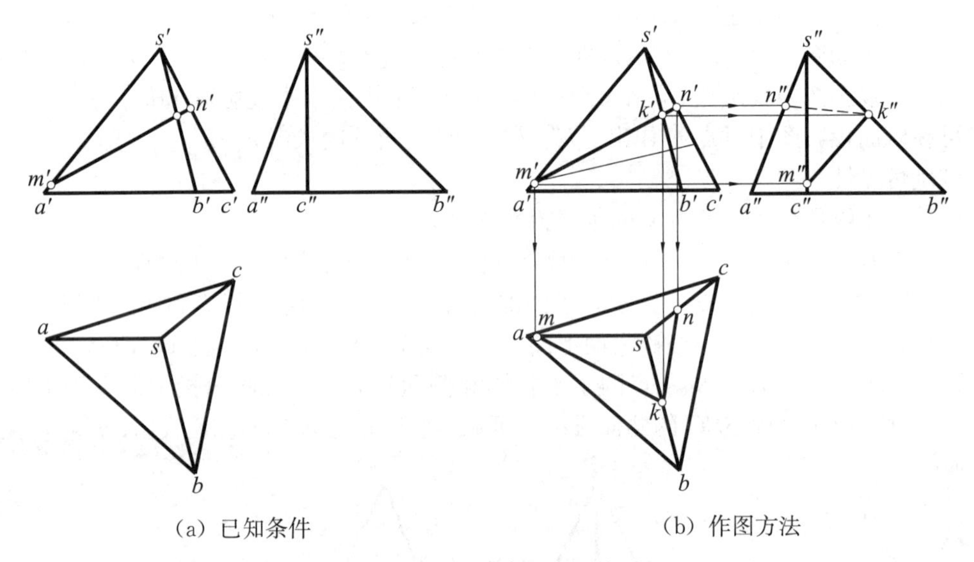

（a）已知条件　　（b）作图方法

图 6－7　棱锥表面上取线

6.1.2　曲面立体的投影及在其表面上取点取线

由曲面或曲面和平面围成的立体称为曲面立体。常见的曲面立体有圆柱、圆锥、圆球、圆环等，这些曲面立体统称回转体。回转体是由回转面或回转面和平面围成的，所以研究回转体之前应对回转面的形成和投影性质进行研究。

回转面是由一条母线（直线或平面曲线）绕一固定直线（回转轴线）回转而形成的，如图 6－8 所示。当直母线 AA_1 与轴线 OO_1 平行时，绕轴线回转而成圆柱面，如图 6－8（a）所示；当直母线 SA 与轴线 OO_1 相交时，绕轴线回转而成圆锥面，如图 6－8

(b) 所示；当母线为圆，回转轴线就是它本身的一条直径时，绕轴线回转而成球面，如图 6－8 (c) 所示；当母线为圆，回转轴线与该圆共平面但在圆外时，绕轴线回转而成环面，如图 6－8 (d) 所示。母线在回转面上任一位置称为素线。

回转面的共同特性：在回转的过程中，母线上任一点回转一周的轨迹都是圆，其回转半径就是该点到回转轴线的距离，所以当用垂直于轴线的平面切割回转面时，其表面交线为圆周。下面分别说明上述回转体的投影及在其表面上取点、取线的问题。

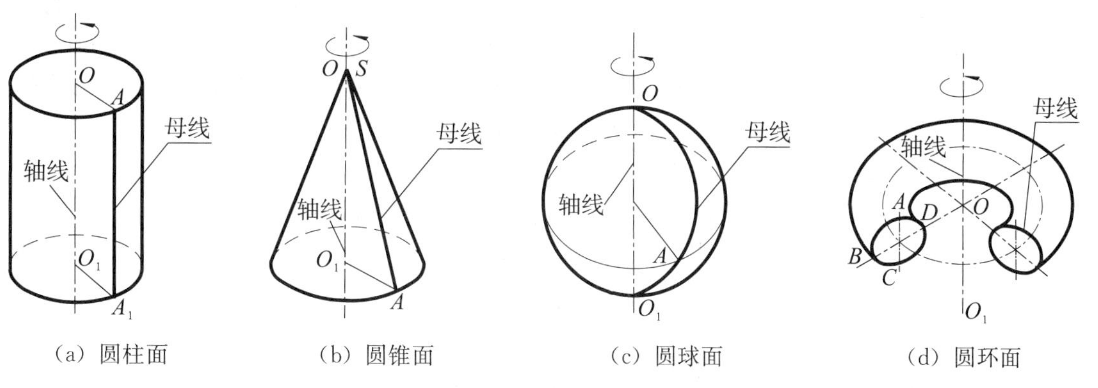

图 6－8　**回转面的形成**

6.1.2.1　圆柱

(1) 圆柱的形状特点及其投影。

圆柱是由圆柱面和两平面组成的。现以图 6－9 (a) 所示正圆柱为例来说明圆柱的投影。

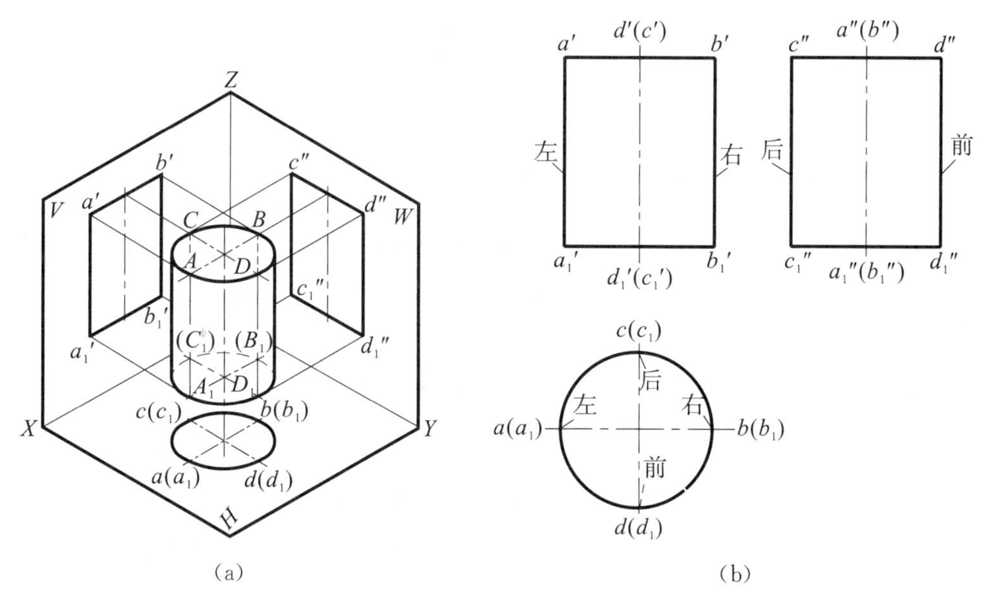

图 6－9　**圆柱的投影**

① 选择安放位置。

使正圆柱的轴线垂直于 H 面放置，如图 6－9 (a) 所示。

② 投影作图。

作出正圆柱的三面正投影图，如图 6-9（b）所示。

③ 投影分析。

圆柱的水平投影为一个圆，它是圆柱顶圆和底圆的投影，整个圆柱面在 H 面的投影也积聚在这个圆周上。圆柱的正面投影是一个矩形，矩形的上、下边分别是顶圆和底圆的投影，矩形左右轮廓线 $a'a_1'$、$b'b_1'$分别为圆柱最左和最右素线 AA_1、BB_1的正面投影。AA_1和 BB_1是圆柱向 V 面投影时可见与不可见的分界线，$a'a_1'$、$b'b_1'$称为圆柱向 V 面投影时的转向轮廓线。AA_1和 BB_1的侧面投影与圆柱轴线的侧面投影重合，不需要画出。AA_1和 BB_1的水平投影 a（a_1）、b（b_1）也不需画出。圆柱的侧面投影也是一个矩形，但它的左、右轮廓线 $c''c_1''$和 $d''d_1''$都是圆柱最后、最前素线 CC_1、DD_1的侧面投影。

（2）在圆柱表面上取点、取线。

在圆柱表面上取点、线，可利用圆柱表面对某投影面的积聚性来进行作图。如图 6-10（a）所示，若已知圆柱表面上的点 A 和直线 BC、DE 的正面投影 a'、$b'c'$和 $d'e'$，即可求出其余两投影。注意，所求点、线的可见性，取决于该点、线所在圆柱表面的可见性。

【例 6-5】如图 6-10（a）所示，已知圆柱表面上的点 A 和直线 BC、DE 的正面投影 a'、$b'c'$和 $d'e'$，求出其余两投影。

分析：因圆柱的轴线垂直于侧面，其侧面投影是一个有积聚性的圆周。

作图：如图 6-10（b）所示，圆柱面上的点 A 和直线 BC、DE 的侧面投影都积聚在此圆周上，根据点的投影规律可求得 A 点的侧面投影 a''和直线 BC、DE 的侧面投影 b''（c''）和 d''（e''），然后求出 bc 和 de。根据 d''（e''）可知 de 不可见，用虚线画出。

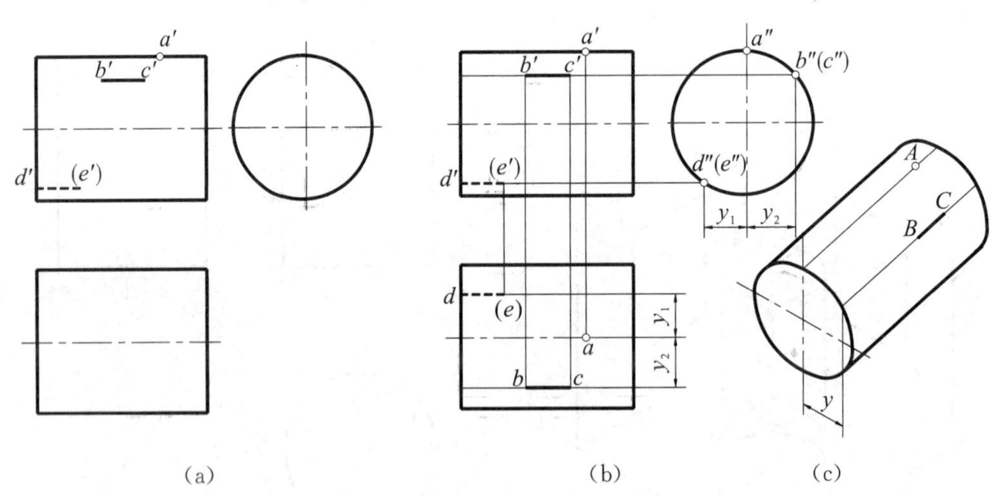

图 6-10　圆柱表面上取点、取线

【例 6-6】如图 6-11（a）所示，已知圆柱表面上的曲线 MN 的正面投影$m'n'$，求其水平投影和侧面投影。

分析：根据题目所给的条件，MN 在前半个圆柱面上。因为 MN 为一曲线，故应求出 MN 上若干个点，其中转向线上的点——特殊点必须求出。

作图：

① 作特殊点Ⅰ、N 和端点 M 的水平投影 1、n、m 及侧面投影 $1''$、n''、m''，如图6－11（b）所示。

② 作一般点Ⅱ的水平投影 2 和侧面投影 $2''$，如图 6－11（c）所示。

判别可见性：侧视外形素线上的点 $1''$是侧面投影可见与不可见的分界点，其中 $m''1''$可见，$1''2''n''$不可见，将侧面投影连成光滑曲线 $m''1''2''n''$。

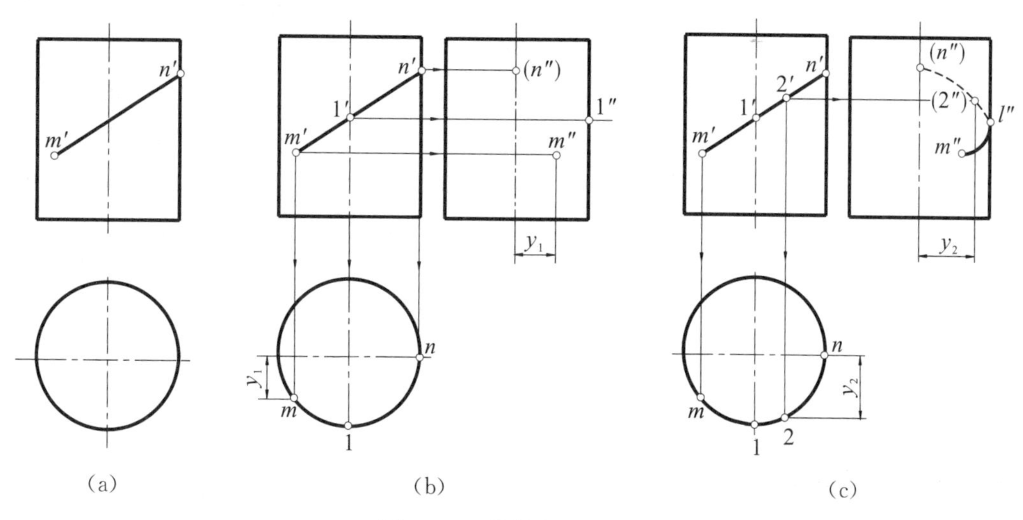

图 6－11　圆柱表面上取线

6.1.2.2　圆锥

（1）圆锥的形成及投影。

圆锥是由圆锥面和底面所组成的。现以图 6－12（a）所示正圆锥为例来说明圆锥的投影。

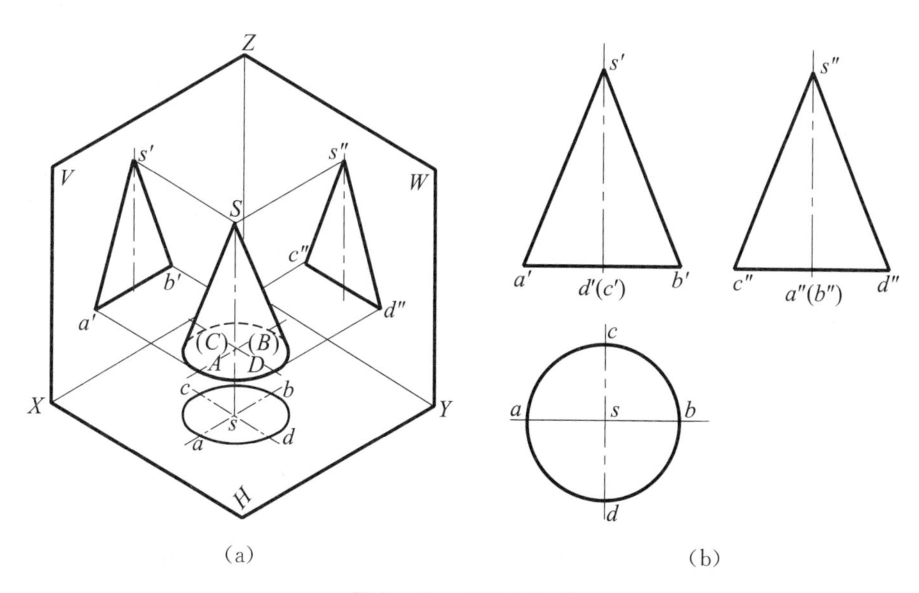

图 6－12　圆锥的投影

① 选择安放位置。

使正圆锥的轴线垂直于 H 面放置，如图 6－12（a）所示。

② 投影作图。

作出图 6－12（a）所示的三面正投影图，如图 6－12（b）所示。

③ 投影分析。

如图 6－12（b）所示为一轴线垂直于 H 面的正圆锥的三面投影图。圆锥的水平投影为一个圆，该圆反映圆锥底圆的实形，也是圆锥面的投影。圆锥的正面投影是一个等腰三角形，三角形的底边是圆锥底圆有积聚性的投影。三角形的左、右轮廓线 $s'a'$、$s'b'$ 分别为圆锥最左、最右素线 SA、SB 的正面投影。SA、SB 是圆锥向 V 面投影时可见与不可见的分界线。$s'a'$、$s'b'$ 称为圆锥向 V 面投影时的转向轮廓线。SA、SB 的侧面投影与圆锥的轴线重合，SA、SB 的水平投影与水平中心线重合，故均不需要画出。圆锥的侧面投影也是一个等腰三角形，它的左、右轮廓线分别是圆锥最后、最前素线 SC、SD 的侧面投影，SC、SD 是圆锥向 W 面投影时可见与不可见的分界线，$s''c''$、$s''d''$ 称为圆锥向 W 面投影时的转向轮廓线。

（2）圆锥表面上取点、取线。

根据圆锥面的形成规律，在圆锥表面上取点有辅助直素线法和辅助纬圆法两种。

① 辅助直素线法（简称直素线法），如图 6－13（b）所示，已知圆锥面上 K 点的正面投影 k'，求 K 点的水平投影 k。

作图：在圆锥面上过 K 点和锥顶 S 作辅助直素线 SM，如图 6－13（a）所示；先作 $s'm'$，然后求出 sm，如图 6－13（c）所示；再由 k' 作 k，即为所求，如图 6－13（d）所示。

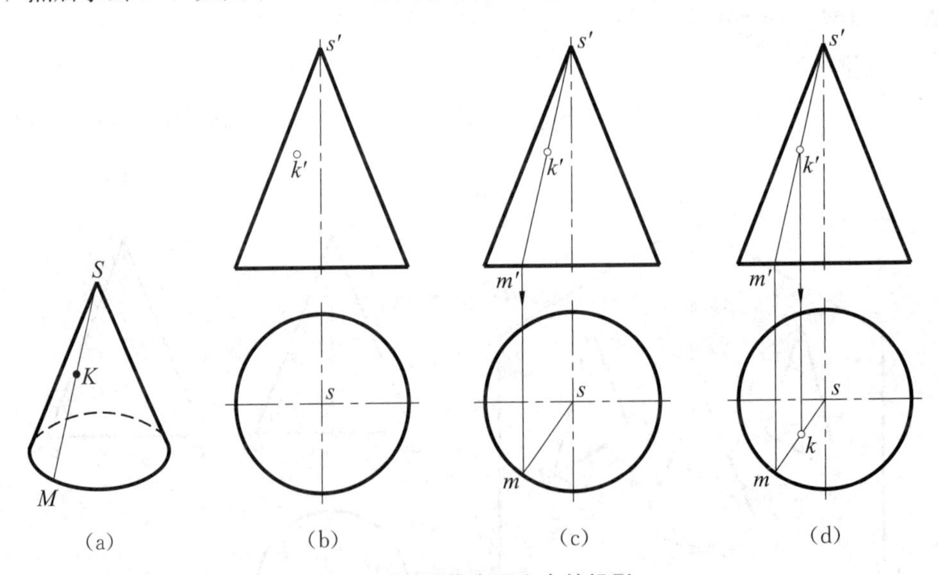

图 6－13　圆锥表面上点的投影

② 辅助纬圆法（简称纬圆法）。垂直于回转体轴线的圆称为纬圆。辅助纬圆法就是在圆锥表面上作垂直于圆锥轴线的圆，使此圆的一个投影反映圆的实形，而其他投影为直线。如图 6－14（b）所示，已知圆锥表面上 K 点的正面投影 k'，求 K 点的水平投影 k。

在圆锥表面上作一纬圆，如图 6－14（a）所示。作图步骤如下：先过 k' 点作水平直线，如图6－14（c）所示；然后作圆的水平投影，如图6－14（d）所示；最后由k'作出k，k即为所求，如图6－14（e）所示。

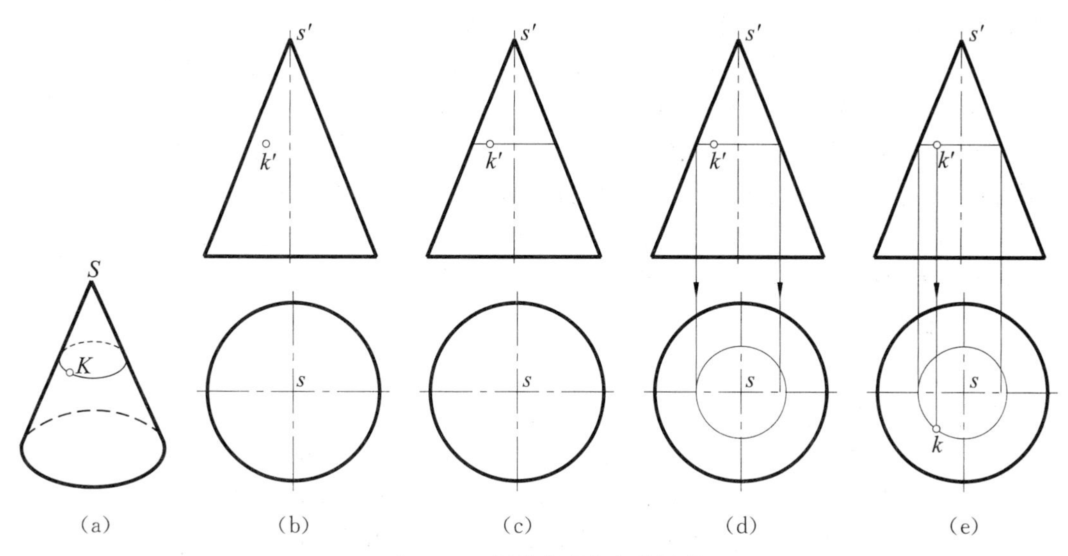

图6－14 圆锥表面上点的投影

【例6－7】如图6－15（b）所示，已知圆锥表面上点K的正面投影k'，线AB的水平投影ab，线EF的正面投影$e'f'$，试求点K的水平投影k、AB的正面投影$a'b'$、EF的水平投影ef。

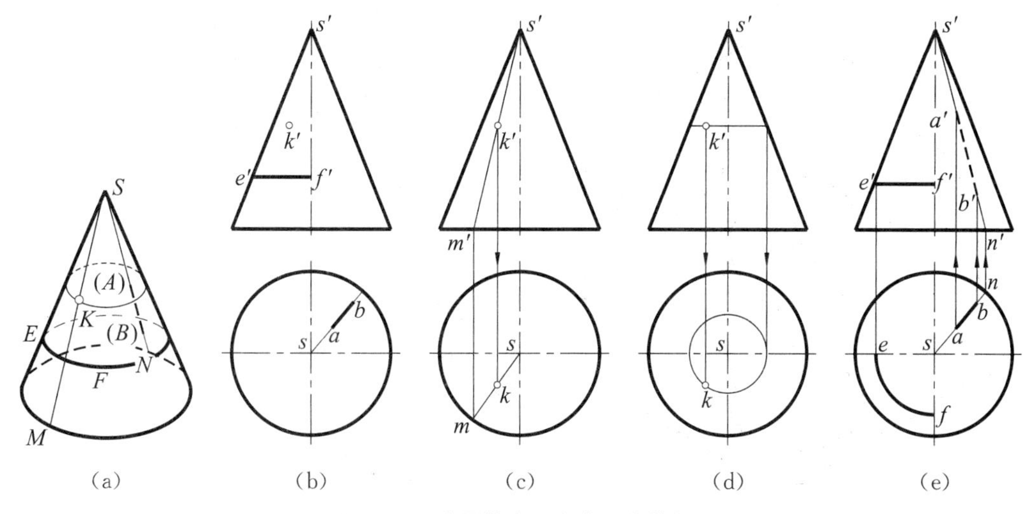

图6－15 求圆锥表面上点、线的投影

分析：由图6－15（a）可知，K点在圆锥表面上过锥顶S的一条直素线SM上，故其水平投影点k位于直素线SM的水平投影sm上，且可见；线段AB位于圆锥右、后四分之一圆锥表面，且在过锥顶的一条直素线SN上，为直线段，其正面投影为不可见的直线段，应画成虚线；线EF位于圆锥左、前四分之一圆锥表面，在一个水平纬圆上，其水平投影ef为可见的四分之一水平圆，应画成实线。

作图：

①先在圆锥表面上过 k'点和锥顶 s'作辅助直素线 $s'm'$，根据投影规律求出 sm，再由 k'作联系线求出 k，k 即为所求，如图 6－15（c）所示。

②求 $a'b'$。先过 ab 连锥顶 s 作素线 sn，求出 $s'n'$，再由 a、b 分别作联系线，在 $s'n'$ 上找出点 a'、b'，连接 $a'b'$（虚线）即为所求。如图 6－15（e）所示。

③ 求 ef。先根据 $e'f'$作出纬圆的水平投影，纬圆与圆锥最左、最前轮廓素线的交点分别为 e、f，加粗四分之一圆弧 ef，即为所求，如图 6－15（e）所示。

在此例中，为了作图方便，采用直素线法求 $a'b'$，采用纬圆法求 ef。也可采用纬圆法求 $a'b'$，采用直素线法求 ef，读者可自己分析。

6.1.2.3 **圆球**

（1）圆球的形成及投影。

圆球是由圆球面所围成的，如图 6－16（a）所示。

如图 6－16（b）所示为一圆球的三面投影图。圆球的三面投影图均为大小相等的圆，这些圆的直径等于圆球的直径。这三个圆分别表示圆球对 V、H、W 面投影时的三条转向轮廓线。在图 6－16（b）中，n 为圆球向 H 面投影时的转向轮廓线，则 n'为该线的正面投影，n''为该线的侧面投影，n'和 n''均不需画出；m'为圆球向 V 面投影时的转向轮廓线，则 m 为该线的水平投影，m''为该线的侧面投影，m 和 m″均不需画出；l''为圆球向 W 面投影时的转向轮廓线，则 l 为该线的水平投影，l'为该线的正面投影，l 和 l'均不需画出。

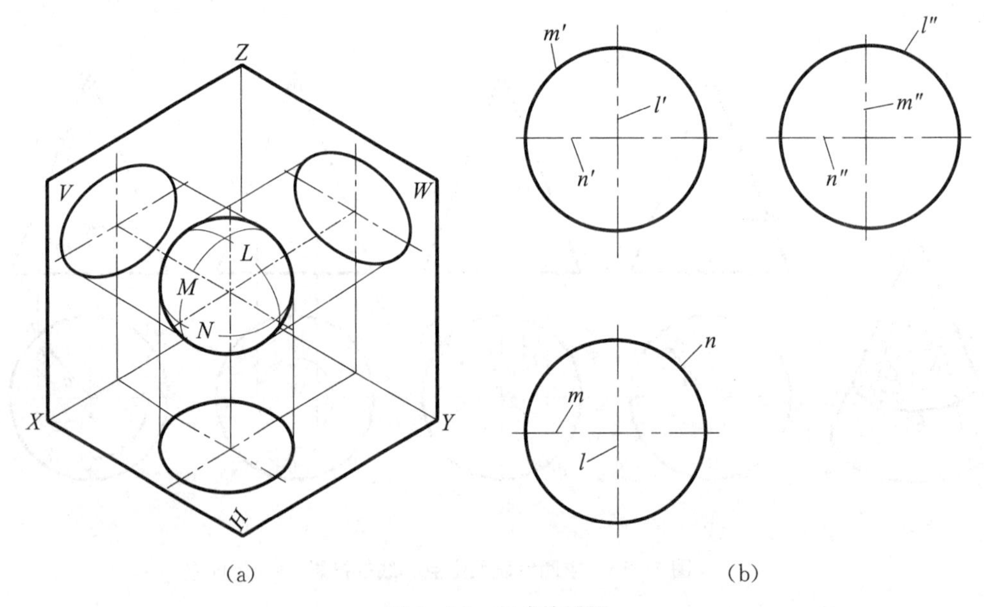

图 6－16　圆球的投影

（2）圆球表面上取点、取线。

求作圆球表面上的点、线，必须根据已知投影，分析该点在圆球表面上所处的位置，再过该点在球面上作辅助线（正平圆、水平圆或侧平圆），以求得该点的其余投影。

【例 6－8】如图 6－17（a）所示，已知圆球表面上点 A 点 B 的正面投影 a'、b'，线 CD 的水平投影 cd，求其余投影。

分析：根据题目所给的条件，点 A 在圆球向 V 面投影时的转向轮廓线上，且位于圆球向 H 面投影时的转向轮廓线之上的左半部；点 B 位于圆球向 V 面投影时的转向轮廓线之后的右下部；线 CD 位于圆球向 V 面投影时的转向轮廓线之前的上部。

作图：

①求点 A 的投影。如图 6－17（b）所示，首先完成圆球的侧面投影，再根据点、线的从属关系，在转向轮廓线的水平投影和侧面投影上，分别求得点 a 和点 a''。

②求点 B 的投影。如图 6－17（b）所示。

求点 b'：过点 b' 作水平圆Ⅰ的正面投影 $1'$（积聚为一条直线），由此求得其水平投影 1（圆），再过点 b' 向下作联系线，在水平圆Ⅰ的水平投影 1 上求得点 b。

求点 b''：过点 b' 作侧平圆Ⅱ的正面投影 $2'$（积聚为一条直线），由此求得其侧面投影 $2''$（圆），再过点 b' 向右作联系线，在侧平圆Ⅱ的侧面投影投影 $2''$（圆）上求得点 b''。

判别可见性：由于点 B 位于球面的下半部，故 b 不可见；又由于 B 位于球面的右半部，故 b'' 不可见。

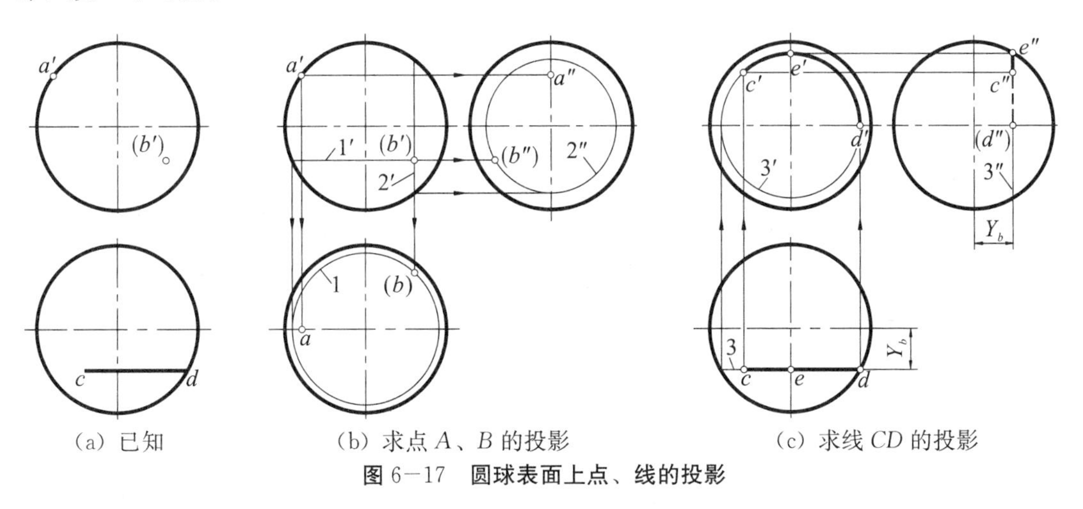

（a）已知　　（b）求点 A、B 的投影　　（c）求线 CD 的投影

图 6－17　圆球表面上点、线的投影

6.2　平面与立体相交

平面与立体相交（亦称平面截切立体）会在其表面产生交线，该交线称为截交线，如图 6－18 所示。该平面称为截平面，截交线所围成的平面图形称为截断面或断面。

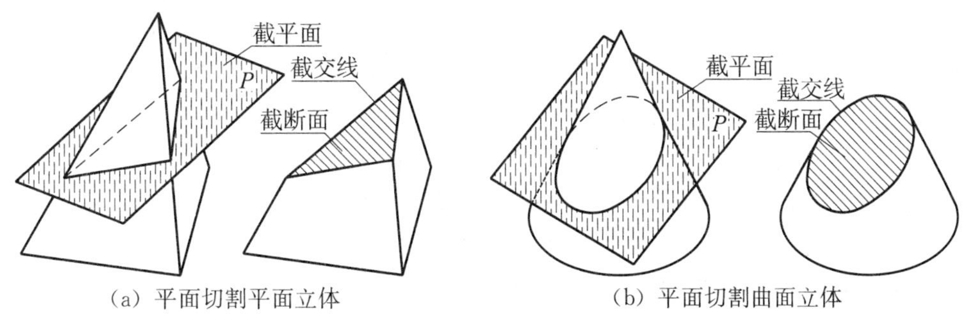

（a）平面切割平面立体　　（b）平面切割曲面立体

图 6－18　立体的截交线

截交线具有各种不同的形式，但都具有下列两个基本性质：

（1）封闭性。截交线一般是封闭的平面图形。

（2）共有性。截交线是截平面与立体表面的共有线，截交线上的点是截平面与立体表面的共有点。

根据上述性质，求截交线的问题可归结为求平面与立体表面共有点的问题。

求截平面与立体表面共有点的问题，实际上是求立体表面上的侧棱线（平面立体）、直素线或纬圆（曲面立体）等与截平面的交点。

下面分别介绍平面立体和曲面立体截交线的画法。

6.2.1　平面与平面立体相交

平面与平面立体相交，其截交线是平面多边形。如图 6－19（a）所示，截平面 P 与三棱锥的截交线为多边形Ⅰ－Ⅱ－Ⅲ，多边形的各边为截平面 P 与三棱锥各棱面的交线，而多边形的顶点则是截平面与三棱锥各棱线的交点。因此，求平面与平面立体上截交线的问题可归结为求平面立体侧棱或底边与截平面的交点问题（棱线法），或求平面立体侧棱面或底面与截平面的交线问题（棱面法）。这里仅对常用的棱线法进行介绍。

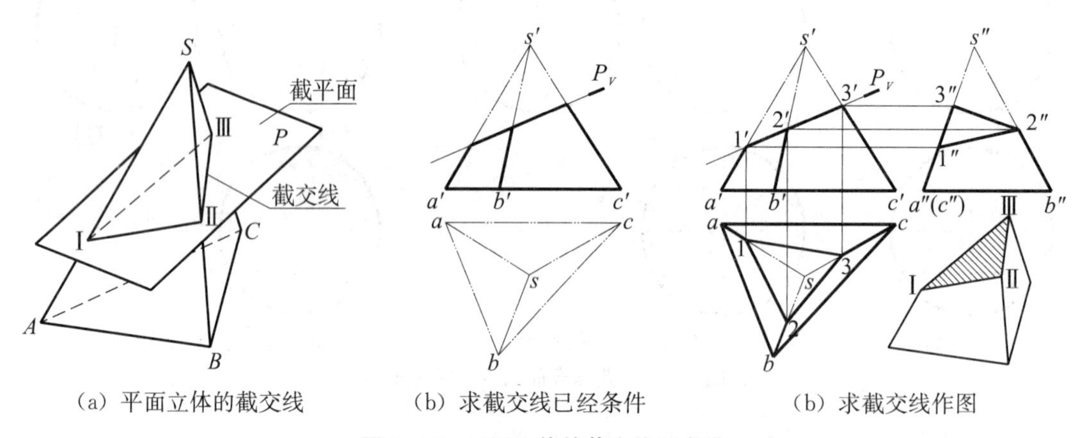

（a）平面立体的截交线　　（b）求截交线已经条件　　（b）求截交线作图

图 6－19　平面立体的截交线及求作

棱线法就是首先求出平面立体各棱线与截平面的交点，然后把位于同一平面上的交点连接起来得到截交线的方法。其一般步骤如下：

（1）空间及投影分析。空间及投影分析主要包括以下两方面的内容：

①分析平面立体的形状及截平面与平面立体的相对位置，从而确定截交线的空间形状。

②分析截平面与投影面的相对位置，从而确定截交线的投影特性（积聚性、实形性、类似性等），并通过截交线的已知投影，想象出截交线未知投影的形状。

（2）用棱线法或棱面法求出截交线的未知投影，并判别可见性。

（3）完善平面立体未被截切的棱线的投影，并判别可见性，完成全图。

应当指出，求截交线和完善棱线的投影时，若截交线或棱线所在立体的表面的投影可见，则截交线或棱线的投影可见，反之则不可见。

在切割平面立体时，截平面可以是一般位置平面，也可以是特殊位置平面。这里仅讨论特殊位置截平面切割平面立体。

当截平面处于特殊位置时，截平面具有积聚性的投影必然与截交线在该投影面上的投影重合，该重合投影就是截交线的已知投影。因此可以利用该已知的投影求作其他投影。

【例6-9】如图6-19（b）所示，求三棱锥被正垂面 P 截切后的水平投影和侧面投影。

分析：截平面 P 截去了三棱锥的上面部分，P 与三棱锥三个面都相交，形成的截交线为三角形，其顶点Ⅰ、Ⅱ、Ⅲ是棱线 SA、SB、SC 与截平面 P 的交点。由于截平面 P 是正垂面，因此，截交线的正面投影积聚为一条直线，其水平投影和侧面投影均具有类似性，为三角形。可利用正面投影的积聚性，采用棱线法将其求出。

作图：如图6-19（b）所示。

①画出完整三棱锥的侧面投影。

②求截交线上各顶点的投影。首先找出棱线 SA、SB、SC 与截平面 P 的交点Ⅰ、Ⅱ、Ⅲ的正面投影 $1'$、$2'$、$3'$，再根据投影规律，求出各顶点的水平投影1、2、3和侧面投影 $1''$、$2''$、$3''$。

③判别可见性并作出截交线的水平投影和侧面投影。按顺序分别连接1、2、3和 $1''$、$2''$、$3''$，得到截交线的水平投影和侧面投影。由于截交线所在的三个棱面的水平投影和侧面投影均可见，所以该截交线的投影也可见。

④完善三棱锥未被截切的棱线的投影。由于三棱锥各棱线在水平投影图和侧面投影图上均可见或积聚，故未被截切的所有棱线应画成实线。

【例6-10】如图6-20（a）所示，完成五棱柱被截切后的三面投影。

分析：如图6-20所示，五棱柱被截切后的空间形状为五边形，由于该截平面为正垂面，故截交线的正面投影积聚为一条直线，其水平投影和侧面投影均具有类似性，为五边形。可利用正面投影的积聚性，采用棱线法将其求出。

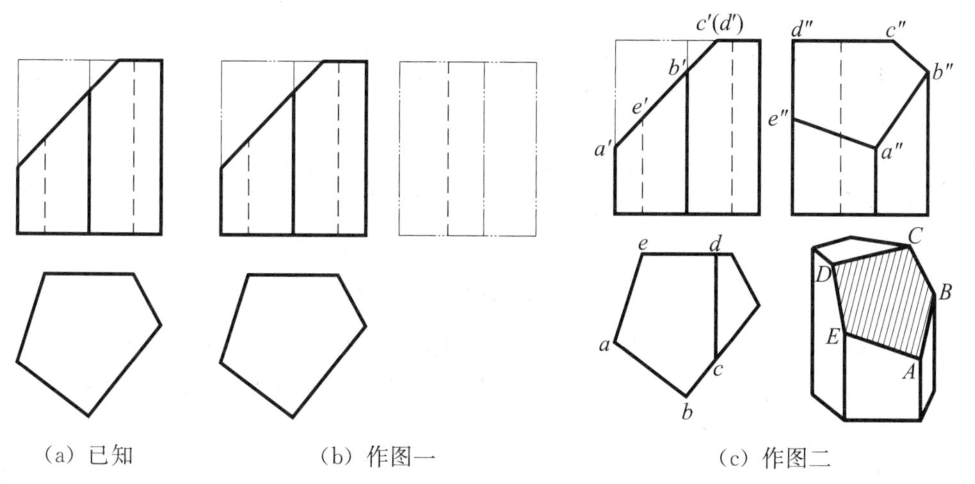

图6-20 完成五棱柱被截切后的投影

作图：

①根据投影规律，画出完整五棱柱侧面投影，如图6-20（b）所示。

②求截交线上各顶点的投影。首先作出截平面与五棱柱五条棱线交点 A、B、C、D、E 的正面投影 a'、b'、c、d'、e'，再根据投影规律，求出各顶点的水平投影 a、b、c、

d、e 和侧面投影 a''、b''、c''、d''、e''，如图 6－20（c）所示。

③判别可见性并作出截交线的水平投影和侧面投影。按顺序分别连接水平投影 a、b、c、d、e 和侧面投影 a''、b''、c''、d''、e''，得到截交线的水平投影和侧面投影，该截交线的水平投影和侧面投影均为可见，如图 6－20（c）所示。

④完成五棱柱未被截切的棱线的投影。五棱柱各棱线的水平投影均可见，侧面投影除最右侧的侧棱线不可见画成虚线外，其余棱线均可见，应画成实线，如图 6－20（c）所示。

当立体连续被两个或两个以上的截平面截切时，可在立体上形成切口或穿孔。如图 6－22（c）所示四棱台的切口，就是由两个截平面 P 和 Q 截切而成的。该切口是由两截交线组成的封闭图形，两截交线的交点Ⅸ、Ⅹ在两截平面的交线上，它们是两截平面和立体表面的三面共点，称为结合点。由此可知，切口的作图就是要先求各截平面与立体的截交线，然后求两截平面的交线，从而找出结合点，所以，求切口作图的实质也是求两表面共有线和共有点的问题。

【例 6－11】如图 6－21（a）所示，求作切槽四棱台的两面投影。

分析：放置时使棱台的底面平行于水平面，前后棱面垂直于 W 面，这样，槽口的正面投影积聚成三直线段，如图 6－21（b）所示。求作本题的关键是要利用槽口正面投影的积聚性作出槽口的水平投影，因此，若能作出槽口底面四个顶点 A、B、A_1、B_1 的水平投影 a、b、a_1、b_1，则槽口的水平投影即可确定。

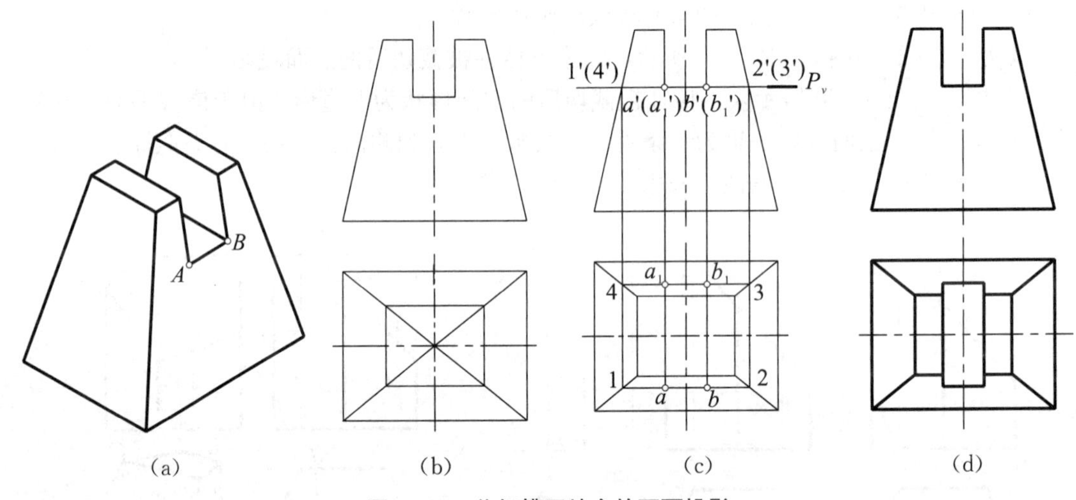

图 6－21　作切槽四棱台的两面投影

作图：利用槽口正面投影的积聚性，在正面投影图上过槽口底面的四顶点 A、B、A_1、B_1 的正面投影 a'、b'、a_1'、b_1' 作辅助水平面 P，P 面与棱台的四棱线分别交于 $1'$、$2'$、($3'$)、($4'$) 点，从而可求得相应的水平投影 1、2、3、4。由于 a'、b' 在直线 $1'2'$ 上，a_1'、b_1' 在直线 $3'4'$ 上，故可由 a'、b'、a_1'、b_1' 求得 a、b、a_1、b_1，连接这四点即得槽口的水平投影 abb_1a_1，如图 6－21（c）所示。最后再整理加深图线（注意加深上下表面和各棱面未被切掉的的轮廓线），如图 6－21（d）所示。

【例 6－12】如图 6－22（a）所示，求作切口四棱台的三面投影图。

分析：如图 6－22（a）所示四棱台的切口是由 P、Q 两平面截切而成的，其轴测图如图 6－22（c）所示。由于截交线的正面投影具有积聚性，所以可利用正面投影的积聚性求出切口的水平投影和侧面投影。作图时，可先分别作出 P、Q 两截平面与棱台截切所得到的完整截交线Ⅰ－Ⅱ－Ⅲ－Ⅳ和Ⅴ－Ⅵ－Ⅶ－Ⅷ，然后再求出 P、Q 两截平面的交线ⅨⅩ即可完成。

作图：如图6－22（b）所示。

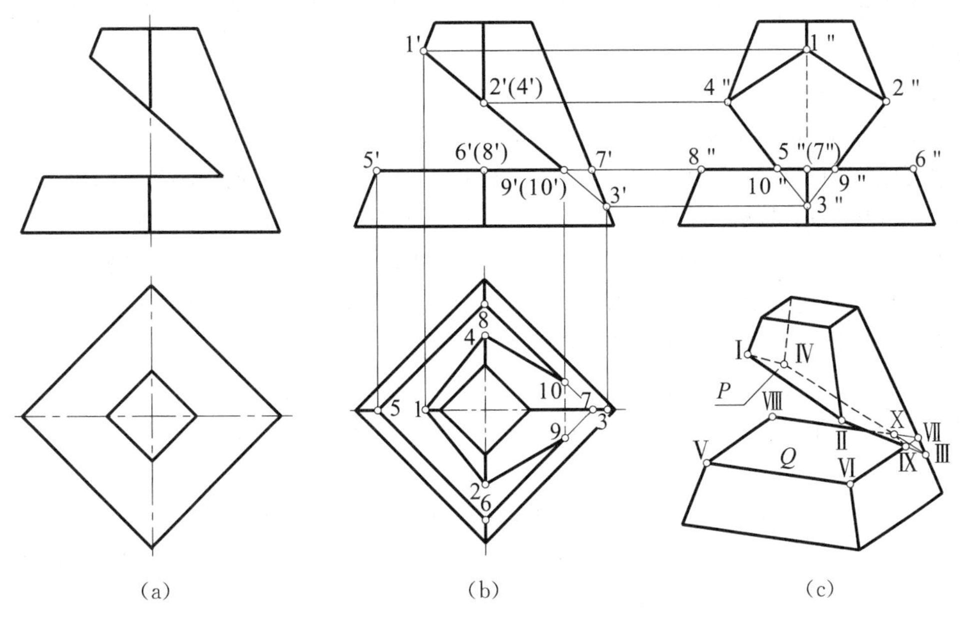

图6－22 平面立体的切口

① 利用正面投影的积聚性，先求出四棱台四条棱线与截平面 P 的交点Ⅰ、Ⅲ的水平投影和Ⅰ、Ⅱ、Ⅲ、Ⅳ的侧面投影，再根据Ⅱ、Ⅳ的侧面投影确定它们的水平投影2和4；用图6－21（c）所示的方法求出水平投影5、6、7、8。

② 根据Ⅸ、Ⅹ两点的正面投影9′、(10′)，按“长对正”的规律，先在水平投影面内的67、78两条线上找出其水平投影9、10，再按“高平齐、宽相等”的规律，在侧投影面内找出其侧面投影9″、10″。

③ 根据正面投影就可以确定切口的范围，Ⅲ和Ⅶ两点只用于辅助作图，实际上并未切到。依次连接Ⅰ－Ⅱ－Ⅸ－Ⅹ－Ⅳ－Ⅰ以及Ⅴ－Ⅵ－Ⅸ－Ⅹ－Ⅷ－Ⅴ各点，并判别可见性，即可得到切口的三面投影。注意，截交线ⅨⅩ在水平投影面内的投影9、10为不可见，所以连成虚线。

④完善四棱台未被截切的棱线的投影，并注意判别可见性。

应当指出，只有位于立体的同一棱面，同时又位于同一截平面上的点，才能相连，由于截交线是封闭图形，所以切口也是封闭的。

6.2.2 平面与曲面立体相交

平面与曲面立体相交，在一般情况下，截交线为一封闭的平面曲线，也可以是由平面曲线和直线组成的封闭线框。

在作图时，只需要作出截交线上直线段的端点和曲线上的一系列点的投影，并连成直线和光滑曲线，便可得出截交线的投影。为了比较准确地得出截交线的投影，一般要求作出截交线上特殊点（如最高、最低点，最前、最后点，最左、最右点，可见与不可见的分界点）的投影。

截交线是曲面立体和截平面的共有点的集合，一般可用表面取点法求出截交线的共有点。用表面取点法求截交线共有点的方法主要有两种，即纬圆法和直素线法，下面将分别进行介绍。

（1）纬圆法。

如图 6－23（a）所示，正圆锥被平面 P 切割，由于放置时正圆锥底面平行于水平面，故可以选用水平面 Q 作为辅助平面。这时，平面 Q 与圆锥面的交线 C 为一个圆（也称纬圆，这里是水平纬圆），平面 Q 与已知的截平面 P 的交线为一直线 AB。圆 C 和直线 AB 同在平面 Q 内，直线 AB 与纬圆交于Ⅰ、Ⅱ两点，该两点即为锥面和截平面的共有点，所以是截交线上的点。如果作一系列水平辅助面，便可以得到相应的一系列交点，将这一系列点连接成光滑曲线即为所求截交线。这种求共有点的方法又称为辅助平面法。

由以上分析可知，选取辅助平面时应使它与曲面立体交线的投影为最简单而又易于绘制的直线或圆。因此，通常选取投影面的平行面或垂直面作为辅助平面。

（2）直素线法。

如果曲面立体的曲表面为直线面，则可通过在曲表面上取若干直素线，求出它们与截平面的交点，这些交点就是截交线上的点。如图 6－23（b）所示，SA、SB、SC 等直素线与截平面 P 的交点就是圆锥面和截平面的共有点，即为截交线上的点。这种求共有点的方法称为直素线法。

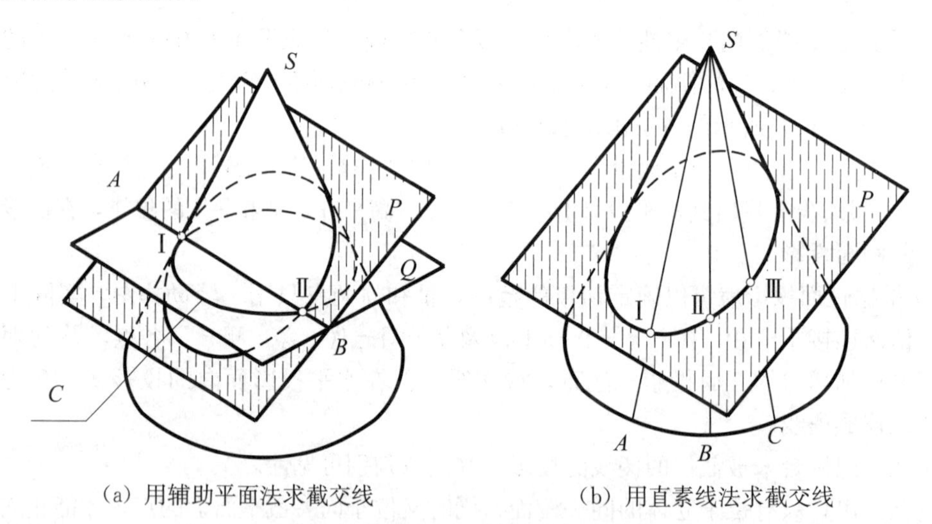

(a) 用辅助平面法求截交线　　(b) 用直素线法求截交线

图 6－23　求曲面立体截交线的方法

如果曲面立体为回转体，则其截交线的求法比较简单。因为回转体是由直母线或曲母线回转而成的，所以求回转体的截交线时，可在回转体的表面作出纬圆（纬圆法）或直素线（直素线法）。下面分别研究平面与常见回转体的相交问题。

6.2.2.1　平面与圆柱相交

根据截平面与圆柱轴线的相对位置不同，圆柱面的截交线有三种情况，见表 6－1。

（1）截平面平行于圆柱轴线的截交线。

在表 6－1 中，当截平面平行于圆柱轴线时，截交线为平行的两直线，连同底面的交线为一矩形。因截平面与 V 面平行，所以截交线的正面投影反映矩形的实形，截交线的水平投影积聚成水平方向的直线，侧面投影积聚成铅垂方向的直线。

利用这一投影特性，可作圆柱面上切槽穿孔的投影图。

表 6－1　平面与圆柱的交线

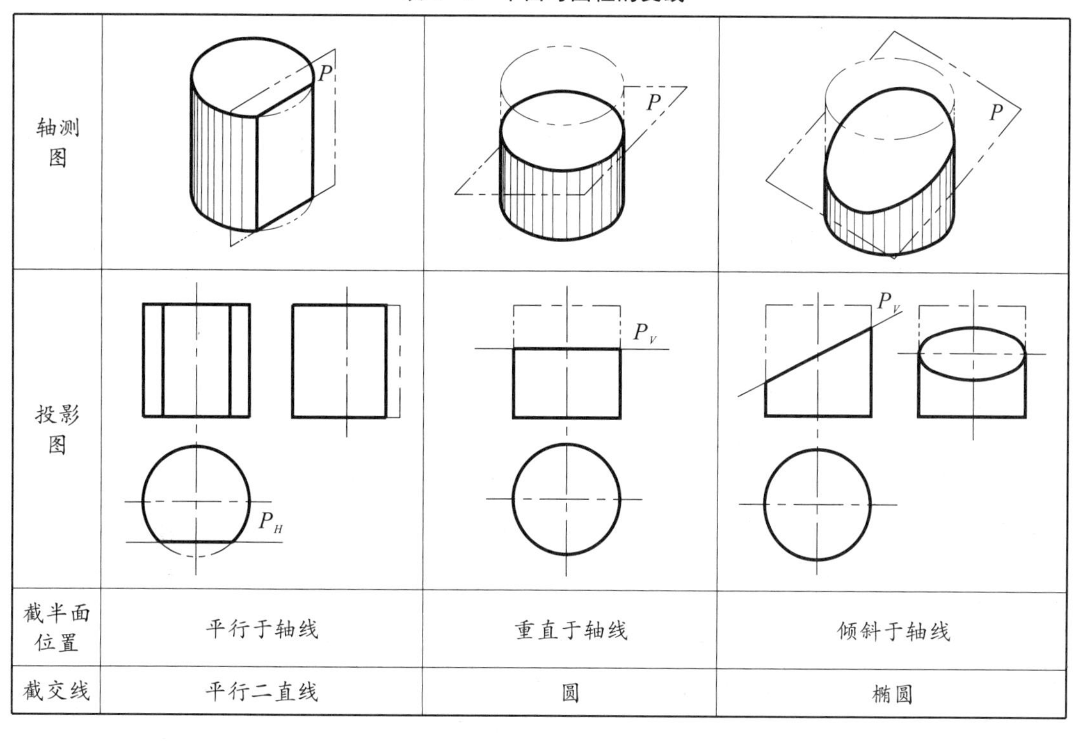

截平面位置	平行于轴线	垂直于轴线	倾斜于轴线
截交线	平行二直线	圆	椭圆

【例 6－13】求作图 6－24（a）所示的切槽圆柱的投影图。

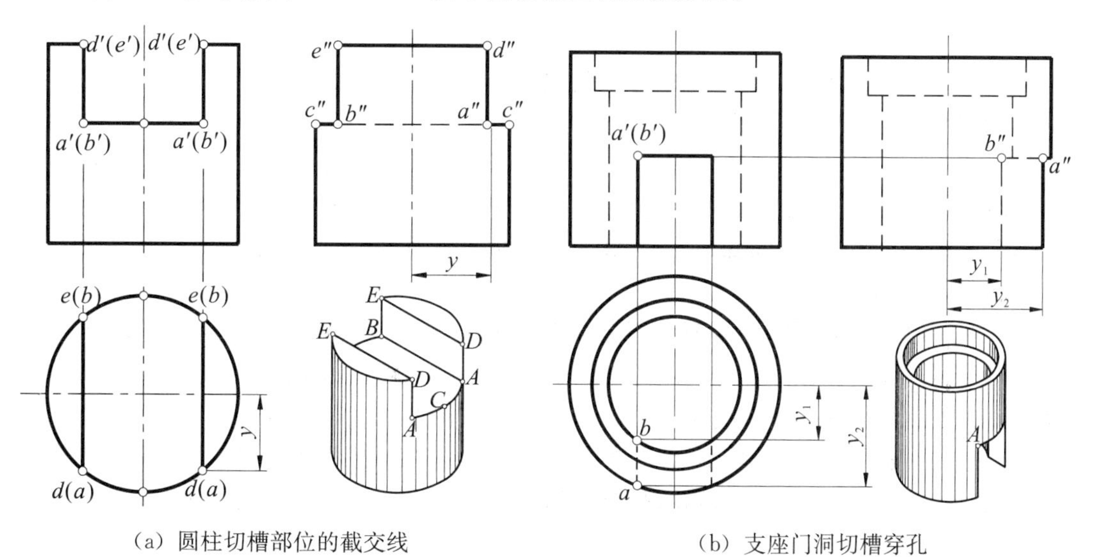

（a）圆柱切槽部位的截交线　　（b）支座门洞切槽穿孔

图 6－24　截平面平行于圆柱轴线的截交线作法

分析：圆柱的槽口可看作是被两个平行于轴线的平面和一个垂直于轴线的平面切割而成的，它们截圆柱面的截交线是四段直线和两段圆弧。

作图：如图 6－24（a）轴测图所示，在摆放圆柱时，使槽口的两个侧面成为侧平面，底面成为水平面。

① 在正面投影中，槽口的投影积聚为三条直线。

② 在水平投影中，槽口的两侧面积聚为两条直线，槽底面为带两段圆弧的平面图形。

③ 在侧面投影中，槽口的两壁为矩形的实形，槽底面积聚为带虚线的水平直线 $c''b''a''c''$，圆柱的侧视转向轮廓线的槽口部分已被切掉。直线 $c''b''$ 和 $a''c''$ 均为槽底面圆孤段的投影，槽口右壁后、前两素线 $e''b''$ 和 $d''a''$ 的求法如图 6－24（a）所示。

读者可自己分析如图 6－24（a）所示圆柱的切口不在正中或在左右两侧，其侧面投影各又会怎样呢？

在工程建筑中，常会遇到圆柱切槽穿孔、两圆管斜交等情况。如图 6－24（b）就是简化了的水轮机层支座的三视图和轴测图，读者可自己分析如图 6－24（b）所示该支座门洞的作图方法。

（2）截平面倾斜于圆柱轴线的截交线。

由表 6－1 可知，截平面倾斜于圆柱轴线的截交线为椭圆。该椭圆的正面投影积聚为一倾斜直线，水平投影积聚在圆周上，只有侧面投影仍为椭圆，但此椭圆的长、短轴与空间椭圆的长、短轴方向和大小并不一致。由于此截交线椭圆有两个投影具有积聚性，即截交线有两个投影为已知，所以可求出截交线的第三个投影。

【例 6－14】如图 6－25（a）所示，已知轴线垂直于侧面的圆柱被正垂面 P 斜截，求圆柱截口的投影。

分析：截平面 P 与圆柱的轴线倾斜，其切口为一椭圆，如图 6－25（a）所示。因为截平面 P 是正垂面，所以椭圆的正面投影积聚在 P_V 上，椭圆的侧面投影积聚在圆周上，因此本题只需求出椭圆的水平投影，在一般情况下（即 P_V 与轴线的夹角 α 不等于 45°时），椭圆的水平投影仍为椭圆，但不是空间椭圆的实形。

作图：

① 求特殊点。椭圆长、短轴的端点都是特殊点。从图 6－25（a）中可以看出截平面 P 与圆柱最高、最低素线的交点 A、B 就是椭圆长轴的端点。本例中 P 面与圆柱轴线的夹角 α 小于 45°，长轴 AB 的水平投影 ab 仍为水平投影中椭圆的长轴。P 面与圆柱最前、最后素线的交点 C、D 是椭圆短轴的端点，短轴的长度等于圆柱的直径。CD 的水平投影 cd 仍为水平投影中椭圆的短轴。根据长、短轴的正面投影 $a'b'$、$c'd'$ 即可求得 ab、cd，如图 6－25（b）所示。

② 求一般点。为了作图准确，还需要作出一定数量的一般点（通常要作四个一般点）。如图 6－25（c）所示，在椭圆的正面投影中任取一点 $4'$，用图 6－10 所示的方法可求得 $4''$ 和 4。用同样的方法可求得 1、2、3 各点，如图 6－25（c）所示。

③ 连点。如图 6－25（d）所示，将 1、b、2、d 等各点依次光滑地连接起来即得椭圆的水平投影。本题的水平投影是椭圆，在求出长、短轴以后，也可直接利用第一章的四心圆法近似地画出椭圆。

有时一个圆柱有几条截交线，解题时，应首先分析它共有哪几条截交线、各条截交线应采用什么方法绘制，然后再逐一作出。

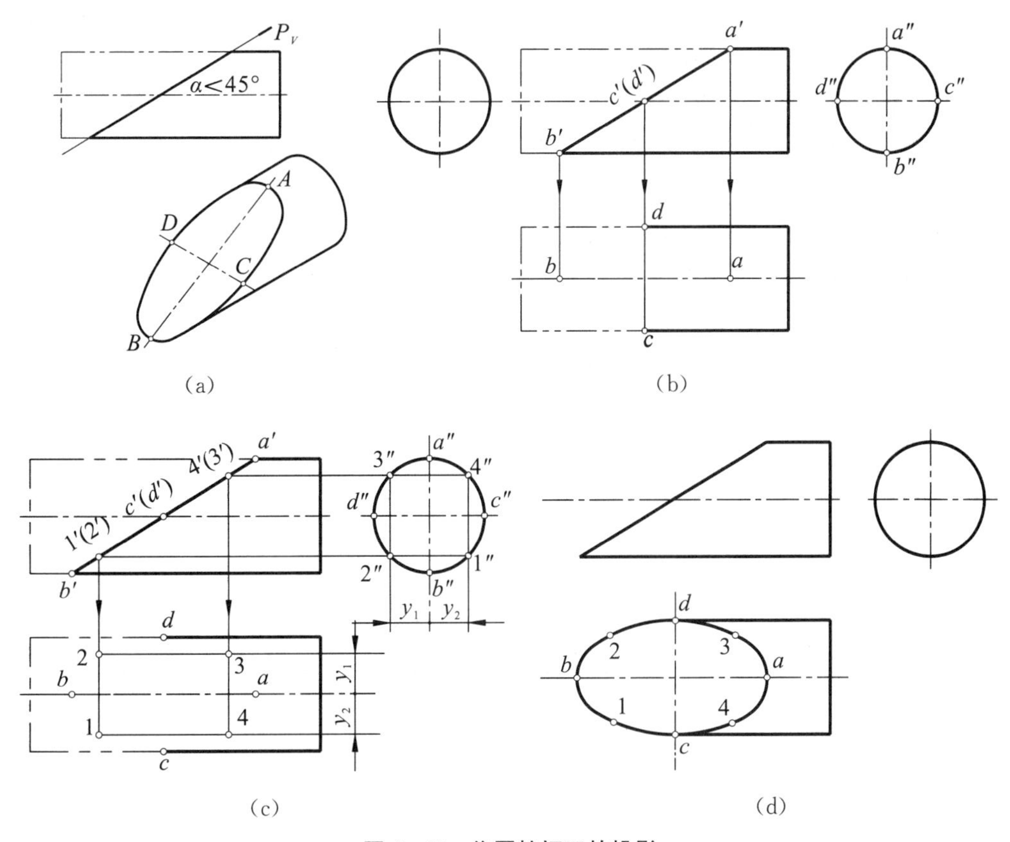

图 6－25　作圆柱切口的投影

【例 6－15】如图 6－26（a）所示为有两条截交线的圆柱的两个投影，试完成其第三面投影。

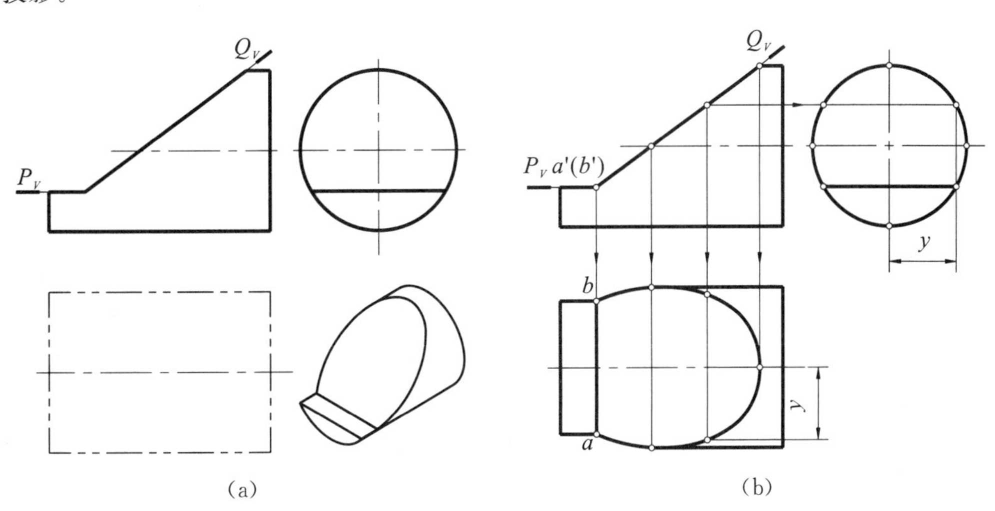

图 6－26　有两条截交线的圆柱

分析：

由图 6－26（a）所示圆柱的正面投影和水平面投影可以看出，该圆柱有两条截交线，一条是由于截平面 P 倾斜于圆柱轴线而产生的椭圆截交线，另一条是由于截平面 Q 平行于圆柱轴线而产生的矩形截交线。由于图示位置 P、Q 均为正垂面，所以两条截交线的正面投影和侧面投影都具有积聚性，只有水平投影分别反映出了两条截交线的特征。

作图：

如图 6－26（b）所示，利用两条截交线正面和侧面投影的积聚性，根据点的投影规律可以作出两截交线的水平投影。注意在作图时不能漏掉两截平面 P、Q 的交线 AB。

6.2.2.2 平面与圆锥相交

根据平面与圆锥轴线的相对位置不同，截平面切割圆锥面的截交线有圆、椭圆、抛物线、双曲线和直线五种，除直线以外的其余四种均称为圆锥曲线，见表 6－2。

表 6－2　平面与圆锥面的交线

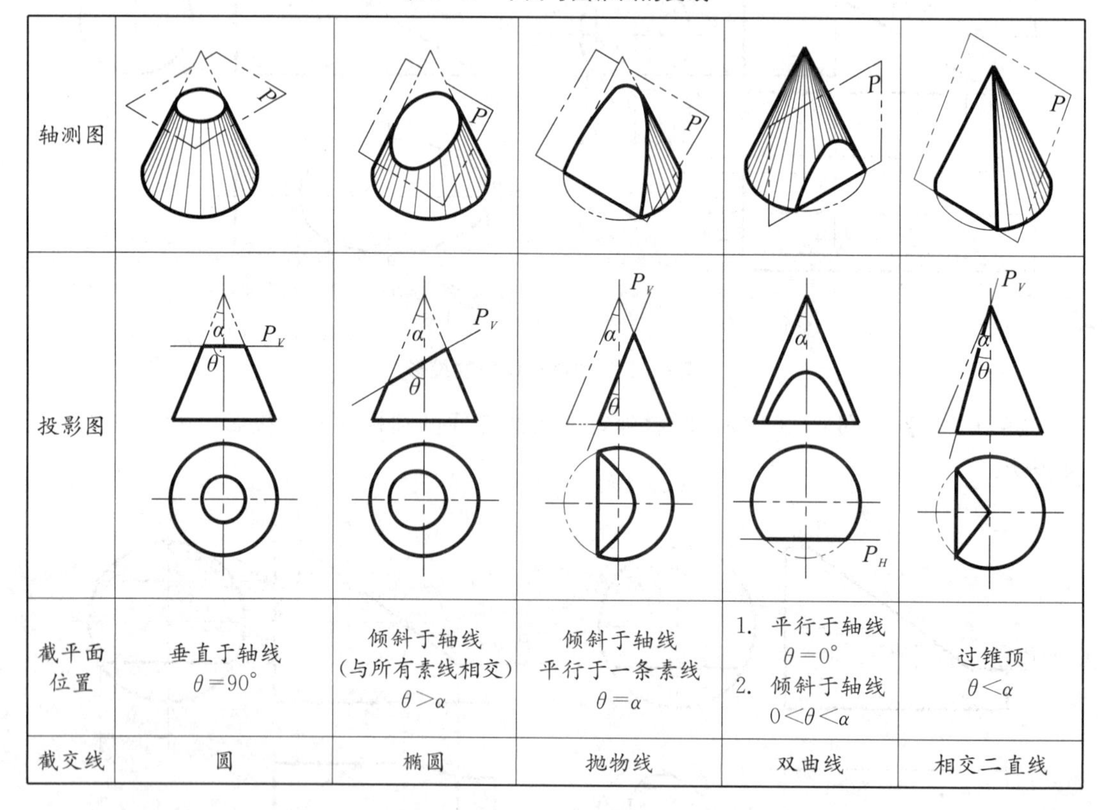

轴测图					
投影图					
截平面位置	垂直于轴线 $\theta=90°$	倾斜于轴线 （与所有素线相交） $\theta>\alpha$	倾斜于轴线 平行于一条素线 $\theta=\alpha$	1. 平行于轴线 $\theta=0°$ 2. 倾斜于轴线 $0<\theta<\alpha$	过锥顶 $\theta<\alpha$
截交线	圆	椭圆	抛物线	双曲线	相交二直线

圆锥曲线的投影在一般情况下性质不变，即椭圆、抛物线、双曲线的投影仍分别为椭圆、抛物线、双曲线。

当正圆锥面的截交线为水平圆时，该圆的水平投影反映圆的实形，圆的直径可从投影面中直接量出。

当正圆锥面的截交线是椭圆、抛物线、双曲线时，其截交线的投影不能直接得出。但作图时可以用表面取点法（直素线法或纬圆法）找出若干点的投影，然后依次光滑地连接这些点的同面投影，即可得所求截交线的投影。

【例 6-16】如图 6-27 所示，已知斜截正圆锥的正面投影，试完成其水平投影。

分析：如图 6-27（a）所示，圆锥被单一截平面 P 截切（$\theta>\alpha$），其截交线为椭圆。若圆锥按图示位置放置，截平面 P 是正垂面，则截交线在正面上的投影有积聚性。因此，要作出椭圆截交线的水平投影（亦为椭圆），可首先求出该截交线上各点的水平投影，然后依次光滑连接即可完成。各点的求法详见图 6-15。

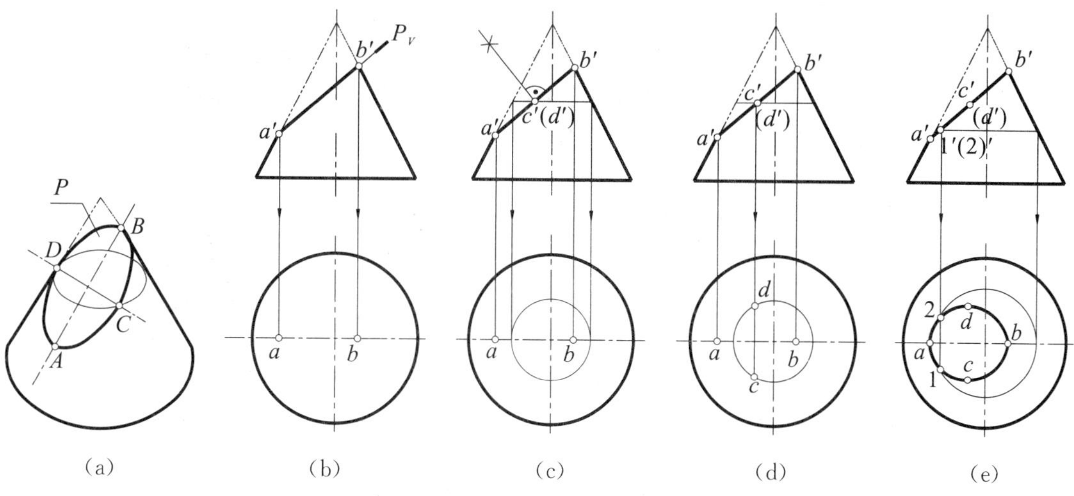

图 6-27　作圆锥椭圆截交线的投影

作图：

① 求特殊点。如图 6-27（a）所示，椭圆长、短轴的端点 A、B、C、D 都是特殊点。在图 6-27（b）所示情况下，由于截平面 P 为正垂面，所以长轴 AB 平行于 V 面，$a'b'$是长轴反映 AB 实长的投影，a'、b'分别是最低点、最高点，也是正视转向轮廓线上的点；点 A、B 的水平投影 a、b 在底圆水平投影的中心线上。椭圆短轴上的 C、D 两端点在长轴 AB 中垂线上，由于椭圆在正投影面上积聚为一条线 $a'b'$，所以椭圆短轴的正面投影 c'（d'）一定是在长轴 AB 正面投影 $a'b'$的中点，如图 6-27（c）所示。为此，过 C 作水平纬圆，其正面投影积聚为过 c'所作的水平线段，根据投影规律作出此水平纬圆的水平投影，如图 6-27（c）所示。椭圆短轴 C、D 两端点的水平投影 c、d 一定在此圆周上，如图 6-27（d）所示。

② 求一般点。在 $a'b'$上任取一些点，然后用图 6-15 所示的方法作出这些点的水平投影，图 6-27（e）表示出了其中 1、2 两点的作法。

③ 连点。用光滑曲线连接水平投影中的各点即得所求椭圆曲线。因圆锥面的水平投影全为可见，所以椭圆的水平投影为可见。

【例 6-17】如图 6-28 所示，求圆锥被截切后的截交线。

分析：如图 6-28 所示，圆锥被平行于轴线的截平面截切（$\alpha>\theta\geqslant0°$），其截交线为双曲线。若圆锥按图示位置放置，则截平面为侧平面，只有侧面投影能反映双曲线的特征，其余投影均积聚成直线。因此，可利用在圆锥表面上取点的方法求出其侧面投影。

作图：

① 求特殊点。离圆锥顶最近的 C 点为最高点，离圆锥顶最远的点 A、B 为最低点。因为 C 点在最左素线上，A、B 两点在圆锥底面圆周上，故可由 c'、c 求出 c''，由 a'、b'

和 a、b 求出 a''、b''。

② 求一般点。在最高和最低点之间求一般点，其方法是表面取点法（有纬圆法和直素线法）。

如图 6－28（a）所示，用纬圆法求一般点的方法：在 c' 和 a' 之间任作一水平纬圆，例如过 d' 作水平纬圆，此圆的水平投影必然与截平面的水平投影（积聚为直线 ab）交于 d、e 两点，然后根据投影规律，由 d'（e'）、d、e 求出 d''、e''。

如图 6－28（b）所示是用直素线法求一般点 D、E 的方法，此法详见图 6－15。

从图 6－28 中可以看出，此题用纬圆法求截交线比直素线法简单、准确。

③ 连点。依次光滑地连接各点即可得所求双曲线。

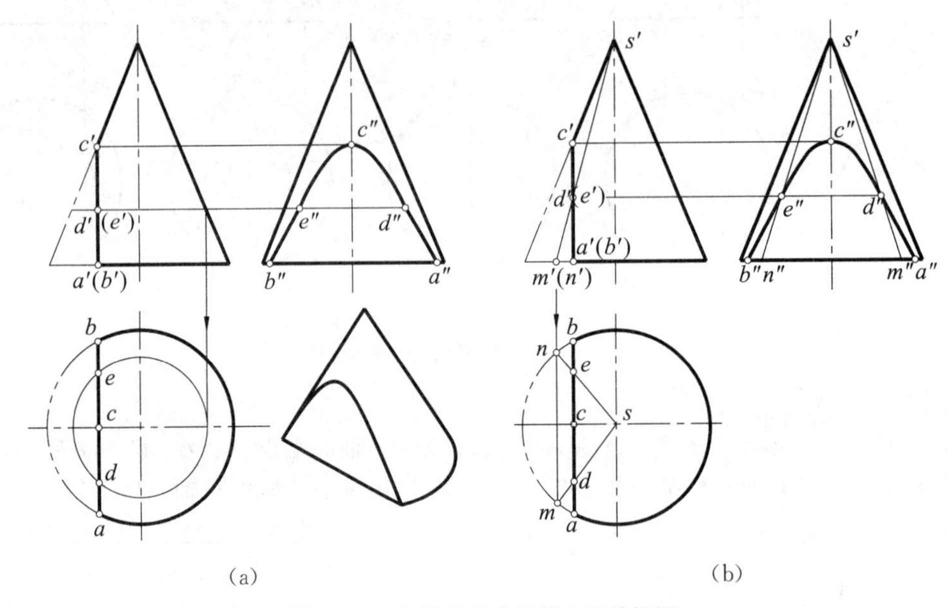

图 6－28　作圆锥双曲线截交线的投影

【例 6－18】根据如图 6－29（a）所示给定的投影图，完成圆锥的水平投影和侧面投影。

分析：如图 6－29（a）所示，圆锥被相交两截平面 P、Q 截去其左上部分。截平面 P 过圆锥顶点，截交线是直线。截平面 Q 垂直于圆锥轴线，截交线是纬圆。

作图：如图 6－29（b）所示。

① 先作出 P 面与圆锥的截交线，将 P_V 延长交圆锥底圆于 $1'$、$(2')$，然后在水平投影的圆周上作出 1、2，连接 $s1$ 和 $s2$ 即得 P 面截交线的水平投影三角形 s12。

② 作出 Q 面与圆锥的截交线，即纬圆的水平投影 ace。

③ 两截交线交于 ea，ea 即为 P、Q 两平面交线的水平投影（P、Q 截平面交线的水平投影的两个端点，就是两组截交线水平投影的交点）。ea 用虚线表示，sa、se 和 ace 均用粗实线画出，由此可得两条截交线的水平投影。

④ 用三等规律即可作出两截交线的侧面投影，如图 6－29（b）所示。

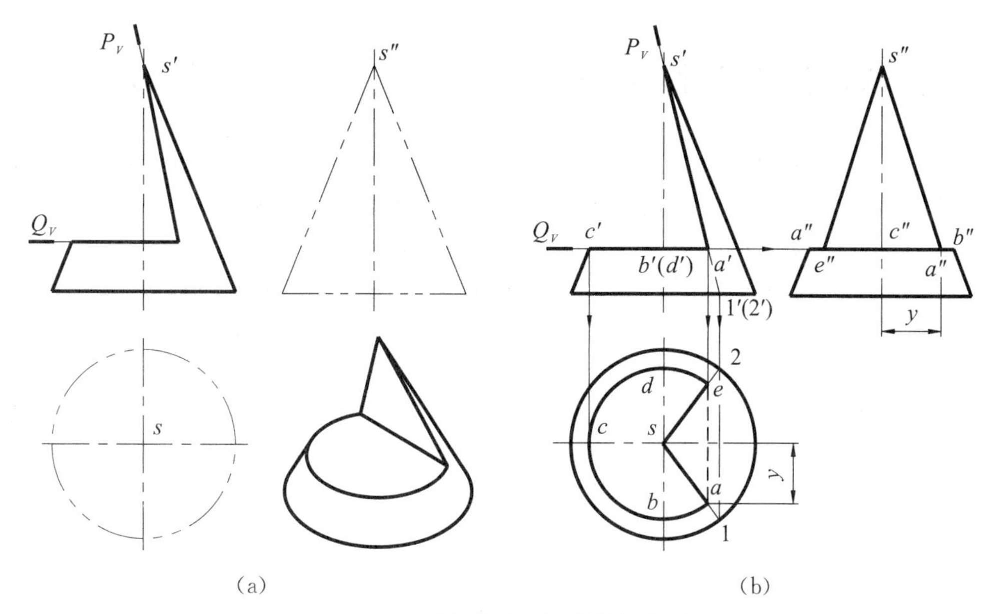

图 6－29　求圆锥表面上线段的投影

6.2.2.3　平面与圆球相交

平面与圆球相交，无论平面与圆球的相对位置如何，其截交线都是圆。但由于截平面与投影面的相对位置不同，所得的截交线（圆）的投影可以是圆、椭圆或直线。

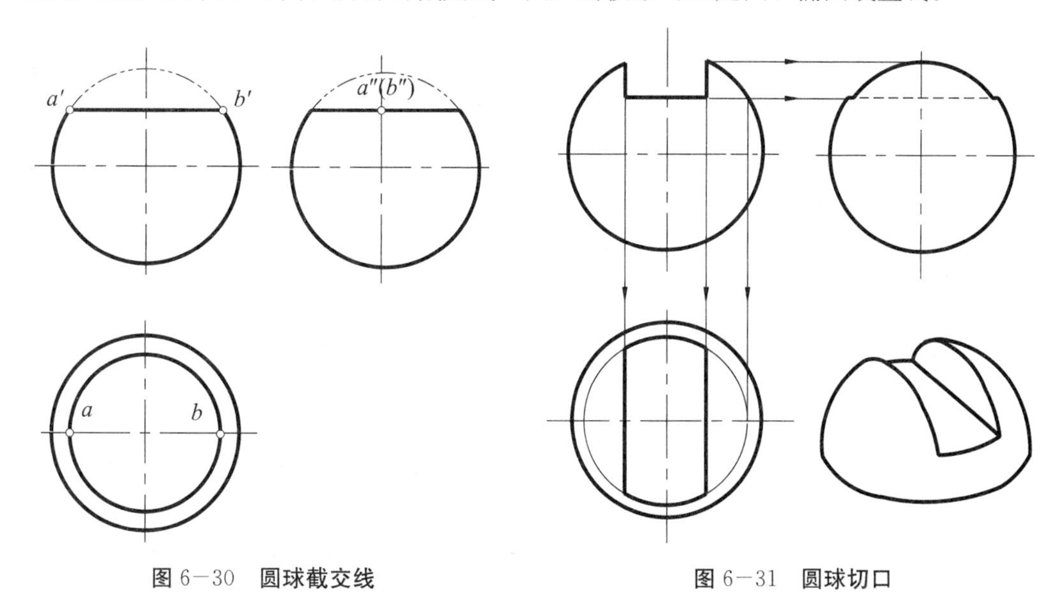

图 6－30　圆球截交线　　　　图 6－31　圆球切口

如图 6－30 所示，圆球被水平面所截切，其截交线为水平圆。该圆的正面投影和侧面投影均积聚成直线，其正面投影 $a'b'$ 的长度等于水平圆的直径，其水平投影反映圆的实形。截平面距球心越近，截交线圆的直径就越大。图 6－31 所示为切口圆球的三面投影图，该切口是由一个水平面和两个侧平面切割而成的。水平面切出的截交线的性质及其投影与图 6－30 相同，两个侧平面分别切出的截交线的正面投影和水平投影均为铅垂直线，而其侧面投影则为反映截交线实形的一段圆弧，其半径可从正面投影中求出。

6.3 立体与立体表面相交

两立体相交（亦称两立体相贯）会在它们表面产生交线，该交线称为相贯线。由于立体分为平面立体和曲面立体两大类，所以立体相交有下列三种情况：

(1) 平面立体与平面立体相交，简称平平相贯。如图 6－32 (a) 所示。

(2) 平面立体与曲面立体相交，简称平曲相贯。如图 6－32 (b) 所示。

(3) 曲面立体与曲面立体相交，简称曲曲相贯。如图 6－32 (c) 所示。

根据两立体的形状和相对位置的不同，相贯线的形状与数目也有所不同。如图 6－32 (a)、(b) 所示的相贯线为平面曲线，图 6－32 (c) 所示的相贯线为空间曲线。无论哪种相贯线，都具有以下两个共同特点：

(1) 封闭性。相贯线在一般情况下都是封闭的。

(2) 共有性。相贯线是两立体表面的共有线。

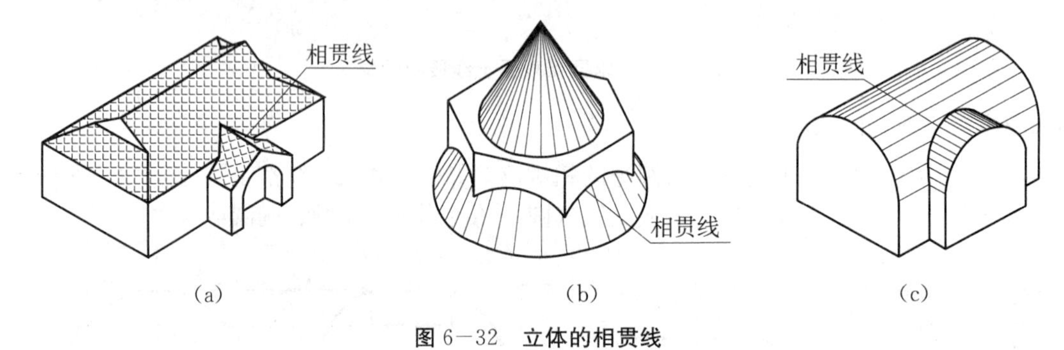

图 6－32　立体的相贯线

6.3.1 两平面立体表面相交

两平面立体的相贯线一般是封闭的空间折线或平面多边形。在图 6－33 中，Ⅰ－Ⅱ－Ⅲ－Ⅳ－Ⅴ－Ⅵ－Ⅰ就是闭合的空间折线。折线的各直线段是两平面立体相应平面的交线，折线的各顶点是一个平面立体的棱线（或底面边线）与另一平面立体的贯穿点（直线与立体表面的共有点）。

求两平面立体相贯线的方法有以下两种：

(1) 求出一平面立体上各平面与另一平面立体的截交线，组合起来，即可得到相贯线。

(2) 求出一平面立体的所有棱线（或底面边线）与另一平面立体的表面交点（即贯穿点），并按空间关系依次连成相贯线。

连接共有点时要注意：只有既在甲立体的同一棱面上，同时又在乙立体的同一棱面上的两点才能相连；同一棱线上的两个贯穿点不能相连。

【例 6－19】如图 6－33 (a) 所示，已知四棱柱和四棱锥相交，求作相贯线。

分析：相贯线是两立体表面的共有线。求相贯线时，应首先弄清立体的空间位置。如图 6－33 所示，正四棱锥前、后、左、右均对称，正四棱柱左右对称。由于正四棱柱的四个棱面均垂直于 V 面，其正面投影具有积聚性，而正四棱柱与棱锥的棱线 SA、SC 不相交，因此，四棱柱是全部贯穿正四棱锥的，这种情况称为全贯。全贯一般有两个相贯口，本题就出现了前、后两个相贯口，前一个相贯口Ⅰ－Ⅱ－Ⅲ－Ⅳ－Ⅴ－Ⅵ－Ⅰ是正四棱柱四个棱面与正四棱锥的前两个棱面 SAB、SBC 相交所形成的交线，是一个闭合的空间折线，后一个相贯口与此相同。

作图：如图 6－33（b）所示。

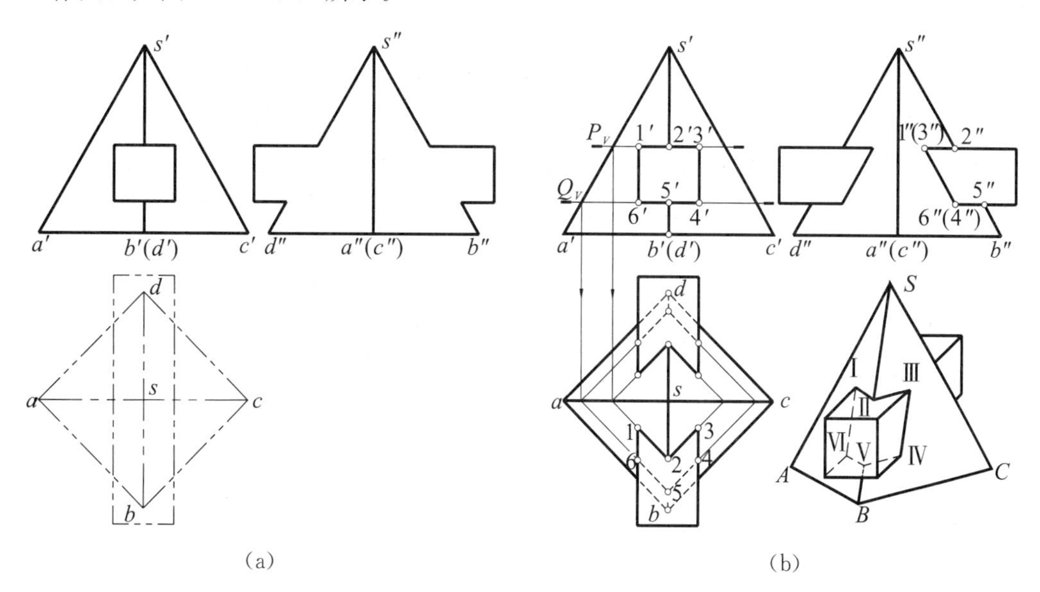

（a）　　　　　　　　　　（b）

图 6－33　两平面立体相交

① 求正四棱柱四条棱线与正四棱锥的四个交点Ⅰ、Ⅲ、Ⅳ、Ⅵ。为此，包含Ⅰ、Ⅲ两棱线作水平辅助平面 P（投影图上为 P_V），包含Ⅳ、Ⅵ两棱线作水平辅助平面 Q（投影图上为 Q_V）。在水平投影中，两个水平辅助平面分别与四棱锥相交得两个矩形截交线，它们分别平行于相应的棱锥底边。正四棱柱的四条棱线与正四棱锥前两棱面的交点的水平投影为 1、3、4、6。

② 求出正四棱锥的棱线 SB 对棱柱顶面和底面的交点Ⅱ（2′、2、2″）和Ⅴ（5′、5、5″）。

③ 依次连接各交点即得相贯线。应该注意的是，因为相贯线上每一线段都是平面立体两棱面的交线，因此只有在甲立体（如图 6－33 中正四棱柱）的同一棱面上，同时又在乙立体（如图 6－33 中正四棱锥）的同一棱面上的两点才能相连。例如，Ⅰ点与Ⅱ点可以相连，但Ⅰ点与Ⅲ点不能相连，而Ⅱ点和Ⅴ点在同一条棱线上，也不能相连。

④ 判别可见性。其原则：因为相贯线上每一线段都是两个平面的交线，所以只有当相交两平面的投影都可见时，其交线的相应投影才是可见的；只要其中有一个平面是不可见的，其交线的相应投影也就不可见。例如线段ⅤⅥ的水平投影 56，因为该线段是在正四棱柱不可见的底面上的，所以必须把其水平投影 56 画成虚线。

⑤ 由于相贯体被看作是一个整体，所以一立体各棱线穿入另一立体内部的部分，实际上是不存在的，在投影图中，这些线段不能画出。

⑥ 利用三等规律可作出相贯线的侧面投影 1″2″（3″）（4″）5″6″。

用同样的方法，可以作出正四棱柱和正四棱锥相交的后面的一条相贯线。

【例 6－20】如图 6－34（a）所示，已知烟囱和坡屋面的水平投影以及坡屋面和部分烟囱的正面投影，试求烟囱与坡屋面的相贯线。

分析：如图 6－34（b）所示，本例是求烟囱与坡屋面相贯线的问题。因烟囱的四条棱线均为铅垂线，故可利用求铅垂线与平面交点的方法求出相贯线的正面投影。由于该方法找点是通过在平面内作辅助直线，故又称为辅助直线法。

作图：如图 6－34（c）所示。

①在水平投影中，烟囱四条棱线的积聚投影就是烟囱四条棱线与坡屋面四个交点的水平投影。任过其中一点，如过点 a 作辅助直线交檐口线于点 1，交屋脊线于点 2。

②根据直线上点的投影特性，可求出正面投影中的直线 $1'2'$ 与烟囱相应棱线的交点 a'，该点就是就是棱线与坡屋面交点的正面投影。同理，可作出其余三条棱线与屋面交点的正面投影 b'、c'、d'。

③依次连接 a'、b'、c'、d'，即可作出相贯线的正面投影并完成烟囱的正面投影。

在实际作图中，只需求出正面投影的 $a'b'$，就能作出 $d'c'$，如图 6－34（c）所示。因为烟囱的前后棱面与坡屋面均垂直于 W 面，前后棱面与坡屋面的交线 AD、BC 都是侧垂线，因此 $ad \parallel bc \parallel OX$（侧垂线的投影特性）。故只要作出 $a'b'$，就能作出 $d'c'$。

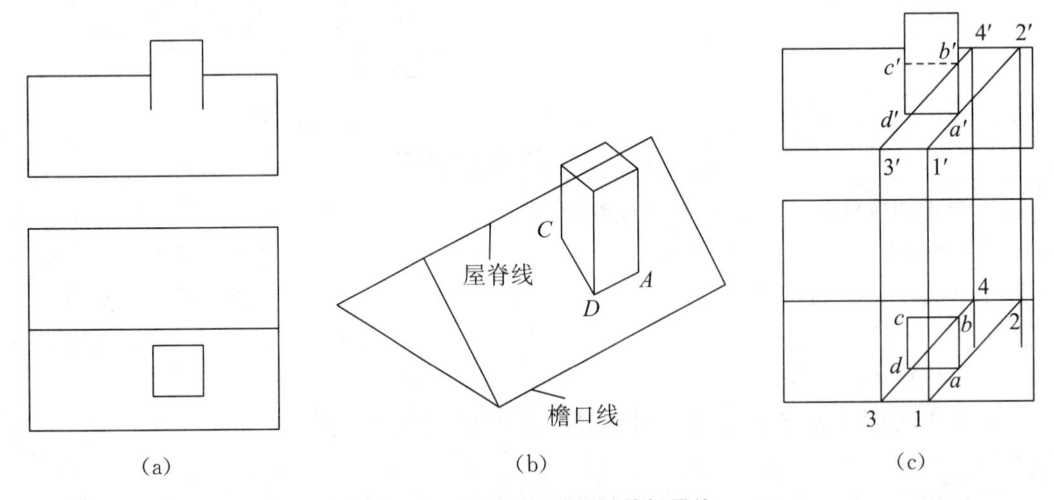

图 6－34　求烟囱与坡屋面的相贯线

6.3.2　平面立体与曲面立体表面相交

平面立体与曲面立体表面相交，其相贯线一般是由若干段平面曲线或由平面曲线和直线组成的闭合线。每一段平面曲线（或直线段）是平面立体上一平面与曲面立体的表面相交而得的截交线，如图 6－35（a）所示为正六棱柱各棱面与圆锥面相交。每两条平面曲线的交点是相贯线上的结合点，如图 6－35 中的Ⅰ点是平面立体的棱线与曲面立体的交点（三面共点）。因此，求平面立体与曲面立体的相贯线可归纳为求截交线和贯穿点（即直线与立体表面的共有点）的问题。

【例 6－21】如图 6－35（a）所示，求正六棱柱与正圆锥的相贯线。

分析：如图 6－35（b）所示，六棱柱的六个棱面与圆锥的截交线都是双曲线（见表

6－2)，所以此相贯线是六段相同双曲线所组成的封闭空间曲线，相贯线的水平投影积聚在水平投影的正六边形上，作图时需求出相贯线的正面投影。此外，正六棱柱的顶面与正圆锥面相交，其截交线是两立体的第二条相贯线，其正面投影积聚成水平直线，其水平投影为圆。

作图：如图 6－35（c）所示。

① 在水平投影中找出相贯线的范围：最大范围是六边形的外接圆，最小范围是六边形的内切圆。在正面投影中作出对应于外接圆的水平辅助面 P 的位置 P_V，由 P_V 可求出 1′、5′等六个共有点，这些点也是双曲线的最低点。

② 在正面投影中作出对应于内切圆的水平面 Q 的位置 Q_V 而得双曲线的最高点 3′等点。

③ 在 P 面和 Q 面之间，再适当地作一些辅助水平面，以便求出部分一般点。例如作辅助水平面 R，求得 2′、4′等点。

④ 依次光滑地连接各点的正面投影，即得所求相贯线的正面投影。

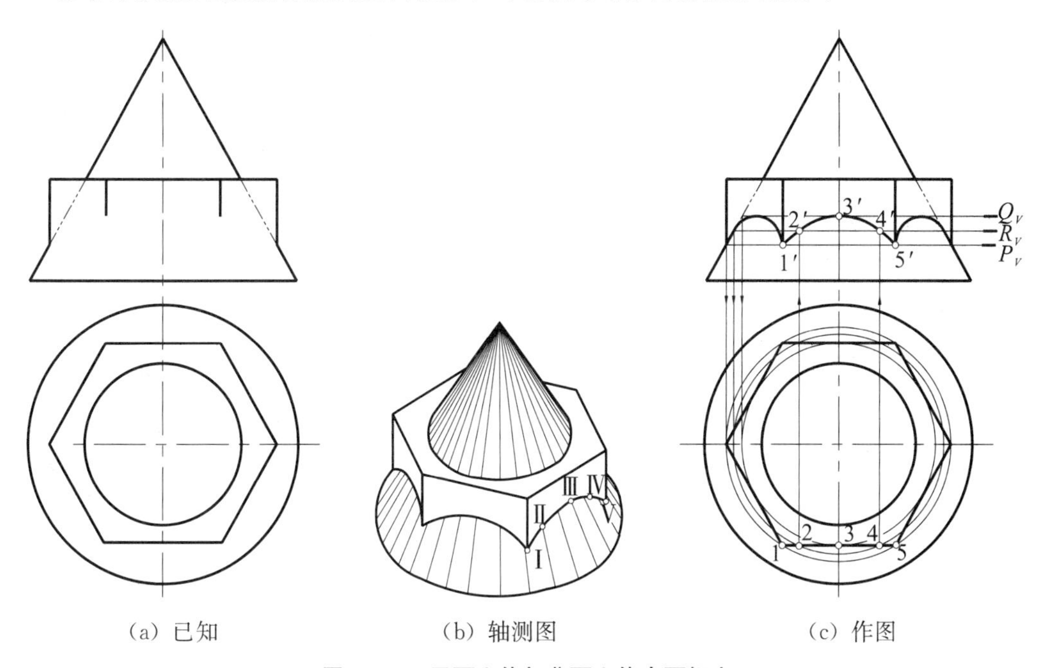

图 6－35　平面立体与曲面立体表面相交

【例 6－22】如图 6－36（a）所示，求四棱柱与圆锥的相贯线。

分析：建筑中的圆锥薄壳基础多为平面立体与圆锥相交的相贯体。如图 6－36 所示，由于四棱柱的四个棱面均平行于圆锥轴线，故其相贯线是四条双曲线组成的空间闭合线。四条双曲线的连接点都是四棱柱的四条棱线与圜锥面的交点。由于四棱柱的四个棱面均垂直于 H 面，相贯线的水平投影都积聚在四棱柱的水平投影上，故本例只需求出相贯线的正面投影和侧面投影。

作图：如图 6－36（b）所示。

①求最高点。如图 6－36（c）立体图所示，前、后双曲线的最高点 C（前后对称）是圆锥最前、最后素线与四棱柱前、后棱面的交点；左、右双曲线的最高点 D、D_1 是圆锥

最左、最右素线与四棱柱左右棱面的交点（左右对称）。根据点的投影规律，可由 c''向左作水平线求得 c'，同理，可由 d'向右作水平线求得 d''（d_1''），如图 6－36（b）所示。

②求最低点。如图 6－36（b）所示，四条双曲线的四个连接点都是距锥顶 S 最远的点，所以它们都是双曲线的最低点，而且该四个连接点位于同一纬圆上，四点同高，如图 6－36（b）所示。四棱线的水平投影具有积聚性，点 A 的水平投影 a 与 s 相连延长后与圆锥底圆交于点 1，由直线 $s1$ 可作出直线 $s'1'$，再由 $s'1'$作出四棱柱棱线与圆锥面的交点 a'，然后由 a'向右作水平辅助线，可求得 b 和侧面投影中的 e''和 a''。如图 6－36（b）所示，图中的细实线圆是四棱柱的四条棱线与圆锥相交的四个交点所在的纬圆，若作出该纬圆的正面投影（积聚为水平细实线），亦可作出最低点 a'、b'。

③求一般点。可用直素线法，在双曲线的最高、最低点之间作出适当的一般点。例如在水平投影 ac 之间，过点 f 作直线 $s2$，由 $s2$ 求出 $s'2'$。再由 f 向上作垂线交 $s'2'$于 f'，f'即为一般点。过 f'作水平线可得与其对称的点 g'。同理，可在侧面投影 d_l''与 e''之间作出一般点。

④连点。把各双曲线上的特殊点和一般点依次光滑连成相贯线。

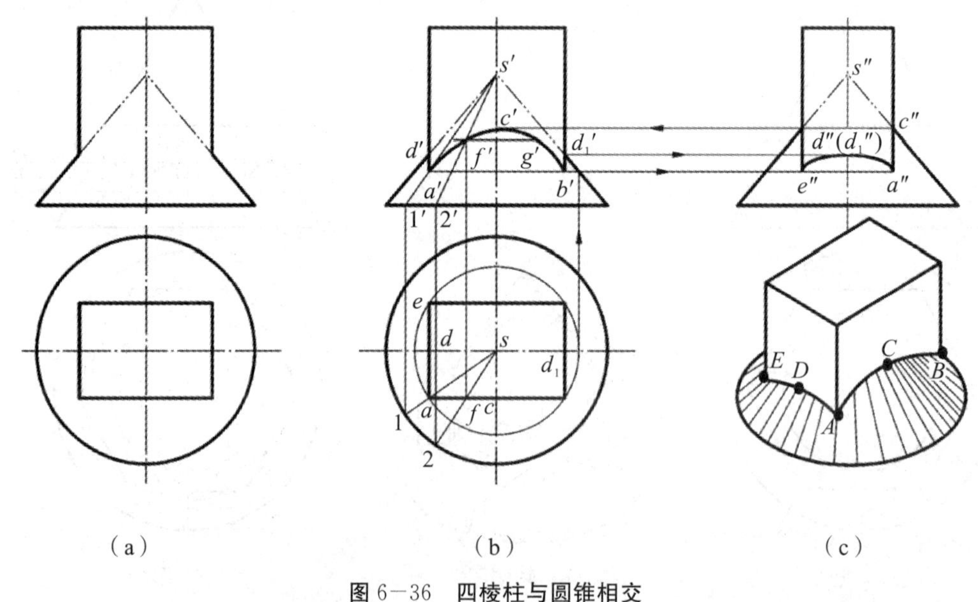

图 6－36　四棱柱与圆锥相交

6.3.3　曲面立体与曲面立体表面相交

6.3.3.1　两曲面立体相贯线的基本形式

两曲面立体的相贯线，在一般情况下是封闭的空间曲线，在特殊情况下可能是平面曲线或直线。两曲面立体相交表面所产生的相贯线，其基本形式有以下三种：

（1）两外表面相交。如图 6－37（a）所示为两圆柱相交所产生的外相贯线。

（2）两内表面相交。如图 6－37（b）所示为两圆柱孔相交所产生的内相贯线。

（3）外表面与内表面相交。如图 6－37（c）所示为圆柱和圆柱孔相交，属外表面与内表面相交产生的相贯线。

对于上述三种情况的相贯线，由于相交的基本性质（表面形状、直径大小、轴线的相对位置与投影面的相对位置）不变，所以每个图中相贯线的形状和特点都相同，其作图方法也相同。

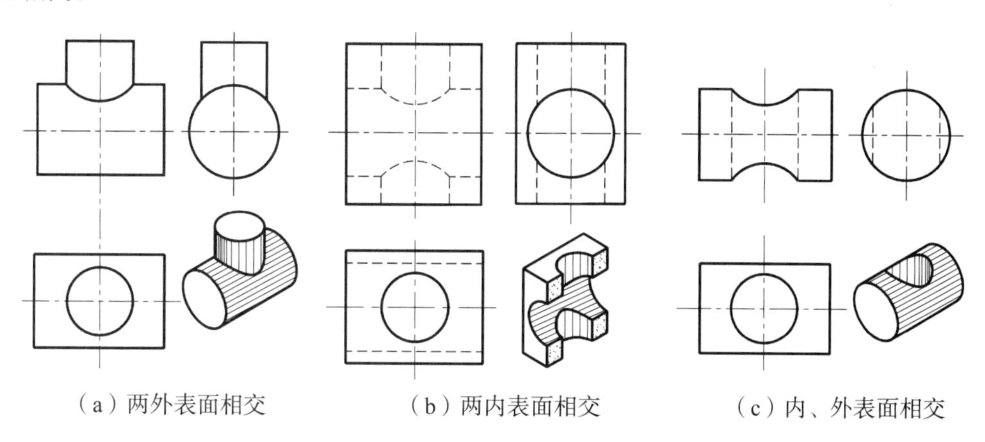

图 6－37　两圆柱相交的三种情况

6.3.3.2　两曲面立体表面相贯线的求法

由于相贯线上的点是两曲面立体表面上的共有点，所以在求作相贯线的投影时，首先要作出两曲面立体上一系列共有点的投影，然后将其依次连接成光滑曲线，并判别其可见与不可见部分。

常用的求两曲面立体共有点的方法有：表面取点法（利用曲面立体表面投影的积聚性）和辅助面法（辅助平面法和辅助球面法）。

（1）表面取点法。

两曲面立体相交，如果其中一立体的表面有一个投影有积聚性，这就表明相贯线的这个投影为已知，可以利用曲面上点的一个投影，通过作辅助线求其余投影的方法，找出相贯线上各点的其余投影。如果有两个投影具有积聚性，即相贯线的两个投影为已知，则可利用已知点的二面投影求第三投影的方法，求出相贯线上点的第三投影。

【例 6－23】如图 6－38（a）所示，求两圆柱的相贯线。

分析：大小两圆柱的轴线垂直相交。小圆柱的所有素线都与大圆柱的表面相交，相贯线是一封闭的空间曲线。小圆柱的轴线是铅垂线，该圆柱面的水平投影积聚为圆，相贯线的水平投影积聚在此圆周上，相贯线的侧面投影积聚在大圆柱侧面投影的圆周上，但不是整个圆周，而是两圆柱投影的重叠部分，即 $2''$～$4''$的一段圆弧，如图 6－38（b）所示。由此可知，该相贯线上各点的两个投影为已知，只需求出相贯线的正面投影。又因两圆柱前后对称，相贯线也前后对称，故相贯线的后半部分被完全遮住了，只需画出相贯线正面投影的可见部分。

作图：如图 6－38（b）所示。

① 求特殊点。相贯线的特殊点是指相贯线上的最高、最低、最前、最后、最左、最右点以及可见与不可见的分界点。这些特殊点一般为一曲面立体各视向的转向轮廓线与另一曲面立体的贯穿点。若两曲面立体的轴线相交，则它们某视向的转向轮廓线的交点就是特殊点。在本图中，两圆柱正视转向轮廓线的交点Ⅰ、Ⅲ是相贯线的最左、最右点，也是

最高点；小圆柱的侧视转向轮廓线与大圆柱的交点Ⅱ、Ⅳ就是最前、最后点，也是最低点。由于相贯线有两个投影已知，所以Ⅰ、Ⅲ、Ⅱ、Ⅳ四点的水平投影和侧面投影均为已知，由此可以求出它们的正面投影 1′、3′、2′、(4′)。

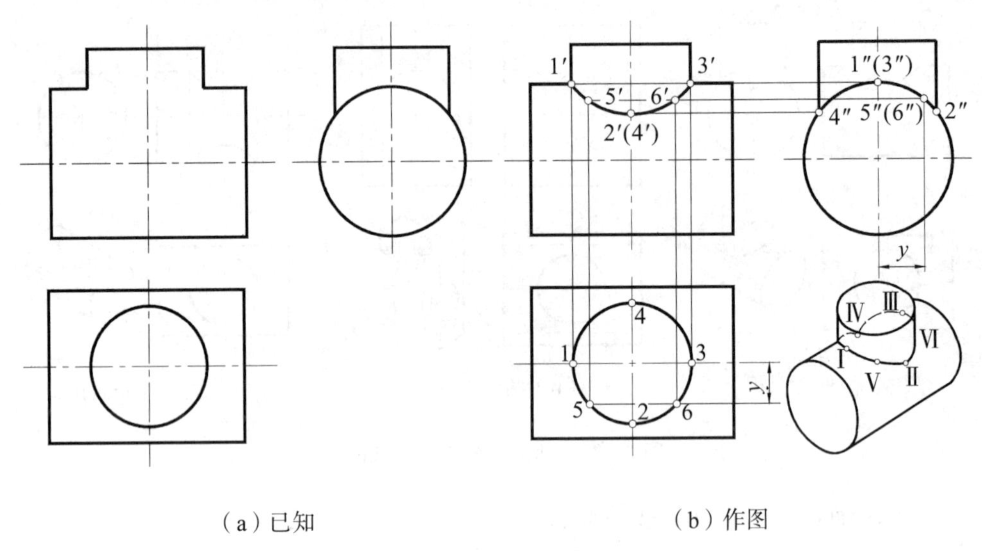

（a）已知　　（b）作图

图 6−38　求两圆柱的相贯线

② 求一般点。根据作图的需要，可求出适当数量的一般点，此例取Ⅴ、Ⅵ两点。在侧面投影 2″～1″的一段圆弧上，任取其中一点 5″（6″），即可求出它们的水平投影 5、6，最后求出 5′和 6′。

③ 连点。根据水平投影上各点在小圆柱上的位置，依次光滑地连接各点，即得相贯线的正面投影。

【例 6−24】如图 6−39（a）所示，求廊道主洞和支洞的相贯线。

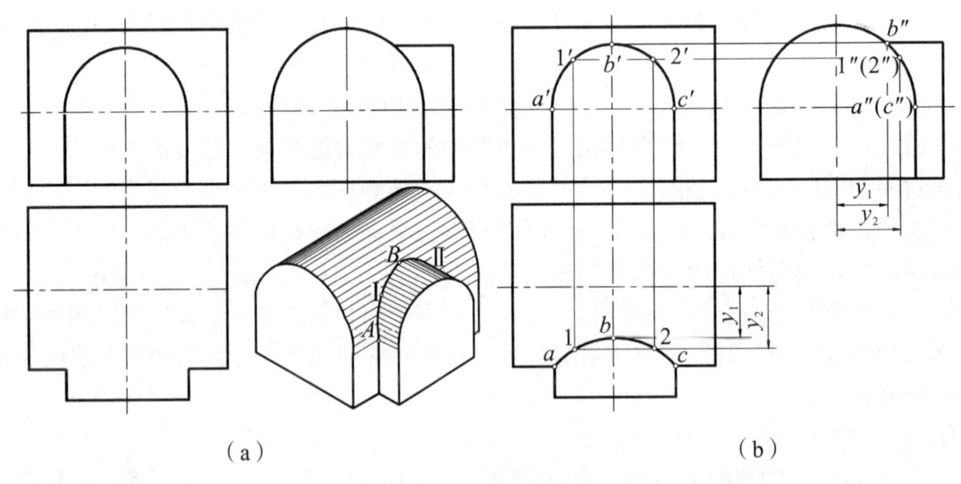

（a）　　（b）

图 6−39　求廊道的相贯线

分析及作图：如图 6−39（a）所示为廊道的主洞和支洞相交的单线图，其实质是求两轴线正交而直径不同的两半圆柱面的交线和两廊道侧面的交线。相贯线的正面投影和侧面投影均有积聚性，故只需按与前例相同的作图方法求出相贯线的水平投影即可，如图6－39（b）所示。

【例6－25】求轴线交叉垂直的两圆柱的相贯线，如图6－40（a）所示。

分析：如图6－40（a）所示，两圆柱相互贯穿（这种情况称为互贯），它们的轴线交叉垂直，且水平圆柱为半圆柱，所以，其相贯线是一条不封闭的空间曲线。由于相贯线的水平投影和侧面投影均具有积聚性，故只需求出相贯线的正面投影。

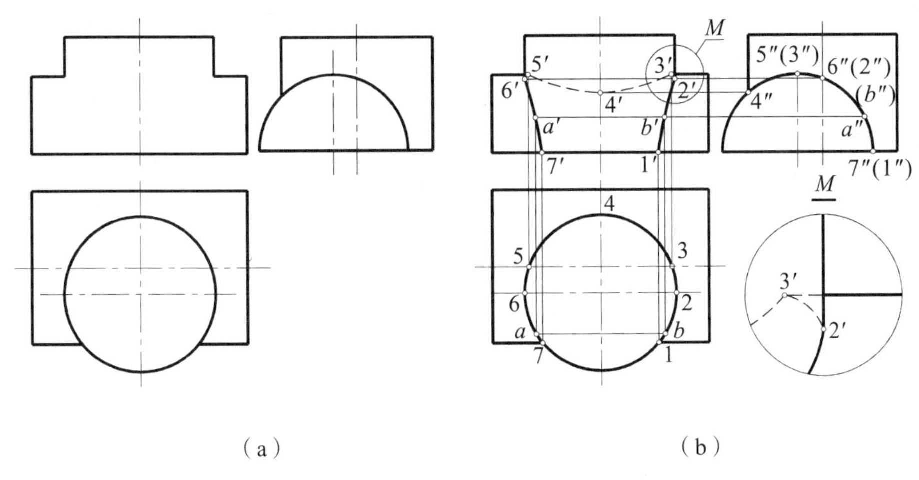

图6－40　求偏交两圆柱的相贯线

作图：如图6－40（b）所示。

① 求特殊点。水平圆柱正视转向轮廓线与直立圆柱的交点Ⅲ、Ⅴ为相贯线上的最高点；直立圆柱的正视转向轮廓线与水平圆柱的交点Ⅱ、Ⅵ是最右、最左点，也是相贯线正面投影的可见与不可见的分界点；水平圆柱前面的俯视转向轮廓线与直立圆柱的交点Ⅶ、Ⅰ为相贯线上的最低点和最前点；直立圆柱侧视转向轮廓线与水平圆柱的交点Ⅳ是相贯线上的最后点。这些点的水平投影和侧面投影均可直接求出，根据这两个投影即可作出它们的正面投影。

② 求一般点。根据作图需要，在水平圆柱的侧面投影7″～6″的一段圆弧上任作适当数量的一般点。图中以a''（b''）为例示出求一般点的作图方法。

③ 连点并判别可见性。根据相贯线上各点的水平投影的位置顺序，光滑地连接各点的正面投影7′、a'、6′、5′、4′、3′、2′、b′、1′，即得相贯线的正面投影7′－a'－6′－5′－4′－3′－2′－b′－1′。在作图时，还需要判别相贯线和转向轮廓线的可见性，以便决定相贯线和转向轮廓线中哪一部分应该画成实线，哪一部分应该画成虚线。判别可见性的原则是：只有同时在两立体的可见表面上的相贯线，它的相应投影才是可见的。由于直立圆柱的轴线位于水平圆柱轴线之前，所以凡位于直立圆柱正视转向轮廓线之后的点均不可见，因此相贯线的2′－3′－4′－5′－6′部分为虚线，而2′、6′为虚实部分的分界点。

应当指出：

①由于两圆柱的轴线不相交，两圆柱正视转向轮廓线在空间并不相交。因此，在正面投影中，直立圆柱与水平圆柱的正视转向轮廓线的交点并不是相贯线上的点，而是交叉垂直的两直线的重影点。

②因为直立圆柱正视转向轮廓线与水平圆柱的交点为Ⅱ、Ⅵ，所以，直立圆柱正视转向轮廓线应画到 $2'$、$6'$ 两点，并在该两点与相贯线相切，均为可见，应画成粗实线。水平圆柱转向轮廓线应画到 $3'$、$5'$ 两点，但其中位于直立圆柱正视转向轮廓线间的部分为不可见，应画成虚线，详见图 6－40 中右下角圆圈部分的局部放大图 M。

(2) 辅助平面法。

如图 6－41 所示，圆台轴线垂直于 H 面，为求两曲面立体的相贯线，用垂直于圆台轴线的辅助平面 P_2 切割这两个立体。P_2面切割圆台所得的截交线为一个水平圆，P_2面切割圆柱所得的截交线为两条水平线。由于同在 P_2 面内，两组截交线必然相交，且交点Ⅴ、Ⅵ为“三面共点”（两曲面及辅助平面的共有点），也就是相贯线上的点。

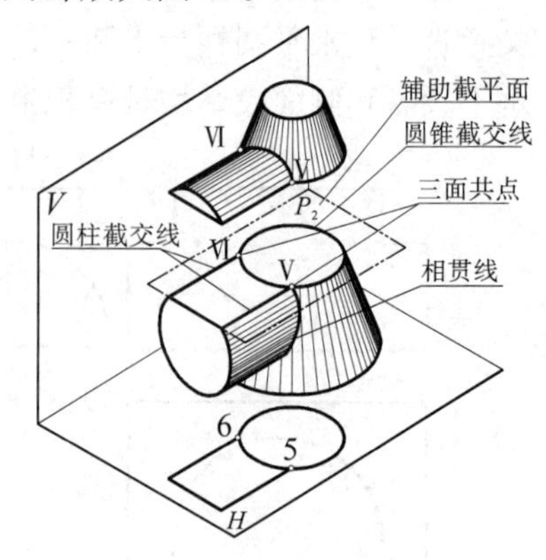

图 6－41　用辅助平面法求相贯线的原理

用辅助平面求得相贯线上的点，并通过连点作出相贯线的方法就是辅助平面法。辅助平面法的作图步骤如下：

①作辅助平面使之与两曲面立体相交。

②分别作出辅助平面与两曲面立体的截交线。

③求出两截交线的交点，即两曲面立体的共有点。

辅助平面的选择必须考虑两相贯立体的形体特点以及它们之间的相对位置，也要考虑两相贯立体与投影面的相对位置等因素，要使所选辅助平面与两曲面立体相交时的截交线的投影都是简单易画的图形（如圆或直线）。

当圆柱与圆锥相交，且轴线相互平行时，如图 6－42（a）所示，可选用水平面为辅助平面，如图 6－42（b）所示。因为两截交线都是水平圆，其水平投影仍为圆，该两圆的交点Ⅰ、Ⅱ就是相贯线上的点，易于在投影图上确定它们。

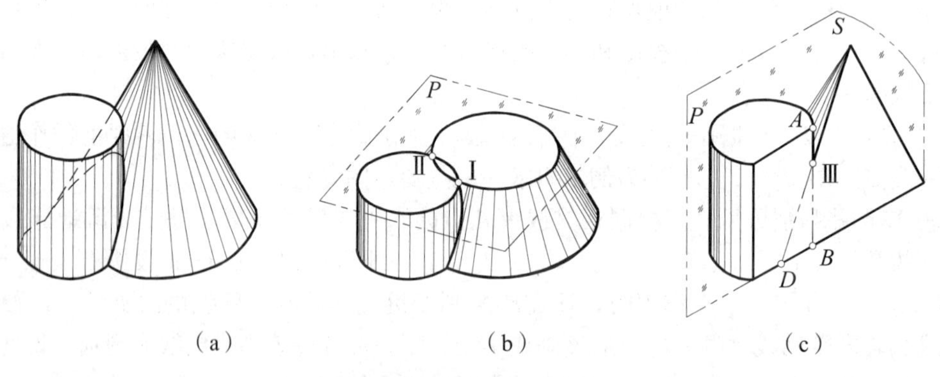

图 6－42　辅助平面的选择

由于圆锥和圆柱都是直线面，故也可以采用过锥顶 S 的铅垂面作辅助平面，如图 6－42（c）所示。辅助平面与圆锥面的交线为 SD，与圆柱面的交线为 AB，在正面投影中，很容易确定此两直线的交点Ⅲ的投影。

【例 6－26】如图 6－43（a）所示，圆柱与圆台相交，求其相贯线。

分析：从图 6－43（a）中可以看出，圆柱与圆台前后对称，整个圆柱与圆台的左侧相交，相贯线是一条闭合的空间曲线。因为圆柱的侧面投影有积聚性，所以相贯线的侧面投影积聚在圆柱的侧面投影轮廓圆上；又因为相贯线前后对称，所以相贯线的正面投影前后重影，为一段曲线弧；相贯线的水平投影为一闭合的曲线，其中处在上半圆柱面上的一段曲线可见（画实线），处在下半圆柱面上的一段曲线不可见（画虚线）。此题适于用水平面作为辅助截平面进行作图。

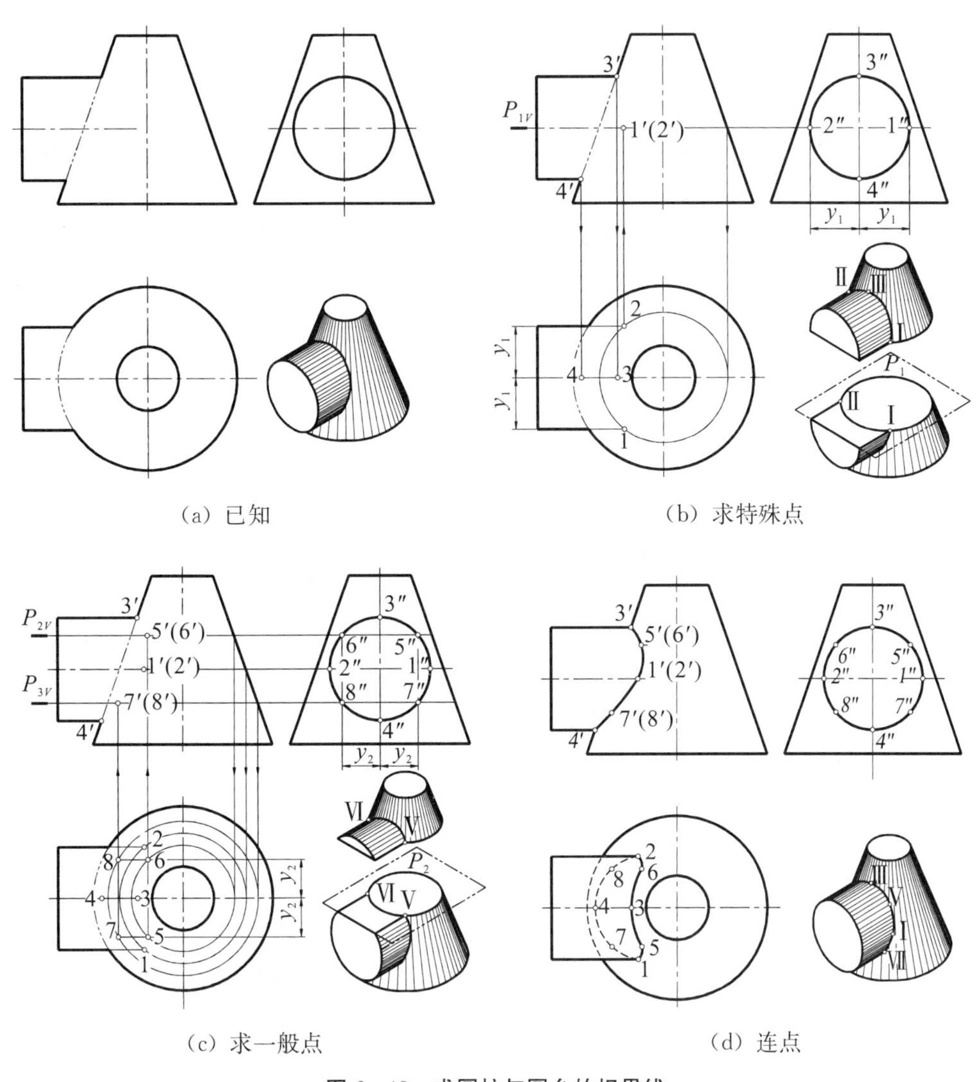

(a) 已知　　(b) 求特殊点

(c) 求一般点　　(d) 连点

图 6—43　求圆柱与圆台的相贯线

作图：

①求特殊点。求相贯线上的特殊点是指最高、最低、最左、最右、最前、最后点以及可见与不可见的分界点等，这些点一般位于各视图的转向轮廓线上。

如图 6—43（b）所示，过圆柱轴线作水平面 P_1，P_1与圆柱面交出两条素线（水平投影为转向轮廓线），与圆锥面交出一个水平圆，作出该圆的水平投影并找到转向轮廓线与圆的交点 1 和 2，然后通过投影联系线在 P_{1V}上找到 1′ 和 2′（相贯线上的最前点和最后点）。因为相贯线前后对称，相贯线的正面投影前后重合，所以圆柱与圆锥正面转向轮廓线的交点 3′和 4′即是相贯线前后两部分的分界点（也是相贯线上的最高点和最低点），通过投影联系线在横向中心线上找到它们的水平投影 3 和（4）。

② 求一般点。如图 6－43（c）所示，在适当的位置上作水平辅助面 P_2 和 P_3（图中 P_2 和 P_3 到 P_1 的距离相等），重复上面作图可求出一般点的水平投影 5、6 和 7、8 以及正面投影 5′、6′ 和 7′、8′。

③连点及判别可见性。

连点的原则：只有在两立体表面上处于相邻两素线间的共有点才能相连。要连某视图上相贯线的点时，应从有积聚性的投影中看出相邻两素线的点的位置。

判别可见性的原则：只有当相贯线同时位于甲、乙两立体的可见表面时，其相应的投影才可见。

如图 6－43（d）所示，依次连接各点的同面投影：正面投影 3′5′1′7′4′一段和 3′（6′）（2′）（8′）4′一段重合，可见，相贯线画粗实线；水平投影 15362 一段可见，画粗实线，1（7）（4）（8）2一段不可见，画虚线。

6.3.3.3 两曲面立体相贯线的特殊情况

（1）相贯线是直线。

① 两圆柱的轴线平行，相贯线是直线，如图 6－44（a）所示。

② 两圆锥共顶时，相贯线是直线，如图 6－44（b）所示。

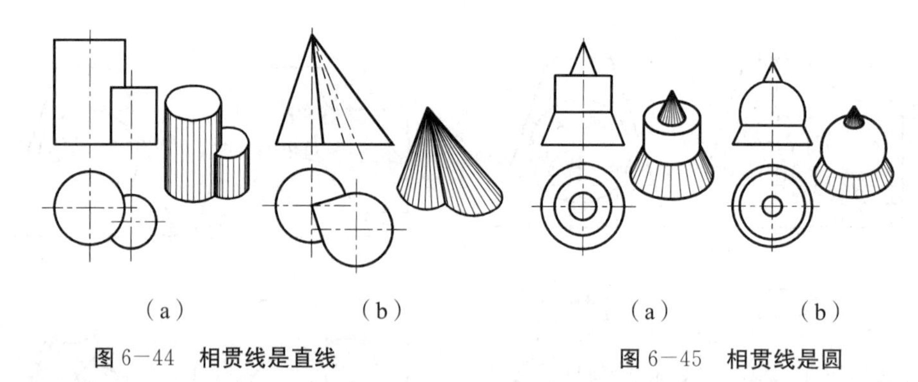

（a）　（b）

图 6－44　相贯线是直线

（a）　（b）

图 6－45　相贯线是圆

（2）相贯线是平面曲线。

① 相贯线是圆。同轴回转体相贯时，其相贯线为圆，该圆在其轴线垂直的投影面内的投影为圆，在其他投影面内的投影积聚为直线。如图 6－45 所示，圆柱与圆锥相贯、圆球与圆锥相贯，其相贯线都是圆，圆的正面投影积聚成一条直线，水平投影为圆。

② 相贯线是椭圆。当相交两立体的表面为二次曲面（如圆柱面、圆锥面等）且公切于同一球面时，其相贯线为两个椭圆。若曲线所在平面与投影面垂直，则在该投影面上的投影为一直线段，如图 6－46 所示。

a）当轴线相交的两圆柱的直径相等，两圆柱公切于同一球面时，其相贯线是两椭圆。轴线正交时相贯线是大小相等的两椭圆，如图 6－46（a）所示；轴线斜交时相贯线是大小不等的两椭圆，如图 6－46（b）所示。

b）当圆锥与圆柱公切于同一球面，它们的轴线正交时，相贯线是大小相等的两椭圆，如图 6－46（c）所示；斜交时相贯线是大小不等的两椭圆或一个椭圆，如图 6－46（d）所示。

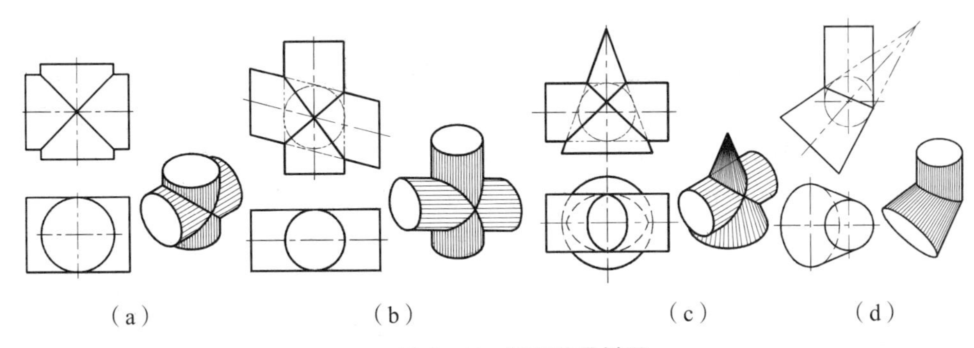

图6-46　相贯线是椭圆

6.3.3.4　影响相贯线形状的各种因素

两立体的形状、相对位置和尺寸大小对相贯线的形状都有影响，相贯线投影的形状还与两立体对投影面的相对位置有关。如图6-47所示为两圆柱的相对位置变化对相贯线形状的影响，如图6-48所示为两圆柱的尺寸大小变化对相贯线形状的影响，读者可以自己进行分析。

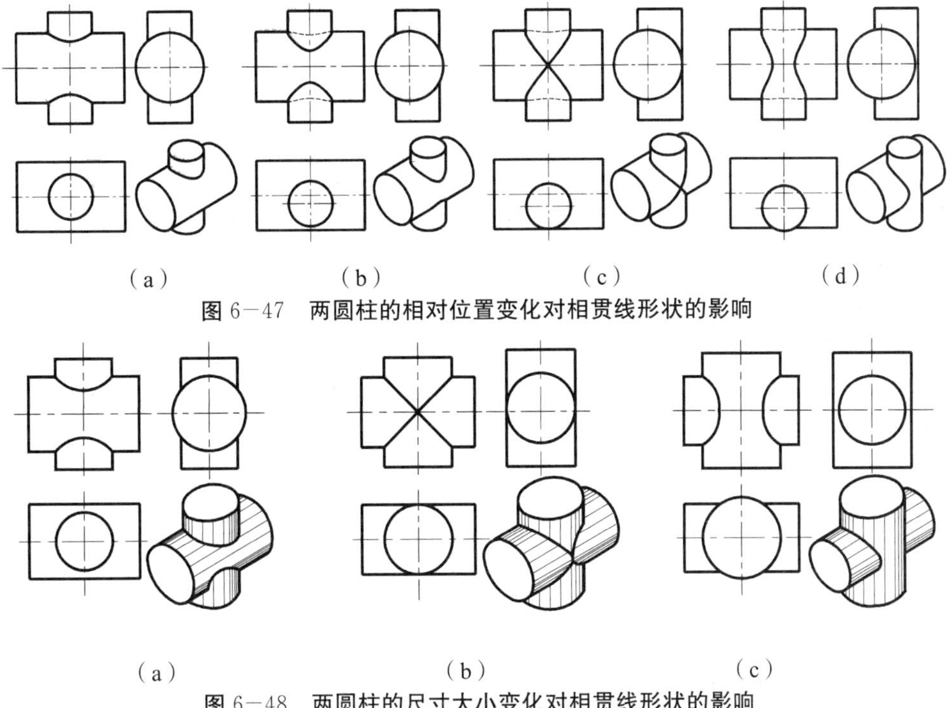

图6-47　两圆柱的相对位置变化对相贯线形状的影响

图6-48　两圆柱的尺寸大小变化对相贯线形状的影响

6.3.4　同坡屋面的交线

同一屋面的各个坡面常做成对水平面的倾角都相同，所以称为同坡屋面，如图6-49所示。从图6-49（a）中可以看出，该屋面由屋脊、斜脊、檐口线和斜沟等组成。

6.3.4.1　同坡屋面

（1）当前后檐口线平行且在同一水平面内时，前后坡面必然相交成水平的屋脊线，屋脊线的水平投影与两檐口线的水平投影平行且等距。

(2) 檐口线相交的相邻两坡面，若为凸墙角，则其交线为一斜脊线；若为凹墙角，则为斜沟线。斜脊或斜沟的水平投影均为两檐口线夹角的平分角线。建筑物的墙角多为90°，因此，斜脊和斜沟的水平投影均为45°斜线，如图 6-49 (b) 所示。

(3) 如果两斜脊或一斜脊和一斜沟交于一点，则必有另一条屋脊线通过该点，此点就是三个相邻屋面的共有点，如图 6-49 (b) 所示。

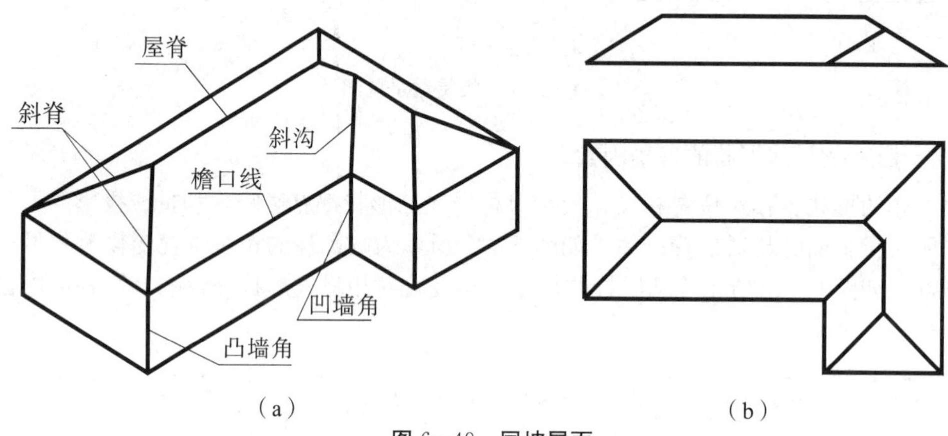

图 6-49 同坡屋面

6.3.4.2 同坡屋面投影图的画法

根据上述同坡面的特点，可以作出同坡屋面的投影图。

【例 6-27】已知屋面倾角 $\alpha=30°$ 和同坡屋面的檐口线，求屋面交线的水平投影和屋面的正面投影。

分析：

如图 6-50 (a) 所示，屋顶是由小、中、大三个同坡屋面组成的。每个屋面的檐口线都应为一个矩形，由于三个屋面重叠部分的矩形边线未画出，应该把它们补画出来，便于后面作图。

作图：

① 自重叠处两正立檐口线的交点延长，形成小、中、大三个矩形 $abcd$、$defg$、$hijf$，如图 6-50 (b) 所示。

② 作各矩形顶角的 45°角平分线。本例有两个凹墙角 m 和 n，分别过 m、n 作 45°线交于 3、2 两点，即得两斜沟 $m3$ 和 $n2$，如图 6-50 (c) 所示。

③ 把图 6-50 (c) 中实际上不存在的双点画线擦掉，其他轮廓线用粗实线画出即为所求，如图 6-50 (d) 所示。

④按屋面倾角和如图 6-50 (d) 所示的屋面水平投影，利用“长对正”规律即可作出屋面的正面投影。

注意：画完此图后，最好用“若一斜沟与一斜脊交于一点，则必有另一条屋脊线通过该点”这一同坡屋面的特点进行检查，准确无误后再描深。

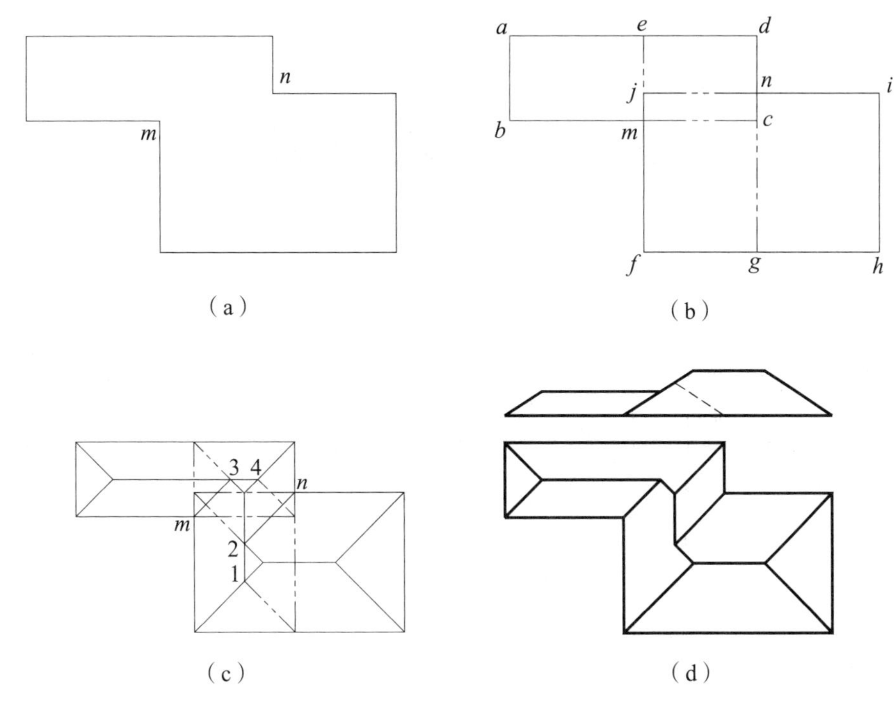

图 6—50　同坡屋面的画法

【复习思考题】

1. 截交线有什么性质？

2. 求平面立体截交线的实质是什么？

3. 圆柱和圆锥的截交线各有哪几种情况？

4. 什么叫相贯线？试述它的性质。

5. 求两平面相贯线有哪些方法？

6. 平面立体与曲面立体的相贯线有何性质？怎样求作？

7. 求两曲面立体的相贯线有哪些方法？使用这些方法需要什么条件？

8. 用辅助平面法求相贯线时，选择辅助面的原则是什么？连点和判别可见性时应注意什么问题？

9. 如何画同坡屋面的投影图？

第7章　组合体

7.1　概述

任何复杂的物体都可以看成是由一些基本形体组合而成的，这些基本形体包括棱柱、棱锥等平面立体，圆柱、圆锥、圆球和圆环等曲面立体。由两个或两个以上的基本形体通过叠加、挖切、相贯等方式组成的物体称为组合体。本章着重介绍组合体的画图、读图以及尺寸标注的方法，这是学习专业图样的重要基础。

7.1.1　组合体的组合方式

组合体的组合方式一般有叠加、切割和综合三种形式。

(1) 叠加式组合体。

叠加式组合体可看作是由几个基本形体经过叠加而形成的。如图7−1 (a) 所示组合体可以看作由Ⅰ、Ⅱ两个基本体叠加而形成。

(2) 切割式组合体。

切割式组合体可以看作是基本形体被一些平面或曲面切割而形成的。如图7−1 (b) 所示的组合体可以看作是一个基本形体（长方体）被切去了Ⅰ、Ⅱ两个基本形体之后形成的。

(3) 综合式组合体。

综合式组合体可以看作是由基本形体经过叠加和切割两种方式共同形成的。综合式组合体构成时，可以先叠加后切割，也可以先切割后叠加。

应当指出，一般情况下，叠加式和切割式并无严格界限，在对同一个组合体进行形体分析时，既可按叠加的形成分析，也可按切割的形成分析。

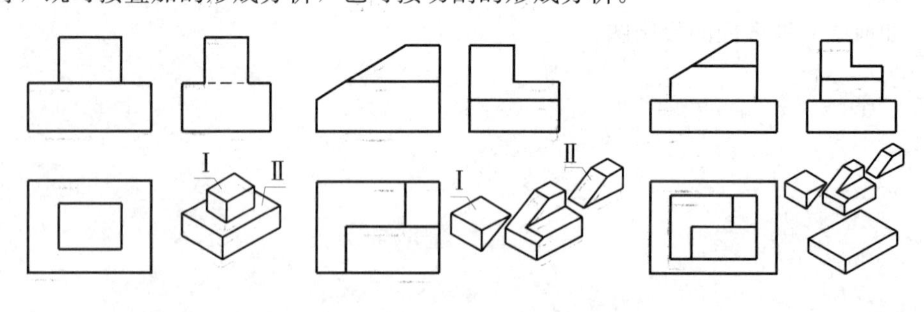

(a) 叠加式组合体　　(b) 切割式组合体　　(c) 综合式组合体

图7−1　组合体的组成方式

7.1.2　组合体的表面连接关系

组合体的基本形体之间的表面连接形式有平齐、相切、相交三种关系。

（1）平齐。当形体的两表面间平齐（即共面）时，其连接处不存在分界线，如图 7－2（a）、（b）所示。当形体的两表面间不平齐（即不共面）时，其连接处存在分界线，如图 7－2（c）所示。

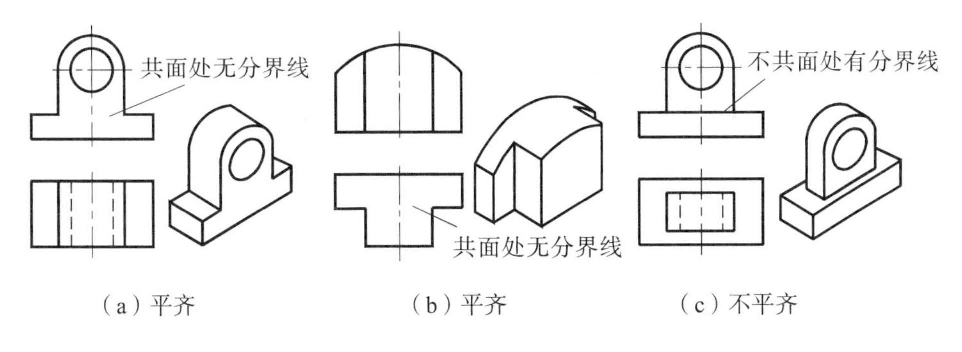

（a）平齐　（b）平齐　（c）不平齐

图 7－2　平齐和不平齐

（2）相交。两立体的表面彼此相交，在相交处有交线（截交线或相贯线），它是两个表面的分界线，画图时，必须正确画出交线的投影，如图 7－3 所示。关于两立体表面的交线问题详见第 6 章。

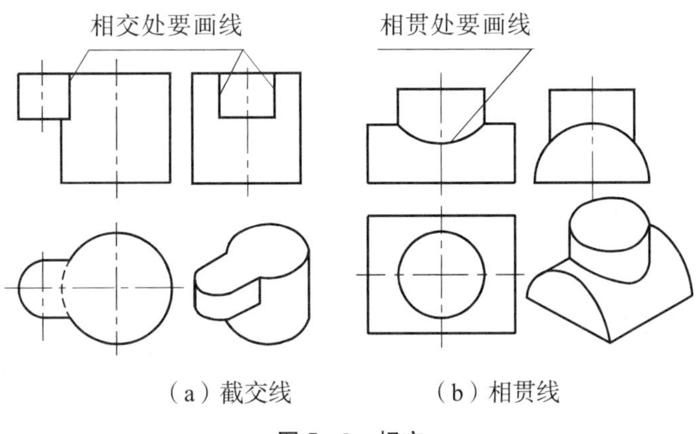

（a）截交线　（b）相贯线

图 7－3　相交

（3）相切。只有当立体的平面与另一立体的曲面连接时，才存在相切的问题。图 7－4（a）所示为平面与曲面相切，图 7－4（b）所示为曲面与曲面（圆球面与圆柱面）相切。因为在相切处两表面光滑过渡，不存在分界线，所以相切处不画线，如图 7－4 中引出线所指处。

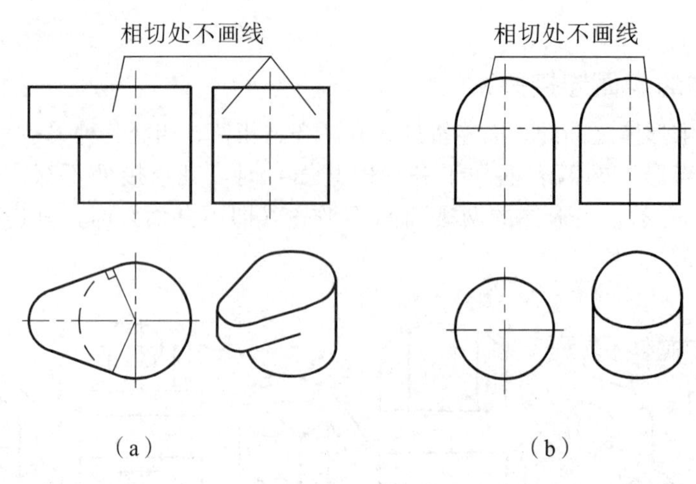

图 7-4 相切

7.1.3 组合体的三视图

7.1.3.1 三视图的形成

在制图统一标准中，将物体向投影面投影所得到的图形称为视图。因此，物体在三投影面体系中的三面投影通常被称为三视图。在房屋建筑图中，其水平（*H* 面）投影称为平面图，正面（*V* 面）投影称为正立面图，侧面（*W* 面）投影称为左侧立面图，如图 7-5（a）所示。

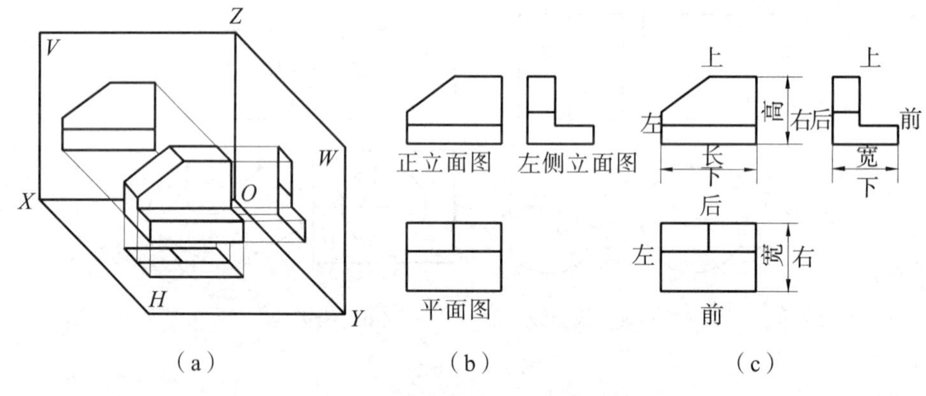

图 7-5 组合体的三视图的形成

7.1.3.2 视图的配置

三视图的位置配置：以正立面图为基准，平面图在正立面图的下方，左侧立面图在正立面图的右方，在画图时，各视图间的投影轴和投影连线一并隐去，如图 7-5（b）所示。

7.1.3.3 三视图的投影对应关系

虽然在画三视图时隐去了投影轴和视图间的投影连线，但其投影规律保持不变，仍然遵循“长对正、高平齐、宽相等”，画图时必须严格遵守，以保证物体上、下，左、右和前、后六个部位在三视图中的位置及对应关系，如图 7－5（b）所示。

应当注意的是，画图时，在隐去投影轴的情况下，通常是在平面图、左侧立面图中选取同一作图基准（对称轴线、表面等），作为确定物体宽度方向位置关系的度量基准，以保证对物体的正确表达。

7.2 组合体三视图的画法

7.2.1 组合体画图的方法

组合体画图时，通常是采用形体分析法和线面分析法来进行分析的。

（1）形体分析法。

假想将组合体分解为若干基本几何形体，分析这些基本几何形体的形状、大小和相对位置，了解它们之间的组成方式和表面连接关系，从而弄清组合体的整体形状和投影图画法，这种方法称为形体分析法。如图 7－1 所示。

（2）线面分析法。

组合体也可以看成是由若干线（直线或曲线）、面（平面或曲面）围合而成的，在组合体绘图和读图时，可以通过组合体上线、面的投影特性，分析组合体视图中线段和线框的含义，了解组合体各表面的形状和相互位置关系，从而弄清组合体的整体形状和视图画法，这种方法称为线面分析法。

7.2.2 绘制组合体视图的步骤

组合体视图的绘制通常是按形体分析、视图选择、比例选择、图幅确定、视图布置、视图底图绘制、图线检查及加深、尺寸标注、填写标题栏等步骤进行的。下面以工程上常用的木制闸门滚轮轴座来提供绘制组合体视图的步骤，如图 7－6（a）所示。

7.2.2.1 形体分析

在绘制组合体三视图时，通过综合运用形体分析法和线面分析法对要表达的组合体进行分析，从而对其整体形状和构成方式有比较完整的认识和掌握。

如图 7－6（b）所示，可以将轴座分解成由一块带四个圆孔的底板和两块有圆孔的支撑板组成。

7.2.2.2 视图选择

每个组合体都可以画出多个视图，但视图的选择应按最清楚、最简单的原则进行。视图的选择主要包括正立面图的选择和视图数量的确定。

（1）正立面图的选择。

在表达组合体的一组视图中，正立面图为主要的视图，在选择时应优先考虑。正立面图的选择一般应考虑以下原则：

①安放位置和投影方向的选择。一般按自然位置安放组合体，并选择最能反映组合体的形状特征及各部分相对位置比较明显的方向作为正立面图的投射方向，让组合体对称平面或大的平面平行于投影面，使三面投影尽可能多地反映出组合体表面的实形。

②尽量避免视图中出现过多的虚线。

③应考虑专业图的表达习惯。房屋建筑图的表达一般是将房屋的正面作为正立面图。

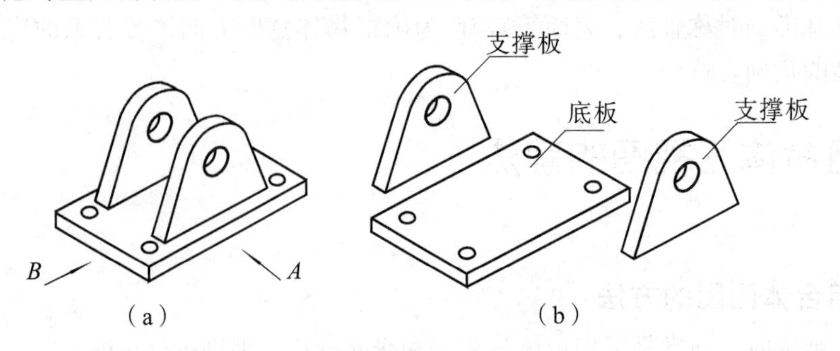

图 7-6　轴座的形体分析

(2) 视图数量的确定。

确定视图数量应配合主视图，在完整、清晰地表达物体形状的条件下，视图数量应尽量少。

如图 7-6 所示，支撑板形状特征的表达需要 A 向视图，底板与支撑板的相互位置关系的表达需要 B 向视图，底板四孔的位置的确定需要平面图，综合起来，滚轮轴座共需三个视图。若选择 B 向作为正立面图，如图 7-7 (b) 所示，形状特征不明显且不能合理利用图纸。综合考虑，选择 A 向作为正立面图投影方向比较好，如图 7-7 (a) 所示。

应当指出，该例确定视图的数量主要是针对形体外形而言的，实际选择时，还需考虑形体的尺寸标注及剖面、断面（详见第 9 章）等因素。

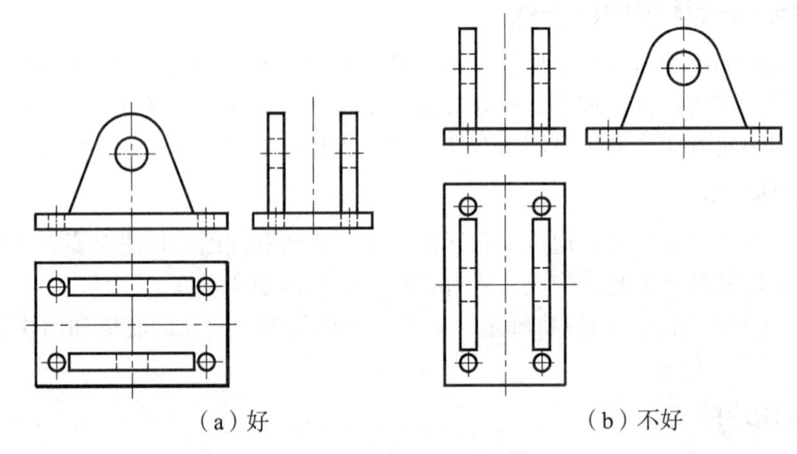

图 7-7　轴座的视图选择

7.2.2.3　选择比例和布置视图

根据物体的大小和复杂程度选定比例。如果物体较小或较复杂，则应选用较大的比例，一般组合体最好选用 1∶1 的比例。根据视图所需要的面积（包括视图的间隔和标注尺寸的位置）选用标准图幅，画出图框和标题栏。

各视图在图纸上的位置，由作图基准线确定。根据各视图每个方向的最大尺寸（包括标注尺寸所占位置）作为各视图的边界，可用计算的方法留出视图间的空档，使视图布置得均匀美观，然后画出各视图的基准线，包括表示对称面的对称线、底面或主端面的轮廓线等。如图 7－8（a）所示，正立面图以底板的底面为高度方向的基准线，竖直点画线（左右对称面）为长度方向的基准线；平面图和左侧立面图均以点画线作为宽度方向的基准线。

7.2.2.4　画视图底图

各视图的位置确定后，用细实线依次画出各组成部分的视图底稿。画图时，一般遵循以下规则：

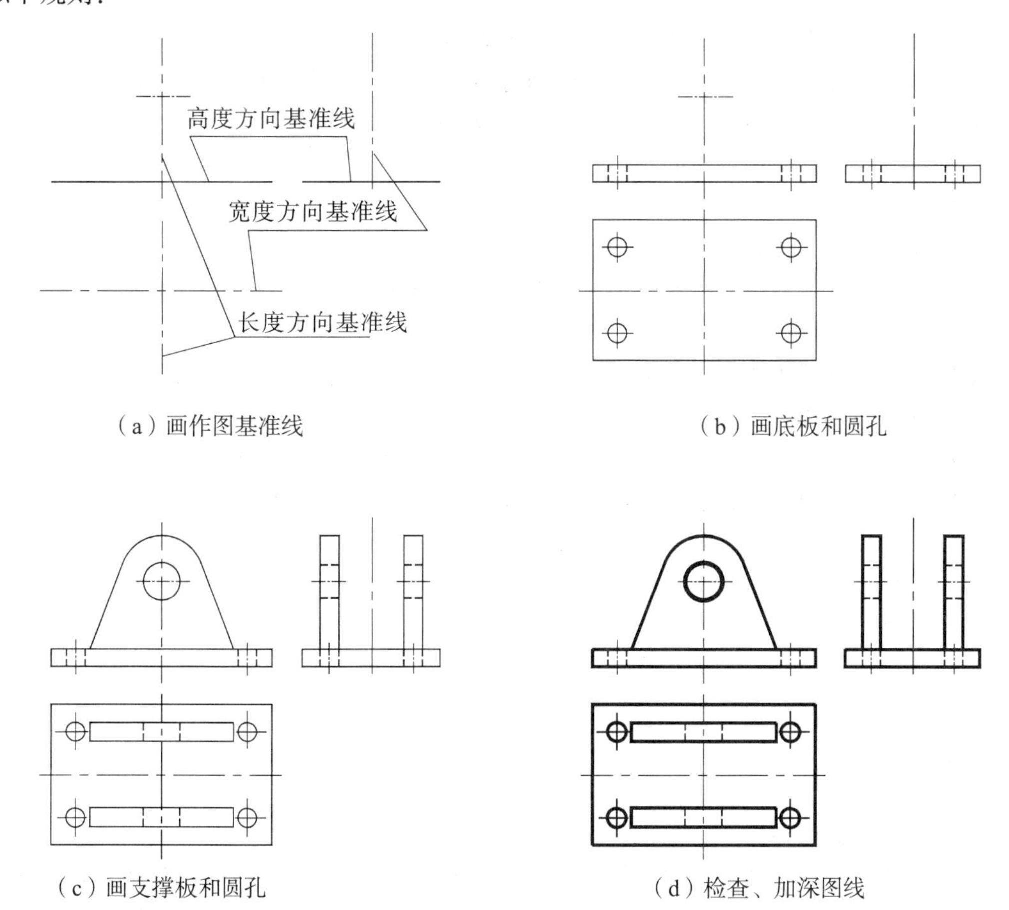

（a）画作图基准线　　（b）画底板和圆孔

（c）画支撑板和圆孔　　（d）检查、加深图线

图 7－8　组合体视图的画图步骤

（1）一般应从主要形体入手，按各组成部分的形状特征和相互位置关系并按“先主要后次要、先整体后局部、先特征后其他、先外形后内形”的顺序逐个画出各基本形体的视图。如图 7－8 所示轴座，先画底板后画支撑板；画底板时，先外形后圆孔；画支撑板时，先圆弧（圆孔）后其他。

（2）应先从最具有形状特征的视图（如反映实形的视图）开始画。对一个基本形体来说，应先特征（视图），后其他（视图）；先实线，后虚线。如图 7－8 所示轴座，画底板时，先平面图，后其他视图；画支撑板时，先正立面图，后其他视图。

（3）应几个视图配合起来同时画。为提高绘图速度和保证作图的准确性，画图时，通常不是画完一个视图之后再画另一个视图，而是按三等规律，把形体的有关视图配合作图，如画正立面图或左侧立面图时，同时考虑高平齐，画平面图时，同时考虑宽相等。如图 7－8 所示。

（4）应正确表达各基本形体表面之间的连接关系。组合体实际上是一个整体。形体分析是假想的，各个基本体的投影画完后，还要分析其组合方式和表面连接关系，从而修正多画或少画的线。当两个基本形体平齐，即共一个表面时，在共面处不画线，如图 7－2（a）所示。

7.2.2.5 检查、加深图线

底图完成后，用形体分析法逐个检查各组成部分（基本形体或简单体）的投影以及它们之间的相对位置关系。对于对称图形应画对称面的积聚投影，即对称线，对于回转体要在非圆视图上画出回转轴线。如无错误，则按规定的线型描深，如图 7－8（d）所示。

应当指出，画组合体视图的步骤，可根据组合体的组合方式采用不同的方法。

如图 7－9 所示台阶属于叠加式组合体，一般是把组合体中每个基本的三个视图一次画完，画完一个基本体再画另一个基本体。也可以在各视图的基准线上定出各基本体的长、宽、高，按三等规律，把水平或竖直的直线成批地画出，然后确定各基本体应画的图形。

如图 7－12 所示形体属于切割式组合体，一般是先把未切割前的假想体的投影画出，然后逐一画出切除相关形体后的投影。

如图 7－6 所示轴座既有切割又有叠加，属综合式组合体，故可综合运用叠加式组合体和切割式组合体画图的方法绘制，可以先叠加后切割，亦可先切割后叠加。

【例 7－1】试绘制如图 7－9（a）所示台阶的视图。

该台阶属于叠加式组合体，可采用如下步骤绘制：

（1）形体分析。

如图 7－9（a）所示，应用形体分析法，假想把台阶分解为有一个矩形缺口的踏板Ⅰ、矩形踏板Ⅱ和矩形栏板Ⅲ三个基本形体，如图 7－9（b）所示。它们之间的表面连接方式是叠加且后表面平齐。

（2）视图选择。

①正立面图的选择。

首先将物体按工作位置放置，然后选择表示形状特征明显的投影方向作为正视图的投影方向。如图 7－9（a）所示，将台阶分别向 A、B、C、D 四个方向作正投影，得到如图 7－10 所示的四组视图。根据前述正立面图的选择原则，由图中可看出：

如图 7－10（b）、（d）所示，以 B、D 向为正立面图投射方向画出的两组视图，除了正立面图的形状特征不明显外，还不可避免地在各个视图中出现了过多的虚线。

如图 7－10（c）所示，以 C 向为正立面图投射方向画出的这组视图，虽然正立面图的形状特征明显，但在视图中出现了过多的虚线。

如图 7－10（a）所示，以 A 向为正立面投影投射方向所得到的这组视图，不仅正立面图能很好地反映出台阶的形状特征，而且视图中没有出现虚线。

综上所述，该例以 A 向作为正立面图的投射方向为最佳。

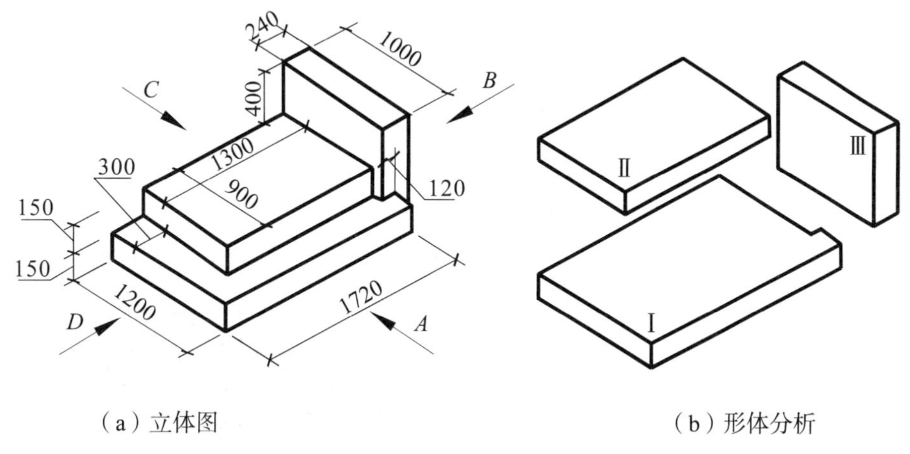

（a）立体图　　　　（b）形体分析

图 7－9　台阶的形体分析

②视图的数量选择。

一般来说，应配合正立面图来确定视图数量。在满足完整、清晰表达形体形状的前提下，视图数量应尽量少。根据上述原则，该台阶选用三个视图来表达。

（3）选比例和布置视图。

根据前述选择原则，按图纸大小选定合适的比例，选用如图 7－10（a）所示的布置绘图。

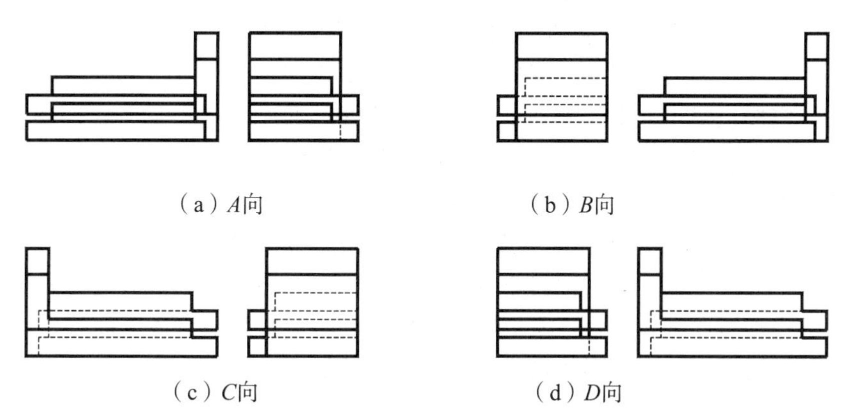

（a）*A*向　　（b）*B*向　　（c）*C*向　　（d）*D*向

图 7－10　叠加式组合体（台阶）正立面图的选择

（4）画三视图底稿。

本例画图的顺序仍然是：先主要后次要、先整体后局部、先特征后其他、先外形后内形。

① 按视图的最大范围和标注尺寸所占位置布置视图，然后画出每个视图的两个方向的基准线，以便量度尺寸，如图 7－11（a）所示。

②画踏板Ⅰ的三视图（注意虚线），如图 7－11（b）所示。

③画踏板Ⅱ的三视图，如图 7－11（c）所示。

④画栏板Ⅲ的三视图，如图 7－11（d）所示。

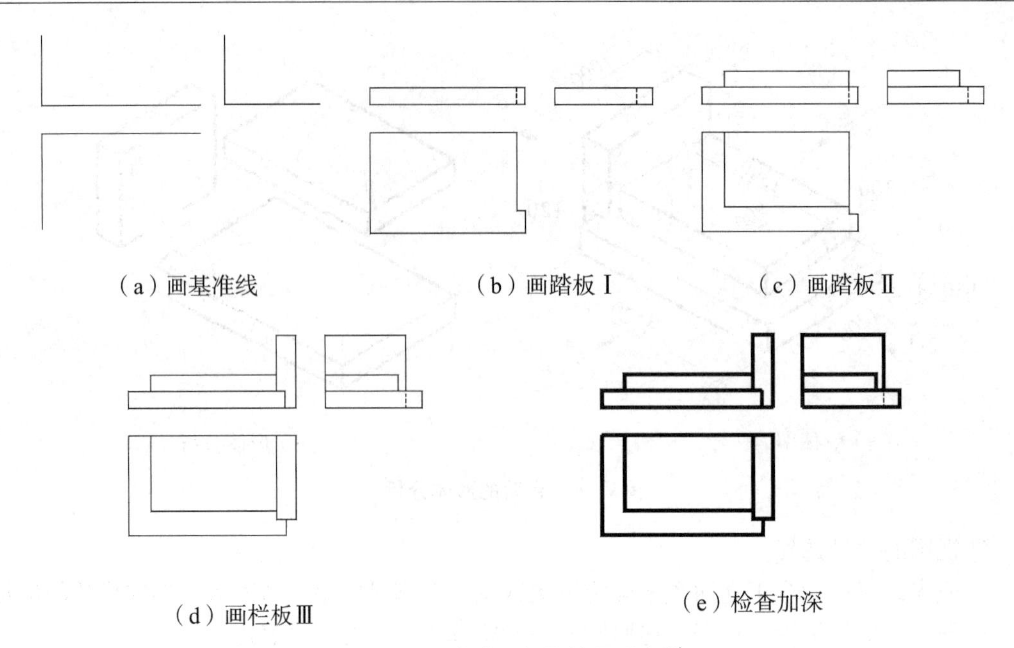

图 7－11　台阶三视图的画图步骤

（5）检查加深。

底稿完成后，应仔细与组合体进行对照并检查有无遗漏和错误，擦掉多余的图线（如踏板Ⅰ正立面图上的虚线）。经检查无误后，用规定的线型按“先上后下，先左后右，先细后粗，先曲后直”的顺序对三视图进行加深，如图 7－11（e）所示。注意，当几种线型发生重合时，应按粗实线、虚线、细点划线、细实线的顺序取舍。

【例 7－2】 试绘制如图 7－12（a）所示组合体的视图。

该形体属于切割式组合体。切割式组合体一般由基本形体切割而成，画图时，首先应根据该组合体的最大轮廓范围想出假想体，然后再分析该假想体是怎样被切割的、假想体上切割掉了几个简单形体。对切割时不清楚的线和面宜采用线面分析法进行分析，一般应根据切割面的投影特性（积聚性、实形性和类似性）来分析该组合体表面的性质、形状和相对位置，最后进行画图。该形体可采用如下步骤绘制：

（1）形体分析。

如图 7－12（b）所示，组合体Ⅱ是由假想体Ⅰ（由该组合体最大轮廓范围确定为一个长方体）切去形体Ⅲ、Ⅳ形成的，属切割式组合体。

（2）视图选择。

首先选择形状特征明显的投影方向作为正立面图的投影方向，如图 7－12（a）中箭头所示方向。然后按视图数量的确定原则，选用三个视图来表达该例。

（3）选比例和布置视图。

按 1∶1 的比例，合理布置视图。

（4）画三视图及加深。

①画出假想体的三视图，如图 7－12（c）所示。

②作正垂面 P 切割假想体，切去形体Ⅲ，形成了如图 7－12（d）所示斜面。画图时，应先画出形状特征明显的正立面图，再利用“三等”规律画出其余视图。

③作正平面 Q 和水平面 R 切去形体Ⅳ，形成了如图 7－12（e）所示形体。画图时，应先画出形状特征明显的左侧立面图，再利用“三等”规律画出其余视图。

⑤检查、加深。

检查时应注意，除检查形体的投影外，还要检查面形的投影，特别是检查复杂斜面投影对应的类似形。如图 7－12（e）所示，斜面 P 的水平投影 p 和侧面投影 p'' 应是类似形，正面投影 p' 积聚为一条直线。若斜面上的交线画错，则可以从检查斜面投影的类似形中查出。

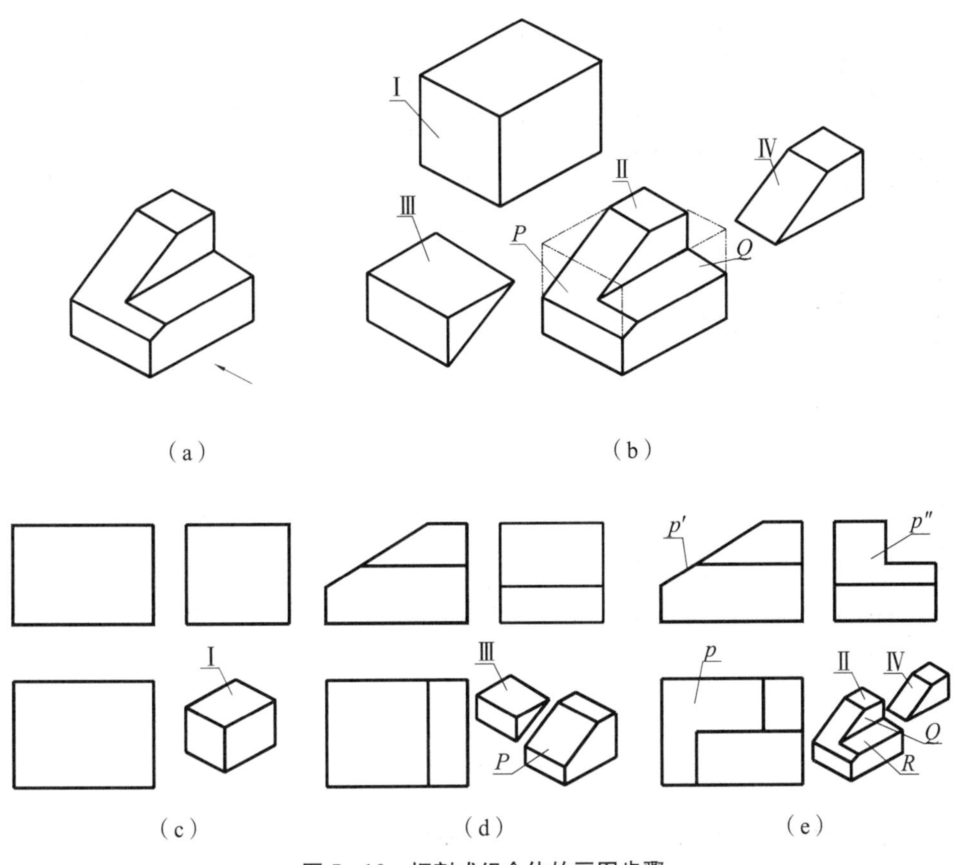

图 7－12　切割式组合体的画图步骤

7.3　组合体的尺寸标注

在工程制图中，组合体的视图只能表达组合体的形状结构，其大小和各组成部分间的相互位置关系则由所标注的尺寸确定。尺寸是施工的重要依据。

7.3.1　基本形体的尺寸标注

因组合体是由基本形体组成的，为了更好地标注组合体的尺寸，应该首先了解基本形体的尺寸标注。

7.3.1.1　基本形体的尺寸标注

基本形体在标注尺寸时，一般应按物体的形状特点，把其长、宽、高三个方向的尺寸完整地标注在视图上，如图 7－13（a）、（b）所示；对正六棱柱、圆环，通常按图 7－13（c）、（d）所示标注；对回转体来说，一般将尺寸（直径和轴向尺寸）集中标注在非圆视图上，如图 7－13（e）、（f）、（g）所示；若标注圆球直径，则需要在直径符号“ϕ”前面加注符号“S”，即“$S\phi$”，如图 7－13（h）所示。

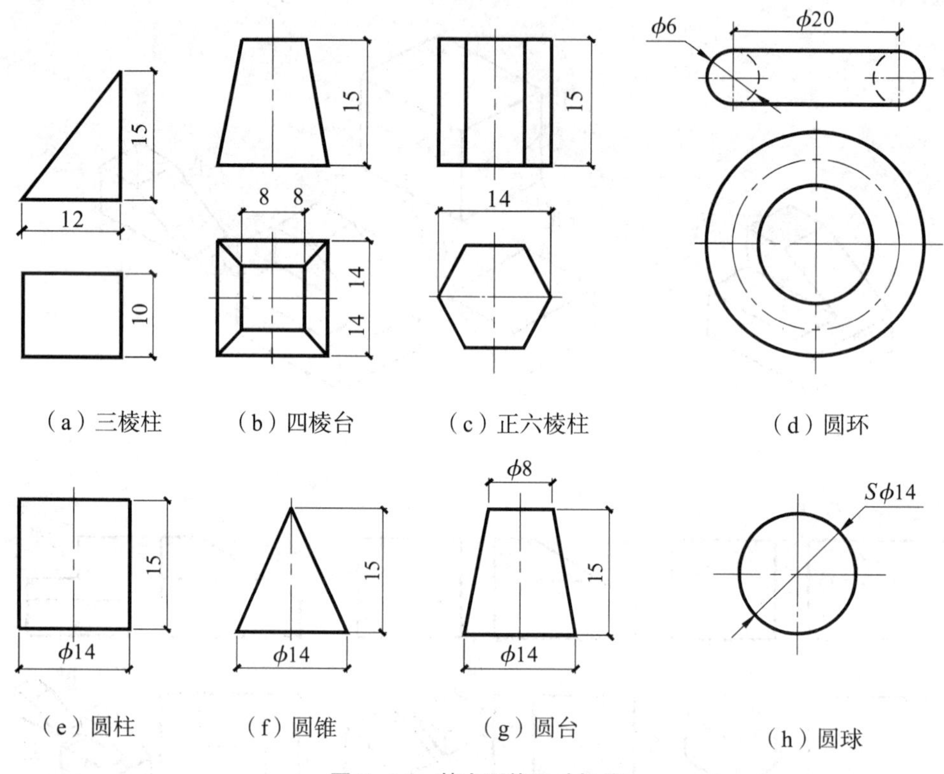

图 7－13　基本形体尺寸标注

7.3.1.2　带缺口（或斜截面）基本形体的尺寸标注

对于带缺口（或斜截面）的基本形体，在标注尺寸时，只需要标注基本形体的尺寸和缺口（或斜截面）的位置尺寸，而不标注缺口（或斜截面）的形状尺寸。

由于截平面与形体的相对位置确定后，截交线的位置也就完全确定了，所以截交线的尺寸无须另外标注，图 7－14 中打“×”的尺寸是不能标注的尺寸。

同样，如果两个基本形体相交，则只需分别标注出两者的形状尺寸和它们之间的位置尺寸，不能标注相贯线的尺寸。

如图 7－14 所示是具有斜截面或缺口的形体的尺寸标注示例。除了标注基本形体的尺寸以外，应标注出截平面的定位尺寸。

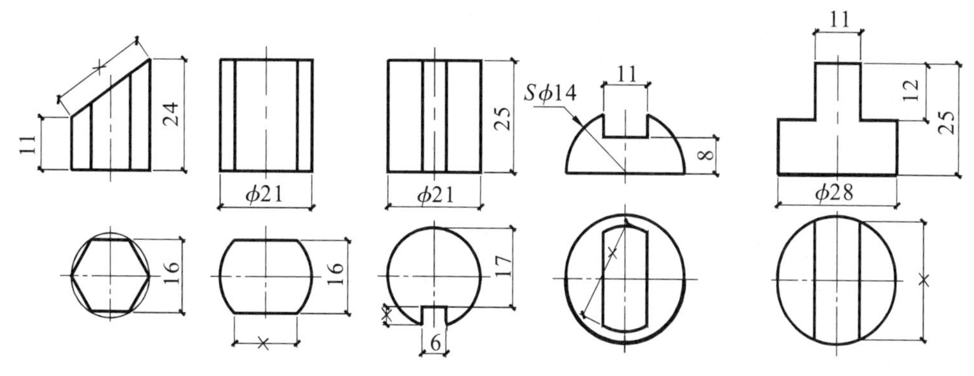

图 7－14　带缺口（或斜截面）的基本形体尺寸标注

7.3.2　组合体的尺寸分类和尺寸基准

7.3.2.1　尺寸分类

组合体的尺寸可分为定形尺寸、定位尺寸和总体尺寸。

（1）定形尺寸：确定组合体中各基本形体的大小的尺寸称为定形尺寸。如图 7－15 所示的轴座中的支撑板顶端圆柱面半径 $R40$、轴孔直径 $\phi30$ 等为定形尺寸。

（2）定位尺寸：确定各基本形体之间相互位置的尺寸称为定位尺寸。如图 7－15 所示轴座平面图中，160 为底板长方向两孔的定位尺寸，86 为底板宽方向两圆孔的定位尺寸。

（3）总体尺寸：确定组合体总长、总宽、总高的尺寸称为总体尺寸。如图 7－15 所示，轴座总长 200、总宽 120 为总体尺寸。

7.3.2.2　尺寸基准

标注尺寸的起点就是尺寸基准。在组合体的长、宽、高三个方向上标注尺寸，需要三个尺寸基准。通常把组合体的底面、侧面、对称平面（反映在视图中是用点画线表示的对称线）、较大的或重要的端面、回转体的轴线等作为尺寸基准。如图 7－11（f）所示，组合体高度方向的尺寸基准为底面，长度方向的尺寸基准为左端面，宽度方向的基准为后端面。

7.3.3　组合体尺寸标注的基本要求

在组合体视图上标注尺寸的基本要求是齐全、清晰、正确、合理，符合制图国家标准中有关尺寸标注的基本规定。下面分别讨论这些要求。

7.3.3.1　尺寸标注要齐全

尺寸标注齐全就是要求在视图上标注的尺寸，必须能完全确定物体的大小和各组成部分的相互位置关系，做到不遗漏、不重复（同一个尺寸，同时在两个视图上标注称为重复）、不封闭（同一视图中标注了总体尺寸，再把各分部尺寸中的一个尺寸不标注，就叫不封闭）。但在房屋建筑图中，为了便于施工，标注尺寸时应将同方向的尺寸首尾相连，布置在同一条尺寸线上，并且允许标注封闭尺寸。

在标注尺寸之前，必须对组合体进行形体分析，弄清组合体由哪些基本形体组成，然后注意这些基本形体的尺寸标注要求，做到齐全清晰。

尺寸标注时，首先要确定组合体长、宽、高三个方向的尺寸基准，然后再标注各基本形体的定形、定位尺寸，最后标注组合体长、宽、高三个方向的总体尺寸。以下将结合如图 7−15 所示滚轮轴座的尺寸标注对此作进一步分析。

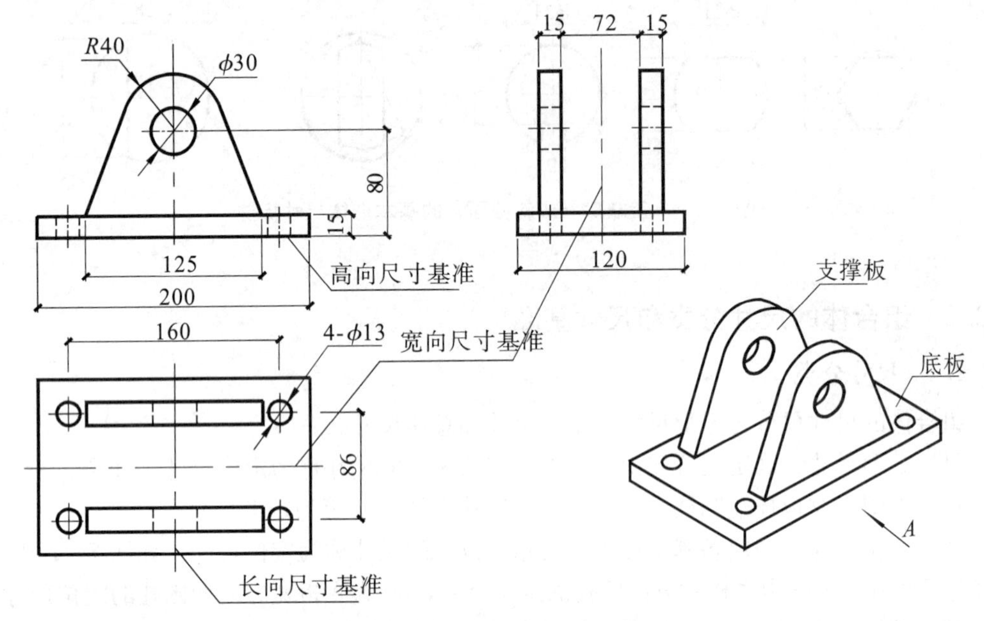

图 7−15　滚轮轴座的尺寸标注

(1) 定形尺寸。在如图 7−15 所示的轴座中，底板长 200、宽 120、高 15 均为底板的定形尺寸，4−φ13 为底板上四个圆孔的定形尺寸；支撑板底端长 125、顶端圆柱面半径 *R*40、轴孔直径 ϕ30、厚 15 为支撑板的定形尺寸。

(2) 定位尺寸。在如图 7−15 所示的正立面图中，15 为支撑板高向的定位尺寸，80 为 ϕ30 的圆孔的高向定位尺寸；平面图中，160 为底板长方向两孔的定位尺寸，86 为底板宽方向两圆孔的定位尺寸；左侧立面图中，72 为两支撑板的定位尺寸。

应当指出的是，并不是每个形体都要标注出三个方向的定位尺寸。由于标注基本形体尺寸是逐个进行的，有一些定形、定位尺寸或许可以相互替代，如果某个方向的定位尺寸可由定形尺寸或其他因素所确定，就可省去这个方向的定位尺寸，避免重复标注。当形体在叠合、平齐、对称的情况下，可省掉一些定位尺寸。如图 7−16 (a) 中，半圆柱的三个方向的定位尺寸均应注出。而在图 7−16 (b) 中，由于两基本形体上下叠合、后端面平齐，且左右对称，半圆柱的长、宽、高三个方向的定位尺寸均可由长方体的长、宽、高的定形尺寸来确定，不需标注。

在如图 7−15 所示的正立面图中，支撑板的底面与底板叠合，省去支撑板的定位尺寸。ϕ30 的圆孔轴线与支撑板的左右对称面重合，不标注该圆孔的长度方向的定位尺寸，只标注出支撑板底面的长度 125，而不需另注 62.5 的定位尺寸。

应当注意的是，如图 7−15 所示，组合体平面图中两圆孔的长度方向的定位尺寸是 160，因其尺寸基准为对称面，不能标注成圆孔轴线至基准的尺寸 80，而应注写成两轴线间的距离 160。

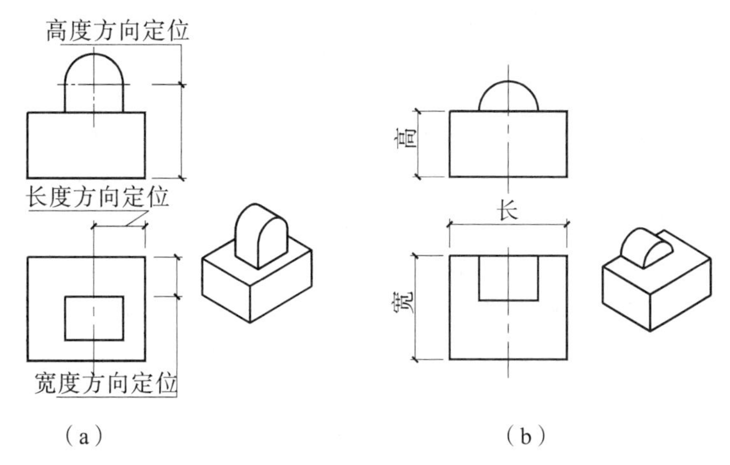

（a）　　　　　　　　　　（b）

图 7－16　可省略定位尺寸的情况

（3）总体尺寸。如图 7－15 所示，200 是总长尺寸，120 是总宽尺寸，总高尺寸可由半圆柱轴线的定位尺寸 80 和半圆柱的半径尺寸 $R40$ 之和来确定，即总高＝80＋40＝120。

需要注意的是，当物体一端为回转体时，一般不直接标注出总体尺寸，而只标注出回转体轴线的定位尺寸和回转体的半径，如图 7－15 所示，由于支撑板的顶端是回转体，故主视图中只标注出 80 和 $R40$，而不直接标注出总高度尺寸 120。总之，当总体尺寸与其他尺寸相同时，不重复标注。

7.3.3.2　尺寸标注要清晰

要使尺寸标注清晰，应该注意下列几点：

（1）尽可能将尺寸标注在最能反映物体特征的视图上。例如，表示圆弧半径的尺寸要标注在反映圆弧特征的视图上，如图 7－15 所示支撑板顶端 $R40$ 的圆弧应标注在正立面图上；如图 7－17 所示组合体的截角尺寸 10 和 22 应该标注在反映截角特征的平面图上，如图 7－17（a）所示，而不应该把 22 标注在其正立面图上，如图 7－17（b）所示。

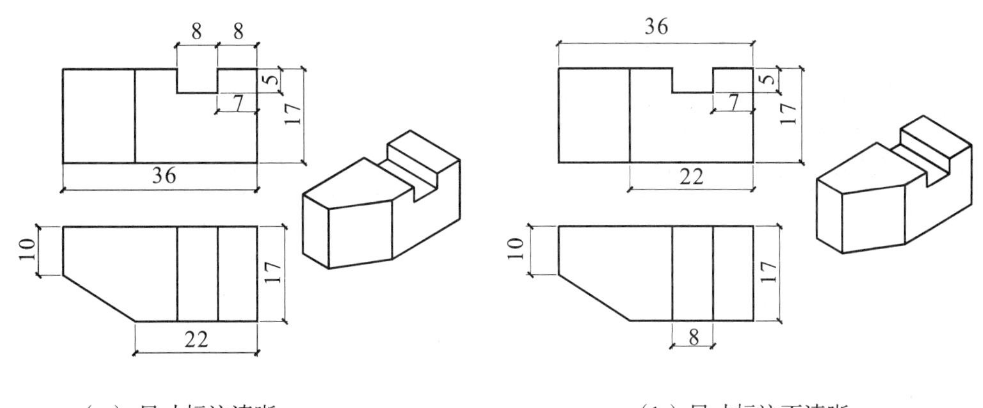

（a）尺寸标注清晰　　　　　　（b）尺寸标注不清晰

图 7－17　相关的尺寸集中标注

（2）相关的尺寸要集中标注。同一形体的定形、定位尺寸应尽量集中标注在反映该形体形状特征的同一视图上。如图 7－15 所示，底板四圆孔的定形尺寸 4－ϕ13 和其定位尺寸 160 和 86 都集中标注在平面图上；如图 7－17 所示，槽口尺寸 8 和 5 集中标注在正立面图上。

（3）尺寸应尽可能地标注在视图轮廓线的外面。但应注意，尺寸最好靠近其所标注的线段，并应避免与图线、文字及符号相交。某些细部尺寸也允许标注在图形内部。

（4）与两视图相关的尺寸，应尽量标注在两视图之间，以便对照识读。

（5）尺寸排列要整齐，大尺寸在外，小尺寸在内，尽量避免在虚线上标注尺寸。

（6）尺寸线与轮廓线之间的距离应不小于 10 mm，两尺寸线之间的距离不能小于 7 mm。水平尺寸数字要注写在尺寸线的上方，且字头向上；竖直尺寸数字要注写在尺寸线的左边，且字头向左。线性尺寸的起止符号一般用中粗斜短线绘制，其倾斜方向与尺寸界线成顺时针 45°。

（7）回转体的直径尺寸一般标注在非圆视图上，当非圆视图是虚线时，最好不在虚线上标注尺寸，如图 7－15 正立面图中的 ϕ30。

7.3.3.3 **标注尺寸要正确**

尺寸数值不能有错误，尺寸标注要符合国家标准规定。

7.3.3.4 **标注尺寸要合理**

标注合理就是要考虑设计、施工和生产的要求。例如，一般组合体的尺寸标注不允许标注封闭尺寸，而在房屋施工图中，为了便于施工，常标注封闭尺寸。这部分的内容将在第 10 章房屋建筑图中研究。

【例 7－3】试根据图 7－18 所示台阶的轴测图，标注其尺寸。

根据前述原则，台阶的尺寸标注顺序是：首先标注定形尺寸，然后标注定位尺寸，最后标注总体尺寸。如图 7－18（b）所示。

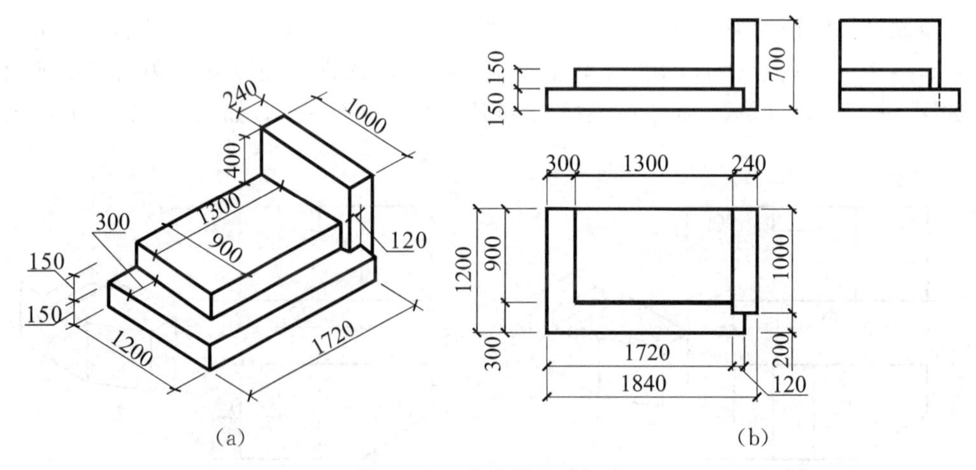

图 7－18　台阶的尺寸标注

（1）标注定形尺寸：240、1000、1300、900、1200、150。

（2）标注定位尺寸：300、1720、150。

（3）标注总体尺寸：1200、1840、700。

（4）用形体分析法检查是否有遗漏、错误或重复。

7.4　组合体视图的读图

根据所给组合体的视图，用形体分析法和线面分析法去分析和构思，想象出组合体的空间形状和结构的过程称为读图。画图是读图的基础，读图是提高空间想象能力和构思能力的重要手段。

要正确、迅速地读懂组合体的视图，除了掌握基本的读图方法外，还应该了解一些读图的基本知识。下面首先重点介绍读图的基本知识，再结合不同类型的组合体，具体介绍如何运用形体分析法和线面分析法进行读图。

7.4.1　读图的基本知识

（1）掌握三视图的投影规律，即“长对正，高平齐，宽相等”的三等规律。

（2）掌握各种位置直线和各种位置平面的投影特性，尤其是投影面垂直面的投影特性。

（3）掌握棱柱、棱锥、棱台、圆柱、圆锥等常见基本形体的投影特性。

（4）读图时要把几个视图联系起来看。

①一个视图不能确定形体的形状，要将两个视图联系起来看。

组合体的形状是通过几个视图来表达的，通常，只凭一个视图是不能确定形体的空间形状的。如图 7－19 所示，虽然（a）、（b）形体的正立面图相同，（b）、（c）、（d）、（e）形体的平面图相同，但各形体的空间形状却不相同。

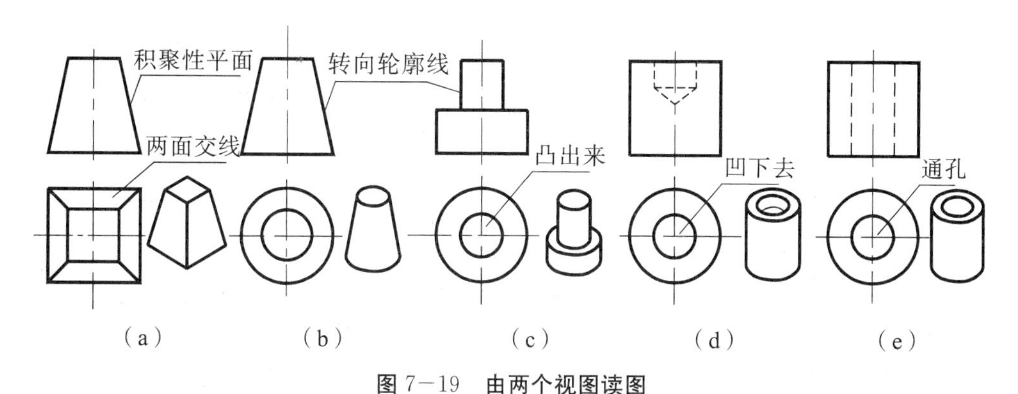

图 7－19　由两个视图读图

②有时，两个视图也不能确定形体的形状，要将三个视图联系起来看。

在如图 7－20 所示四组视图中，形体的正立面图和平面图相同，但四个形体的形状却各不相同。不能仅通过形体的正立面图和平面图来判断，必须要把三个视图联系起来判断。

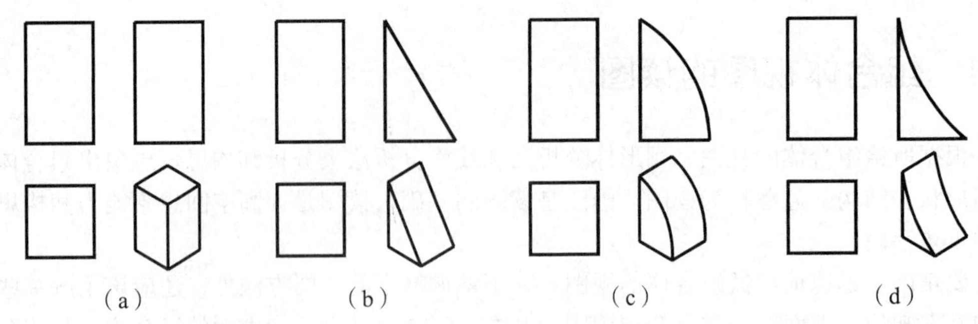

图 7-20　由三个视图读图

(5) 注意找出特征视图。

所谓特征视图，就是指最能反映形体形状特征的那个视图。对组合体来说，组成组合体的各基本形体的形状特征并非总是集中反映在一个视图上，而往往分散在几个视图上。如图 7-8 (d) 所示轴座，正立面图是最能反映其支撑板形状特征的视图，平面图是最能反映其底板形状特征的视图。读图时，要注意寻找特征视图，找到特征视图后，再结合其他视图就能更迅速准确地确定形体的形状。

(6) 了解各视图中图线的含义。

视图中的图线可能有 3 种不同的含义：

①形体表面（平面或曲面）具有积聚性的投影。如图 7-19 (a) 主视图所示。

②形体上两个面交线的投影。如图 7-19 (a) 俯视图所示。

③形体上曲面的转向轮廓线的投影。如图 7-19 (b)、(c) 所示。

(7) 了解视图中线框（封闭图形）的含义。

①一般来说，视图中一个封闭线框代表一个表面。这个面可能是平面，如图 7-21 (a) 所示；亦可能是曲面，如图 7-21 (b) 所示；还可能是相切的组合面，如图 7-21 (d) 所示；特殊情况下是孔洞，如图 7-21 (c) 所示。

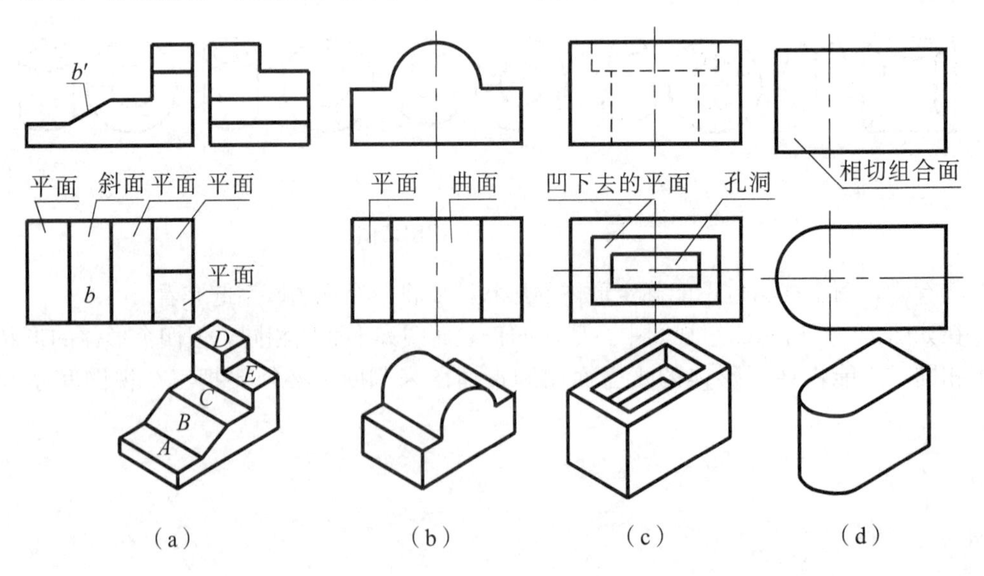

图 7-21　视图中线框的含义

②视图中相邻线框一般表示物体上两个不同的表面，它们或是相交两表面，或是平行两表面，这两个表面有“上、下、左、右、前、后”之分，有“平、曲、斜”之分。

如图 7－21（a）所示，A、B 是两相交表面，它们有“平、斜”之分；C、E 是两平行表面，它们有“左、右”之分，亦有“上、下”之分；D、E 是两平行表面，它们有“上、下”之分，亦有“前、后”之分。

③线框内有线框，不是凸出来的就是凹下去的。由于通常一个封闭线框表示一个表面，因此，里面线框所表示的表面相对于外面线框所表示的表面来说，不是凸出来的实体就是凹下去的坑槽或孔洞。如图 7－19（c）、（d）所示。

（8）了解一个面的投影——无类似形必积聚。

视图中反映表面投影的线框在其他视图中对应的投影有两种可能，即类似形或积聚的一条直线段。如果形体上某表面在一个视图中的投影为线框，而在另一视图中没有出现与之对应的类似形时，这个表面在该视图中的投影必定积聚为一条直线，这个关系可简述为“无类似形必积聚”。

如图 7－21（a）所示，平面图中的矩形线框 b，在主视图中没有出现与它对应的类似形（矩形线框），因此，该矩形线框 b 在主视图中对应的投影为斜线 b'。

7.4.2　组合体视图的阅读方法

7.4.2.1　形体分析法读图

用形体分析法读图，就是在读图时，从反映形体形状特征明显的视图入手，按能反映形体特征的封闭线框划块，把视图分解为若干部分，找出每一部分的有关投影，然后根据各种基本形体的投影特性，想象出每一部分的形状和它们之间的相对位置，最后综合起来想象出物体的整体形状。

7.4.2.2　线面分析法读图

用线面分析法读图，就是运用各种位置直线、平面的投影特性（实形性、积聚性、类似性），以及曲面、截交线、相贯线的投影特点，对组合体投影图中的线条、线框（由线段围成的闭合图形）的含义进行深入细致的分析，了解各表面的形状和相互位置关系，从而想出物体的细部或整体形状。

一般情况下，组合体读图的基本方法是以形体分析法为主，线面分析法为辅。对于叠加式组合体，较多采用形体分析法，并按叠加法想出物体的形状；对于切割式组合体，较多地采用线面分析法，并按切割法想象出物体的形状。切割法是按物体各视图的最大边界，假想物体是一个完整的基本形体，再按视图的切割特征，弄懂被切去部分的形状及其相互位置关系，最后想象出物体的形状。

7.4.3　组合体视图的阅读步骤

组合体视图的阅读步骤主要归纳如下：

（1）看视图抓特征，分析视图，确定各构成体。

一般以正立面图（V 面）为主，配合其他视图，对形体进行初步的投影分析和空间分析；再分析各视图，抓其特征，找出反映形体特征较多的视图，在较短的时间内，确定各构成体，对形体有个大概的了解。

(2) 分解形体对投影，根据特征视图，确定各构成体的形状。

参照特征视图，对形体进行分解，再利用“长对正、高平齐、宽相等”的投影规律，找出每一部分的三个投影，想象出它们的形状。

(3) 综合起来想整体。

在看懂各构成体的基础上，进一步分析它们之间的组合方式（表面连接关系）和相对位置关系，从而想象出整体的形状。

(4) 线面分析攻难点。

在阅读组合体视图时，通常首先采用形体分析法获得组合体粗略的形象，然后再对视图中个别较复杂的局部辅以线面分析法进行较详细的分析，有时甚至还可以利用所标注的尺寸帮助分析。

下面就不同类型组合体视图的阅读作详细的分析。

7.4.3.1 叠加式组合体视图的阅读

读叠加式组合体的视图主要采用形体分析法，即首先将所给的几个视图联系起来进行分析，将其分解成几个构成体，然后分别读懂各构成体的形状，并弄清各构成体之间的表面连接关系和相互位置关系，再将各构成体组合起来，并想象出该组合体的整体形状。

下面以图 7－22（a）所示的叠加式组合体为例，说明此类组合体视图的阅读方法和步骤。

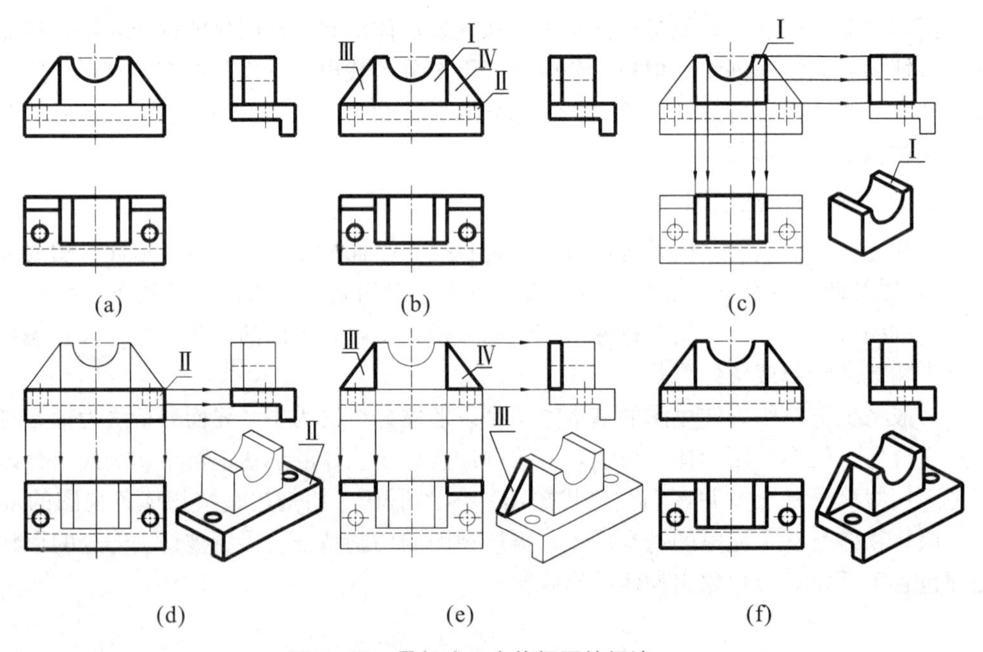

图 7－22　叠加式组合体视图的阅读

(1) 看视图抓特征，分析视图，确定各构成体。

根据所给组合体的三视图，以正立面视图（*V* 面）为主，在配合其他视图，对形体进行初步的投影分析和空间分析的基础上，把该组合体分解成Ⅰ、Ⅱ、Ⅲ、Ⅳ四个不同的部分。如图 7－22（b）所示。

（2）分解形体对投影，根据特征视图，确定各构成体的形状。

读图时要抓住特征视图，以便更快更准地确定各构成体的形状。

①形体Ⅰ的特征反映在正立面图上，从形体Ⅰ的正立面图出发，向下、向左对投影，找到平面图、左侧立面图上相应的投影，就能确定形体Ⅰ是一个长方体，在其上部挖了一个半圆柱形状的槽，如图 7－22（c）中的粗线所示。

②形体Ⅱ的特征反映在平面图和左侧立面图上，它是一块带弯边（L 型）的长方形板，其上有两个小孔，对应的投影如图 7－22（d）中的粗线所示。

③ 形体Ⅲ、Ⅳ的特征反映在正立面图上，它们布置在组合体左、右两侧对称的位置，是两块三棱柱板，其投影如图 7－22（e）中的粗实线所示。

（3）综合起来想整体。

在看懂各构成体的基础上，按各形体的相对位置组合起来，想出组合体的整体形状。从图 7－22（b）所示的正立面图、平面图上，可以清楚地看出各形体的相对位置，带半圆形槽的长方体Ⅰ和两块三棱柱板Ⅲ、Ⅳ均放置在底板Ⅱ的上面，这三种形体的后表面平齐。为此，综合起来形成了如图 7－22（f）所示的整体形体。

7.4.3.2　**切割式组合体视图的阅读**

读切割式组合体的视图主要应用形体分析法并辅以线面分析法去分析和构思。在读此类视图时，首先通过对所给视图的分析确定假想形体；再分析从假想形体上切除了几个基本形体；然后根据线和面的投影特性（积聚性、实形性和类似性），采用线面分析法对复杂形状和相对位置进行分析，最后综合起来想出组合体的整体形状。

下面以图 7－23（a）所示切割式组合体为例，说明此类组合体视图的阅读方法和步骤。

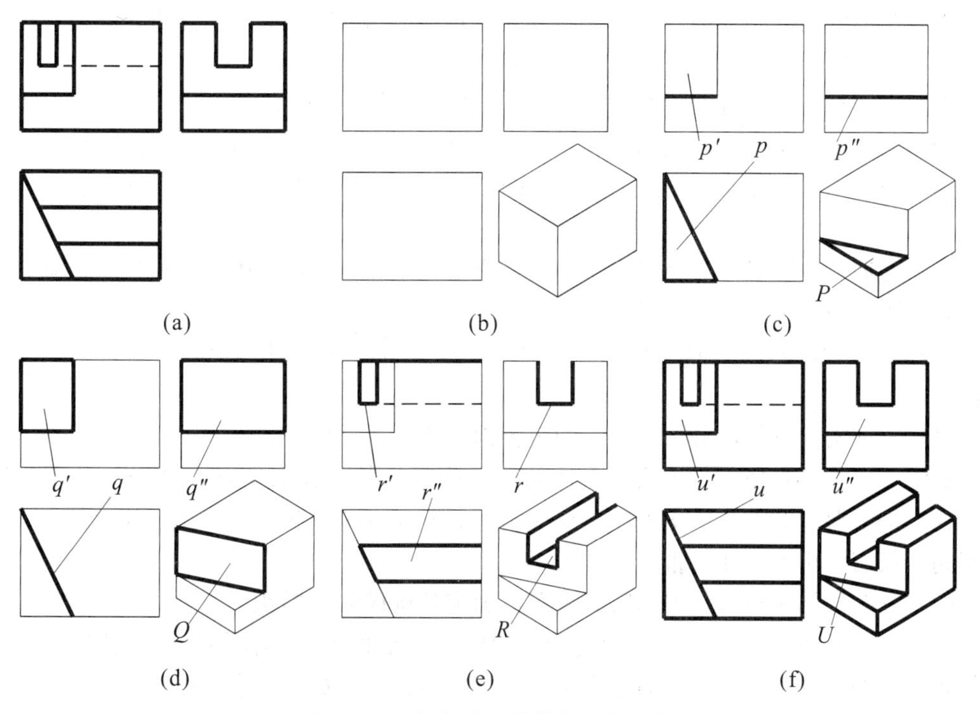

图 7－23　切割式组合体视图的阅读

(1) 看视图抓特征，对形体进行初步分析。

如图 7-23 (a) 所示，从三面投影图来看，该形体为切割式组合体，故综合运用形体分析法和线面分析方法对其进行分析。

(2) 分解形体对投影，根据特征视图，确定假想形体及各个部分的形状。

①这个组合体三视图的外围形状都是矩形，由三视图的最大轮廓范围可确定假想形体为长方体，如图 7-23 (b) 所示。

②该形体的左端被一个水平面和一个铅垂面切割出一个缺口。水平面切出的三角形 P 在平面图上的投影为三角形线框 p，在正立面图和左侧立面图中积聚为直线 p' 和 p''，如图 7-23 (c) 中的粗线所示；铅垂面切出的矩形 Q 在正立面图和在侧立面图中的投影各为一矩形线框 q' 和 q''，在平面图上积聚为直线段 q，如图 7-23 (d) 中的粗线所示。

③形体中上部被一个水平面和两个正平面挖切出一个凹槽 R，其三面投影如图 7-23 (e) 中的粗线所示。

(3) 综合起来想整体。

由上述分析可以看出，该组合体是将假想长方体左上端切掉一个三棱柱、顶部挖切一个凹槽形成的一个切割式组合体，如图 7-23 (f) 所示。

(4) 线面分析攻难点。

在此例中，可根据正立面图和左侧立面图中的类似形 u'、u'' 及平面图中积聚的直线段 u 判断出该形体上有一个 U 形铅垂面，再由正立面图中的虚线判断出形体上有一个沿长度方向切通的凹槽。

7.4.4 由两视图补画第三视图

由组合体的两视图补画其第三视图可以培养和提高读图者的读图能力，同时也可以培养和提高空间思维能力和解决空间问题的能力。

由两视图补画第三视图简称“二补三”，是读图训练的重要手段。首先要用形体分析法和线面分析法来正确读懂视图，想象出视图所表达的组合体形状，再根据所想象的空间形体逐个补画出组合体每一部分的第三视图，最后检查所补视图与已知视图是否符合投影关系。

读图初期或遇疑难部分最好徒手勾画相应轴测图。有一定基础后，可边想边画。最后一定要将所补视图与已知视图对照印证。

【例 7-4】 图 7-24 (a) 为一组合体的二视图，试想出其整体形状，并补出其左侧立面图。

(1) 看视图抓特征，分析视图，确定各构成体。

如图 7-24 (a) 所示，因为组合体的正立面图的特征比较明显，其中的几个封闭线框反映了基本形体的特点，所以在正立面图上划分线框Ⅰ、Ⅱ、Ⅲ、Ⅳ，其中Ⅱ、Ⅳ两部分相同，只需分析Ⅰ、Ⅱ、Ⅲ三部分。

(2) 分解形体对投影，根据特征视图，确定各构成体的形状。

如图 7-24 (b) 所示，由已知的两个视图，并根据基本形体的投影特性看出，该组合体底部是挖切了两个部分的矩形板Ⅰ，上部中间是一个挖切了半圆柱槽的长方体Ⅲ，上部两侧是两个三棱柱Ⅱ、Ⅳ。这个组合体由Ⅰ、Ⅱ、Ⅲ、Ⅳ四个部分后面平齐叠加在一起，且左右对称。

（3）综合起来想整体，补画第三视图。

根据每一部分的投影关系，依次补画出它们的左侧立面图，如图 7－24（c）、（d）、（e）所示。应当注意的是，每画完一部分的左侧立面图，都必须检查各部分的连接处是否有多余或遗漏的线条，是否有实线应改为虚线，检查无误后才能画下一部分。

（4）检查加深。

从整体出发，利用线、面投影特征，检查所画左侧立面图与已知视图是否符合投影关系。检查无误后再按规定线型加深图线，如图 7－24（f）所示。

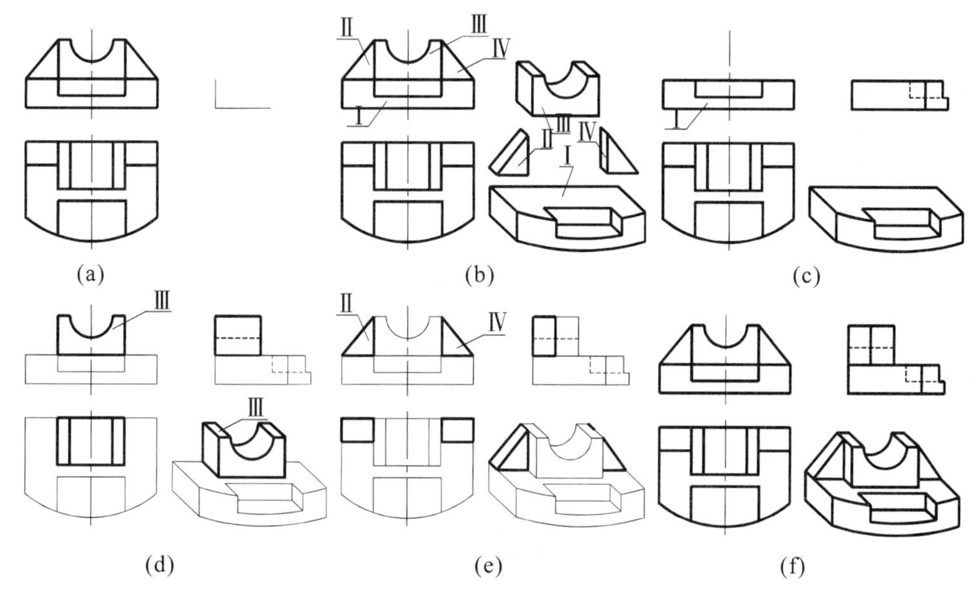

图 7－24　叠加式组合体二补三

【例 7－5】分析图 7－25（a）所示两视图，想出空间形状，并画出它的左侧立面图。

（1）看视图抓特征，分析视图，确定构成体。

由组合体平面图的特点可知该物体是前方被切去了左右两块的长方体构成体，根据两视图可确定其最大轮廓。

（2）根据特征视图，用线面分析法进行分析。

①该形体平面图形状特征明显，故划分出线框 1、2，如图 7－25（b）所示。

②根据“无类似形必积聚”的关系，可知平面图中所表示的封闭线框 1 必积聚在斜线 $1'$上，即平面Ⅰ为正垂面，如图 7－25（b）所示。

③线框 2 与线框 $2'$成类似形，故知平面Ⅱ同时倾斜于 V 面和 H 面。由于此时平面Ⅱ有两个可能性——一般位置平面或侧垂面，故选择直线 AB 进行判定。因 $a'b'$与 ab 均为水平直线，即 AB 为侧垂线，则判定平面Ⅱ为侧垂面，如图 7－25（b）所示。

④此形体左右对称，由此可知物体是一个长方体的两侧各被一正垂面和侧垂面所切割，切割后的空间形状如图 7－25（b）所示。

（3）补画第三视图并加深图线。

根据上述分析，用“三等规律”即可画出左侧立面图，如图 7－25（c）所示。

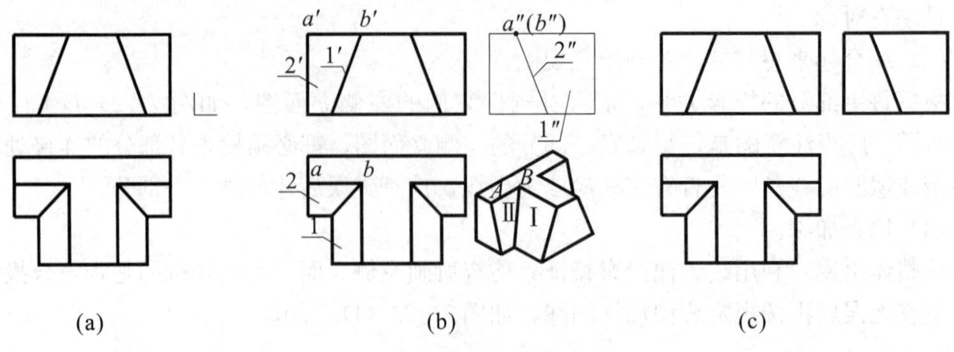

图 7－25　切割式组合体二补三

【例 7－6】图 7－26（a）为一组合体的正立面图和平面图，试补画其左侧立面图。

（1）看视图抓特征，分析视图，确定各构成体。

如图 7－26（a）所示，形体只用了正立面图和平面图两个视图来表达，若只从图中的线框来分析，则不易把各形体分离出来。因此，可以假想从线框的某处将形体分离开，把分开的部分作为独立的形体来看待。

采用形体分析法，假想把组合体的平面图的凸出部分Ⅳ用双点划线为界分开，把正立面图的凸出部分Ⅰ以双点划线为界分开，把Ⅲ与Ⅱ分开，如图 7－26（b）所示。根据组合体被分离出的四个基本构成体的特征视图，想象出各构成体的形状，如图 7－26（c）所示。

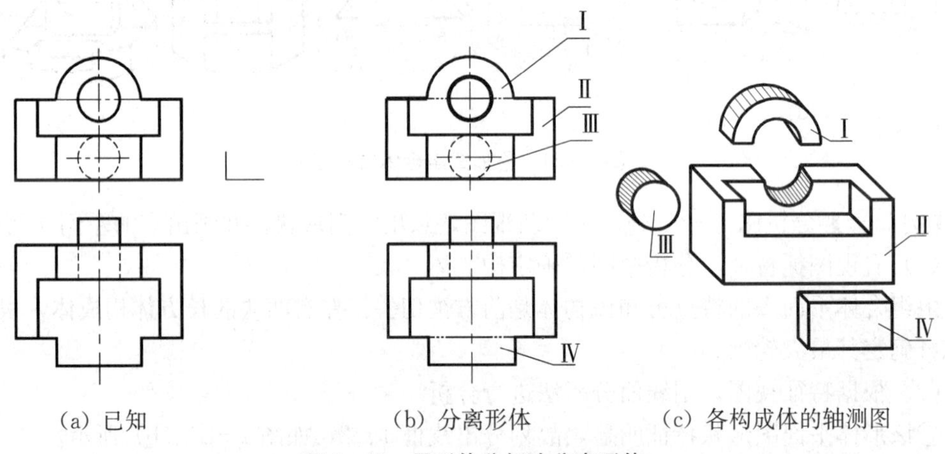

图 7－26　用形体分析法分离形体

（2）根据各构成体的特征视图，想象出各构成体的左侧立面图。如图 7－27 所示。

首先根据基本形体的投影特性，把形体Ⅰ、Ⅲ、Ⅳ的左侧立面图想象出来，如图 7－27（a）、（c）、（d）所示。再用切割法，把形体Ⅱ的左侧立面图想象出来，如图 7－27（b）所示。

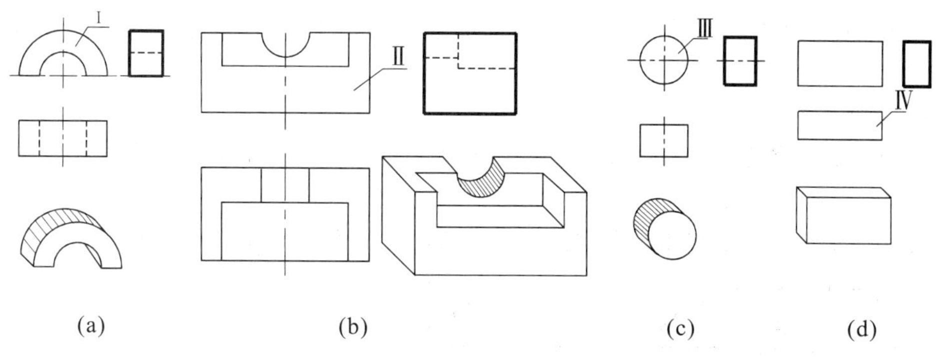

图 7－27　**各构成体的左侧立面图**

(3) 综合起来想整体。

对照图 7－26 (c) 所示，以线框Ⅱ所示形体为基础，按已知两视图所给定的相互位置关系，在其上方叠加线框Ⅰ的形体，前方加线框Ⅳ的形体，后方加线框Ⅲ的形体，即可想象出组合体的形状，如图 7－28 所示。

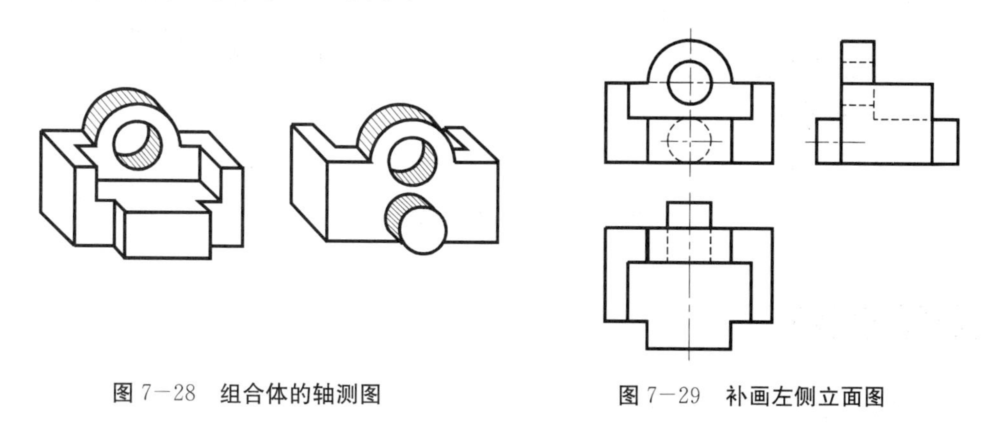

图 7－28　**组合体的轴测图**　　图 7－29　**补画左侧立面图**

(4) 补画左侧立面图。

在读懂视图的基础上，根据投影规律，先画出形体Ⅱ的左侧立面图，再画出形体Ⅰ、Ⅲ、Ⅳ的左侧立面图，最后按规定线型加深图线，完成组合体的左侧立面图，如图 7－29 所示。

【例 7－7】试阅读如图 7－30 (a) 所示房屋的三视图，想出其空间形状。

(1) 概括了解、形体分析。

图 7－30 (a) 所示的组合体是由三个视图表达的，它是房屋类组合体。从图中可知该组合体是由大小两个形体组成的。其中小形体的正面投影积聚成五角形，因它的五边代表着五个棱面，可知该形体为一个五棱柱状的房屋，即两坡面房屋，该房屋的水平投影和侧面投影的虚线对应着正面投影半圆与两切线的投影可知这个房屋中间开了一个拱门洞。大形体的下半部是一个四棱柱状的墙身，它的上半部比较复杂，应进一步分析。

(2) 线面分析。

大形体的上半部应为房屋的屋面，根据侧面投影的大小、两个三角形和一个梯形，结合水平投影中的梯形类似形，可知该屋面是一个三棱柱被两个侧平面和两个正垂面切割而成的。像这样的屋面称为歇山屋面。该歇山屋面的前坡面 P 与小房屋的两坡面相交而得

交线 AB 和 BC，P 面的水平投影 p 和其正面投影 p' 也成类似形，P 面的侧面投影 p'' 积聚为一条直线。

(3) 综合起来想整体。

把前面分析的各形体，对照图 7－30（a）中形体的相对位置，可想象出组合体的形状如图 7－30（b）所示。

通过以上分析，读者可根据其中任意两视图，自备图纸补画第三视图。

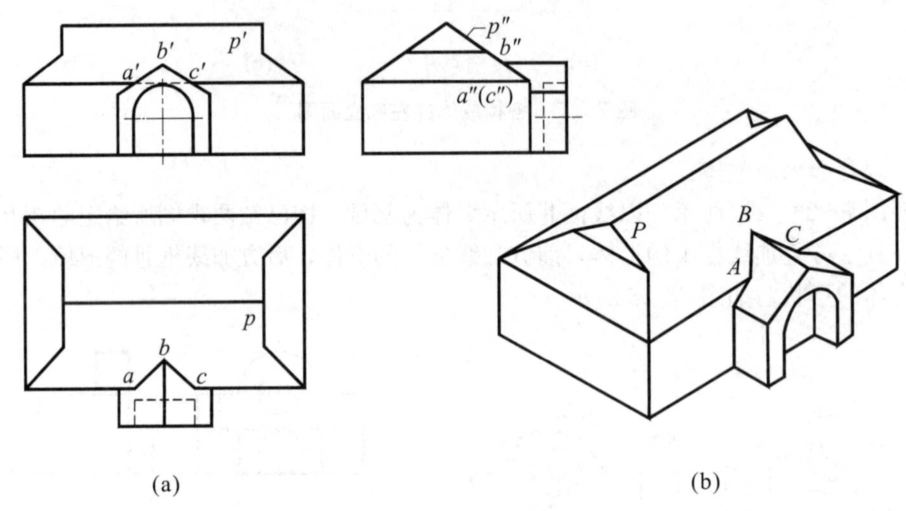

图 7－30　房屋视图的阅读

【复习思考题】

1. 选择正立面图有哪些要求？
2. 画组合体视图的顺序是什么？
3. 组合体尺寸标注有哪几项基本要求？
4. 关于尺寸标注齐全的要求，除不遗漏、不重复外，还要标注出哪三种尺寸？
5. 组合体读图的基本知识有哪些？
6. 组合体读图的基本方法有哪几种？
7. 用形体分析法的读图法是什么？试举例说明。
8. 如何利用切割法读图？试举例说明。
9. 试归纳组合体读图的步骤。

第 8 章 轴测图

8.1 轴测图的基本知识

多面正投影图能准确地表达形体的形状和大小，尺寸度量也很方便，但立体感差。为了弥补正投影的不足，工程上常采用富有立体感的轴测图作为辅助图样。

8.1.1 轴测图的形成及术语

8.1.1.1 轴测图的形成

如图 8−1（a）所示，形体在 V、H 面上任一投影只能反映形体长、宽、高中两个方向的形状，缺乏立体感。如果能使形体的一个投影能同时反映形体的长、宽、高三个方向的形状，则这样的图形就具有立体感了。

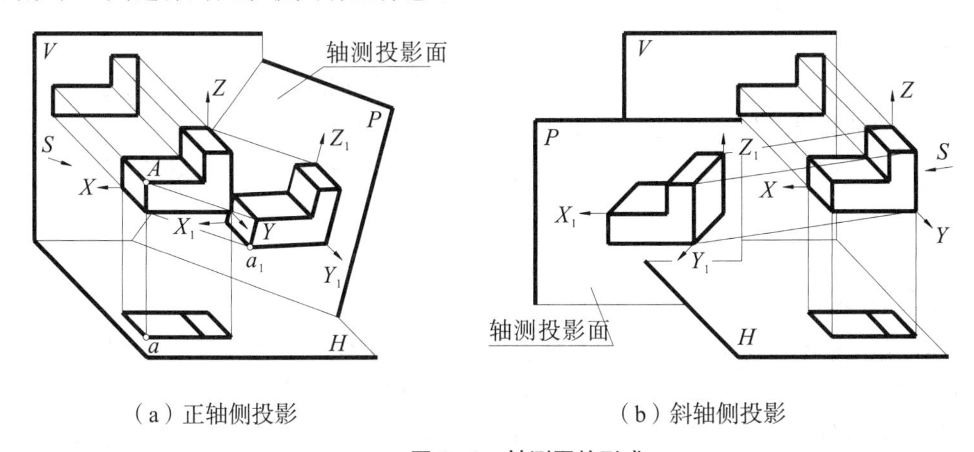

（a）正轴侧投影　　（b）斜轴侧投影

图 8−1 轴测图的形成

如图 8−1 所示，将形体连同确定其空间位置的直角坐标系 $O-XYZ$ 一起，沿不平行于任一坐标面的方向 S，用平行投影法投射在单一投影面 P 上所得到的图形称为轴测投影图，简称轴测图。

轴测图的立体感强，但度量性较差，作图较麻烦，所以通常把它作为辅助性图样。但在建筑图样中，室内外给排水系统管道图以及室内布置等常用轴测图绘制。

8.1.1.2 术语

（1）轴测投影面。如图 8−1 所示，得到轴测投影的平面 P 称为轴测投影面。

（2）轴测轴。直角坐标系的坐标轴 OX、OY、OZ 在轴测投影面上的投影，简称轴测轴。如图 8-1 所示，用 O_1X_1、O_1Y_1、O_1Z_1 表示。

(3) 轴间角。两轴测轴之间的夹角称为轴间角。如图 8-1 所示，即 $\angle X_1O_1Y_1$、$\angle X_1O_1Z_1$ 和 $\angle Y_1O_1Z_1$。

(4) 轴向伸缩系数。轴测轴上单位长度与相应空间直角坐标轴上的单位长度之比，称为轴向伸缩系数。在 OX、OY、OZ 轴上分别取单位长度 i、j、k，它们在轴测轴上的对应长度分别为 i_1、j_1、k_1，则有

$$p=\frac{i_1}{i},\quad q=\frac{j_1}{j},\quad r=\frac{k_1}{k}$$

式中，p、q、r 分别称为 X、Y、Z 的轴向伸缩系数。

(5) 次投影。各投影面上的正投影的轴测投影称为次投影。正面投影的次投影称为正面次投影，同样有水平面次投影、侧面次投影。如图 8-1 (a) 所示，点 A 的水平投影 a 的水平次投影记为 a_1。

8.1.2 轴测图的性质

由于轴测投影属于平行投影，因此，具有一切平行投影的属性。为了便于以后绘图，应注意以下特性。

(1) 平行性。

①空间形体上平行于坐标轴的线段，其轴测投影平行于相应的轴测轴。

②空间形体上相互平行的线段，其轴测投影仍互相平行。

(2) 定比性。

①空间点分线段为某一比值，则点的轴测投影分线段的轴测投影为同一比值。

②两线段的轴测投影长度之比与空间二线段长度之比相等。

画轴测图时，只能沿轴测轴的方向和按轴向伸缩系数来确定线段，这就是"轴测"二字的由来。

8.1.3 轴测图的分类

由上述可知，根据投影方向 S 与轴测投影面 P 的倾角不同，轴测图分为正轴测图和斜轴测图两类。当投影方向与轴测投影面垂直时，为正轴测图；当投影方向与轴测投影面倾斜时，为斜轴测图。根据轴向伸缩系数的不同，轴测图又分为等测、二测和三测。为此轴测图可作如下分类：

- 轴测图
  - 正轴测图（$S\perp P$）
    - 正等测：$p=q=r$
    - 正二测：$p=r\neq q$，或 $p=q\neq r$，或 $q=r\neq p$
    - 正三测：$p\neq q\neq r$
  - 斜轴测图（$S\angle P$）
    - 斜等测：$p=q=r$
    - 斜二测：$p=r\neq q$，或 $p=q\neq r$，或 $q=r\neq p$
    - 斜三测：$p\neq q\neq r$

8.1.4　轴测图的画法

8.1.4.1　轴测图绘制的基本方法

绘制轴测图常用的方法有坐标法、切割法、端面法和叠加法。无论用哪种方法绘制形体的轴测图，坐标法都是最基本的方法，其他方法都是以坐标法为基础的。这几种方法将在后面作详细介绍。注意，在轴测图中一般不画虚线。

8.1.4.2　轴测图绘制的步骤

在绘制形体轴测图之前，首先要弄清形体的形状和结构，然后选择最佳轴测图的类型、摆放位置和投射方向，运用前面介绍的基本知识按一定的绘图步骤，画出形体的轴测图。

通常，轴测图绘制的步骤如下：

（1）分析正投影图，想出形体的空间形状和组合方式。

（2）作图。

①在正投影图上定出坐标原点和坐标轴。

②按所选轴侧图的种类，选取相应的轴间角，绘出轴测轴。

③在正投影图上沿轴向测量尺寸，再按相应的轴向伸缩系数，根据正投影图逐步画出形体的轴测图。

（3）检查，擦去多余的图线，加深轴测图中可见轮廓线，完成全图。

由于三测图作图甚繁，很少采用，故本章只介绍建筑图中常采用的正等轴测、正面斜二测和水平斜等测三种轴测图的画法。

8.2　正等轴测图

如图 8－2（a）所示，当投影方向 S 与轴测投影面 P 垂直，且形体的三个坐标轴 OX、OY、OZ 与轴测投影面 P 的倾角 α 均相等（约为 35°）时，所得到的轴测图即为正等轴测图，简称正等测图。

8.2.1　正等测图的轴间角和轴向伸缩系数

正等轴测图的轴间角$\angle X_1O_1Y_1=\angle X_1O_1Z_1=\angle Y_1O_1Z_1=120^\circ$，轴向伸缩系数 $p=q=r=0.82$。如图 8－2（b）所示。

通常，为简化作图，正等轴测图采用简化轴向伸缩系数 $p=q=r=1$，如图 8－2（c）所示。显然，用简化轴向伸缩系数所作的正等测图是沿轴向放大为 1.22 倍（1/0.82≈1.22）。

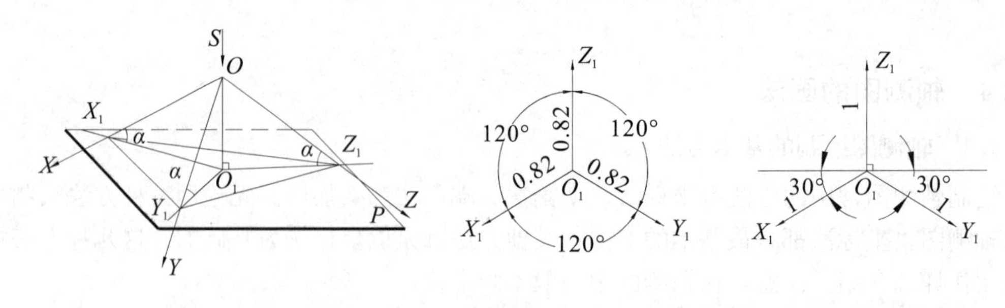

（a）正等轴测投影的形成　　（b）轴间角与轴向伸缩系数　　（c）轴测轴画法

图 8－2　正等轴测图的形成及其轴间角与轴向伸缩系数

8.2.2　平面立体正等测图的绘制

8.2.2.1　坐标法

坐标法就是根据点的空间坐标画出其轴测图，然后连接各点完成形体的轴测图。它主要用于绘制那些由顶点连线而成的简单平面立体或由一系列点的轨迹光滑连接而成的平面曲线或空间曲线。

【例 8－1】已知三棱锥 $S-ABC$ 的二面投影，求作其正等测图，如图 8－3 所示。

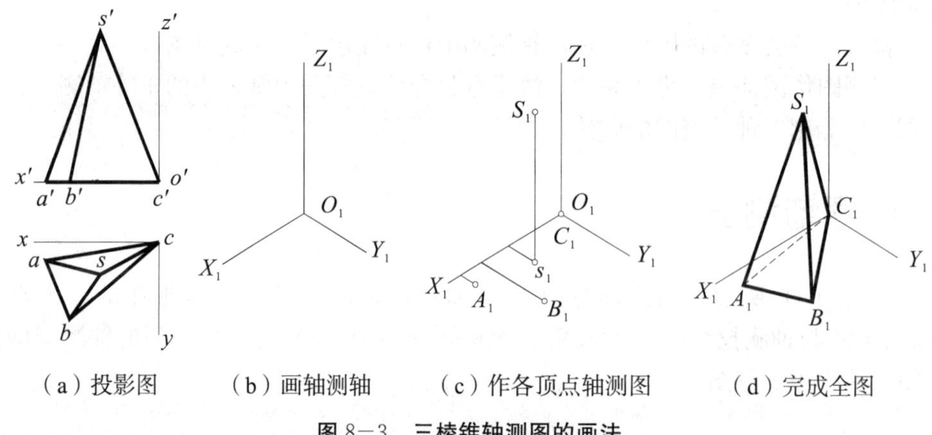

（a）投影图　　（b）画轴测轴　　（c）作各顶点轴测图　　（d）完成全图

图 8－3　三棱锥轴测图的画法

分析：为简化作图，将棱锥底面置于直角坐标面 $X_1O_1Y_1$ 上。

作图：

①在正投影图上定出原点和坐标轴的位置，如图 8－3（a）所示。

②按正等侧图轴间角的规定，画出轴测轴，如图 8－3（b）所示。

③按简化伸缩系数 $p=q=r=1$，分别作出 A_1、B_1、C_1 的水平面次投影，即为其轴测投影 A_1、B_1、C_1；同时作出锥顶的水平面次投影 s_1，如图 8－3（c）所示。

④ 过 s_1 作 $s_1S_1 /\!/ O_1Z_1$，取 $s_1S_1=Z_S$，得 S_1，如图 8－3（c）所示。

⑤ 连 $S_1-A_1B_1C_1$，擦去多余图线，并将可见的棱线画成粗实线，不可见的棱线画成中虚线，即为所求，如图 8－3（d）所示。

注意：一般的轴测图是不画虚线的，但由于本例是三棱锥，若不画虚线就不能确定它是否为三棱锥，故画出了虚线。

8.2.2.2　切割法

由于有些形体是由长方体切割而成的，因此，这类形体的轴测图的绘制也可按其形成过程，即先画出整体，然后依次去掉被切除部分，从而完成形体的轴测图。

【例 8−2】如图 8−4（a）所示，试根据带切口的形体的正投影图，绘制其正等测图。

分析：该形体为带切口的长方体，对于带切口的形体，一般先按完整形体处理，然后加画切口。但需注意，如切口的某些截交线与坐标轴不平行，不可直接量取，而应通过它的次投影求得。

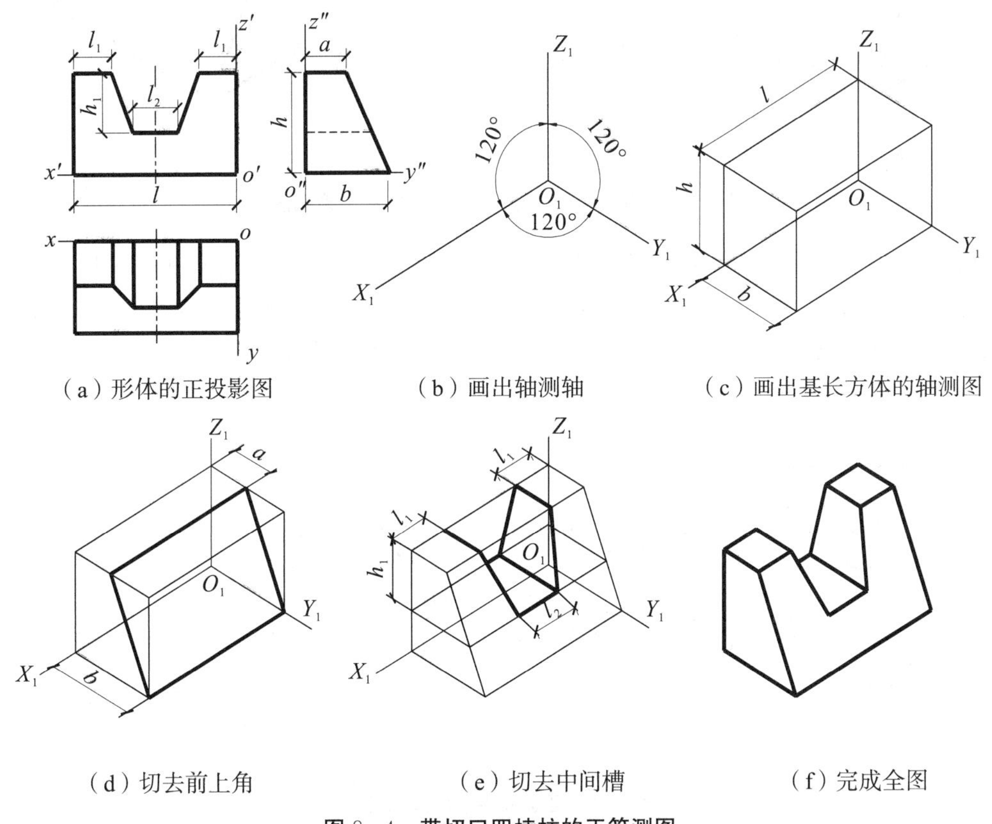

（a）形体的正投影图　（b）画出轴测轴　（c）画出基长方体的轴测图

（d）切去前上角　（e）切去中间槽　（f）完成全图

图 8−4　带切口四棱柱的正等测图

作图：

①在正投影图上定出坐标原点和坐标轴，如图 8−4（a）所示。

②按正等侧图轴间角的规定，画出轴测轴，如图 8−4（b）所示。

③按 $p=q=r=1$，画出长方体的正等测图。按长方体的长、宽、高作出完整的长方体，如图 8−4（c）所示。

④按尺寸 a 切去前上角多余部分，如图 8−4（d）所示。

⑤按尺寸 l_1、l_2和 h_1切去中间槽口，如图 8−4（e）所示。

⑥擦去多余图线，把可见轮廓线画成粗实线，完成全图，如图 8−4（f）所示。

8.2.2.3　端面法

如图 8−4（d）的作图过程也可以采用端面延伸法（也称特征面法，简称端面法）来绘制。这种方法是根据形体的结构特征，首先作出形体平行于其坐标面的端面的轴测图，然后画出平行于另一轴测轴方向的线段。

如图 8−5 所示，首先作出左端面的轴测图，然后过端面各顶点，作平行于 X_1 轴的一系列棱线的轴测图，从而成完成整个轴测图的绘制。对此例来说，此方法更显得方便。

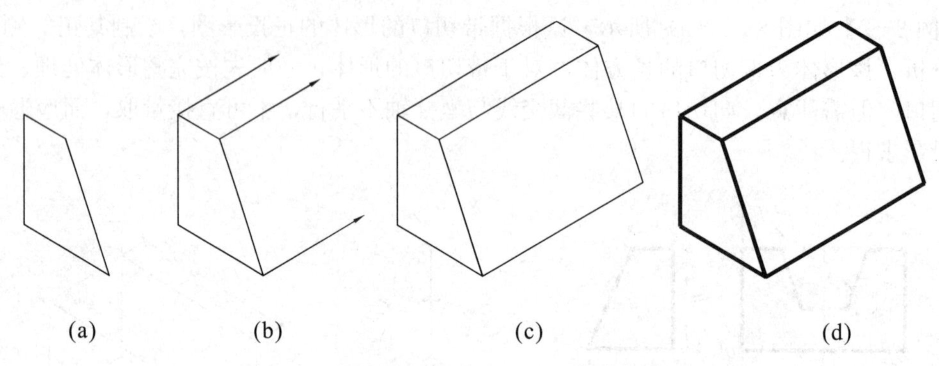

图 8−5　用端面延伸法画平面立体的正等测图

【例 8−3】如图 8−6（a）所示，已知正六棱柱的二面投影，试绘制其正等测图。

分析：此正六边形为对称图形，为了简化作图，避免画出不可见轮廓线，将直角坐标原点 O 置于六棱柱顶面的中心，且 OZ 轴向下，轴向伸缩系数 $p=r=q=1$，如图 8−6（a）所示。

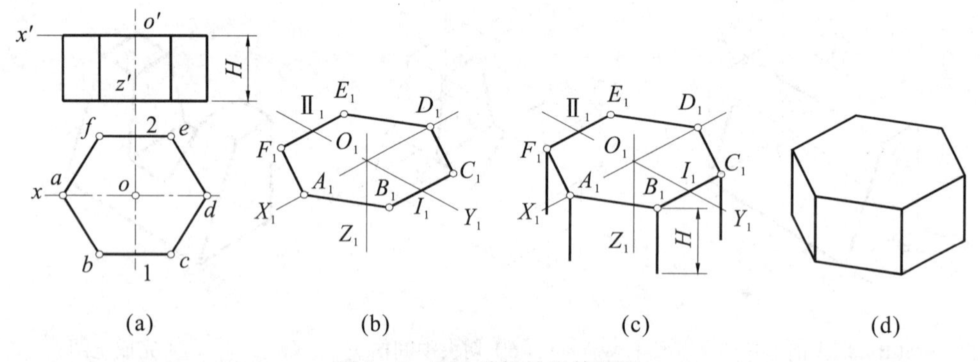

图 8−6　正六棱柱的正等测图

作图：

①在正投影图上定出坐标原点和坐标轴，如图 8−6（a）所示。

②按正等侧图对轴间角的规定，画出轴测轴，如图 8−6（b）所示。

③采用坐标法，按 $p=q=1$，沿轴方向测量，首先作出 A、D、Ⅰ、Ⅱ四点的轴测投影 A_1、D_1、I_1、II_1，再分别过 I_1、II_1 两点作直线平行于 O_1X_1，求得 B、C、E、F 四点的轴测投影 B_1、C_1、E_1、F_1，最后顺序连接 A_1、B_1、C_1、D_1、E_1、F_1，即为所求顶面的正等测图，如图 8−6（b）所示。

④采用端面法，按 $r=1$，完成正六棱柱的正等测图，如图 8−6（c）、（d）所示。

8.2.2.4　叠加法

由于有些形体是由基本形体经叠加而成的，因此，这类形体轴测投影图的绘制可将其分为几个部分，然后按叠加方式逐个画出各个部分的轴测图，从而得到整个形体的轴测图。需注意的是，画图时一定要正确确定各个部分的相对位置关系。

【例 8－4】如图 8－7（a）所示，试根据形体的正投影图，绘制其正等测图。

分析：形体是由底板、中间板和四棱柱叠加而成的，为了便于作图，在正投影图的底板顶面中心定出坐标原点并作出坐标轴，并选用叠加法逐步画出形体的轴测图。

作图：

①在正投影图上定出坐标原点和坐标轴，如图 8－7（a）所示。

②按正等侧图轴间角的规定，画出轴测轴，如图 8－7（b）所示。

③画出底板的轴测图。采用如图 8－7（c）所示方法，按 $p=q=r=1$，先画底板顶面的轴测图，再沿 Z_1 方向测量画出底板的高度，并用可见轮廓线完成底板的轴测图。

④画出小矩形板的轴测图，如图 8－7（d）所示。

⑤ 画出四棱柱的轴测图，如图 8－7（e）所示。

⑥ 擦去多余图线，将可见轮廓线画成粗实线，完成全图，如图 8－7（f）所示。

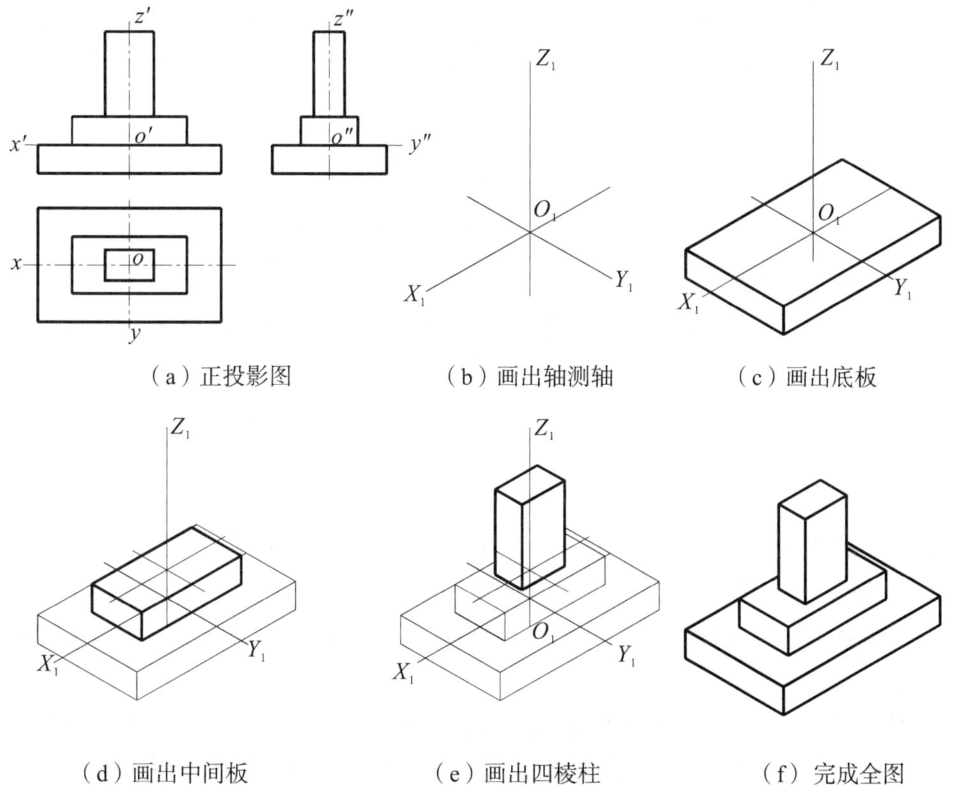

图 8－7　用叠加法画平面立体的正等测图

8.2.3　曲面立体的正等测图的绘制

画回转体的轴测图，应首先掌握圆的正等测图，特别是要掌握与坐标面平行或重合的圆的正等测图的画法。

8.2.3.1 平行于坐标面的圆的正等测图

(1) 正等轴测椭圆长、短轴的方向和大小。

正等轴测椭圆的长轴垂直于对应的轴测轴，短轴平行于对应的轴测轴。例如，如图 8-8（a）所示，在 $X_1O_1Y_1$ 面上的椭圆，其短轴与 O_1Z_1 平行；在 $Y_1O_1Z_1$ 面上的椭圆，其短轴与 O_1X_1 平行；在 $X_1O_1Z_1$ 面上的椭圆，其短轴与 O_1Y_1 平行。

椭圆长、短轴的尺寸如下所述。正等轴测图中椭圆长轴等于圆的直径 d，短轴等于 $0.58d$，如图 8-8（b）所示。采用简化轴向伸缩系数后，长度放大到 1.22 倍，即长轴为 $1.22d$，短轴为 $0.58d\times1.22\approx0.7d$，如图 8-8（c）所示。

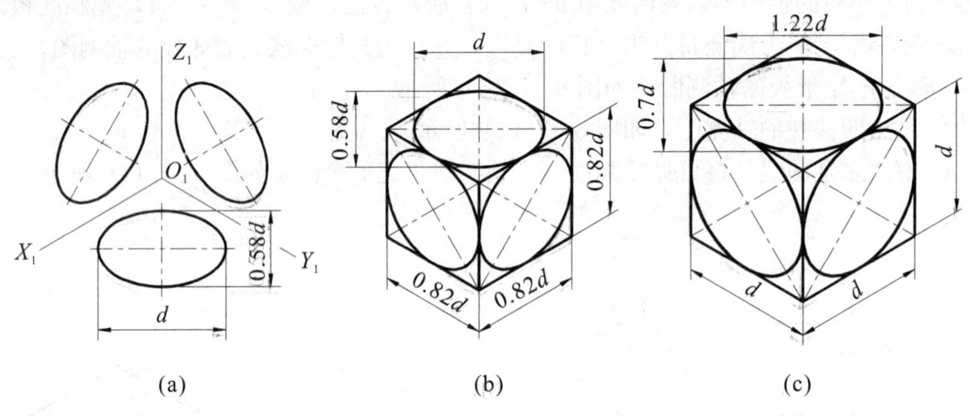

图 8-8 坐标面上圆的正等测

(2) 用四心圆近似画法画水平圆的正等轴测图。

① 在正投影图中定出原点和坐标轴，并作圆的外切正方形，如图 8-9（a）所示。

② 画出轴测轴，按 $p=q=1$，沿轴截取半径长为 R，得椭圆上四点 A_1、B_1、C_1、D_1，从而作出外切正方形的轴测图——菱形，如图 8-9（b）所示。

③ 菱形短对角线的端点为 1_1、2_1，连 1_1A_1（或 1_1D_1）、2_1B_1（或 2_1C_1），分别交菱形的长对角线于 3_1、4_1 两点，得四个圆心 1_1、2_1、3_1、4_1，如图 8-9（c）所示。

④ 以 1_1 为圆心，1_1A_1（或 1_1D_1）为半径作弧 $\widehat{A_1D_1}$；又以 2_1 为圆心，作另一圆弧 $\widehat{B_1C_1}$，如图 8-9（d）所示。

⑤ 分别以 3_1、4_1 为圆心，以 3_1A_1（或 3_1C_1）、4_1B_1（或 4_1D_1）为半径作圆弧 $\widehat{A_1C_1}$ 及 $\widehat{B_1D_1}$，如图 8-9（e）所示。

⑥ 擦去多余图线，加深可见轮廓线，即得水平圆的正等测图，如图 8-9（f）所示。

正平圆和侧平圆的正等轴测图的画法与水平圆的完全相同，只是椭圆长、短轴方向不同。

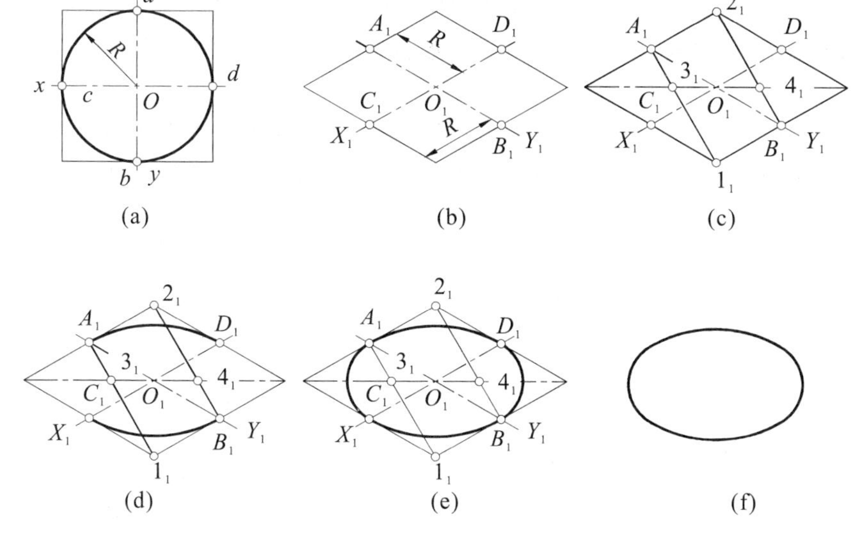

图 8－9　水平圆的正等轴测图的近似画法

8.2.3.2　圆柱正等测图的画法

【例 8－5】作出图 8－10（a）所示圆柱的正等测图。

分析：该圆柱的轴线垂直于 H 面，根据圆柱的对称性和可见性，可选择圆柱的顶圆圆心为坐标原点，如图 8－10（a）所示，这样便于作图。

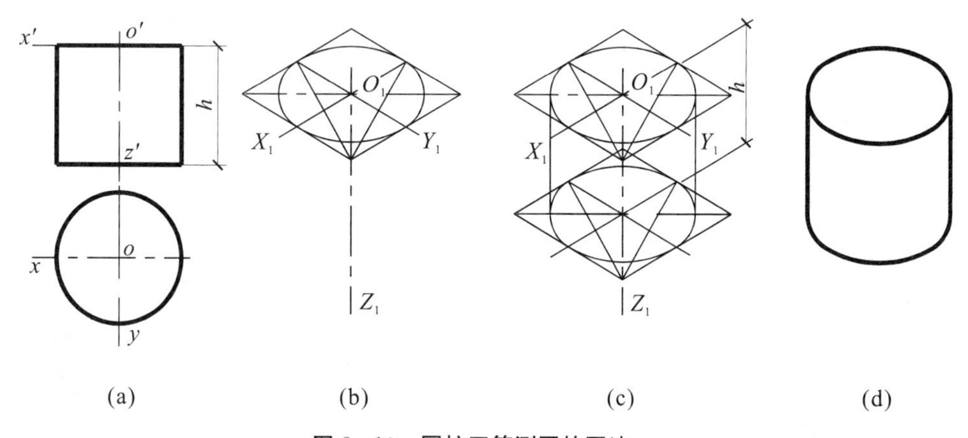

图 8－10　圆柱正等测图的画法

作图：

① 以圆柱顶圆圆心为坐标原点，选定坐标轴，如图 8－10（a）所示。

② 作轴测轴，按 $p=q=1$，画出顶圆的轴测图，如图 8－10（b）所示。

③ 按 $r=1$，沿 Z_1 轴方向向下量取高度 h，作出底圆的轴测图，再作出平行于 Z_1 轴并与两椭圆相切的转向轮廓线，如图 8－10（c）所示。

④ 擦去多余图线，将可见轮廓线画成粗实线，如图 8－10（d）所示。

从图 8－10（c）中可知圆柱底圆后半部分不可见，不必画出。由于上、下两椭圆完全相等，且对应点之间的距离均为圆柱高度 h，故只需完整地画出顶面椭圆，则可沿 Z_1 轴

方向向下量取高度 h，找出底面椭圆的三段圆弧的圆心以及两圆弧相连处的切点，再根据相应的半径画出底面的椭圆，从而简化了作图过程。这种方法称为圆心平移法（或移心法）。

轴线垂直于 V 面、W 面的圆柱的轴测图的画法与轴线垂直于 H 面的圆柱相同，只是椭圆长轴方向随圆柱的轴线方向而异，即圆柱顶面、底面椭圆的长轴方向与该圆柱的轴线垂直，如图 8－11 所示。

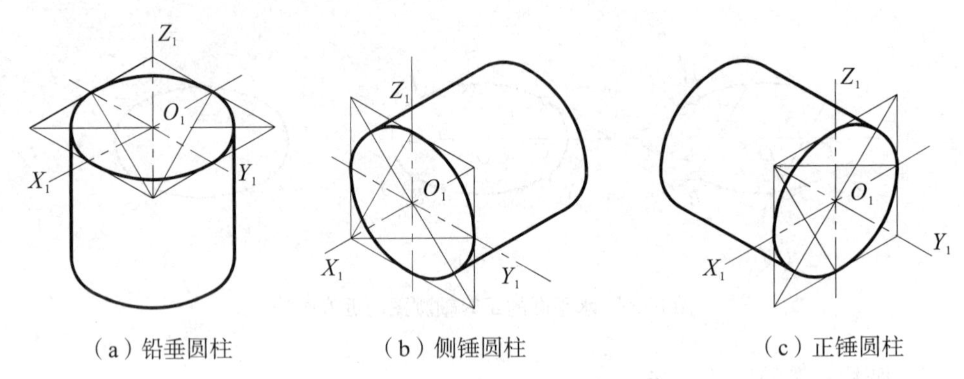

（a）铅垂圆柱　　（b）侧锤圆柱　　（c）正锤圆柱

图 8－11　三个方向圆柱的正等轴测图

8.2.3.3　圆角的正等测图

一般的圆角正好是圆周的四分之一，所以它们的轴测图正好是近似椭圆四段圆弧中的一段，图 8－12 表示了圆的正投影图、轴测图和把圆分成四段圆弧的轴测图的关系。

从图 8－12（b）中可知各段圆弧的圆心与外切菱形对应边中点的连线是垂直该边的，因此自菱形各顶点起，在边线上截取长度 R（圆角的半径），得各切点；过各切点分别作该边线的垂线，垂线两两相交；所得的交点分别为各段圆弧的圆心。然后以 R_1、R_2 为半径画圆弧，即得四个圆角的正等测图。

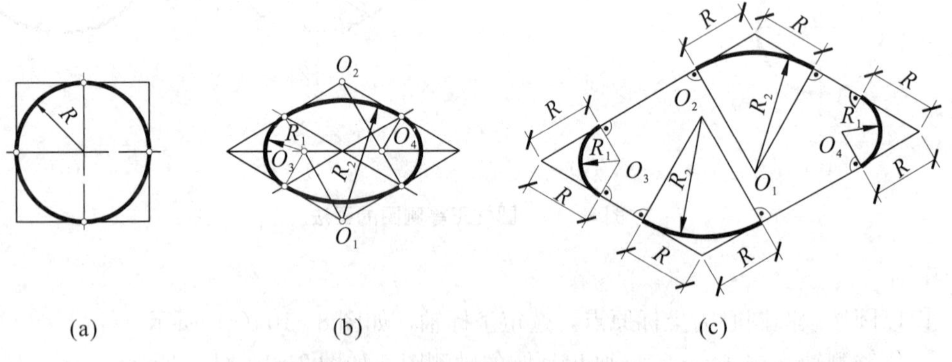

(a)　　(b)　　(c)

图 8－12　圆角正等轴测图的画法

8.2.4　组合体的正等测图

由于有些形体常常是由若干基本立体按叠加或切割方式组合而成的，当绘制这种形体时，可按其组成顺序依次逐个绘出每一个基本形体的轴测图，然后整理立体投影，加粗可见轮廓线，去掉多余图线，即完成整个形体的轴测图。

【例 8－6】试画出如图 8－13（a）所示台阶的正等测图。

分析：从正投影图可知该形体是一个叠加型组合体，由左右栏板和踏步叠加而成，因此可按叠加法绘制。

作图：

① 在正投影图上定出坐标原点和坐标轴，如图 8－13（a）所示。

② 按正等侧图轴间角的规定，画出轴测轴，如图 8－13（b）所示。

③ 按 $p=q=r=1$，画出左右栏板基本体的轴测图，如图 8－13（c）所示。

④ 用切割法完成左右栏板的轴测图，如图 8－13（d）所示。

⑤ 画出踏步右端面的轴测图，如图 8－13（e）所示。

⑥ 完成踏步轴测图，擦去多余图线，将可见轮廓线画成粗实线，完成全图，如图 8－13（f）所示。

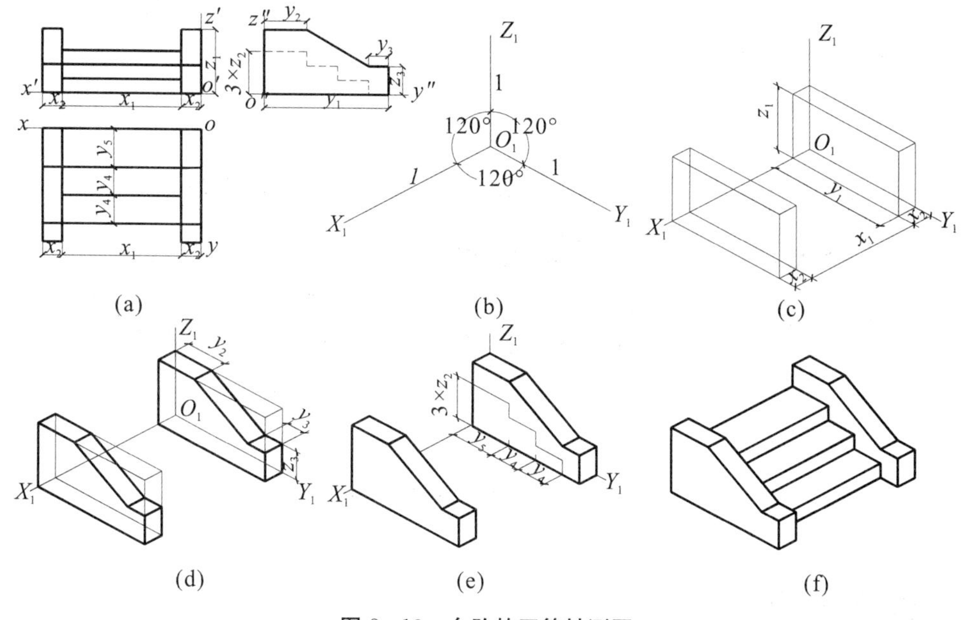

图 8－13　台阶的正等轴测图

【例 8－7】试画出如图 8－14（a）所示的形体的正等测图。

分析：从正投影图可知该形体是一个组合体，由方板和圆筒叠加而成，因此可按叠加法，先画圆筒，后画方板。

作图：

①以顶圆圆心为坐标原点并选定坐标轴，如图 8－14（a）所示。

②画出轴测轴，画顶面外椭圆。以 O_1 为圆心画轴测轴，按 $p=q=1$，画外切菱形和四心椭圆。如图 8－14（b）所示。

③用同样的方法画顶面内椭圆。如图 8－14（c）所示。

④完成圆筒。按 $r=1$，沿 O_1Z_1 轴从 O_1 点往下量取 h_1 得到 O_2，以 O_2 为原点画轴测轴，用同样的方法画出底面椭圆。作平行于 O_1Z_1 轴的直线与两椭圆相切，完成圆柱的正等测图，如图 8－14（d）所示。

⑤利用圆筒底面的轴测轴，按 $p=q=r=1$，画方板顶面。如图 8－14（e）所示。

⑥用端面延伸法，按 $r=1$，把方板顶面的四角顶点沿 O_1Z_1 轴往下平移一个方板的厚度（h_2-h_1），如图 8－14（f）所示。

⑦画出方板底面的边线，整理加深可见轮廓线，完成整个形体的正等轴测图，如图 8－14（g）所示。

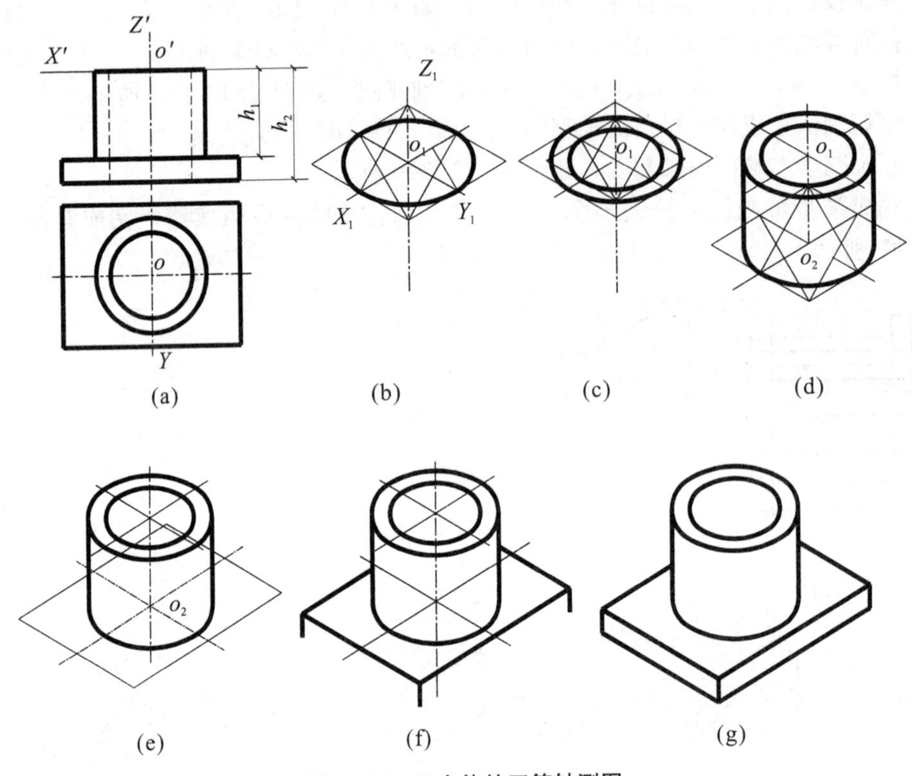

图 8－14　组合体的正等轴测图

8.3　斜轴测图

当投影方向对轴测投影面 P 倾斜时，形成斜轴测图。在斜轴测图中，以 V 面平行面作为轴测投影面，所得的斜轴测图称为正面斜轴测图，如图 8－1（b）所示。若以 H 面平行面作为轴测投影面，则得水平斜轴测图。下面对这两种斜轴测图作进一步讨论。

8.3.1　正面斜二测图

8.3.1.1　正面斜二测图的轴间角和轴向伸缩系数

如图 8－15 所示，正面斜轴测图不论投影方向如何选择，轴间角 $\angle X_1O_1Z_1=90°$，X_1 和 Z_1 方向的轴向伸缩系数均为 1，即 $p=r=1$。O_1Y_1 与 O_1X_1、O_1Z_1 的轴间角随投影方向的不同而发生变化。至于轴间角 $\angle X_1O_1Y_1$ 和 O_1Y_1 的轴向伸缩系数，则随投影方向而定，由于投影方向有无穷多，所以可令 O_1Y_1 的轴间角为任意数。为了作图方便，通常选

用 O_1Y_1 与水平方向成 45°（也可画成 30°或 60°），O_1Y_1 的伸缩系数常取为 0.5。

8.3.1.2 平行于坐标面的圆的斜二测图的画法

（1）斜二测图椭圆长、短轴的方向和大小。

在坐标面 XOZ 或与其平行的平面上，圆的正面斜二等轴测图仍为圆，如图 8－16 所示。另外两个坐标面上或与它们平行的平面上，圆的斜二等轴测图为椭圆，如图 8－16 所示。在 $X_1O_1Y_1$、$Y_1O_1Z_1$ 面上的椭圆长轴分别与 O_1X_1、O_1Z_1 的夹角为 7°10′，短轴与长轴垂直。椭圆长轴约为 $1.06d$，短轴约为 $0.33d$。

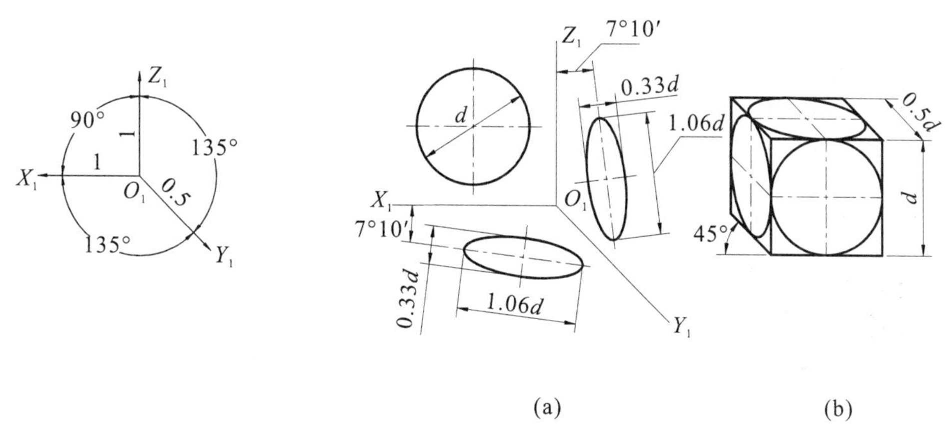

图 8－15 正面斜二测的轴间角和轴向伸缩系数　　图 8－16 三坐标面上圆的斜二测轴测图

（2）平行弦法画椭圆。

平行弦法就是通过平行于坐标轴的弦来定出圆周上的点，然后作出这些点的轴测图，光滑连线求得椭圆。

用平行弦法求作 XOY 坐标面上圆的正面斜二测图，其作图步骤如图 8－17 所示。

① 用平行于 OX 轴的弦 EF 分割圆 O，得分点 E、F，如图 8－17（a）所示。

② 取简化轴向伸缩系数 $p=r=1$，$q=0.5$，画轴测轴 $O_1-X_1Y_1Z_1$，如图 8－17（b）所示。

③ 求出点 A、B、C、D、E、F 的轴测图 A_1、B_1、C_1、D_1、E_1、F_1，如图 8－17（c）所示，利用上述平行弦可求出圆周上一系列点的轴测图。

④ 用曲线光滑连接 A_1、E_1、D_1、F_1、B_1、C_1 各点，即得到圆 O 的斜二测图，如图 8－17（d）所示。

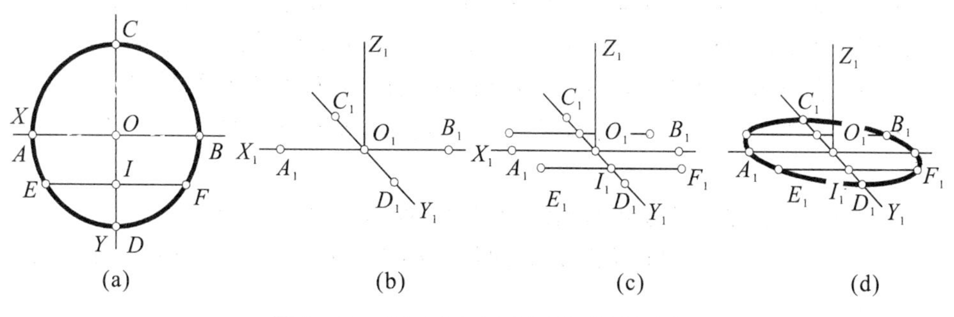

图 8－17 平行弦法作圆的斜二测轴测图

平行弦法画椭圆不仅适用于平行于坐标面圆的轴测图，也适用于不平行于坐标面圆的轴测图。平行弦法实质上就是坐标法。

8.3.1.3　**正面斜二测作图举例**

【例 8-8】画出如图 8-18（a）所示挡土墙的正面斜二测图。

分析：此挡土墙的正面反映其形状特征，故选用与 XOZ 面平行的轴测投影面，然后沿 Y 向延伸，即可画出该挡土墙的正面斜二测图。

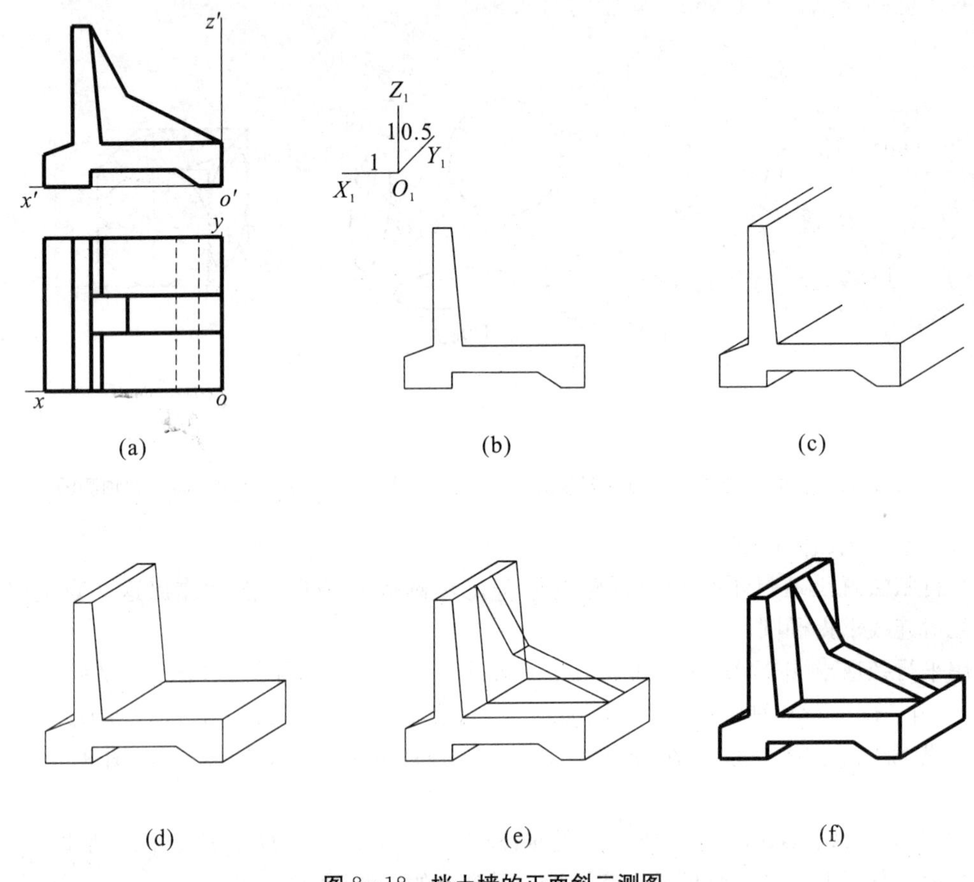

图 8-18　挡土墙的正面斜二测图

作图：

① 在正投影图中选挡土墙前端面的右下角为直角坐标原点，如图 8-18（a）所示。

② 确定轴间角，画轴测轴，取 $p=r=1$，画出挡土墙前端面的轴测图，如图 8-18（b）所示。注意：轴测轴可以画在轴测图图形的外面，这样在擦掉作图线时比较容易。

③ 运用端面法，将挡土墙前端面沿 Y 方向延伸，画出相关延伸线，如图 8-18（c）所示。

④ 取 $q=0.5$，完成挡土墙后端面的轴测图，如图 8-18（d）所示。

⑤ 取 $q=0.5$，由挡土墙前端沿 Y 方向量取相应的长度，画出扶墙的轴测图，如图 8-18（e）所示。

⑥ 擦去辅助线并加深可见轮廓线，完成全图，如图 8-18（f）所示。

【例 8－9】画出如图 8－19（a）所示拱门的正面斜二测图。

分析：拱门由地台、门身及顶板三个部分组成，拱门的正面投影反映其形状特征，故选用与 XOZ 面平行的轴测投影面，然后沿 Y 方向延伸，即可画出该拱门的正面斜二测图。

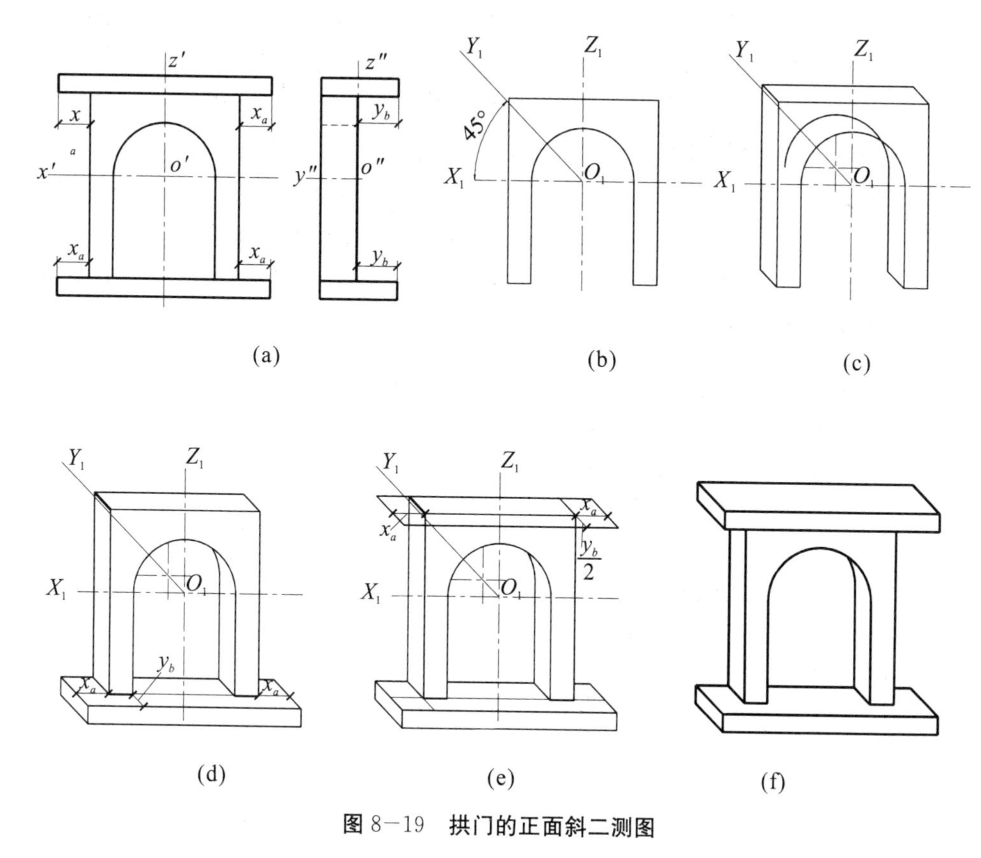

图 8－19　拱门的正面斜二测图

作图：

① 在正投影图中选择坐标原点和坐标轴，如图 8－19（a）所示。

② 确定轴间角，画出轴测轴，并取 $p=r=1$，画出门身前墙面的轴测图，如图 8－19（b）所示。

③ 根据门身的厚度，取 $q=0.5$，采用端面法延伸法将门身前端面沿 Y 方向延伸，画出门身后端面的轴测图，如图 8－19（c）所示。

④ 根据尺寸 x_a、y_b 和地台的高度，取 $p=r=1$，$q=0.5$，画出地台的轴测图，如图 8－19（d）所示。

⑤ 根据尺寸 x_a、y_b 确定顶板底面的位置，并取 $p=1$，$q=0.5$，画出其轴测图，如图 8－19（e）所示。

⑥ 根据顶板的高度，取 $r=1$，完成顶板的轴测图。擦去多余的图线，加深可见轮廓线，完成全图，如图 8－19（f）所示。

8.3.2 水平斜等测图

8.3.2.1 水平斜等测图的轴间角和轴向伸缩系数

水平斜等测图一般用来绘制一个建筑群的鸟瞰图或一个区域的总平面图。画图时，通常将Z_1轴画成铅垂方向，而O_1X_1与水平线成60°、45°或30°。轴间角$\angle X_1O_1Y_1=90°$，$\angle X_1O_1Z_1=120°$、135°或150°，轴向伸缩系数$p=q=r=1$，如图8-18（b）所示。

8.3.2.2 水平斜等测图作图举例

【例8-10】画出图8-20（a）所示建筑群的水平斜等测图。

分析：该建筑群特征面是平行于H面的，因此选用水平斜等测图来表示，各轴向伸缩系数$p=q=r=1$。此图可用端面延伸法，把建筑群底面的轴测图画出后，按各建筑物的高度沿Z_1轴方向延伸即得所求。

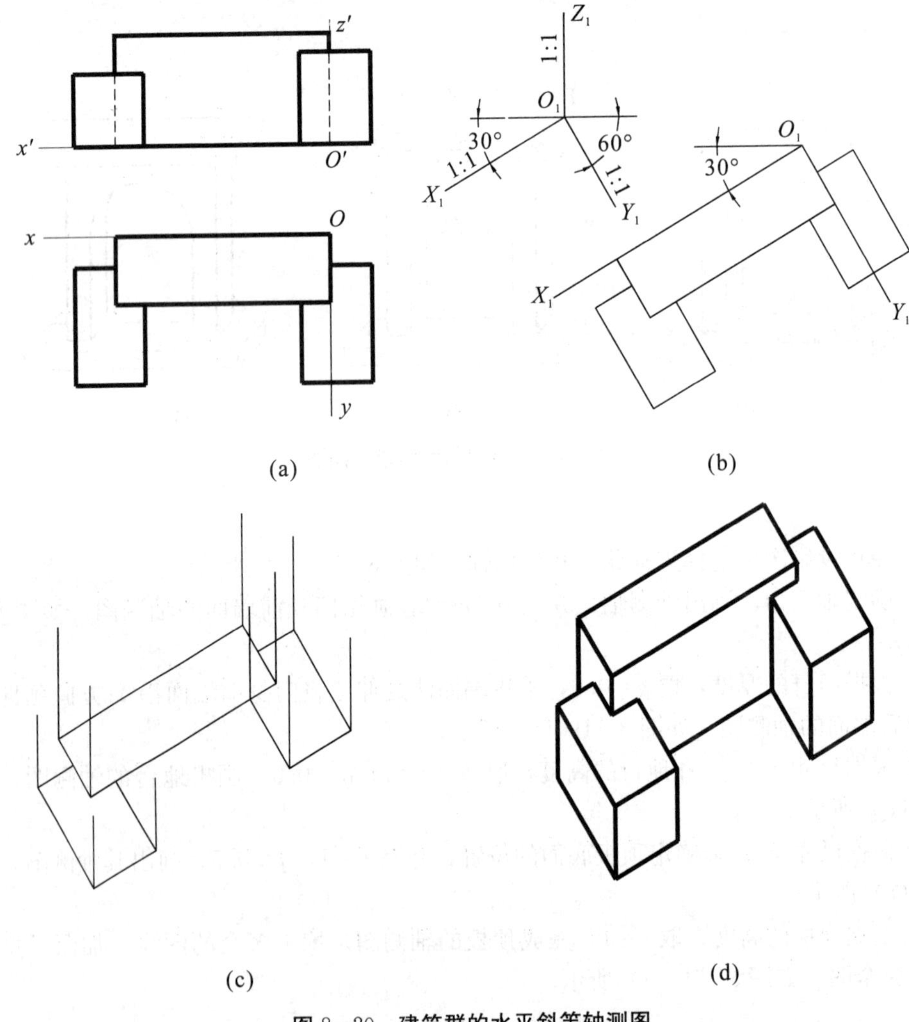

图8-20 建筑群的水平斜等轴测图

作图：

① 选择坐标原点和坐标轴，如图 8－20（a）所示。

② 画轴测轴。一般取表示形体长边方向的 O_1X_1 轴与水平线成 30°（即令 $\angle X_1O_1Z_1=120°$）；画出建筑群水平面的形状，即把平面图旋转 30°后画出，先画中间的矩形，再画左右两侧不完整的矩形，如图 8－20（b）所示。

③过旋转后建筑群平面图上的各顶点沿 Z_1 轴方向画平行线，并根据立面图中各建筑物的高度依次截取各长度，如图 8－20（c）所示。

④根据正投影图把截得的各顶点连接起来，但应注意中间建筑物与左右两端建筑物的交线画法。擦去多余的图线，加深可见轮廓线，完成建筑物的轴测图，如图 8－20（d）所示。

【例 8－11】如图 8－21（a）所示，已知房屋室内平面图，试绘制其水平斜等测图。

分析：该房屋特征面是平行于 H 面的，因此选用水平斜等测图来表示，取各轴向伸缩系数 $p=q=r=1$。

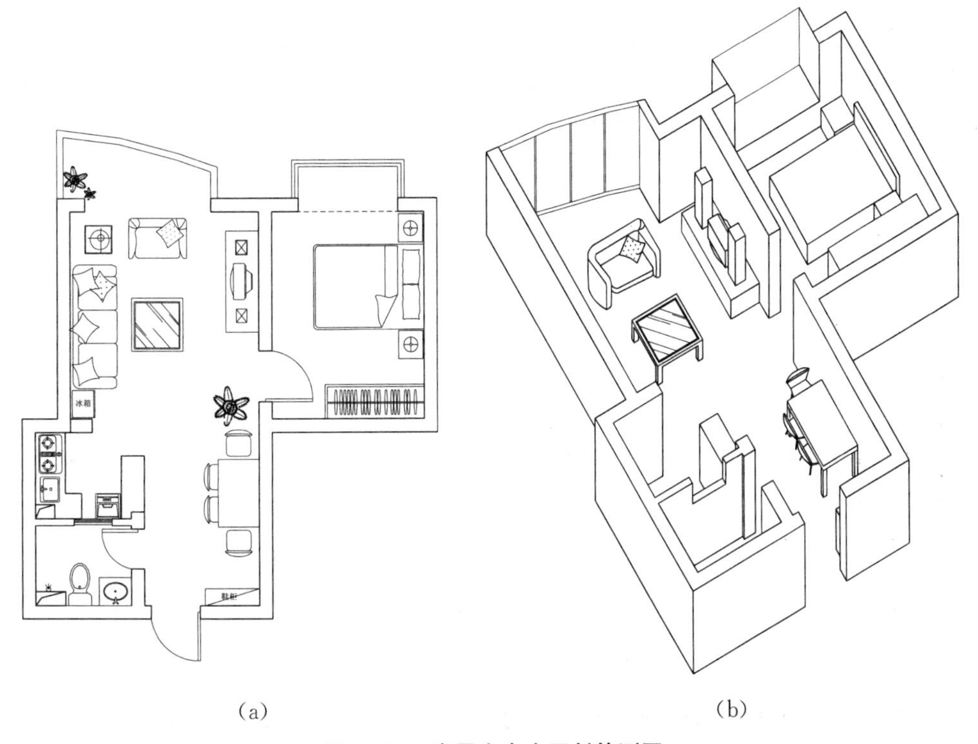

(a)　　(b)

图 8－21　房屋室内水平斜等测图

作图：

①选择坐标原点和坐标轴。

②画轴测轴，如图 8－21（b）所示。

③画出剖切后墙体的轴测图，如图 8－21（b）所示。

④画出剖切后门窗的轴测图，如图 8－21（b）所示。

⑤画出剖家具的轴测图，如图 8－21（b）所示。

⑥画出植物的轴测图，如图 8－21（b）所示。

⑦擦去多余的图线，加深，完成房屋的轴测图，如图 8—21（b）所示。

8.4 轴测图的选择

绘制轴测图的目的是为了更直观、清晰地表达形体的形状和结构，因此，在选择轴测投影的种类、摆放位置和投射方向时，必须考虑满足立体感强、直观性好、形状结构表达清晰、作图简便、有利于按坐标关系定位和度量，并尽可能减少作图线的基本原则。

8.4.1 轴测图种类的选择

大部分形体都可以选择正等测图来表达；对正面形状复杂（特别是有圆或圆弧时）的形体，一般选择正面斜二测作图更简便；对房屋的外形、内部结构和建筑群的鸟瞰图或一个区域的总平面图，常采用水平斜等测图来表达。

在选择轴测投影种类时，必须考虑以下几个方面：

（1）应尽量表达出形体的形状特征，避免遮挡，使形体的主要部分可见。

图 8—22（b）是图 8—22（a）所示形体的正等测图，它不能反映出形体上的孔是否通孔。但若选用图 8—22（c）所示正面斜二测图，不仅圆和圆弧的轴测图易画，而且孔的结构清楚。

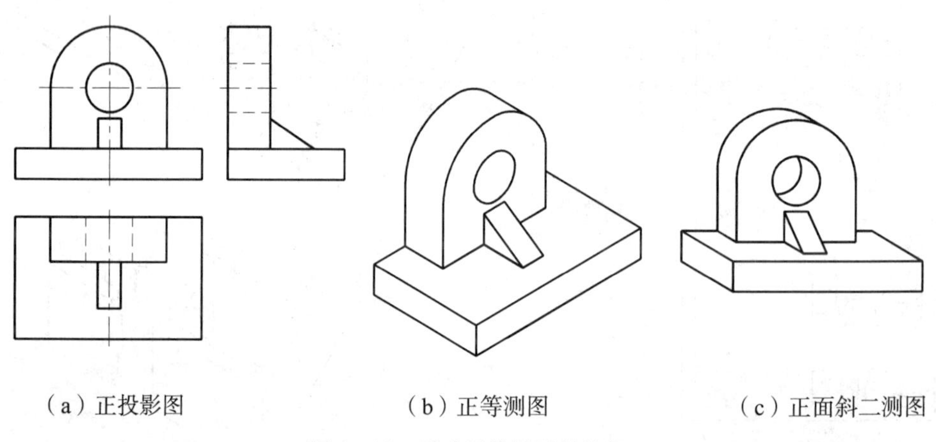

（a）正投影图　　（b）正等测图　　（c）正面斜二测图

图 8—22 反映形体的形状特征

（2）应避免形体上的表面在轴测图中的投影积聚成直线。在选择轴测图时，应考虑立体感强、直观性好，并大致符合我们日常观察形体所看到的形状。如图 8—23 所示形体，若采用图 8—23（b）所示的正等测图来表达，就有两个表面在轴测图上积聚成了直线，其直观性差；但若采用图 8—23（c）所示的水平斜等测图来表达，形体的立体效果就很明显了。

（3）应避免轴测图表达不清晰。如图 8—24 所示，（c）、（d）不如（b）清晰。

（4）应使作图方法简便。如图 8—22 所示形体，用正等测图和正面斜二测图都能表达其形状，但由于该形体的正面形状比较复杂（有圆孔和半圆柱面），故采用正面斜二测图绘制更方便，如图 8—22（c）所示。

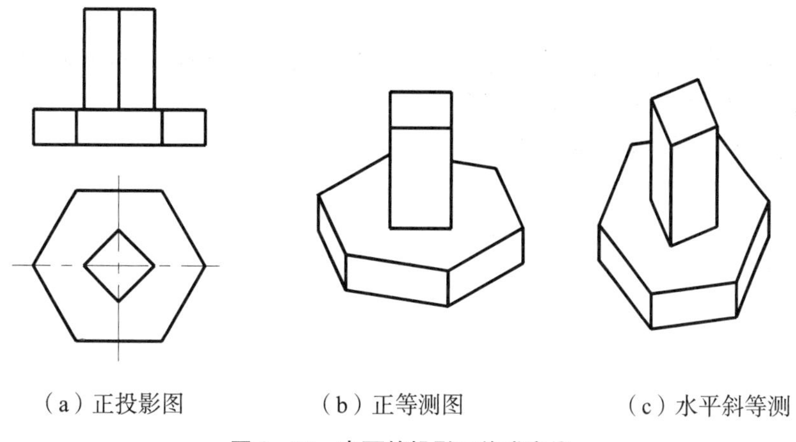

（a）正投影图　　（b）正等测图　　（c）水平斜等测

图 8－23　表面的投影不能成直线

8.4.2　形体摆放位置和投射方向的选择

应正确选择形体的放置位置和投射方向。当形体摆放位置一定时，观察角度会影响轴测图效果；当形体观察角度不变时，摆放位置也会影响轴测图效果。

如图 8－24（a）所示形体，图（b）为从形体左、前、上方投射所得的轴测图，图（c）为从形体右、前、上方投射所得的轴测图，图（d）为从形体左、前、下方投射所得的轴测图，很显然，图（b）比图（c）、（d）的效果好。

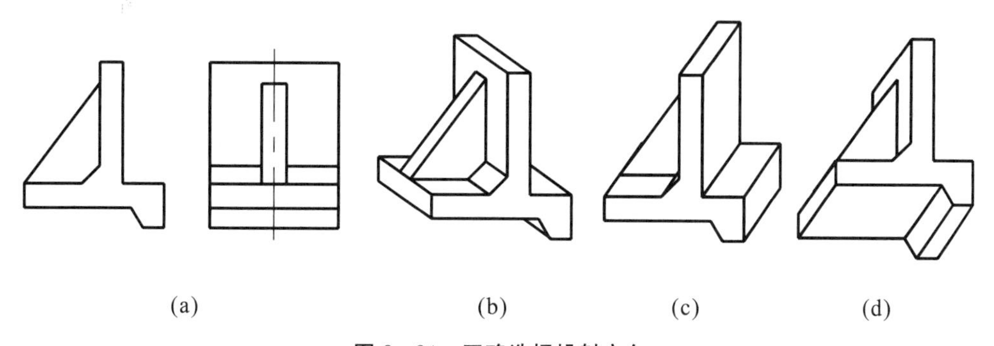

(a)　(b)　(c)　(d)

图 8－24　正确选择投射方向

【复习思考题】

1. 轴测图是怎样形成的？怎样分类？常用的有哪几种？

2. 什么是轴间角、轴向伸缩系数？正等测的轴间角和轴向伸缩系数是多少？画图时通常取多少？

3. 画形体轴测图的基本方法有哪些？其适用范围有哪些？

4. 什么是正面斜二测图？其主要用途是什么？常用的正面斜二测图的轴测轴如何设置？

5. 什么是水平斜等测图？其主要用途是什么？常用的水平斜等测图的轴测轴如何

设置?

6. 轴测投影中画椭圆的方法有哪些?各种画法都用于哪种类型的轴测图?正等测中椭圆和圆角的近似画法的作图步骤如何?

7. 轴测图的选择原则有哪些?

第 9 章　建筑形体的表达方法

当建筑物的形状和结构比较复杂时，仅用前面所述的三视图很难于把它的内、外形状完整、清晰地表达出来，为此，国家制图标准规定了一系列表达方式，以供绘图时根据需要选用。这里将根据《房屋建筑制图统一标准》（CB/T 50001—2010）中的相关规定，对视图、镜像投影图、剖面图、断面图、简化画法等内容作简要介绍。

9.1　视图

9.1.1　基本视图

视图是将形体向投影面投射所得到的图样。国家制图标准规定，建筑物或构件的图样宜采用直接正投影法第一分角画法绘制。

将正六面体的六个面作为基本投影面，把建筑物或构件放置于其中，分别向六个基本投影面投射，所得到的六个视图称为基本视图，六个视图的形成和名称如图 9-1 所示。在房屋建筑中，自前方 A 投影应为正立面图，自上方 B 投影应为平面图，自左方 C 投影应为左侧立面图，自右方 D 投影应为右侧立面图，自下方 E 投影应为底面图，自后方 F 投影应为背立面图。六个基本视图展开后仍符合“长对正、高平齐、宽相等”的投影规律，其配置关系如图 9-2（a）所示。

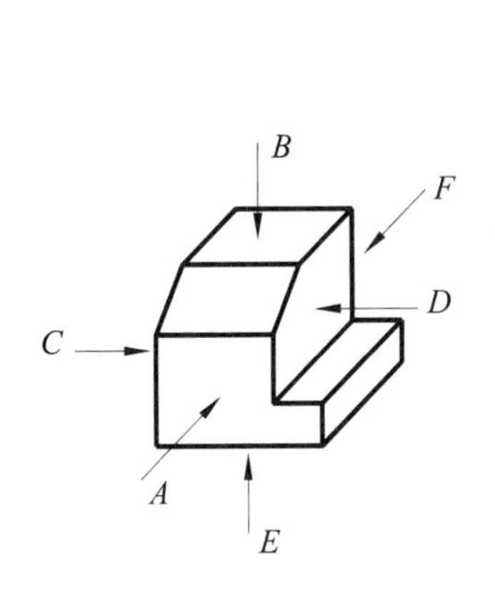

(a) 投影方向

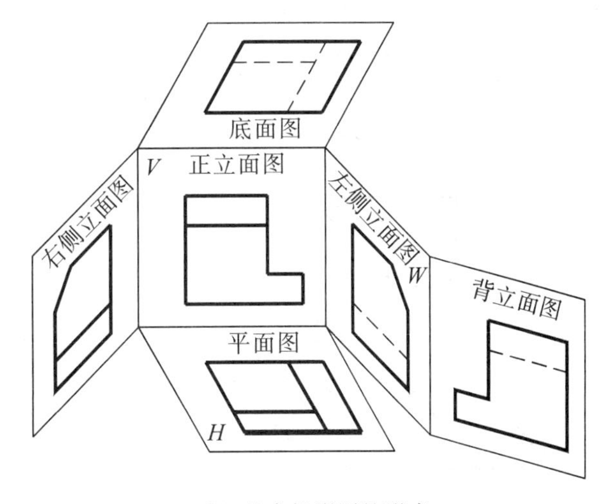

(b) 基本投影图的形成

图 9-1　基本视图的形成

在一张图纸上绘制几个基本视图时，其图样可按图 9－2（a）所示的展开摊平关系布置，也可如图 9－2（b）布置，图样顺序宜按主次关系从左至右依次排列，若仅画图 9－2（b）中的 A、B、C 三个图样时，这三视图之间应按投影关系配置。每个图样均应标注图名。图名按“建标”规定，标注在图样下方或一侧（如详图图名），并在图名下画一粗横线，其长度应以图名所占长度为准。

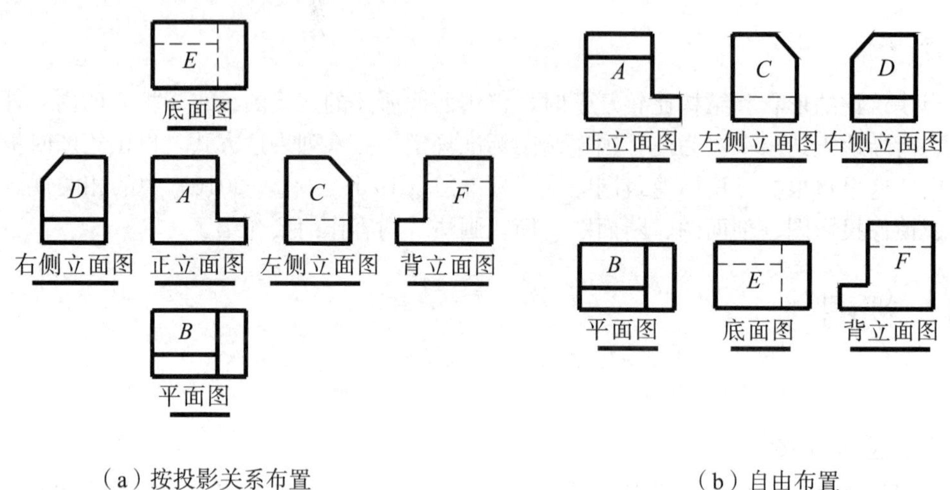

（a）按投影关系布置　　（b）自由布置

图 9－2　图样的布置与标注

9.1.2　镜像投影图

某些工程构造（如顶棚）用直接投影法不易表达清楚时，可用镜像投影图绘制。如图 9－3（a）所示，若将形体放在镜面之上，用镜面代替投影面，按镜中反映的图像得到形体正投影图的方法称为镜像投影法，用此方法绘制的图样应在图名后面标注“镜像”二字，如图 9－3（b）所示。镜像投影法是第一角画法的辅助方法，其识别符号如图 9－3（c）所示。在建筑装饰施工图中，常用镜像视图来表示室内顶棚的装修、灯具或古建筑中殿堂室内房顶上藻井（图案花纹）等构造。

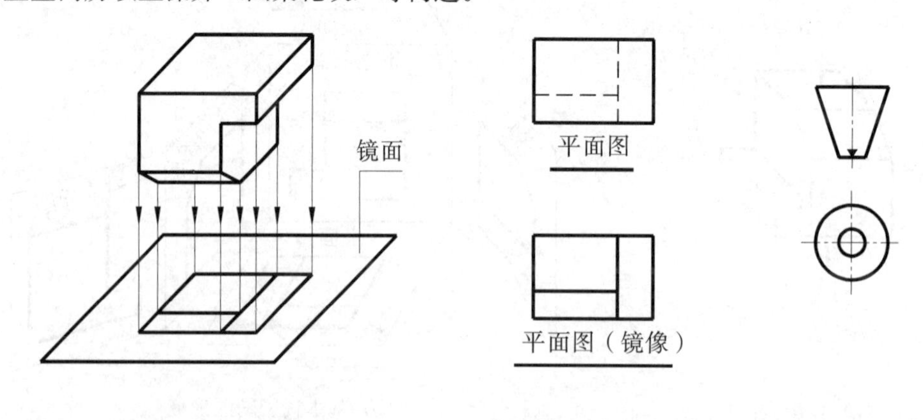

（a）镜像示意图　　（b）镜像投影与平面图比较　　（c）镜像识别符号

图 9－3　镜像投影图

9.2　剖面图和断面图

9.2.1　剖面图和断面图的形成

作形体的视图时，看不见的轮廓线用虚线表示，如图 9—4（a）所示。当形体内部构造较复杂时，图中会出现较多虚线，形成图面虚、实线交错而混淆不清，既影响图形清晰，又不利于读图和尺寸标注。为了解决这个问题，清晰表达形体的内部构造及材料组成等，制图中通常采用剖面图和断面图来表达。值得注意的是，根据《房屋建筑制图统一标准》（CB/T 50001—2010）中的相关规定，建筑制图中不采用“剖视图”名称，而采用“剖面图”。

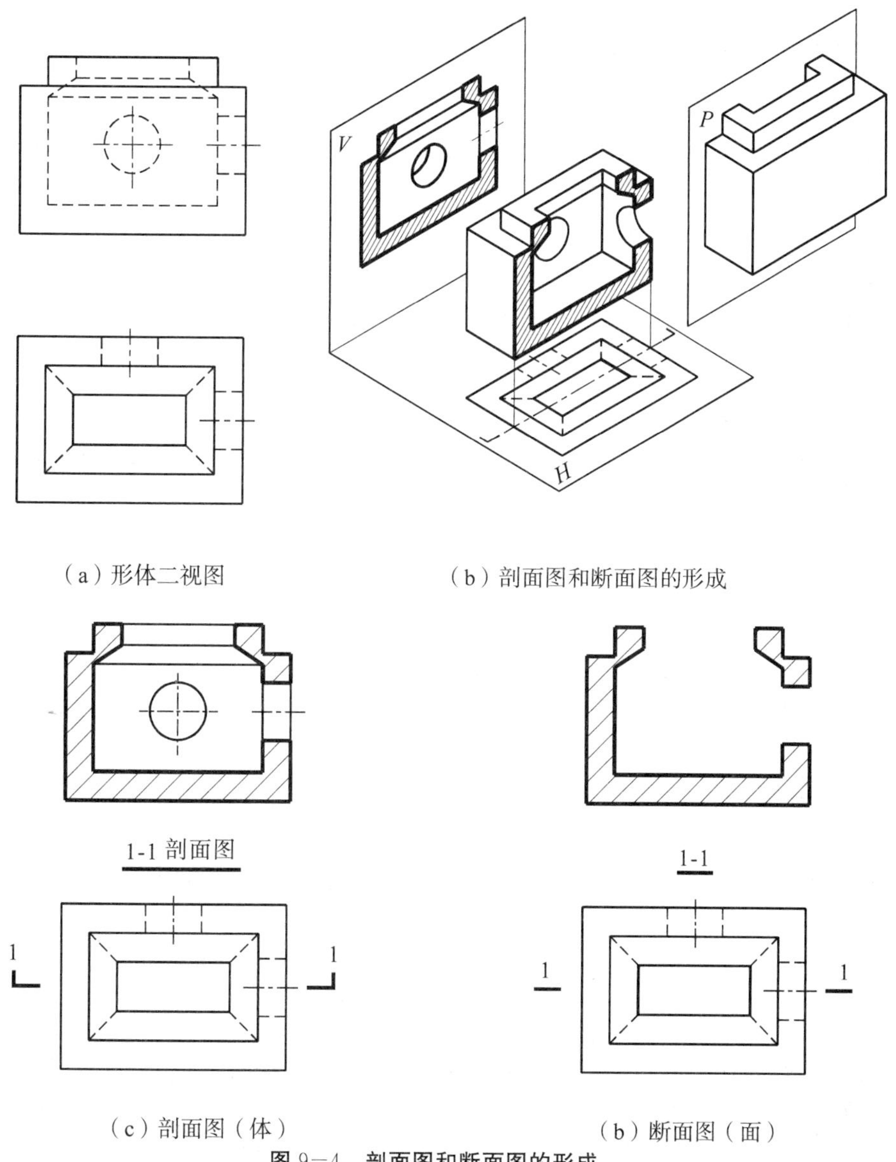

图 9—4　剖面图和断面图的形成

假想用剖切面（一般为平面）把形体分割成两部分，将处在观察者和剖切平面之间的部分移去，而将剩余部分向投影面投射，所得的图形称为剖面图。如图 9－4（b）所示，假想用一个正平面 P 作为剖切平面，通过右圆孔的轴线把形体切开成前后两部分，将平面 P 的前面部分移去，剩余的部分向 V 面投射，所得的投影称为该形体的剖面图（简称剖面），如图 9－4（c）所示。

若仅画出形体与剖切平面接触部分的图形（截交线围成的平面图形），则称为断面图，如图 9－4（d）所示。断面图的分类详见本章 9.2.5 相关内容。

断面图与剖面图的主要区别：断面图只画出剖切面与形体接触部分（截口）的实形，而剖面图除画出截口实形外，还需画出沿投射方向形体余留部分的投影。实质上，断面是“面”的投影，剖面是“体”的投影，如图 9－4（c）、（d）所示。

9.2.2 剖面图和断面图的画法

9.2.2.1 确定剖切位置和投射方向

剖面图的剖切平面位置和投射方向应根据需要来确定。在一般情况下，剖切平面应平行于基本投影面，使断面的投影反映实形。剖切平面要通过孔、槽等不可见部分的轴线或中心线，使内部形状得以表达清楚，如图 9－4 所示。如果形体有对称平面，一般将剖切平面选择在对称平面处，剖面图的投射方向基本上与视图的投射方向相同。

断面图的剖切平面位置和投射方向也应根据需要来确定。当形体只需要表达某一部分的断面形状时，常采用断面图。

9.2.2.2 剖面图和断面图的图线

为了突出剖面图中的断面形状，建筑图中常将断面部分的轮廓线画成粗实线，不与剖切平面接触的可见轮廓线画成中实线，剖面材料的斜线画成细实线，如图 9－5（a）所示。

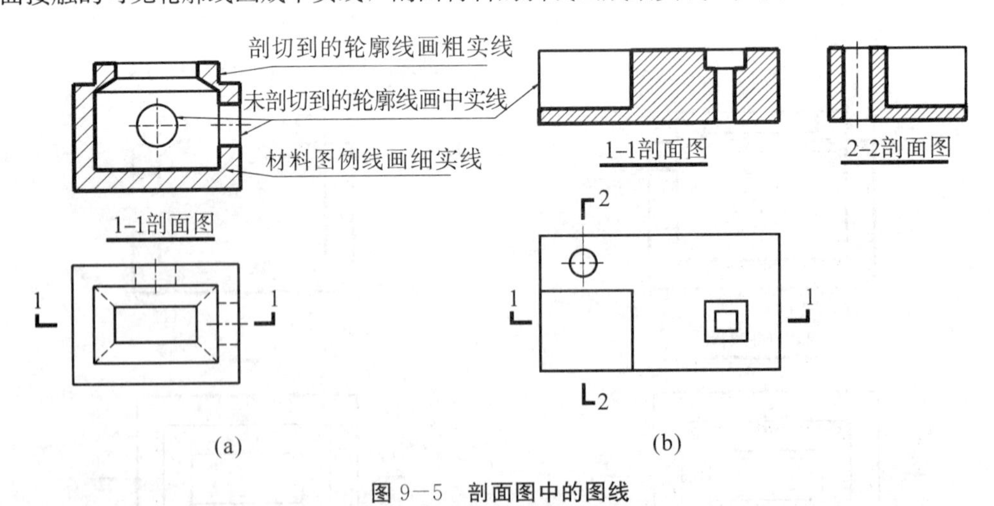

图 9－5 剖面图中的图线

若剖面图和视图已表明形体的内部（或被遮挡部分）结构，则不必用虚线重复地画出其投影，如图 9－5（b）所示剖面图中，剖切后形体上左侧圆孔在正立面图上的虚线和右侧方孔在左侧立面图上的虚线均省去不画。剖面图中一般不画虚线。

应当注意的是，由于用剖切面剖切形体是假想的，因此当形体的某视图画成剖面图后，其他未剖切的部分或视图应按完整的形体画出，如图 9－5（b）所示形体的俯视图不能只画出部分投影。

9.2.2.3　剖面图和断面图的标注

在画剖面图时，为了表明图样之间的关系，应用规定的剖切符号标明剖切位置、投射方向和编号。这里以钢筋混凝土悬挑楼梯板为例来说明，如图 9－6 所示。

剖切符号由剖切位置线和投射方向线组成，它们均应以粗实线绘制，剖切位置线长度为 5～10 mm，投射方向线长度为 4～6 mm，如图 9－6（d）中 1－1 位置所示。剖切符号不宜与图上任何图线接触，其编号采用阿拉伯数字，从左至右或从上至下连续编排，并根据投射方向把数字注写在投射方向线的端部。剖面图名称用相同的编号加“剖面图”三个字表示，注写在相应图样的下方，名称下面画一道粗实线，如图 9－6（e）所示的“1－1 剖面图”。

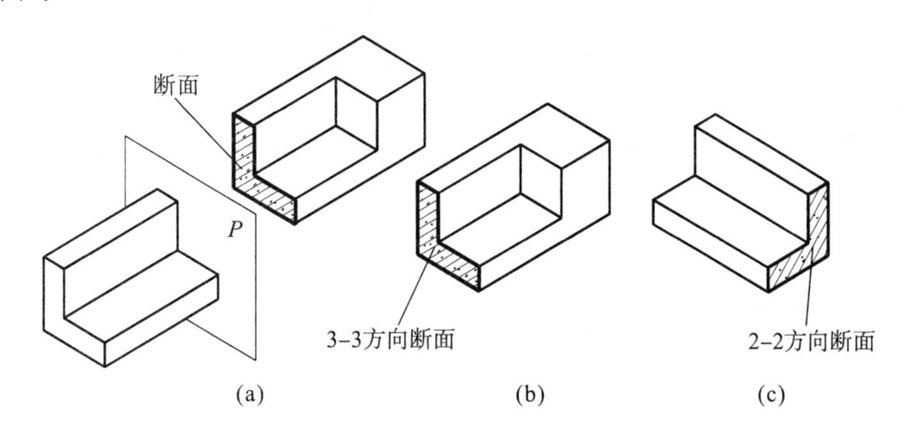

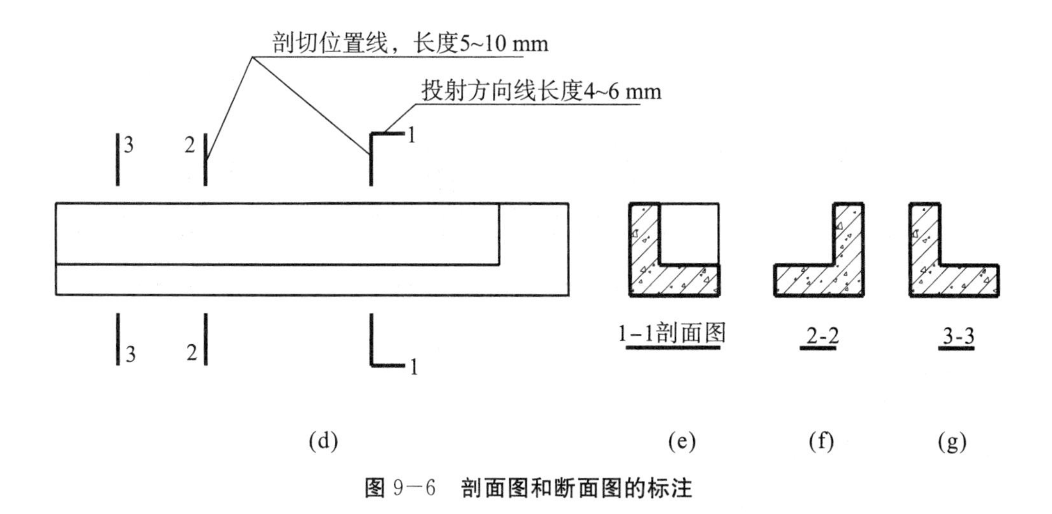

图 9－6　剖面图和断面图的标注

在画断面图时，应用规定的剖切符号标明剖切位置和编号。剖切符号即剖切位置线，其长度为 5～10 mm，如图 9－6（d）中 2－2、3－3 位置所示。编号应注写在剖切位置线的一侧，编号所在的一侧为剖切后的投射方向。如图 9－6（d）中编号 2－2 和 3－3

分别表示剖切后向左和向右投射，如图 9－6（c）、（b）所示。断面图名称用相同的编号表示，注写在相应图样的下方，名称下面画一道粗实线，其长度以图名所占长度为准，如图 9－6（f）、（g）所示的“2－2”、“3－3”。

值得注意的是，剖面图的名称需加注“剖面图”三个字，而断面图的名称无须加注“断面图”三个字。

9.2.2.4 剖面图和断面图的图例

在剖面图中，为了区分断面（实体）和非断面（空腔）部分，应在断面轮廓范围内画出表示材料种类的图例。断面图也应在断面轮廓范围内画出表示材料种类的图例。常用的建筑材料图例见表 9－1。

在剖面图和断面图上画断面材料图例应注意以下几点：

（1）在不指明形体的材料时，应在断面轮廓范围内画出间隔均匀、疏密适度、方向相同的 45°细实线，这种细实线称为图例线。

（2）相同图例相接时，图例线宜错开或使其倾斜方向相反，如图 9－7（a）所示。

（3）需画出的材料图例面积过大时，可在断面轮廓内沿轮廓线作局部表示，如图 9－7（b）所示。

（4）对于同一个形体，其所有剖面图和断面图上断面轮廓内的图例线的间隔、疏密、方向必须一致。如图 9－8（a）所示形体，其 2－2 剖面图上断面轮廓内的图例线必须与 1－1 剖面图保持一致，如图 9－8（b）所示的画法正确，（c）、（d）所示的画法错误。

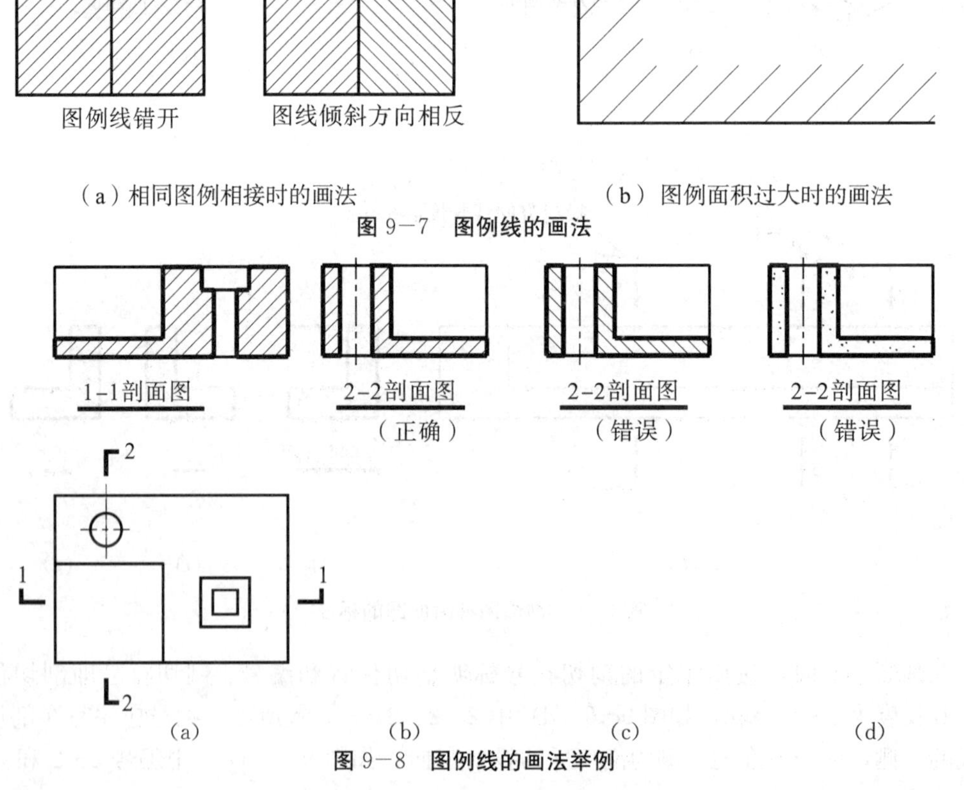

（a）相同图例相接时的画法　　（b）图例面积过大时的画法

图 9－7　图例线的画法

（a）　（b）　（c）　（d）

图 9－8　图例线的画法举例

表 9—1　常用建筑材料图例

名称	图例	说明	名称	图例	说明
自然土壤		包括各种自然土壤	饰面砖	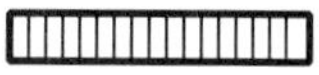	包括铺地砖、马赛克、陶瓷锦砖、人造大理石等
夯实土壤			矿，灰土	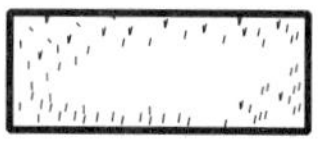	
普通砖	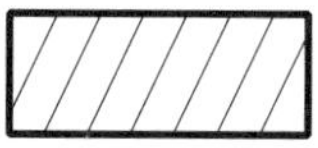	包括实心砖、多孔砖、砌块等砌体，断面较窄不易绘出图例时可涂红，并在图纸备注中加注说明，画出该材料图例	混凝土		1. 本图例是指能承重的混凝土； 2. 包括各种强度等级骨料、添加剂的混凝土； 3. 在侧面图上画出钢筋时，不画图例线； 4. 断面图形小，不易画出图例线时，可涂黑
空心砖		是指非承重砖砌体	钢筋混凝土	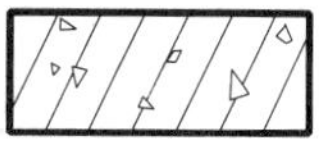	
木材		上图为横断面图，左上图为垫木、木砖或木龙骨； 下图为纵断面图	金属	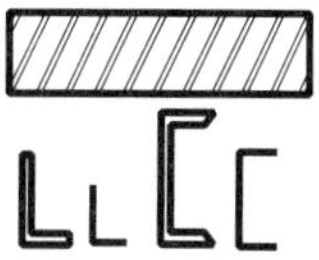	1. 包括各种金属； 2. 图形小时可涂黑
玻璃		包括平板玻璃、磨砂玻璃、夹丝玻璃、钢化玻璃、中空玻璃、夹层玻璃、镀膜玻璃等	多孔材料	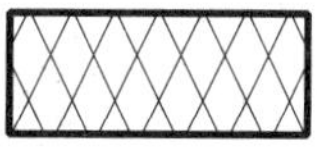	包括水泥珍珠岩、沥青珍珠岩、泡沫混凝土、非承重加气混凝土、软木、蛭石制品等
纤维材料		包括矿棉、岩棉、玻璃棉、麻丝、木丝板、纤维板等	防水材料		构造层次多或比例大时，采用上图比例
石膏板	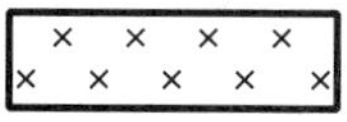	包括圆孔、方孔石膏板、防水石膏板、硅钙板、防火板等	粉刷		本图例采用较稀的点
石材	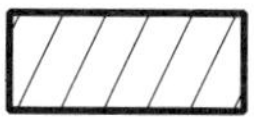		砂砾石、碎砖三合土		

9.2.3　常用的几种剖面图

由于形体内部和外部的形状不同，在画剖面图时，应根据形体的特点和图示要求选用不同种类的剖面图。常用剖面图的种类有全剖面图、半剖面图、阶梯剖面图、旋转剖面图和局部剖面图。

9.2.3.1　全剖面图

假想用一个剖切平面将形体全部剖开所画的剖面图，称为全剖面图，如图 9—5 所示。

当形体不对称且外形较简单，而内部结构较复杂，或形体不对称，其内外形状都较复杂，但其外形可由其他视图表达清楚时，常采用全剖面图。此外，对一些虽对称但外形较简单的形体，如空心回转体等，也常采用全剖面图。

9.2.3.2 半剖面图

如图 9-9 所示，当形体具有对称平面时，在垂直于对称平面的投影面上的视图，可以以对称中心线为分界线，一半画成表示外形的视图，另一半画成表示内形的剖面图，这样得到的图形称为半剖面图。

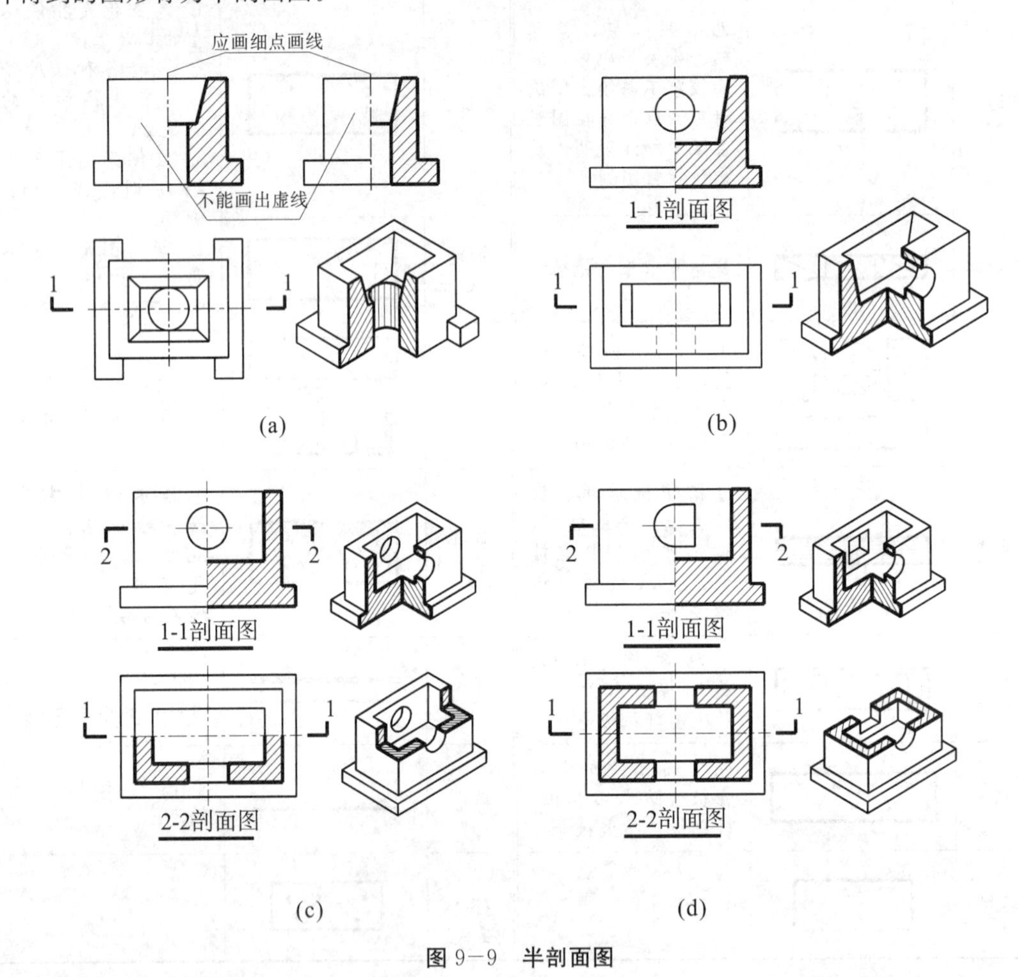

图 9-9 半剖面图

半剖面图主要用于表达内外形状均较复杂且对称的形体。画半剖面图时，应注意以下几点：

（1）在半剖面图中，半个外形视图和半个剖面图的分界线应画成细点画线，不能画成粗实线。如图 9-9（a）所示。

（2）在半剖面图中，对已经表达清楚的内部虚线不能画出。如图 9-9（a）所示的内部虚线不能画出，如图 9-9（d）所示的正立面图中的方孔左侧的虚线也不能画出。

（3）半剖面图中的剖面部分（半个剖面图），一般应画在图形垂直对称线的右侧或水平对称线的前面，如图 9-9（c）所示。

(4) 在半剖面图中，剖切平面通过形体的对称面，且半剖面图位于基本投影图位置时可不标注，如图9—9 (a) 省略了一切标注。当剖切平面不通过对称面时，应按全剖面图的标注方式进行标注，如图9—9 (b) 所示的“1—1剖面图”必须标注。

(5) 对于非对称形体，不能采用半剖面图表达。如图9—9 (d) 所示形体，由于前后分别为圆孔和方孔，不对称，所以“2—2剖面图”采用了全剖。

9.2.3.3　**阶梯剖面图**

用两个或两个以上相互平行的剖切平面剖切形体得到的剖面图称为阶梯剖面图，如图9—10所示。图中1—1剖面图就是假想用两个互相平行且平行于 V 面的平面 P 和 Q 剖开形体后，在 V 面上得到的剖面图。

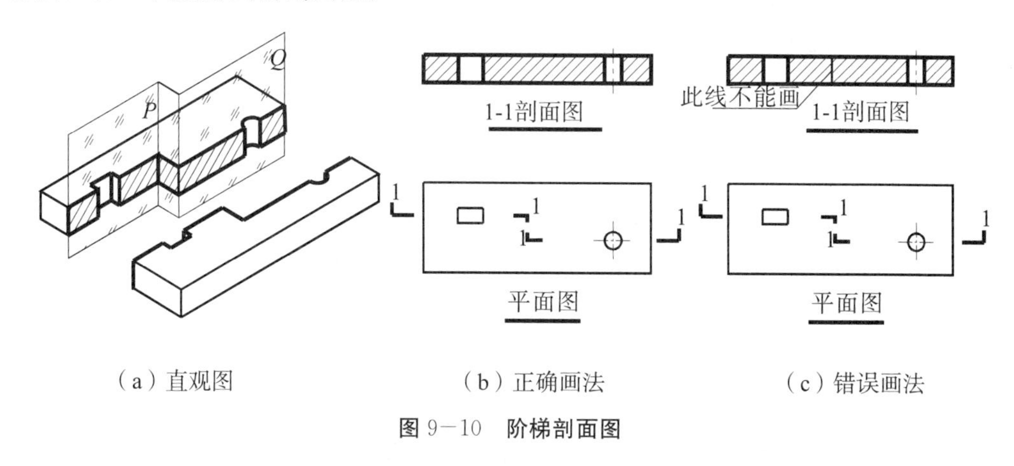

(a) 直观图　(b) 正确画法　(c) 错误画法

图9—10　阶梯剖面图

阶梯剖面图主要用于形体上有较多层次的内部孔、槽，且不能用一个既平行于基本投影面，又能通过孔、槽的轴线的剖切平面把各孔、槽都剖切到时。

画图时必须注意，因剖切是假想的，所以在画阶梯剖面时，不画两个剖切平面直角转折处的分界线，如图9—10 (c) 所示。剖切平面的转折处也不应与图中轮廓线重合。为使转折处的剖切位置线不与其他图线发生混淆，应在转角的外侧加注与剖切符号相同的编号，如图9—10 (b) 所示。

9.2.3.4　**旋转剖面图**

用两个相交且交线垂直于基本投影面的剖切面对形体进行剖切，形体剖开后，以交线为轴，将其中倾斜部分旋转到与投影面平行的位置再进行投射，所得到的剖面图称为旋转剖面图。

画旋转剖面图时，先按剖切位置剖开形体，然后将剖切平面剖开的结构及其相关部分旋转到与选定的投影面平行的位置再进行投影。

如图9—11 (a) 所示为两管道的接头井，用一个剖切面不能同时剖切到两管子的接头处，因此用两个相交的剖切面同时剖开该形体，再把剖切平面与观察者之间的部分移去，并将左侧被剖切到的倾斜部分绕两个剖切面的交线旋转到与 V 面平行后再进行投射，在 V 面上所得到的1—1剖面图就是接头井的旋转剖面图。

如图9—11 (b) 所示为一块槽形弯板，底部两孔之间成一定的夹角，其中四棱柱孔所在的“b”段与 V 面倾斜。为了反映该弯板的构造情况，采用旋转剖面的方法，把弯板剖开后，再把倾斜的“b”段旋转到与 V 面平行，然后向 V 面投射得到其旋转剖面图。

旋转剖面图的标注与阶梯剖面图的标注相同，但在所得到的剖面图的图名后应加注“展开”二字，如图 9-11 所示。

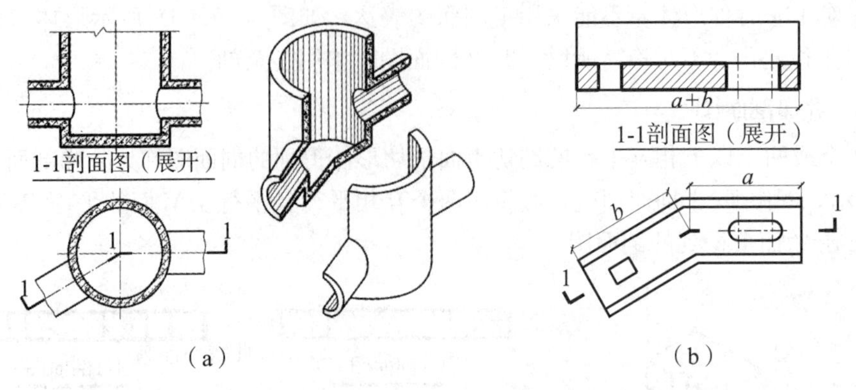

图 9-11　旋转剖面图

9.2.3.5　局部剖面图和分层局部剖面图

假想用剖切面将形体局部剖开，所得的剖面图称为局部剖面图。当形体的外形比较复杂，而内部只有局部的构造需要表达时，常采用局部剖面图。

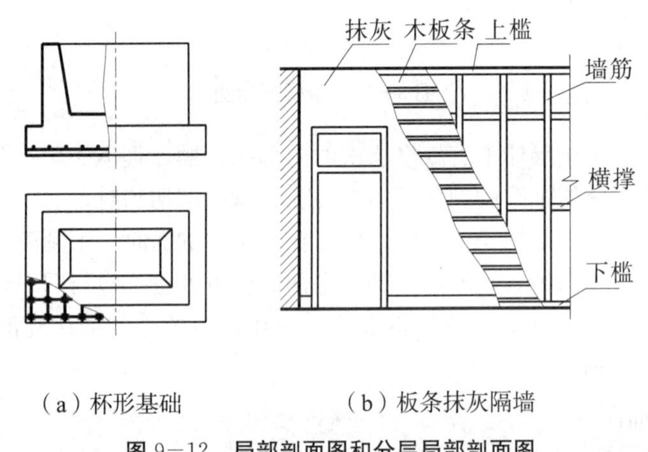

（a）杯形基础　　　　（b）板条抹灰隔墙

图 9-12　局部剖面图和分层局部剖面图

画局部剖面图时，形体被假想剖开的部分与未剖的部分以波浪线（0.25b）为分界线，表明剖切的范围。波浪线不能超出图形的轮廓线或穿过孔洞，也不能与图上其他图线重合。

局部剖面图不标注剖切符号，也不标注剖面图的图名。

如图 9-12（a）所示为杯形基础的局部剖面图，在视图中假想将杯形基础局部剖开，它清晰地表达了杯形基础的钢筋配置情况。

为了表达建筑物的局部构造层次，并保留其部分外形，可用几个互相平行的剖切平面分别将形体局部剖开，把几个局部剖面图重叠在一个视图上，所得的剖面图称为分层局部剖面图。

分层局部剖面图应按层次用波浪线将各层的投影隔开，波浪线不应与任何图线重合。

这种剖面图多用于表达层面、地面和楼面的构造。如图 9－12（b）所示为板条抹灰隔墙面分层局部剖面图，它表示隔墙各层所用的材料和做法。

9.2.4　剖面图的尺寸注法

剖面图的尺寸注法与组合体的尺寸注法相同，但应注意以下两点：

①内部、外形的尺寸尽量分开标注。

为了使尺寸清晰，应尽量把外形尺寸和内部尺寸分开标注。

②半剖视图和局部剖视图上内部结构尺寸的注法。

半剖视图和局部剖视图上，由于对称部分视图上省略了虚线，注写内部结构尺寸时，只需画出一端的尺寸界线和尺寸起止符号，而另一端的尺寸线要超过对称线，且不画尺寸界线和尺寸起止符号，尺寸数字应注写完整结构的尺寸，如图 9－13（a）中的 $\phi 10$ 和 16×16。

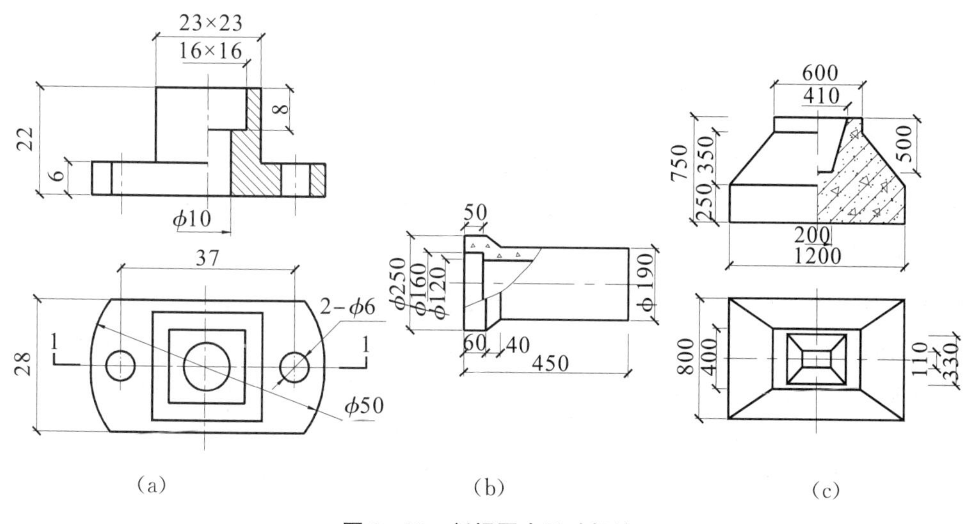

图 9－13　剖视图中尺寸标注

9.2.5　几种常用的断面图

前面已介绍过，用一个剖切平面将形体剖开后，画出的剖切平面与形体接触部分的图形（截交线围成的平面图形）称为断面图。当只需表达形体某部分的断面形状时，常用断面图来表达，如图 9－6（f）、（g）所示。

通常，断面图可根据其在图样中的不同位置的配置分为移出断面、中断断面和重合断面。

9.2.5.1　移出断面

画在视图以外的断面图称为移出断面图，如图 9－14 所示。

当移出断面配置在剖切位置的延长线上，断面又对称时，可不标注，如图 9－14（a）所示，工字钢断面的画法用细点画线代替剖切位置。若断面形状不对称，则应画出剖切位置线和编号，写出断面名称，如图 9－14（b）所示槽钢断面的画法。

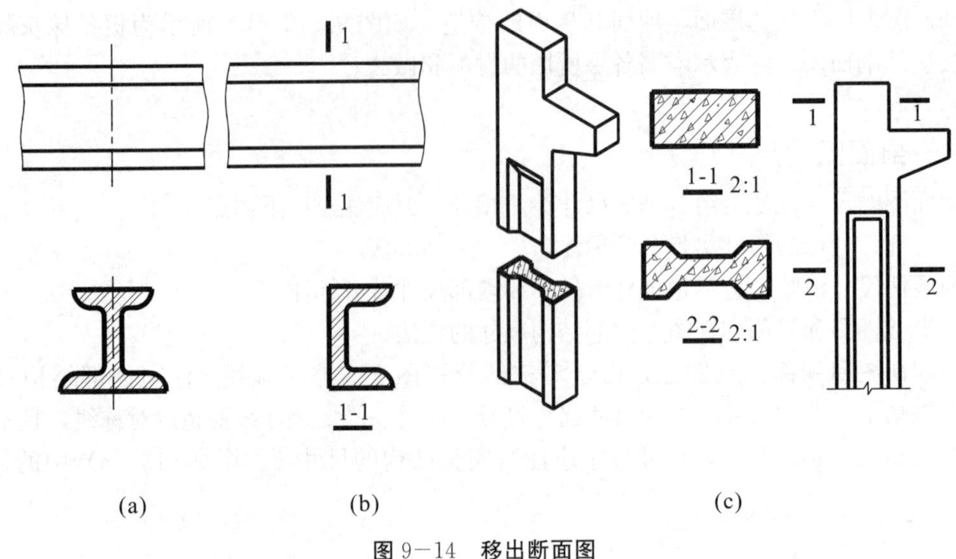

图 9－14　移出断面图

对一些变断面的构件，常采用一系列的断面图，以表示不同断面形状。断面编号应按顺序连续编排，若断面配置在其他适当位置时，均应标注，如图 9－14（c）所示的 1－1、2－2 断面表示变断面钢筋混凝土柱在不同高度的横断面形状，图中的“2：1”为绘图比例，表示 1－1、2－2 断面图是按剖切位置剖切出的断面放大一倍绘制的。

9.2.5.2　中断断面图

画在形体视图中断处的断面图称为中断断面图，如图 9－15 所示。

中断断面图多用于长度较长且断面形状相同的杆件，可以不标注。画中断断面时，原长度可以缩短，构件断开处画波浪线，但尺寸应标注构件总长尺寸，如图 9－15 中的 1500 mm和2000 mm均是构件的总长度。中断断面是移出断面的特殊情况。

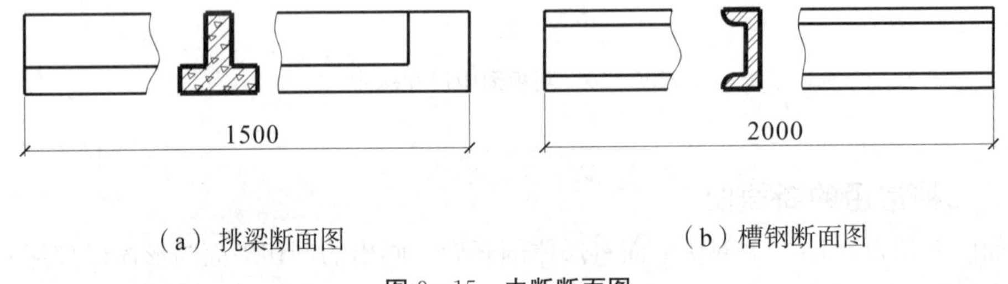

（a）挑梁断面图　　（b）槽钢断面图

图 9－15　中断断面图

9.2.5.3　重合断面图

画在形体视图之内的断面图称为重合断面图，如图 9－16 所示。

画重合断面图，形体的断面以剖切位置线为轴旋转 90°，使它与视图重合后画出，其可以向左、向右、向上、向下旋转。重合断面图的比例应与视图相同，断面轮廓线要与视图的轮廓线有所区别。当原视图轮廓线为细实线时，重合断面的轮廓线用粗实线画出；当原视图的轮廓线为粗实线时，重合断面的轮廓线要用细实线画出。当原视图轮廓线与重合断面的轮廓线重合时，视图的轮廓线仍应完整画出，不可间断，如图 9－16 所示。

重合断面图一般可省去标注，但一般应在断面图的轮廓线内画材料图例，如图 9－16

所示的梯板和挑梁的重合断面图。断面较窄的钢筋混凝土图例可以涂黑，如图 9－17 所示。

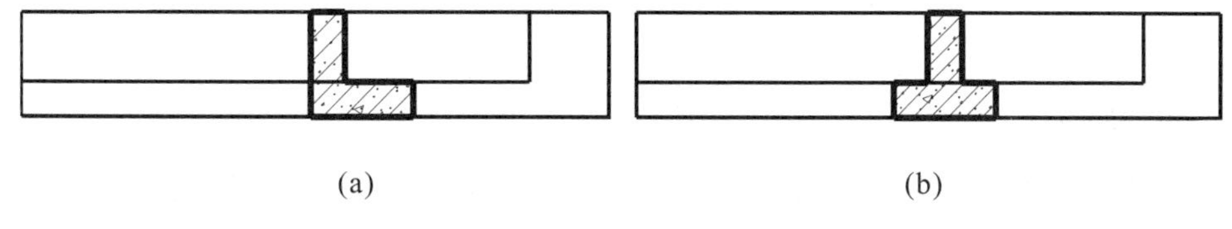

(a)　　　　(b)

图 9－16　重合断面

在结构施工图中，常将梁板式结构的楼板或屋面板断面图画在结构布置图上，按习惯不加任何标注，如图 9－17 所示为屋面板重合断面图画法，它表示梁板式结构横断面的形状。

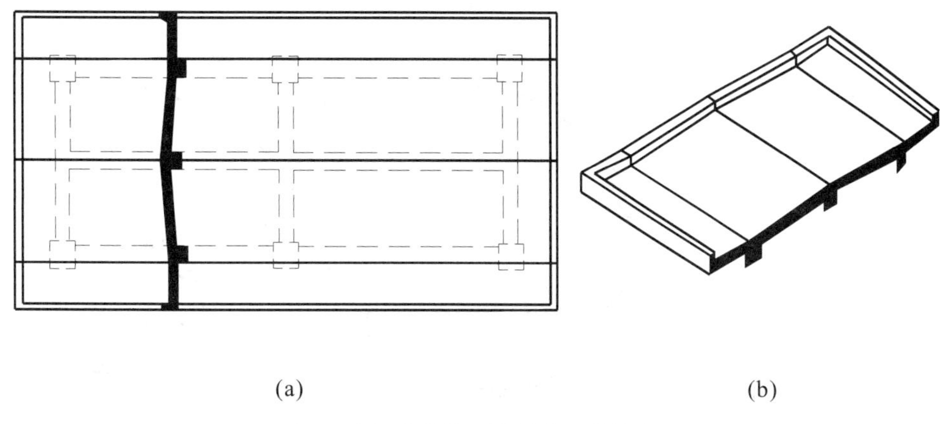

(a)　　　　(b)

图 9－17　断面图画在结构布置图上

前面已经讲过，在不指明形体的材料时，可在断面的轮廓线以内画出图例线。如图 9－18 所示，只需在房屋屋面和墙立面的重合断面轮廓线之内沿轮廓线边沿画出间隔均匀、疏密适度、方向相同的 45°细实线，便可区分出未剖与被剖部分，并表达出形体被剖部分的形状和重合断面的旋转方向。如图 9－18（a）所示，该重合断面图表达了屋面的形状和坡度，并表达出断面是自左向右旋转的。如图 9－18（b）所示，该重合断面图既表达了墙立面上装饰花纹的凹凸情况，又表达出断面是由上向下旋转的。

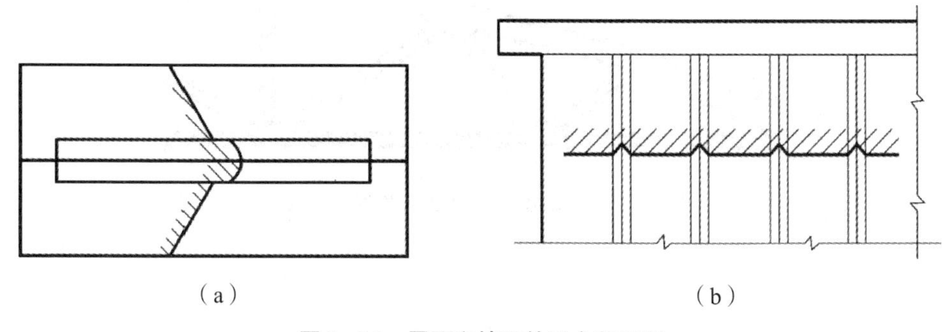

(a)　　　　(b)

图 9－18　屋面和墙面的重合断面图

9.3 简化画法

9.3.1 对称画法

对称配件的对称图形，可只画一半或四分之一，并在图中的对称线两端画出对称符号，如图 9−19 (a) 所示。对称线用细点画线表示，两端的对称符号是与相应的对称线垂直且互相平行的两条细实线，其长度为 6~10 mm，平行线间距为 2~3 mm。

对称形体的图形若有一条对称线时，可只画该图形的一半，如图 9−19 (b) 所示；若有两条对称线时，可只画图形的四分之一，但均应画出对称符号，如图 9−19 (c) 所示。

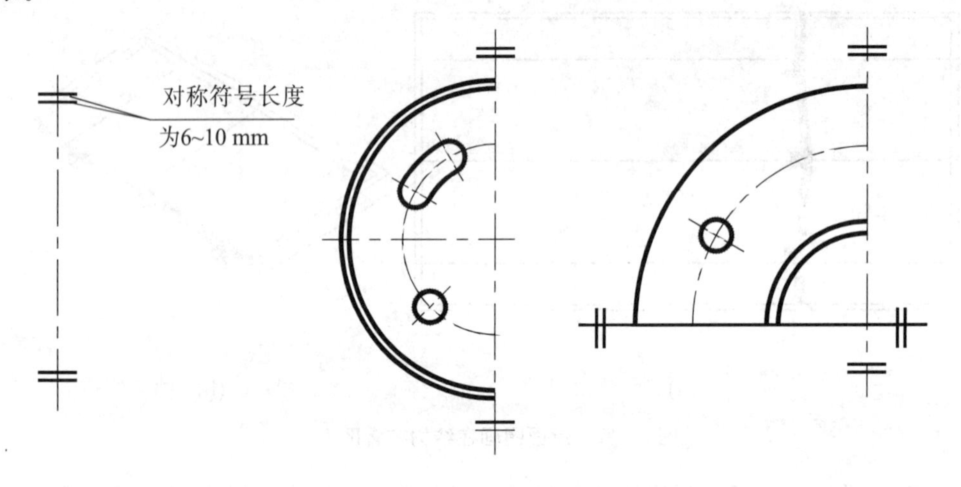

（a）对称符号　（b）只画出图形的二分之一　（c）只画出图形的四分之一

图 9−19　对称图形画出对称线的画法

在对称图形中，当所画部分稍超出图形的对称线时，不能画对称符号，如图 9−20 所示。

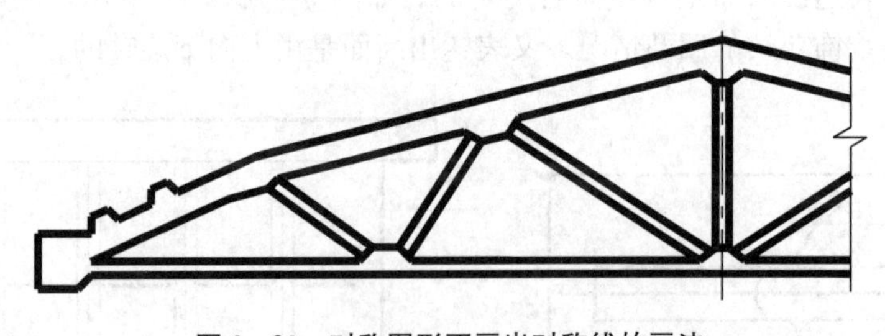

图 9−20　对称图形不画出对称线的画法

9.3.2 省略画法

9.3.2.1 省略相同要素

构配件内多个完全相同而连续排列的构造要素，可仅在两端或适当位置画出其完整形状，其余部分以中心线或中心线交点表示，若相同构造要素少于中心线交点，则其余部分应在相同的构造要素位置的中心线交点处用小圆点表示，如图 9-21 所示。

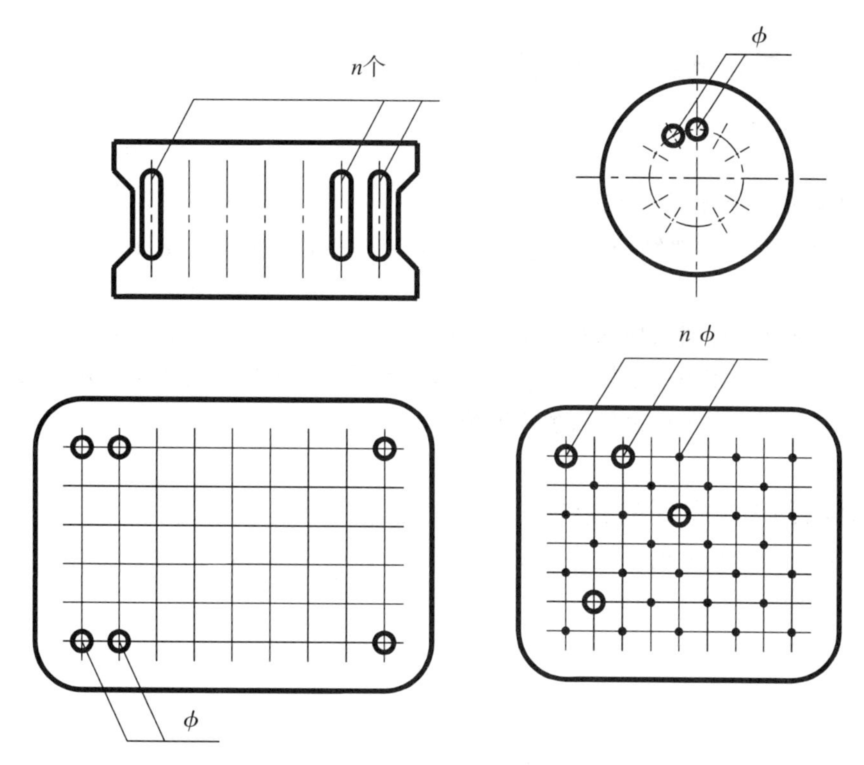

图 9-21　相同要素省略画法

9.3.2.2　省略折断部分

较长的构件，沿长度方向的形状相同或按一定规律变化，可断开省略绘制，断开处应以折断线表示，如图 9-22 所示。

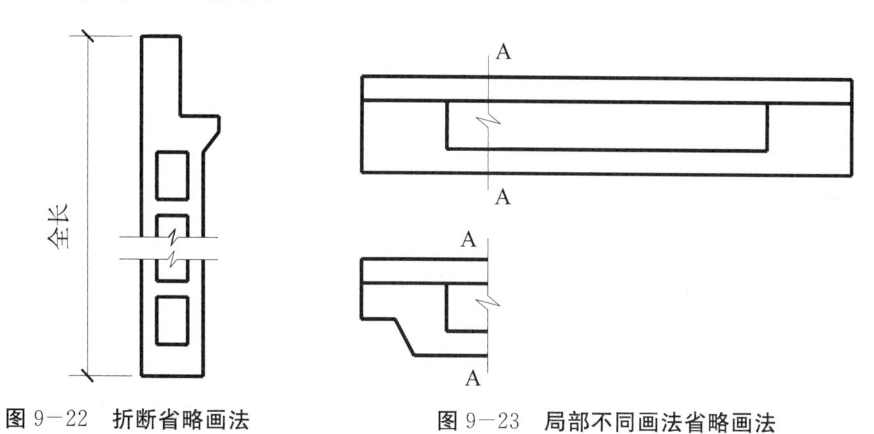

图 9-22　折断省略画法　　图 9-23　局部不同画法省略画法

9.3.2.3　省略局部相同部分

一个构配件，若与另一构配件仅部分相同，该构件可只画不相同部分，但应在两个构配件的相同部分的分界线处，分别绘制连接符号，两个连接符号应对准在同一线上，如图

9-23 所示。连接符号是用带相同字母的折断线表示的，字母应分别写在符号的左右两侧。

9.4　轴测图中形体的剖切

9.4.1　轴测图中形体的剖切

为了表达形体的内部结构，常将形体的轴测图作成剖面图。剖切平面应遵循以下两点：

（1）剖切平面应通过形体的对称轴线，以期得到所表达对象的最大轮廓。

（2）一般不宜采用单一剖切平面剖切，而应采用两个相互垂直且分别平行于相应投影面的剖切平面剖切，以免严重损害形体的整体形象。

9.4.2　轴测图中图例线的画法

分别平行于轴测投影面 $X_1O_1Y_1$、$X_1O_1Z_1$、$Y_1O_1Z_1$ 的剖面，其图例线的方向和间距如图 9-24 所示。

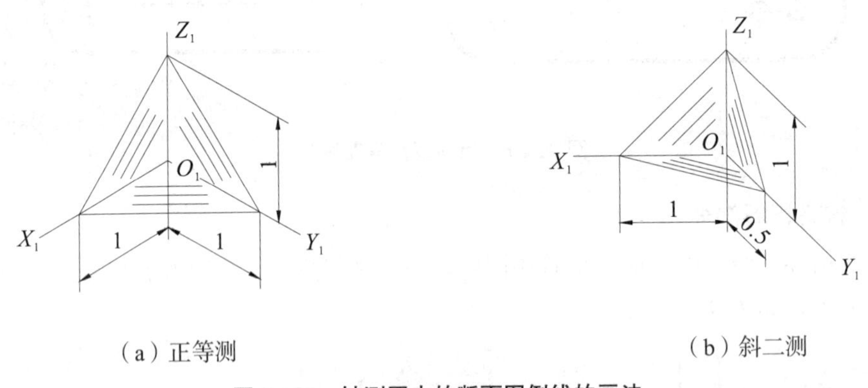

（a）正等测　　（b）斜二测

图 9-24　轴测图中的断面图例线的画法

9.4.3　轴测图的剖切画法

画轴测剖面图时有两种方法：一是先画形体外形，然后按选定的剖切位置画出剖面轮廓，最后画出可见的内部轮廓；二是先画剖面轮廓以及与它有联系的轮廓，然后画其余可见轮廓。

【例 9-1】作出如图 9-25（a）所示形体的正等轴测剖面图。

分析：为表达形体的内部结构形状，宜采用过形体对称轴线且相互垂直的两个剖切平面剖切该形体。直角坐标系的坐标原点定在上端面对称中心上。

作图：

① 立轴测轴，并画出形体大致的轮廓线，如图 9-25（b）所示。

② 作剖切平面 P、Q，如图 9-25（b）所示。

③ 去掉剖切后移走的部分，画形体的内部结构及其与剖切面的交线。这里先画顶部漏斗形孔，如图 9－25（c）、（d）所示；再画底部圆柱形孔，如图 9－25（e）所示。

④ 加深并画上图例线，完成全图，如图 9－25（f）所示。

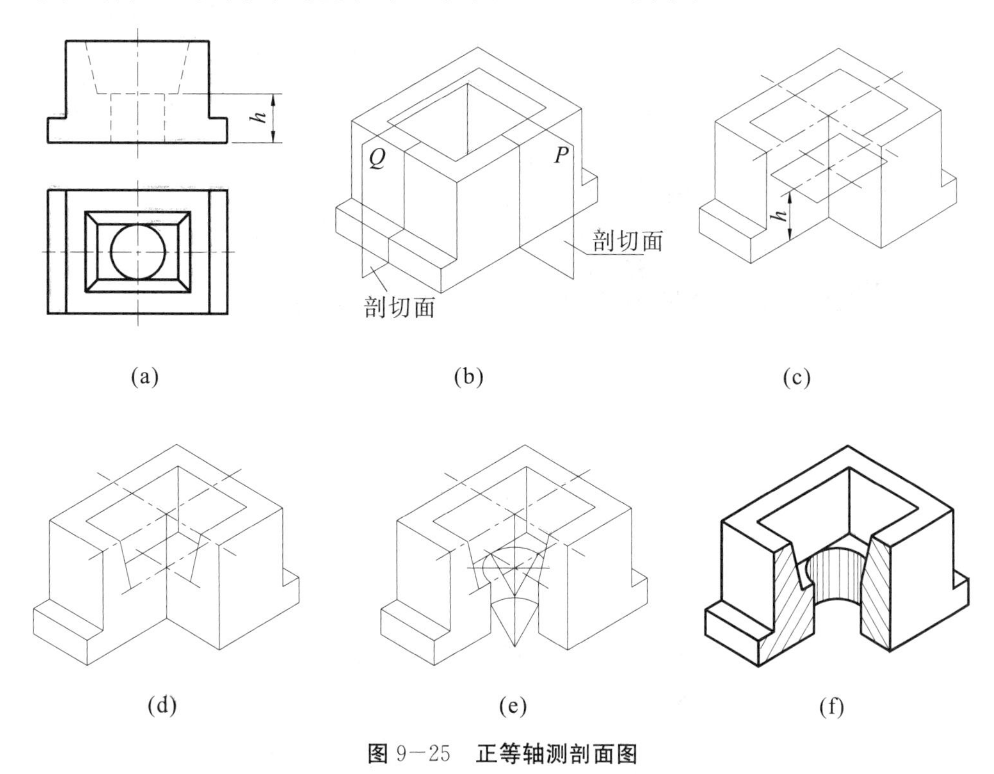

图 9－25　正等轴测剖面图

9.5　第三角投影法简介

前面介绍的是第一角投影，国际标准 ISO《技术制图——画法通则》规定，第一角和第三角投影等效使用。目前，我国和一些东欧国家都采用第一角投影法，日本和美国等国家采用第三角投影法，两种画法分别称为第一角画法和第三角画法。在日益发展的国际贸易和技术交流中，会遇到一些采用第三角画法画出的图纸，现将第三角画法简介如下。

第一角画法是把构件置于第一分角内，如图 9－26（a）所示，保持观察者—构件—投影面的位置关系，将构件向投影面投射，得到构件的各个视图，如图 9－26（b）所示。

第三角画法是把构件置于投影面视为透明的第三分角内，如图 9－27（a）所示，保持观察者—投影面—构件位置关系，将构件向投影面投射，得到构件的各个视图，如图 9－27（b）所示。第三角画法的三视图为：由前向后投射，在投影面 V 上所得到的投影称为前视图；由上向下投射，在投影面 H 上所得到的投影称为顶视图；由右向左投射，在投影面 W 上所得到的投影称为右视图。

第三角画法中投影面的展开方法规定为：前面投影面 V 不动，水平投影面 H 和右侧投影面 W 分别向上和向右旋转 90°与前面投影面 V 共面。

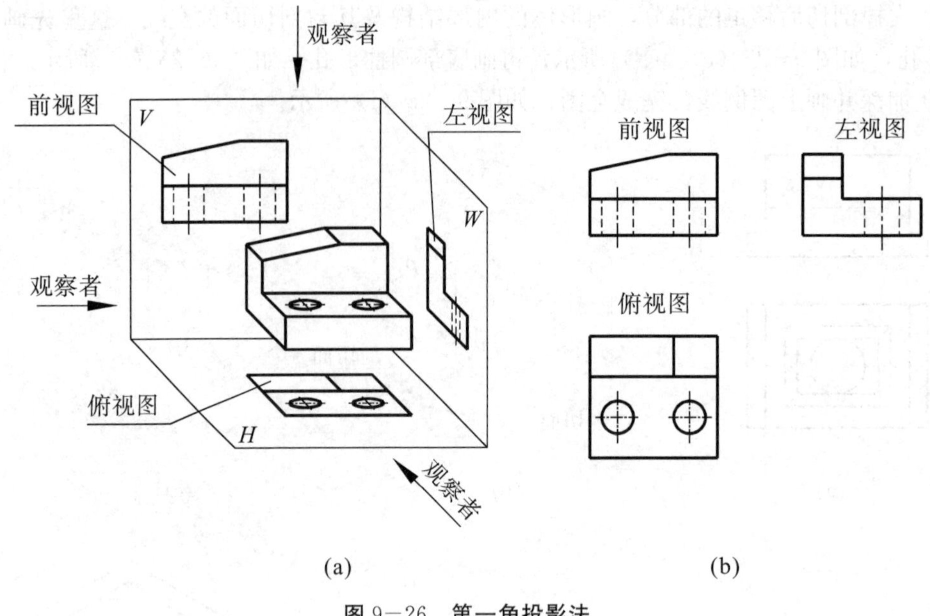

图 9-26　第一角投影法

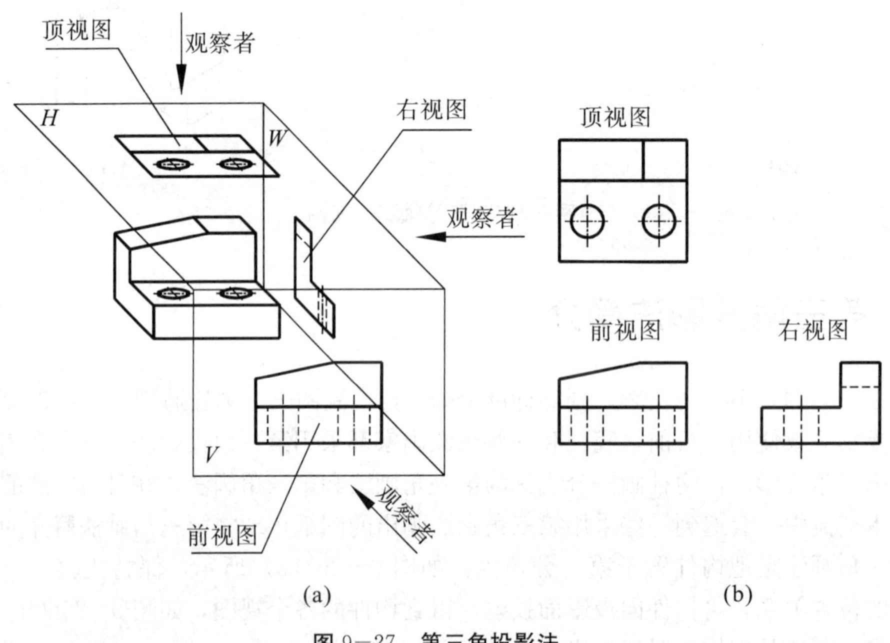

图 9-27　第三角投影法

前面介绍过，第一角画法的基本视图有六个，即前视图、俯视图、左视图、右视图、顶视图和后视图。六个基本视图的形成及投影面的展开方法如图 9-28（a）所示，六个基本视图的配置如图 9-28（b）所示。

第三角画法的基本视图也有六个，即前视图、顶视图、右视图、左视图、底视图和后视图。六个基本视图的形成及投影面的展开方法如图 9-29（a）所示，六个基本视图的配置如图 9-29（b）所示。

在第三角画法的六个基本视图中，顶视图、右视图、左视图和底视图靠近前视图的一侧表示构件的前面，远离前视图的一侧表示构件的后面，这恰好与第一角画法相反。

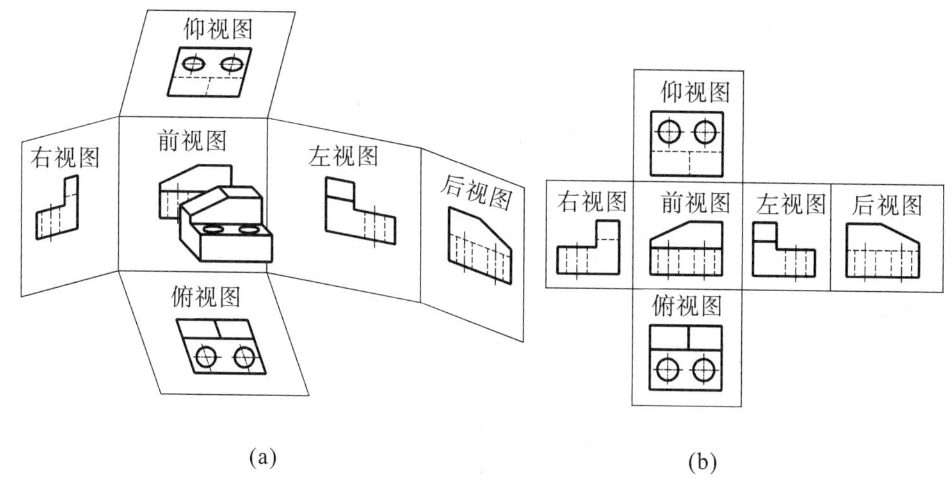

(a)　　(b)

图 9—28　第一角投影法中六个基本视图的展开及配置

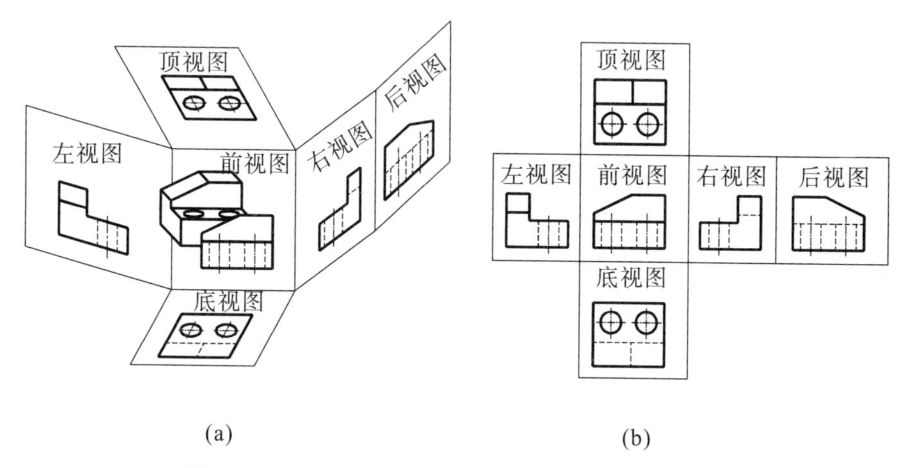

(a)　　(b)

图 9—29　第三角投影法中六个基本视图的展开及配置

由于第三角画法的视图也是按正投影法绘制的，所以六个基本视图之间长、宽、高三方向的对应关系仍应符合正投影规律，这与第一角画法相同。

为了识别第三角画法与第一角画法，规定了相应的识别符号，如图 9—30 所示。该符号一般标在所画图纸标题栏的上方或左方。若采用第三角画法，必须在图样中画出第三角画法识别符号；若采用第一角画法，必要时也应画出其识别符号。

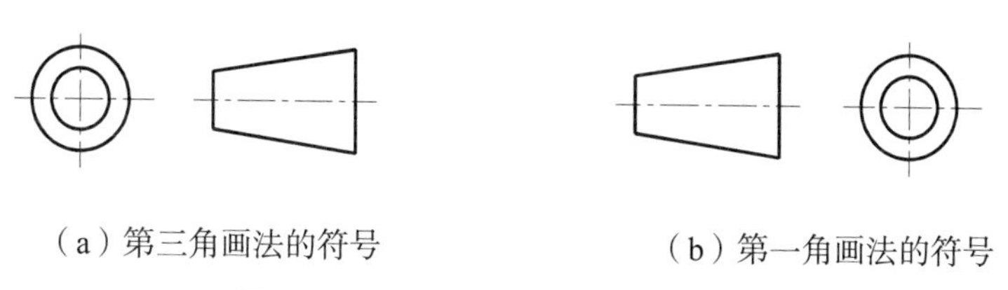

（a）第三角画法的符号　　（b）第一角画法的符号

图 9—30　第三角和第一角画法的符号

【复习思考题】

1. 试述六个基本视图的名称，房屋图常用的是哪五个?

2. 什么叫剖面图? 剖面图和断面图的区别在哪里?

3. 建筑图中常用的是哪三种剖面图?

4. 什么叫全剖面图? 它的适用条件是什么? 如何标注?

5. 在什么情况下采用半剖面图? 其剖与不剖的分界线是什么线? 半剖面图中对称于粗实线的虚线如何处理?

6. 在什么情况下使用阶梯剖? 阶梯剖面图的标注有什么要求? 在剖切转弯处的相关剖面图上画不画轮廓线? 为什么?

7. 为了区分实体与空腔，在剖切平面与实体接触部分（即断面部分）应画什么? 若遇不指明材料时应在断面上画什么符号? 该符号的画法如何?

第 10 章　房屋建筑图

10.1　房屋建筑图概述

根据正投影原理并遵守《建筑制图标准》绘制的房屋建筑物的图样称为房屋建筑图，简称房屋图。

10.1.1　房屋的分类及组成

（1）房屋的分类。

房屋建筑通常根据其功能性质、某些规律和特征分类，一般按照以下几个方面划分。

①按建筑的使用功能分为民用建筑、工业建筑、农业建筑。

②按建筑的层数分为低层建筑、多层建筑、高层建筑和超高层建筑。住宅建筑 1～3 层为低层，4～6 层为多层，7～9 层为中高层，10 层以上为高层；公共建筑及综合性建筑总高度超过 24 m 者为高层（不包括高度超过 24 m 的单层主体建筑）；建筑物高度超过 100 m 时，不论住宅或公共建筑均为超高层。

③按建筑的主要承重材料分为钢筋混凝土结构、块材砌筑结构、钢结构、木结构和其他结构建筑。

④按建筑的结构体系分为混合结构、框架结构、空间结构、现浇剪力墙结构等。

（2）房屋的组成。

无论哪种房屋建筑，都是由许多构件、配件和装修构造组成的。为了绘制和看懂房屋建筑图，首先应了解房屋各组成部分的名称和作用。如图 10－1 所示为一幢四层楼的职工住宅，该楼房的组成部分有：基础，内、外墙，楼板，门，窗和楼梯；屋顶设有屋面板。此外，还设有阳台、雨篷、保护墙身的勒脚和装饰性的花格等。

10.1.2　房屋施工图的分类和内容

建造房屋一般包括设计和施工两个阶段。建筑工程的设计程序一般分为初步设计和施工图设计两个阶段，这两个阶段所绘制的图样分别为初步设计图和施工图。施工图是进行房屋建筑施工的依据。按照施工图的内容和作用，一般分为建筑施工图、结构施工图、设备施工图。

（1）建筑施工图（简称建施）：反映建筑施工设计的内容，用以表达建筑物的总体布局、外部造型、内部布置、细部构造、内外装饰以及一些固定设施和施工要求。包括施工总说明，总平面图，建筑平面图、立面图、剖视图和详图等。

(2) 结构施工图（简称结施）：反映建筑结构设计的内容，用以表达建筑物各承重构件（如基础、承重墙、柱、梁、板等），包括结构布置平面图（基础平面图、楼层结构平面图、屋面结构平面图等）和各构件的结构详图（基础、梁、板、柱、楼梯、屋面等的结构详图）。

(3) 设备施工图（简称设施）：反映各种设备、管道和线路的布置、走向、安装等内容，包括给排水、电气、采暖、通风等设备的布置平面图、系统图及详图。

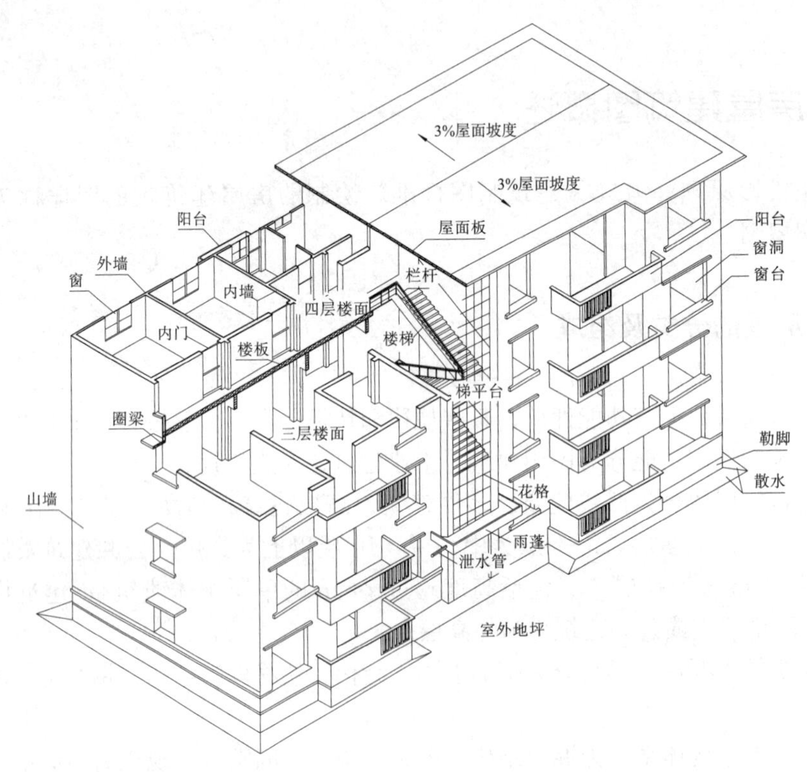

图 10－1　房屋的组成

10.1.3　房屋施工图的有关规定

在绘制建筑施工图时，应严格遵守国家《房屋建筑制图统一标准》。下面介绍国家标准中有关房屋施工图的一些规定和表示方法。

10.1.3.1　比例

房屋图比例一般为缩小的比例，比例注写在图名的右侧，如图 10－2 (a) 所示。标注详图的比例，一般写在详图索引标志的右下角，如图 10－2 (b) 所示。

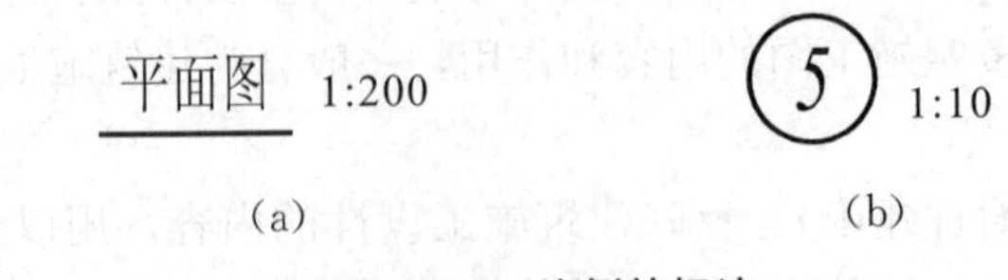

图 10－2　比例的标注

在保证图样清晰的情况下，根据不同图样选用不同的比例。各种图样常用比例见表10－1。

表 10－1 房屋施工图常用比例

图名	比例
总平面图	1∶500、1∶1000、1∶2000
建筑物或构筑物的平面图、立面图、剖面图	1∶50、1∶100、1∶150、1∶200、1∶300
建筑物或构筑物的局部放大图	1∶10、1∶20、1∶25、1∶30、1∶50
配件及构造详图	1∶1、1∶2、1∶5、1∶10、1∶15、1∶20、1∶30、1∶50

10.1.3.2 图线和图例

（1）图线。

因房屋形体较大，内部构造又比较复杂，房屋的平面图、立面图、剖面图一般都用较小的比例（1∶100等）绘制，其图线多而密，所以在图样上往往只画可见轮廓线，很少画不可见轮廓线。为了使房屋图中图线所表示的内容有区别和层次分明，需采用不同的图线来表达。

在绘图时，首先要按照所绘制的图样的具体情况选定粗实线的宽度“b”，其他相关图线的宽度就随之确定，如粗实线为b、中粗实线为$0.7b$、中实线为$0.5b$、细实线为$0.25b$，详见表1－11。线宽b通常取0.7 mm。若图形复杂或比例很小，例如比例为1∶100时，b可取为0.5 mm，比例为1∶200时，b可取0.35 mm。

（2）图例。

建筑物是按比例缩小画在图纸上的，对于有些建筑，细部形状往往不能如实画出，也难以用文字注释来表达清楚，所以都按统一规定的图例和代号来表示，以达到简单、明了的效果。因此，建筑制图标准规定了各种图例。

由于建筑图比例较小，总平面图中的各种建筑物，平、立、剖面图中各种构配件，如门、窗、楼梯、卫生器具等的投影难以详尽表达，均应采用国家公布的“统一标准”“总标”“建标”等规定的图例绘制。表10－2和表10－3分别列出了总平面图例和常用的建筑构造及配件图例。

表 10-2　总平面图例（详见 GB/T 5104—2010）

名称	图例	说明	名称	图例	说明
新建建筑物	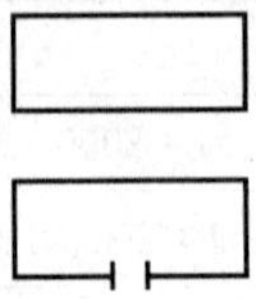	1. 上图为不画出入口图例，下图为画出入口图例 2. 需要时，可在图形内右上角以点数或数字（高层宜用数字）表示层数 3. 用粗实线表示	烟囱		实线为烟囱下部直径，虚线为基础，必要时可注写烟囱高度和上下口直径
原有建筑物	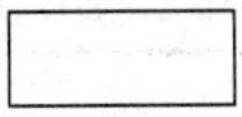	1. 应注明拟利用者 2. 用细实线表示	围墙及大门	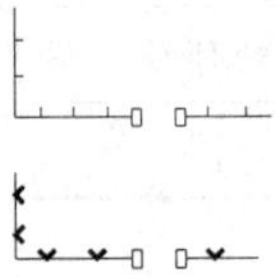	上图为砖石、混凝土或金属材料的围墙，下图为镀锌铁丝网、篱笆等围墙
计划扩建的预留地或建筑物		用中虚线表示	散装材料露天堆场	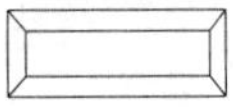	需要时可注明材料名称
拆除的建筑物	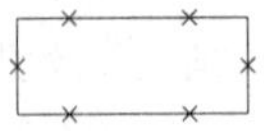	用细实线表示	坐标	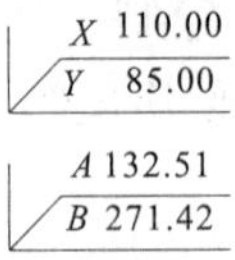 X 110.00 Y 85.00 A 132.51 B 271.42	上图表示测量坐标，下图表示施工坐标
新建的地下建筑物或构筑物		用粗虚线表示			
填挖边坡	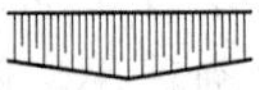	边坡较长时可在一端或两端局部表示	雨水井		
新建的道路	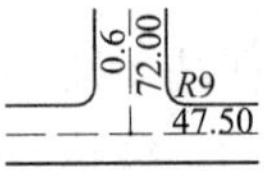 0.6 72.00 R9 47.50	"R9"表示道路转弯半径为 9 m，"47.50"为路面中心控制点标高；"0.6"表示 0.6%，为纵向坡度；"72.00"表示变坡点间距离	消火栓井		
			室内标高	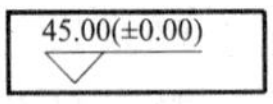 45.00(±0.00)	
			室外标高	 80.00	
公路桥梁	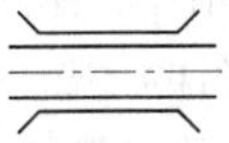	用于焊桥，应说明	原有道路		
铁路桥梁	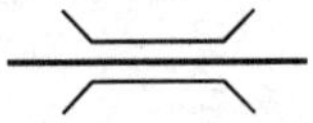	用于焊桥时应说明	计划扩建道路		

表 10-3　常用建筑构造及配件图例（详见 GB/T 5104—2010）

名称	图例	说明	名称	图例	说明
墙体	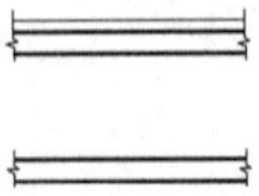	1. 上图为外墙，下图为内墙 2. 外墙细线表示有保温层或有幕墙	栏杆	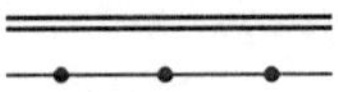	上图为非金属扶手，下图为金属扶手

续表10－3

名称	图例	说明
隔断	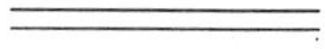	1. 加注文字或涂色或图案填充表示各种材料的轻质隔断 2. 适用于到顶与不到顶隔断
楼梯	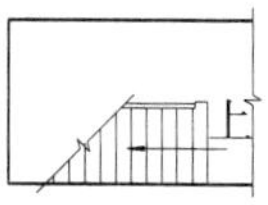 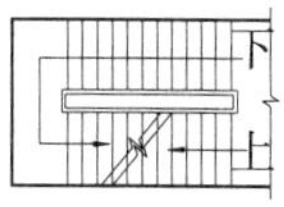 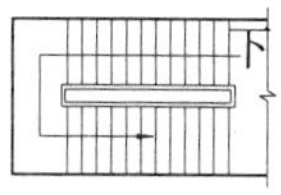 上 下 上 下	1. 上图为首层楼梯平面，中图为中间层楼梯平面，下图为顶层楼梯平面 2. 楼梯的形式和步数应按实际情况绘制
空门洞	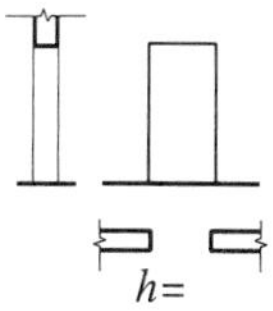 $h=$	h 为门洞高度
墙预留洞	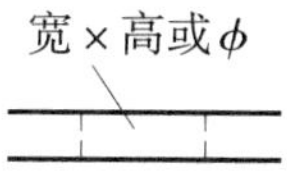 宽×高或ϕ	
墙预留槽	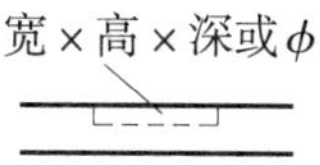 宽×高×深或ϕ	
烟道	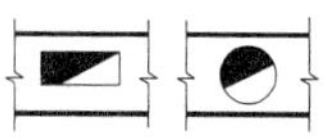	
通风道	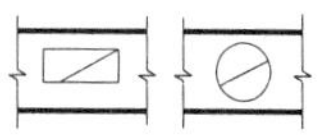	

名称	图例	说明
检查孔		右图为可见检查孔，左图为不可见检查孔
孔洞		
单扇门（包括平开或单面弹簧）	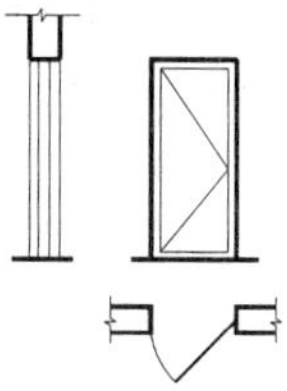	1. 门的名称和代号用M表示 2. 剖面图上左为外，右为内，平面图上下为外，上为内 3. 立面图上开启方向线交角的一侧为安装合页的一侧，实线为外开，虚线为内开 4. 平面图上的开启弧线及立面图上的开启方向线，在一般设计图上不需要表示，仅在制作图上表示 5. 立面形式应按实际情况绘制
双扇门（包括平开或单面弹簧）	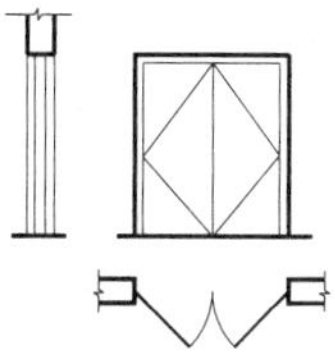	(同上)
单层固定窗	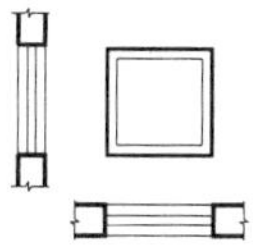	1. 窗的名称代号用C表示 2. 立面图中的斜线表示图的开关方向，实线为外开，虚线为内开；开启方向线交角的一侧为安装合页的一侧，一般设计图中不表示 3. 剖面图上左为外，右为内，平面图上下为外，上为内 4. 平、剖面图上的虚线仅说明开关方式，在设计图中需表示 5. 窗的里面形式应按实际情况绘制
单层外开平开窗	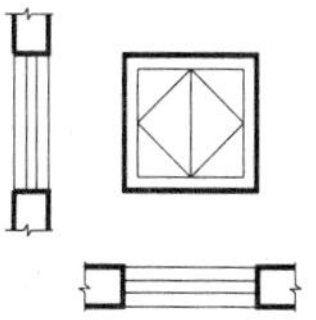	(同上)

10.1.3.3　**尺寸和标高**

（1）尺寸。

建筑施工图的尺寸分为定形尺寸、定位尺寸和总体尺寸，除总平面图及标高尺寸以米

(m）为单位外，其余均以毫米（mm）为单位。注写尺寸时，常将外部尺寸和内部尺寸分开标注，排为三行或三列，如图 10−3 所示。尺寸的起止符号用 45°中实线短划表示，其基本形式详见第 1 章。建筑平面图中横向轴线间的尺寸称为开间尺寸，竖向轴线间的尺寸称为进深尺寸。

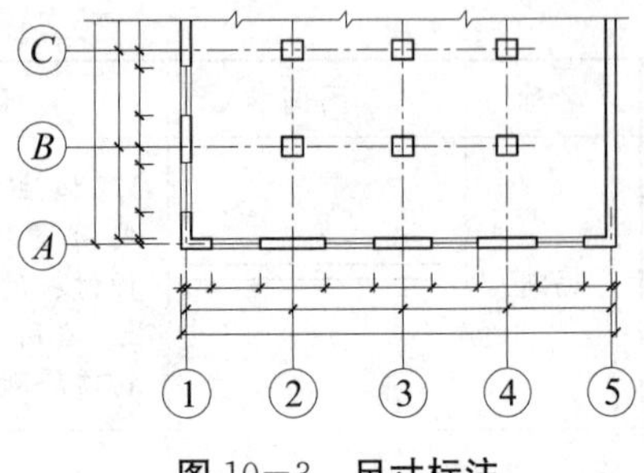

图 10−3 **尺寸标注**

(2）标高。

标高是标注建筑物某一部位高度的一种尺寸方式，在图纸上标高尺寸的注法都是以 m 为单位。在建筑施工图上用绝对标高和建筑标高两种方法表示不同的相对高度。

绝对标高。以海平面高度为 0 点（我国以青岛黄海海平面为基准），建筑物高出海平面的高度值称为绝对标高。绝对标高一般用在总平面图上，有时也用在首层平面图上，以标志新建筑处地面的高度，如“±0.000=▼495.00”表示该建筑的首层地面比黄海海面高出 495.00 m。

建筑标高。除总平面图外，其他施工图上用来表示建筑物各部位的高度，都是以该建筑物的首层（即底层）室内地面高度作为 0 点（记为±0.000），其他各部位的高度都以此为基准，这种标高称为建筑标高。

标高符号以细实线绘制的等腰直角三角形的二直角边与水平线成 45°，直角顶点指至被标注的高度处，可向上，也可向下。在同一张图纸上标高的符号应大小相同、整齐。室外地坪或首层平面图上室外地面标高的符号涂黑表示。若在同一位置需标注几个不同标高，则采用多层注写。当标注位置空间不够时，可引出注写。各种标高符号的画法及用途如表 10−4 所示。

表 10−4 **各种标高符号的画法及用途**

符号	用途	符号	用途
3 45° 3 45°	标高符号的画法：标高符号画成高度约为 3 mm 的等腰直角三角形	5.250 所注位置引出线 5.250	立面图上的标高符号，三角形尖可以向上，也可以向下
495.00	表示室外地坪或首层平面图上室外地面标高的符号	(9.600) (6.400) 3.200 (a)　6.000 (b)	(a) 多层标高的标注；(b) 标注位置注写空间不够时的标高标注（引线的长度视需要定）
±0.000	平面图上的楼面、地面或屋面的标高符号		

标高数值一般注写到小数点后三位，在总平面图上只要注写到小数点后两位。标高数字前面有“−”号的表示该处低于“0”点标高，没有该符号的表示高于“0”点标高。

10.1.3.4 定位轴线及其编号

定位轴线是施工定位、放线的重要依据。凡是承重墙、柱子等主要承重构件都应画出轴线以便确定其位置。对于非承重的分隔墙、次要承重构件等，一般用附加定位轴线。

定位轴线用细点画线绘制并予以编号。编号写在轴线端部的圆圈内，圆圈用细实线绘制，直径一般为 8～10 mm。圆圈的圆心应在定位轴线的延长线上。

建筑平面图上定位轴线的编号宜注在图的下方或左侧（有时上下、左右都可）。横向编号采用阿拉伯数字，按从左至右顺序编写；竖向编号采用大写拉丁字母，按从下至上顺序编写，如图 10−4 所示。大写拉丁字母中的 I、O、Z 不得用作轴线编号，以免与阿拉伯数字 1、0、2 混淆。如需在两条轴线间附加分轴时，编号以分数形式表示，其分母表示前一轴线的编号，分子表示附加轴线的编号（按阿拉伯数字顺序编写）。1 号或 A 号轴线之前的附加轴线的分母应以 01 或 0A 表示，如图 10−4 所示。

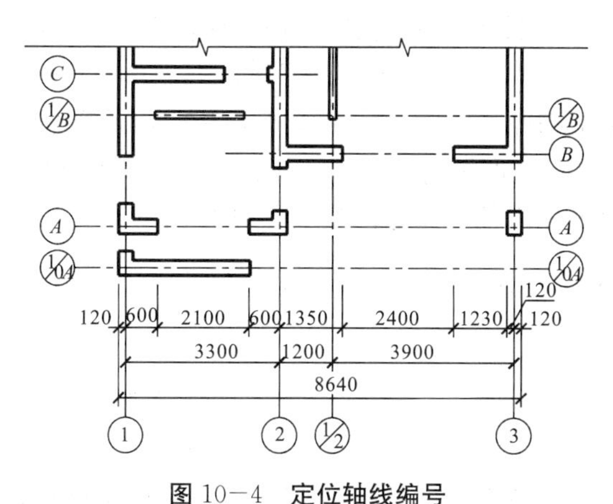

图 10−4　定位轴线编号

各种定位轴线的用途如表 10−5 所示。

表 10−5　各种定位轴线的用途

符号	用途	符号	用途
1	水平方向轴线编号，用阿拉伯数字（1、2、3…）编号	○	通用详图编号，不注写编号
A	垂直方向轴线编号，用大写拉丁字母（A、B、C…）编号	1　3　1　3	一个详图用于两根轴线时
1/2　1/01	水平方向的附加轴线编号	1　3，6…	一个详图用于 3 根或 3 根以上轴线时
1/B　1/0A	垂直方向的附加轴线编号	1 ～ 15	一个详图用于 3 根以上连续编号的轴线时

10.1.3.5　索引符号、详图符号与引出线

为方便施工时查阅图样，在图样中的某一局部或构件间的构造如需另见详图，应以索

引符号注明画出详图的位置、详图的编号以及详图所在图纸的编号，并在所画详图附近编上详图符号，以便看图时对应查找。

（1）索引符号。

按《房屋建筑制图统一标准》规定，索引符号是由直径为 8～10 mm 的圆和水平直径组成，圆和水平直径应以细实线绘制，且按如图 10－5 所示的编写规定执行。索引出的详图，如与被索引的详图不在同一张图纸内，应在索引符号上半圆内用阿拉伯数字标注详图的编号，下半圆内标注该详图所在的图纸编号，如图 10－5（a）表示第 5 号详图在第 3 张图纸内；若索引出的详图与被索引的详图在同一张图纸内，则在下半圆内用一横线（线宽 0.25*b*）代替编号，如图 10－5（b）表示第 3 号详图在本张图纸内；若索引出的详图采用标准图，则应在索引符号水平直径的延长线上加注该标准图集的编号，如图 10－5（c）表示第 1 号详图在编号为“J103”的图集的第 3 页内。

当索引符号用于索引剖面详图时，应在被剖切的部位绘制剖切位置线，并应以引线引出索引符号，且按如图 10－6 所示的编写规定执行。引出线所在的一侧应为剖视方向，如图 10－6（a）表示作剖面图时的投影方向是从上向下。

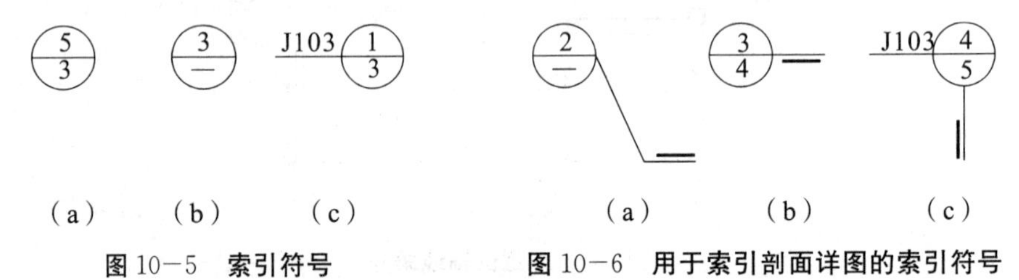

图 10－5　索引符号　　**图 10－6　用于索引剖面详图的索引符号**

（2）详图符号。

详图的位置和编号应以详图符号表示。详图符号的圆应以直径为14 mm的粗实线绘制。详图与被索引的图样在同一张图纸内时，应在详图符号内用阿拉伯数字注明详图的编号，如图 10－7（a）所示；若详图与被索引的图样不在同一张图纸内，应用细实线在详图符号内画一水平直径，在上半圆中注明详图的编号，在下半圆中注明被索引的图纸的编号（也可不注明），如图 10－7（b）所示。

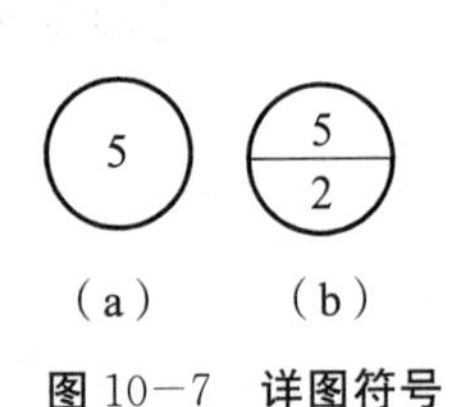

图 10－7　详图符号

（3）引出线。

引出线应以细实线绘制，宜采用水平方向的直线，且与水平方向成 30°、45°、60°和 90°，或经上述角度再折为水平线，文字说明宜注写在水平线的上方或端部，如图 10－8（a）所示。同时引出几个相同部分的引出线宜相互平行或画成集中于一点的放射线，如图 10－8（b）所示。多层构造或多层管道共用引出线，应通过被引出的各层，并用圆点示意对应各层，文字说明按各层顺序注写在水平线的上方或端部，如图 10－8（c）所示。

索引详图的引出线应与水平直径线相连接，如图 10－6 所示。

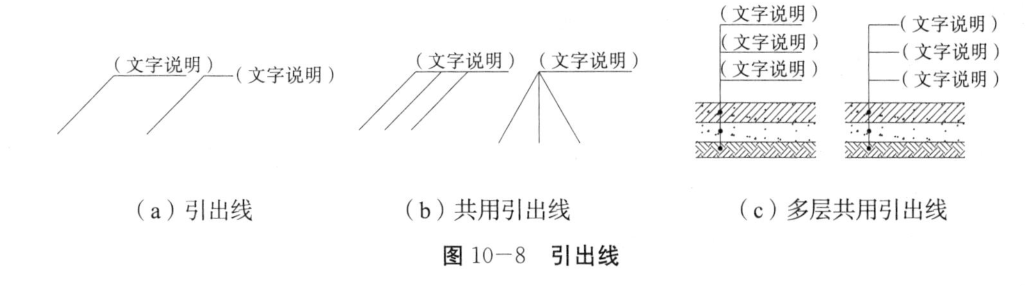

（a）引出线　　（b）共用引出线　　（c）多层共用引出线

图 10－8　引出线

10.1.3.6　指北针及风向频率玫瑰图

（1）指北针。

指北针是用来表示建筑物朝向的。在首层平面图上应画指北针，指北针的圆用细实线绘制，圆的直径宜为 24 mm，指北针尾部宽度宜为 3 mm，指北针头部应注“北”或“N”字，如图 10－9 所示。需用较大直径绘制指北针时，指针尾部宽度宜为直径的 1/8。

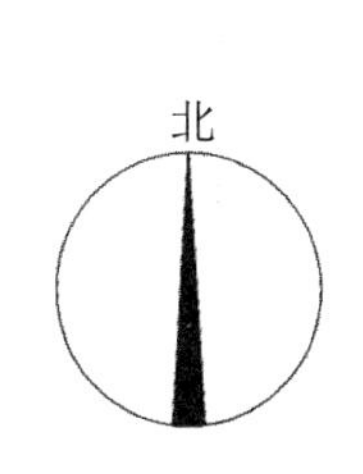

图 10－9　指北针

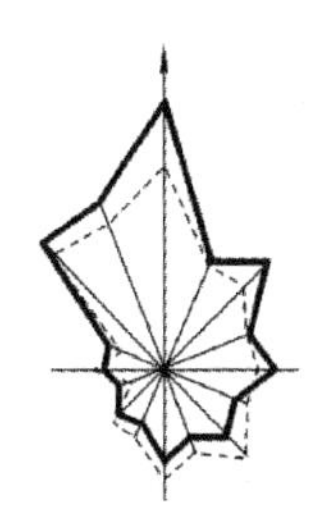

图 10－10　风向频率玫瑰图

（2）风向频率玫瑰图。

风向频率玫瑰图（简称风玫瑰图）是用 16 个方向上长短线表示该地区常年的风向频率和房屋的朝向。在风玫瑰图中，有箭头的方向为北向，粗实线表示全年风向频率，细线表示冬季风向频率，虚线表示夏季风向频率，如图 10－10 所示。

风玫瑰图一般用于总平面图中。

风玫瑰图是根据当地多年平均统计的各个方向吹风次数的百分数，按一定比例绘制的。离中心点最远的风向表示常年中该风向的刮风次数最多，例如本例常年中东北风最多。

10.2　房屋建筑施工图

10.2.1　房屋建筑施工图的阅读

前面已经介绍过，建筑施工图（简称建施）包括施工总说明、总平面图、平面图、立面图、剖面图、建筑详图和门窗表等。

阅读房屋建筑施工图时，首先要概括性了解相关的房屋，然后再阅读细部。先从施工总说明、总平面图中了解房屋的位置和周围环境的情况，再看平面图、立面图、剖面图和详图等。读图时要注意各图样间的关系，配合起来分析。这里以一幢四层职工住宅为例

(轴测图如图 10-1 所示)，说明房屋建筑施工图的阅读方法。

10.2.1.1 **建筑总平面图**

(1) 建筑总平面图的作用。

建筑总平面图是用来表达新建房屋所在的建筑基地的总体布局、新建房屋的位置、朝向以及周围环境（如原有建筑物、交通道路、绿化和地形等）的情况。它是新建房屋定位、施工放线、土方施工、施工现场布置以及绘制水、暖、电等专业管线总平面图的依据。

(2) 建筑总平面图的图示内容和要求。

下面以如图 10-11 所示某校一生活区拟扩建职工住宅的总平面图为例来说明总平面图的图示内容和要求。

①比例。在总平面图中需标注比例。如图 10-11 所示的总平面图采用 1∶500 比例绘制。

②新建建筑物图例。根据前述内容，新建房屋应用粗实线绘制，如图 10-11 所示，4~8 号建筑物用粗实线绘制，为拟建建筑物。由图中文字说明可知，4、5、6 号建筑物为拟建住宅，7 号建筑物为拟建商场，8 号建筑物为拟建天然气升压房。房屋的层数用小黑点表示，图 10-11 中 4、5、6 号住宅均为 4 层。房屋的层数也可用数字加字母 F 表示，如 4F。

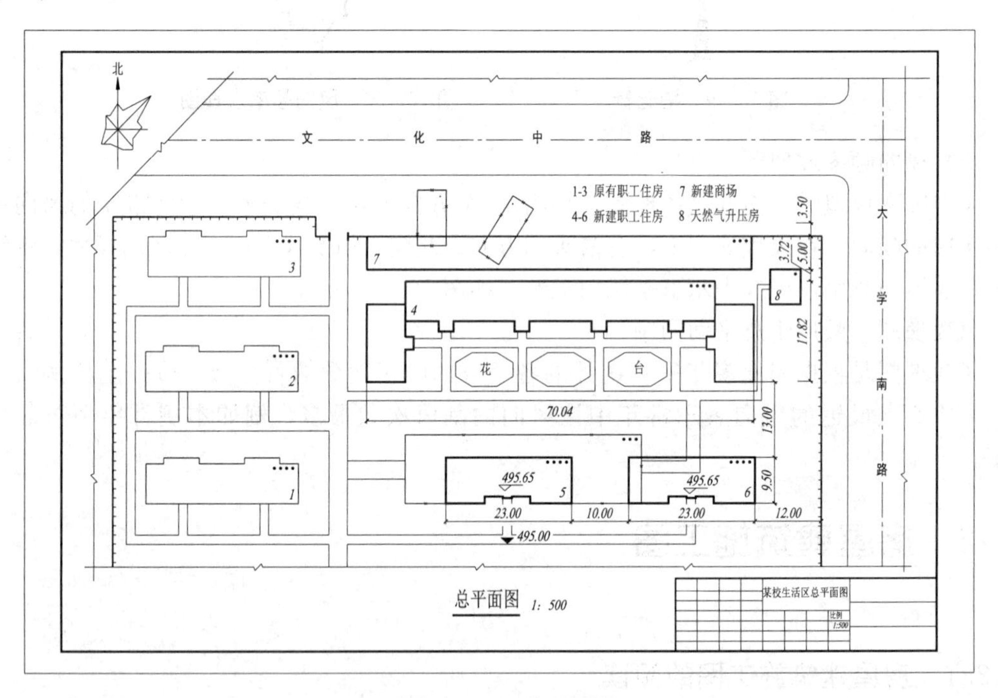

图 10-11 **总平面图**

③原有建筑物、即将被拆除的建筑物及其他图例。根据图 10-11 所示图例的规定，可读出：图中 1、2、3 号建筑物的轮廓线用细实线绘制，为原有的建筑物；而图中还有 3 个用细线画出的原有建筑物，但细线被打上“×”，这表示该类建筑物即将被拆除；图中的道路用细实线画出，围墙按图例画出。

④新建建筑物的定形尺寸和定位。总平面图上应标注出新建房屋的总长、总宽及与周围房屋或道路的间距，尺寸以米（m）为单位，标注到小数点后两位。如图 10－11 中拟建的 5 号、6 号住宅形状大小相同，均为长 23.00 m、宽 9.50 m。新建建筑物在总平面图上的定位方法有两种。

方法一：利用原有建筑物、道路等的位置定位。如图 10－11 所示，6 号房屋就是利用围墙来定位的，该建筑物的东南角距离东墙面 12 m，距离北墙面 49.04 m（9.5 m+13 m+17.82 m+3.72 m+5 m）。

方法二：利用坐标定位。总平面图常画在有等高线和坐标网格的地形图上，地形图上的坐标称为测量坐标。可采用与总平面图相同的比例画出 50×50 m 或 100×100 m 的方格网，再标注出建筑物墙角的坐标。一般房屋的定位应标注其三个角的坐标，如果建筑物、构筑物的外墙与坐标轴线平行，可标注其对角坐标；如果建筑物方位正南北向，可只标注一个墙角的坐标。如图 10－12 所示。

⑤新建建筑物的室内、室外标高。

总平面图中应注出新建建筑物的室内地面标高及室外整平标高（绝对标高）。如图 10－11 所示，拟建的 5、6 号住宅的室内标高为▽495.65，室外标高（整平标高）为▼495.00。

⑥建筑物的朝向和风向。在总平面图中，一般用风向频率玫瑰图表示常年主导风向频率和房屋的朝向。有时也用指北针表示房屋的朝向。如图 10－11 所示，4、5、6 号住宅均为正南北朝向。

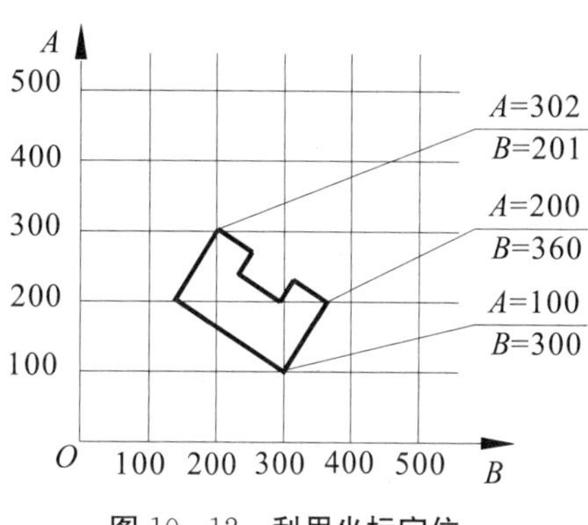

图 10－12　利用坐标定位

（3）建筑总平面图读图方法。

综上所述，读建筑总平面图时，首先应根据图中的比例、图例、标高、等高线等对新建建筑物、原有建筑物、周围环境（道路、绿化等）有一个大致的了解；然后通过风向频率玫瑰图（或指北针）、尺寸、坐标网格等，对新建建筑物的朝向、外形情况、楼层数等作进一步的了解，从而弄清楚新建建筑物所在的建筑基地的总体布局及建设要求。

10.2.1.2　建筑平面图

（1）建筑平面图的形成和作用。

建筑平面图实际上是水平剖面图（除屋顶平面图外），即假想用一个水平剖切平面沿建筑物的门、窗洞口剖切后，移去剖切平面以上部分，再将剖切平面以下部分向水平投影面投射所得到的水平剖面图。如图 10－13 所示，图中 P 为剖切面，平面图即建筑平面图。

建筑平面图（简称平面图）表示房屋的平面形状、大小和房间、走廊、楼梯等的布置，它也反映了房屋墙、柱、门、窗及其他主要配件的位置、厚度和材料等情况。

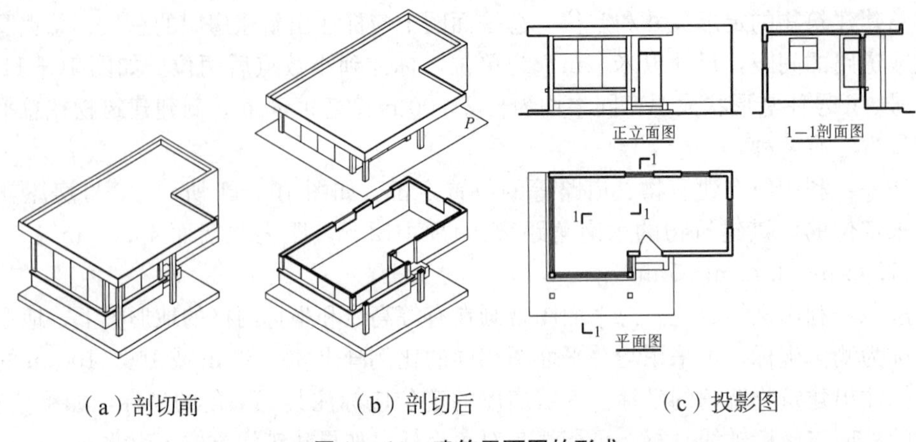

（a）剖切前　　（b）剖切后　　（c）投影图

图 10—13　建筑平面图的形成

一般来说，房屋有几层就应该画出几个平面图，如首层平面图、二层平面图等。如果上下各层的布置与大小完全相同，可用一个平面图表示。如果房屋平面图左右对称，也可将两层平面图画在一个平面图上，各画一半，用点画线分开，在点画线两端画对称符号，并在图下方分别注出图名。如图 10—11 中的 6 号楼（轴测图如图 10—1 所示），属于左右基本对称形状，而且二、三、四层房间布置完全相同，故只画首层平面图和二层平面图。如图 10—14 所示，水平剖切面是沿首层门、窗洞位置剖切的称为首层平面图。如图 10—15 所示，水平剖切面是沿二层的门、窗洞的位置剖切的称为二层平面图。

（2）建筑平面图的图示内容和要求。

下面以图 10—14 首层平面图为例来介绍建筑平面图的图示内容和要求。

①比例。平面图中应注出绘图比例。图 10—14 中的绘图比例为 1∶100。

②图线。平面图中的图线应粗细分明，凡被剖切到的墙、柱的断面轮廓线、剖切符号用粗实线（b）画出；没有剖切到的可见轮廓线，如台阶、窗台、花池等用中粗实线（$0.7b$）画出；尺寸线、标高符号、图例线、定位轴线的圆圈、轴线等用细实线（$0.25b$）画出；门的开启线用 45°的中实线画出，该中实线的起点为墙轴线，长度为门洞的宽度，开启线的另一端与圆弧相接，圆弧宜用细实线。

③指北针。应在首层平面图上画出指北针，以表示房屋的朝向。指北针的画法详见（10.1.3.6）。从图 10—14 中指北针可以看出该楼房为坐北向南。

④尺寸和标高。为表达房屋的总长、总宽、门窗及室内设备的位置和大小、房屋的室内外高度，建筑平面图中应标注三种尺寸：外部尺寸、内部尺寸和标高。

外部尺寸分三道标注：第一道尺寸（最外面的一道）表示房屋的总长和总宽（指从房屋的一端外墙面到另一端外墙面的长度），即房屋的总体尺寸；第二道尺寸表示定位轴线间的距离，即房屋墙（柱）的定形、定位尺寸，用来示出房间的开间和进深；第三道尺寸示出了门、窗的宽度和位置。如图 10—14 所示，平面图基本上是长方形，第一道尺寸表示该房屋总长为 23.24 m，总宽为 9.68 m；第二道尺寸表示房间的开间有 3.60 m、3.00 m等，房间的进深南面为 5.50 m，北面为 4.00 m；第三道尺寸表示门、窗的位置是以轴线为基准的，如窗 $C2$，宽度为 1.80 m，窗边距轴线为 0.90 m。

内部尺寸包括纵横方向的尺寸，说明房间大小、墙厚，内墙上门、窗洞的大小和位置，固定设备的大小和位置等。图 10－14 中的砖墙厚度为 240 mm，相当于一块标准砖（240 m×115 mm×53 mm）的长度，通称一砖墙。

房屋的室内、外地面的高度用标高表示，一般以首层主要房间的地面高度为零，标注为±0.000。图 10－14 中▽－0.600 为室内地面标高，▼－0.650 为室外地面标高。

室内外地面的高度用标高表示。一般以首层主要房间的地面高度为零，标注为±0.000。图 10－14 中门厅的地面高度▽－0.600 为室内地面标高。另外，还应标注楼梯间地面、浴室地面以及室外地面等的标高，图 10－14 中▼－0.650 为室外地面标高。

⑤定位轴线。建筑平面图中用定位轴线加编号来反映墙、柱的位置和数量等。如图 10－14 所示，该例竖向 6 根、横向 8 根承重墙轴线，它们是纵横方向内外墙定位放线的基准线。另外还有 5 根附加轴线，分别是浴室、厕所的隔墙轴线。定位轴线的相关规定见图 10－3 及表 10－5。

⑥房间功能。平面图中的各房间应根据其功能标注上名称或编号，以便读图时根据图中墙体的分隔情况和房间的名称看出房间的布置、用途、数量和相互间的联系情况。由图 10－14 可看出，这幢住宅为一个单元，每层有两套房间，每套房间除有三间卧室、一间工作室、一间起居室外，还有门厅、厨房、浴室、厕所、阳台等。

⑦图例。由于建筑平面图的比例较小，故门、窗等建筑配件均应用规定的图例画出，图例的规定如表 10－3 所示。“建标”中还规定，门的代号为 M，窗的代号为 C。代号后面的数字是编号，同一编号表示同一类型的门、窗，如 $M1$、$M2$ 和 $C1$、$C2$ 等。一般在建筑施工总说明或建筑平面图上附有门窗表，列出门窗的编号、名称、尺寸、数量以及选用的标准图集的编号等。该例门窗统计表见表 10－6。

表 10－6　门窗统计表

门或窗	编号	名称	洞口尺寸 $B\times H$	樘数	标准图代号	标准图集及页次
门	$M1$	全板镶板门	1000×2700	8	×－1027	西南 J601，3
	$M2$	半玻镶板门	900×2700	40	P×－0927	西南 J601，5
	$M3$	半玻镶板门	800×2700	8	仿 P×－0927	西南 J601，5
	$M4$	半玻镶板门	1800×2700	8	P×－1827	西南 J601，5
	$M5$	全板镶板门	800×2700	16	×－0824	西南 J601，3
	$M6$	百页镶板门	700×2000	8	Y×－0720	西南 J603，3
	$M7$	带窗半玻门	1500×2700	8	C×－1527	西南 J601，4
窗	$C2$	上么玻纱窗	1800×1800	8	S. 1818	西南 J701，7
	$C3$	上么玻纱窗	1200×1800	16	S. 1218	西南 J701，7
	$C4$	上么玻纱窗	1000×1800	8	S. 1018	西南 J701，7
	$C5$	无么玻窗	400×600	16	仿 S. 0610	西南 J701，3
	$C6$	中悬窗	900×700	8	F. 0907	西南 J701，6

在平面图中，凡是被剖切到的断面部分应画出材料图例。但在小比例（1∶200 和 1∶100）的平面图中，剖到的砖墙一般不画材料图例；在 1∶50 的平面图中，剖切到的砖墙可画也可不画材料图例；但平面图比例大于 1∶50 时，应画上材料图例。当剖切到钢筋

混凝土构件时，若比例小于1∶50（或断面较窄，不易画出图例），其断面可涂黑表示。

在平面图中，应在楼梯间的位置按规定画出楼梯的图例，以说明楼梯的梯段、梯级数和上下方向。图10－14中，由于首层平面图是从首层上方剖切后得到的水平剖面图，所以在楼梯间中只画出第一个梯段的下面部分，并按规定把折断线画成45°倾斜线。图中的“上20”是指首层到二层两个梯段共有20步梯级。

⑧索引符号。对平面图中某些未表达清楚的细部，应以索引符号注明画出详图的位置、详图的编号以及详图所在图纸的编号，方便施工时查阅。图10－14中$\frac{\text{散水}}{\text{西南J801}}\left(\frac{9}{4}\right)$表示散水的详细做法详见西南建筑标准图集第801条第4页第9条；$\frac{\text{阳台乙}}{\text{详见建施}}\left(\frac{4}{5}\right)$表示阳台乙的做法详见建筑施工图第5张第4号详图。索引符号的相关规定详见10.1.3.5。

⑨其他。在平面图中，必须表示出楼梯、阳台、雨蓬、散水的大小和位置，在首层平面图中应画出剖面图的剖切位置，如图10－13（b）中的1－1位置，图10－14中的1－1和2－2位置。

（3）建筑平面图的读图方法。

由于一栋房屋经常会有多个平面图，所以读图时应逐层阅读，并注意各层之间的联系和区别。建筑平面图的读图方法：首先，通过阅读图名、比例、指北针，了解该平面图所表达的楼层、该房屋的朝向；其次，综合阅读分析尺寸、标高和定位轴线，了解房屋的平面形状、总长、总宽，各房间的位置、用途、进深和开间、标高，墙柱的位置和尺寸，室内外地面、各楼层出入口地面的高度；第三，通过阅读图例、索引符号、剖面符号，并结合相关尺寸和标高，详细读懂门窗、阳台、散水等细部的位置、尺寸及做法；最后，完成建筑平面图的阅读。

10.2.1.3 **建筑立面图**

（1）建筑立面图的形成和作用。

建筑立面图是在与房屋立面平行的投影面上所作出的房屋的正投影图，简称立面图，如图10－13（c）中的“正立面图”。建筑立面图反映了房屋的外形和高度，门窗的位置、形状和大小，屋面的形式和外墙的做法、装饰要求等内容。

立面图的命名方式有三种。如图10－16（a）所示为建筑物的直观图。第一种方式：把反映房屋外貌特征或有主要出入口的一面称为正立面图，如图10－16（b）所示。在正立面图背后的称为背立面图，其余两侧分别称为左侧立面图和右侧立面图。第二种方式：可按房屋的朝向称为南（北、西、东）立面图，如图10－16（c）所示。第三种方式：当房屋有定位轴线时，可按立面图两端的定位轴线编号来命名立面图，如图10－16（d）所示。图10－17中的①～⑧立面图，也可称为南立面图；图10－18中的⑧～①立面图，也可称为北立面图。

一般来说，房屋的一个立面画一个立面图。若房屋外形左右对称，南北立面图也可各画一半合并成一个图，中间用细点画线分界，并画对称符号。若房屋东西对称也一样。

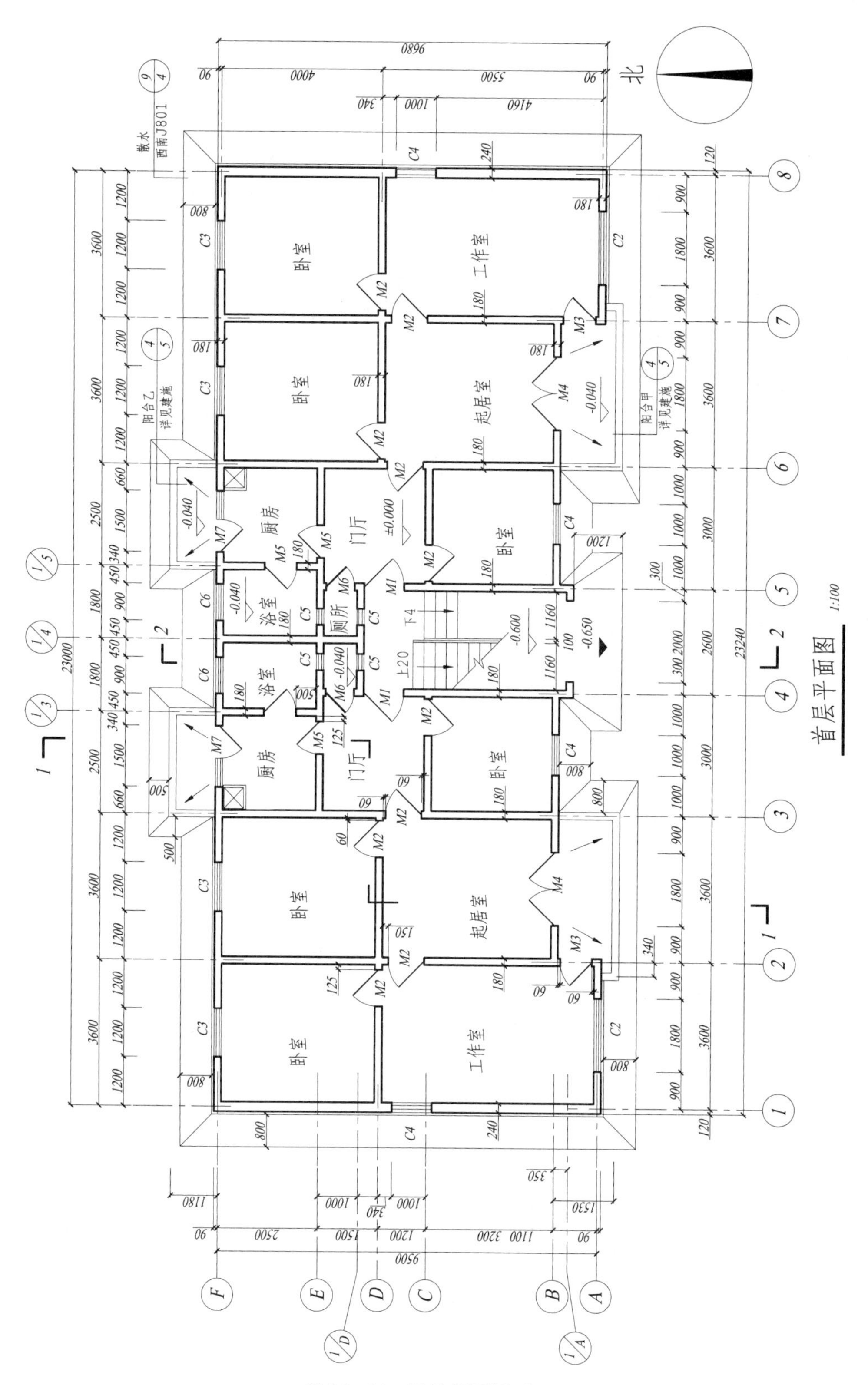

图 10－14　建筑平面图（一）

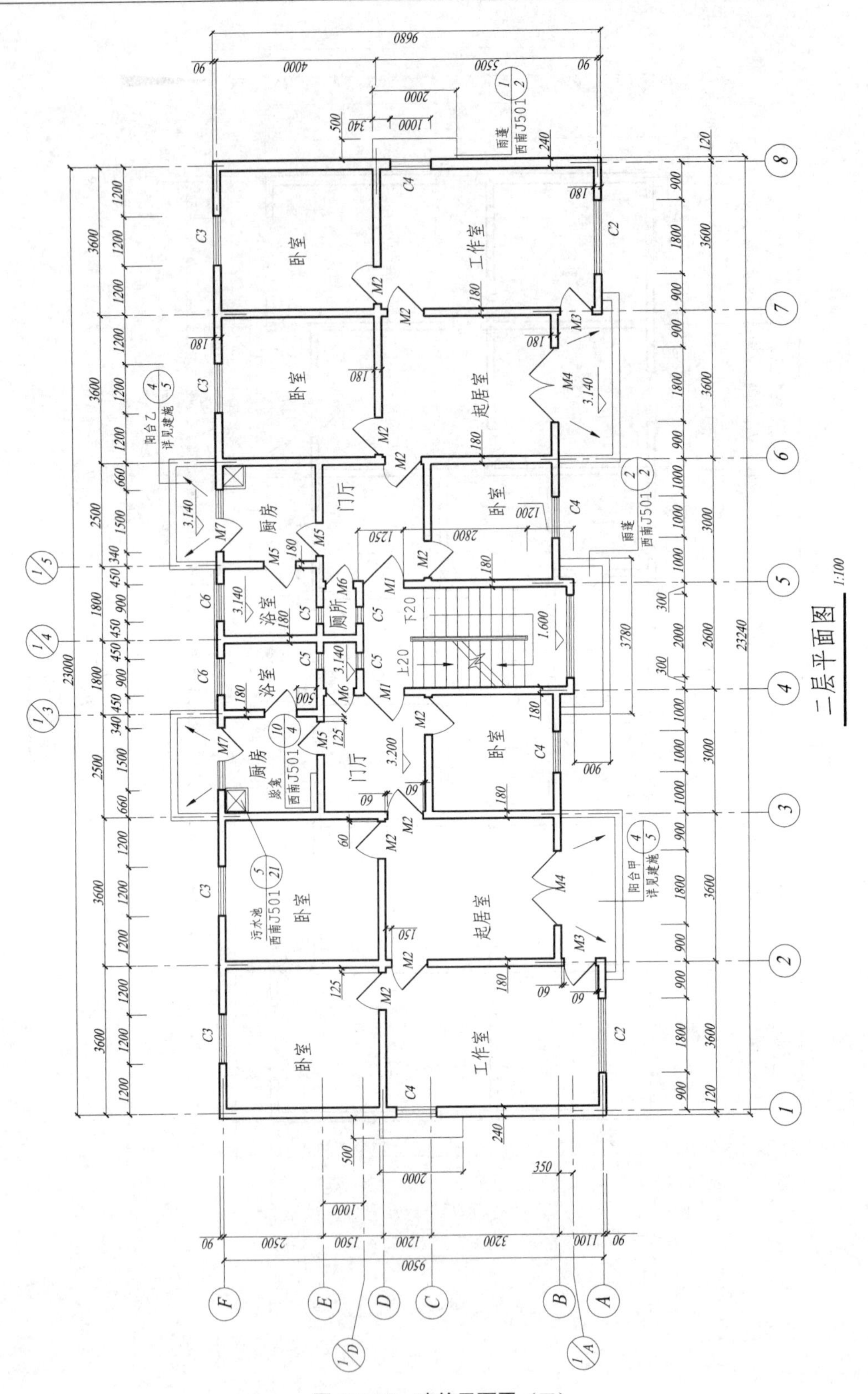

图 10—15　建筑平面图（二）

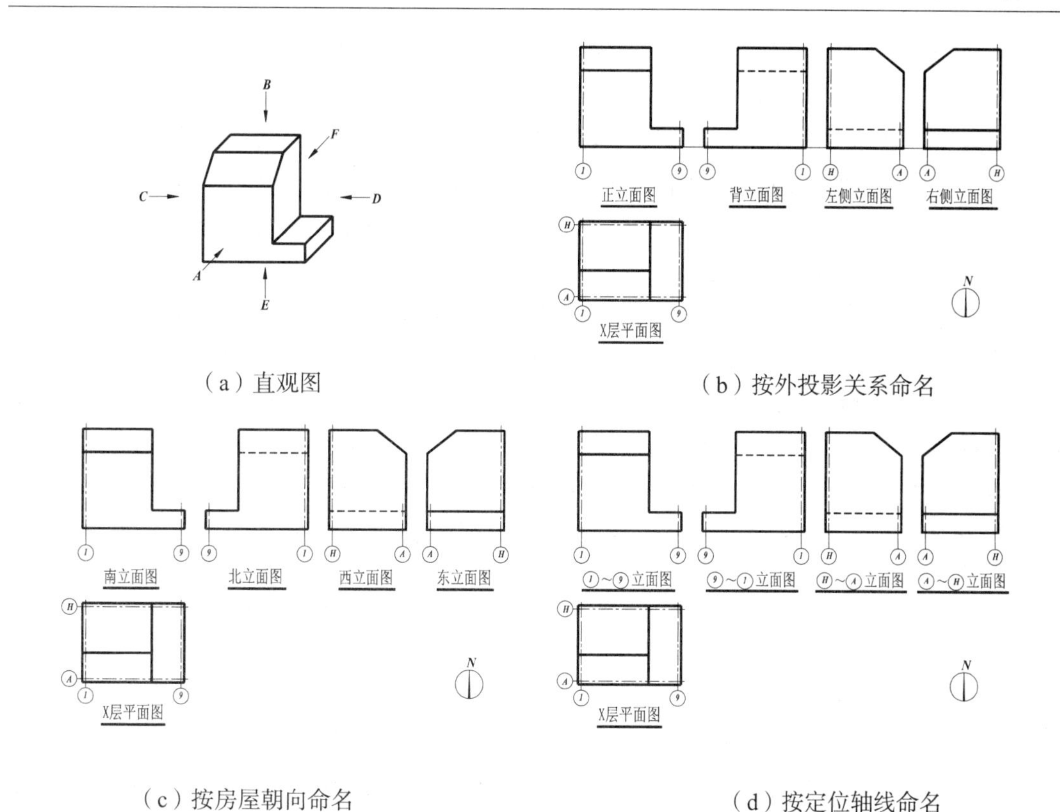

（a）直观图　（b）按外投影关系命名

（c）按房屋朝向命名　（d）按定位轴线命名

图 10－16　立面图的命名

(2) 建筑立面图的图示内容和要求。

下面以图 10－17、图 10－18、图 10－19 所示立面图为例来介绍建筑立面图的图示内容和要求。

①比例。立面图中的比例应与平面图一致。比例注写在图名右下角。

②图线。在立面图中，只画出按投影方向可见的部分，不可见部分一律不画。为了使立面图外形清晰，通常把房屋立面的外轮廓线（也称外包轮廓线）用粗实线（b）画出，室外地坪线用特粗实线（$1.4b$）画出，立面外包轮廓线内的主要轮廓线，如门、窗洞、檐口、阳台、雨篷、窗台、台阶等用中粗实线（$0.7b$）画出。门窗扇及其分格线、花饰、雨水管、墙面分格线、标高符号等用细实线（$0.25b$）画出。

③尺寸和标高。立面图上的高度尺寸一般采用标高（相对标高）形式标注，主要包括室外地坪、首层室内地面、出入口地面，窗台、门窗洞口顶部，檐口、雨篷、阳台底面，各层楼面、屋顶，女儿墙等处的标高。各标高一般标注在立面图的两侧，标高符号大小一致、排列整齐。

除了标高外，立面图上有时还需标注出一些无详图的局部尺寸。

立面图上所标注的尺寸均指建筑物表面装修结束后的尺寸（即完成面的尺寸）。

④定位轴线。在立面图中一般只画两端的定位轴线及编号（其编号与平面图一致），以便与平面图对照。如图 10－17、图 10－18 所示，两立面图均只画出定位轴线①和⑧。

⑤图例。由于立面图所用的比例较小，故图中的定形构配件（如门、窗扇等）只能用图例表示，图例的画法见表 10－3。

⑥索引符号和引出线。对立面图中某些未表达清楚的细部，应用索引符号注明详图的位置等，方便施工时查阅，如图 10－19 中的$\frac{3}{-}$；也可用引出线引出文字说明来表示外墙所采用的材料和做法，如图 10－17 所示。索引符号和引出线的相关规定详见 10.1.3.5。

(3) 建筑立面图的读图方法。

立面图的读图应结合平面图、门窗表及相关文字说明来完成。其阅读方法：首先，通过阅读图名、比例，并对照平面图的方位，初步了解该立面图是房屋哪个方向的立面图；其次，通过综合分析尺寸、标高和定位轴线，了解房屋的立面形状、总高，房屋室外地坪、窗台、阳台、门窗洞口、檐口、雨篷等处的标高；第三，结合平面图上门窗的图例及门窗表，分析并了解窗台、雨蓬、阳台花格的样式与位置、尺寸和数量；最后，根据索引符号和引出线引出的详图和相关文字说明，进一步弄懂外墙、雨蓬、阳台等的做法，从而完成建筑立面图的阅读。

综上可知，图 10－17 所示的①～⑧立面图（也称南立面图）是图 10－11 中 5 号、6 号住宅楼的主要立面图，它的中部有一个主要出入口（大门），上部设有雨篷。在①～⑧立面图上表明了南立面的门、窗、阳台形式和布置；还表示出大门进口踏步等的位置；屋顶示出了女儿墙（又称压檐墙）。图 10－19 所示的Ⓕ～Ⓐ立面图（也称西立面图），图中有四个窗子，窗上有雨篷和窗台。Ⓕ～Ⓐ立面图中屋顶面的前后各有 3%的坡度，外墙上注写的“清水砖墙”表示未加抹灰粉刷的砖墙面。因此，该住宅楼为平顶屋面，四层楼房，四个立面共有四排窗户，南立面、北立面各有四排阳台，外表面装饰的详细作法另有施工说明或标准图集（或建筑详图）。

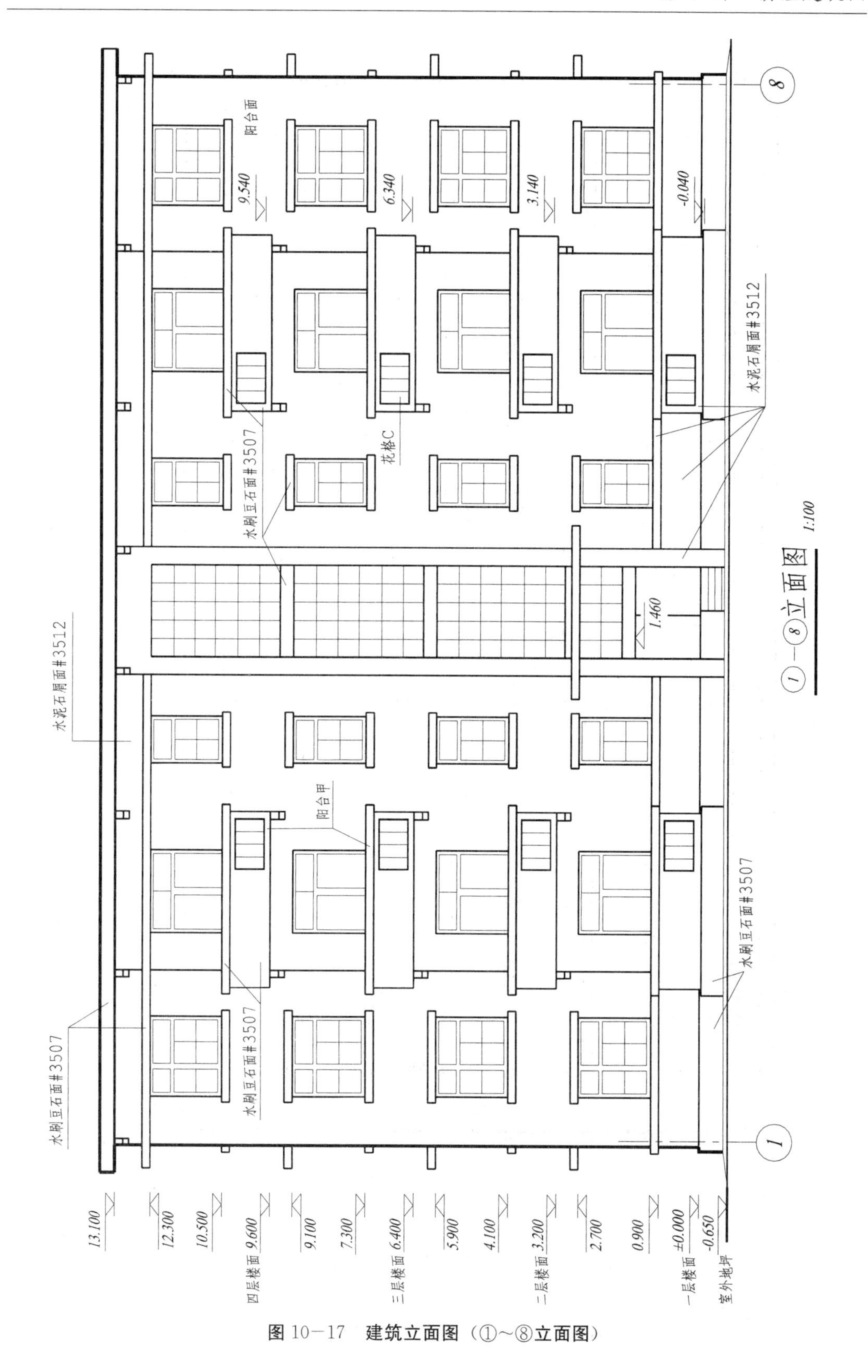

图 10—17　建筑立面图（①～⑧立面图）

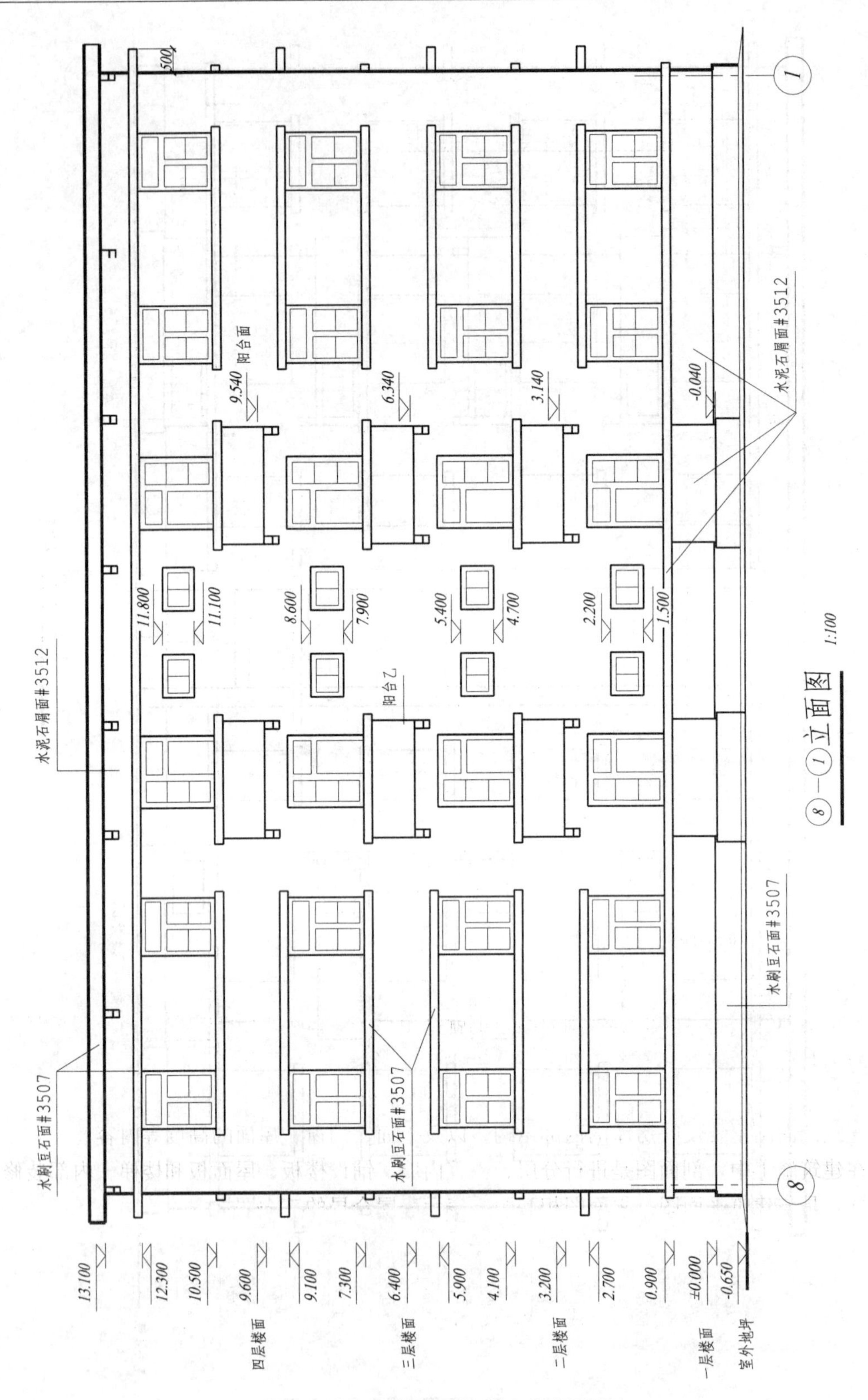

图 10－18　建筑立面图（⑧～①立面图）

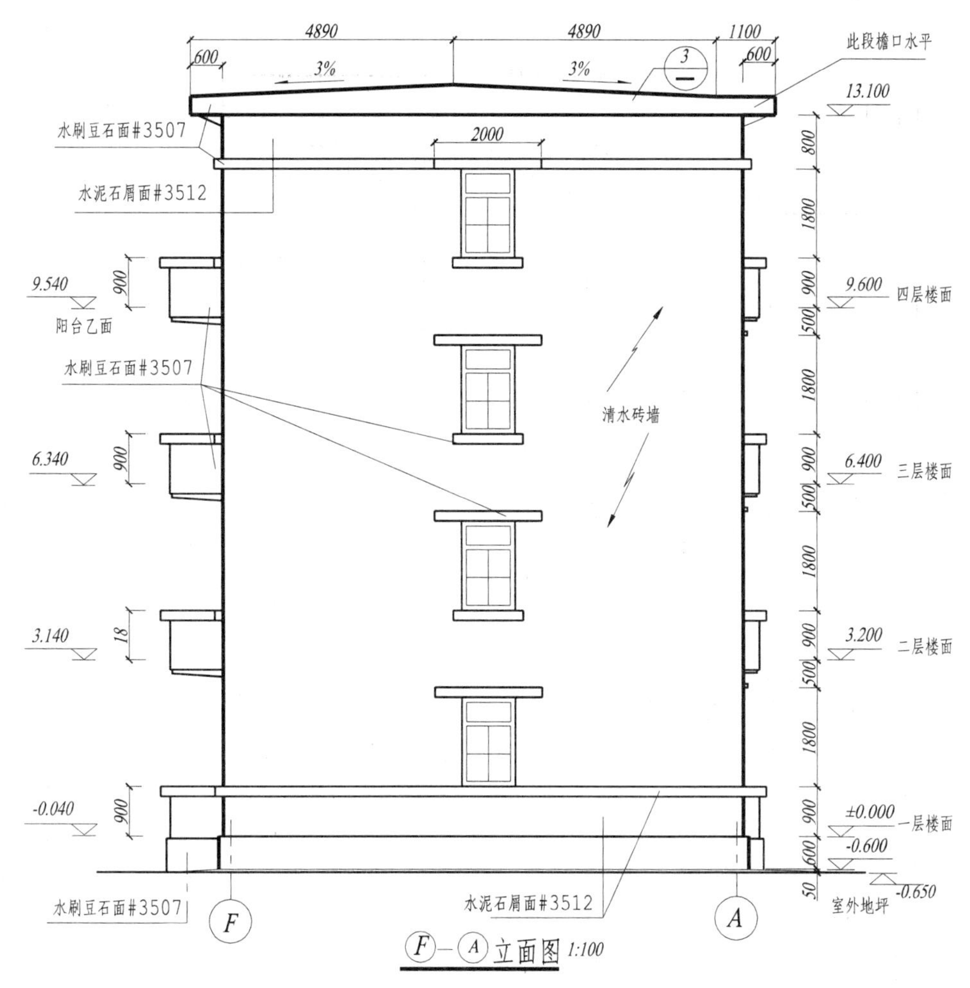

图 10—19　**建筑立面图**（Ⓕ～Ⓐ**立面图**）

10.2.1.4　建筑剖面图

（1）建筑剖面图的形成和作用。

建筑剖面图就是房屋的竖直剖面图，也就是用一个或多个平行于房屋墙面的假想竖直剖切面剖开房屋所得的剖面图，如图 10－20 所示，图中 Q、R 为剖切面，1－1 为建筑剖面图。

建筑剖面图主要反映房屋的内部结构，以及地面、门窗、屋面的高度等内容。

在建筑施工中，剖面图是进行分层、砌筑内墙、铺设楼板、屋面板和楼梯、内部装修的依据，是与建筑平面图、立面图相互配合表示房屋全局的三大图样之一。

剖面图的剖切位置通常选择在能够反映房屋内部构造比较复杂或典型的部位，例如通过门、窗洞口及主要入口、楼梯间或高度有变化的部位等。当剖切到楼梯间时，一般应剖切上行的第一梯段，为了表明梯段之间的关系，必须向另一梯段所在的一侧投影。

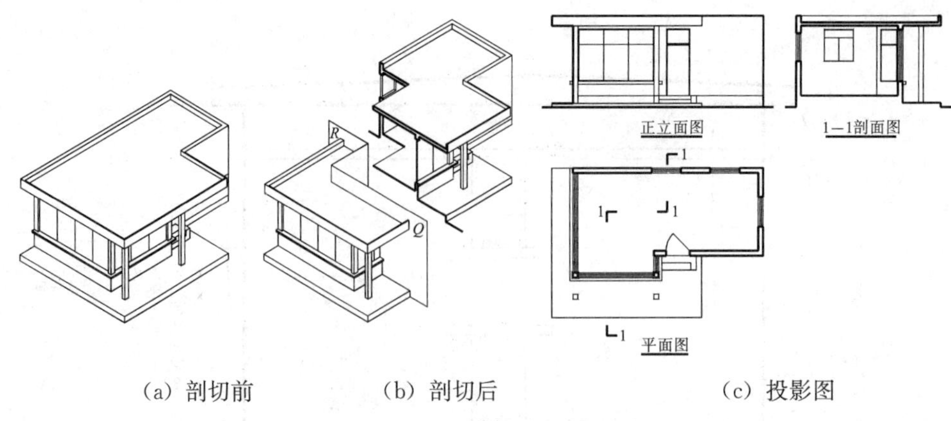

(a) 剖切前　　(b) 剖切后　　(c) 投影图

图 10—20　**建筑剖面图的形成**

图 10—21 中的 1—1、2—2 剖面图的剖切位置可从首层平面图 10—14 中找到，从图中看出，1—1 剖面图是通过浴室、厕所、楼梯间剖切且向第二梯段所在的一侧（向东）投影的全剖面图，2—2 剖面图是通过厨房、门厅、卧室、起居室剖切且向西投影的阶梯剖面图。

(2) 建筑剖面图的图示内容和要求。

在剖面图中，除了有地下室外，一般不画出室内外地面以下部分，只在室内外地面以下的基础墙部位画出折断线，基础部分将由结构施工图中的基础图来表达。

在建筑剖面图中，除了必须画出被剖到的构件（如墙身、室内外地面、各层楼面、屋面、各种梁、楼梯段及平台等）外，还应画出未剖切到的可见部分（如可见楼梯段和栏杆扶手、门、窗、内外墙轮廓、踢脚等），如图 10—21 所示。图中墙身的门、窗洞口处的矩形涂黑断面为该房屋门、窗上的钢筋混凝土过梁和圈梁。

现以图 10—21 建筑剖面图为例来说明剖面图所需表达的内容和要求。

①比例。剖面图中的比例与平面图一致，也可以放大绘制。比例注写在图名右下角。

②图线。凡被剖切到的主要构件（如墙体、楼地面、屋面结构部分等）以及室内、外地坪线均用粗实线（b）画出；次要构件或构造、未被剖切到的主要构造的轮廓（如门、窗洞、内外墙轮廓线等）、可见的楼梯段及栏杆扶手、踢脚线、勒脚线等均用中粗实线（$0.7b$）画出；门窗扇及其分格线、外墙分格线、尺寸线、标高符号等均用细实线（$0.25b$）画出。

③图例。砖墙、钢筋混凝土构件的材料图例按平面图中的相关图例规定画出；门、窗均按表 10—3 的规定图例画出。

④尺寸和标高。建筑剖面图一般只标注剖切到部分的尺寸，包括房屋内部和外部高度方向的尺寸和标高、水平方向的轴线间尺寸等。所标注的尺寸和标高必须与立面图相吻合。

外墙的高度方向尺寸一般为三道（由外至内），第一道为总高尺寸，即由室外地坪至女儿墙压顶的高度；第二道为层高尺寸，即首层地面至二层楼面，各层楼面至上一层楼面的高差尺寸；第三道为洞口尺寸，包括勒脚高度、门窗洞口高度、洞间墙的高度、檐口厚度等细部尺寸。

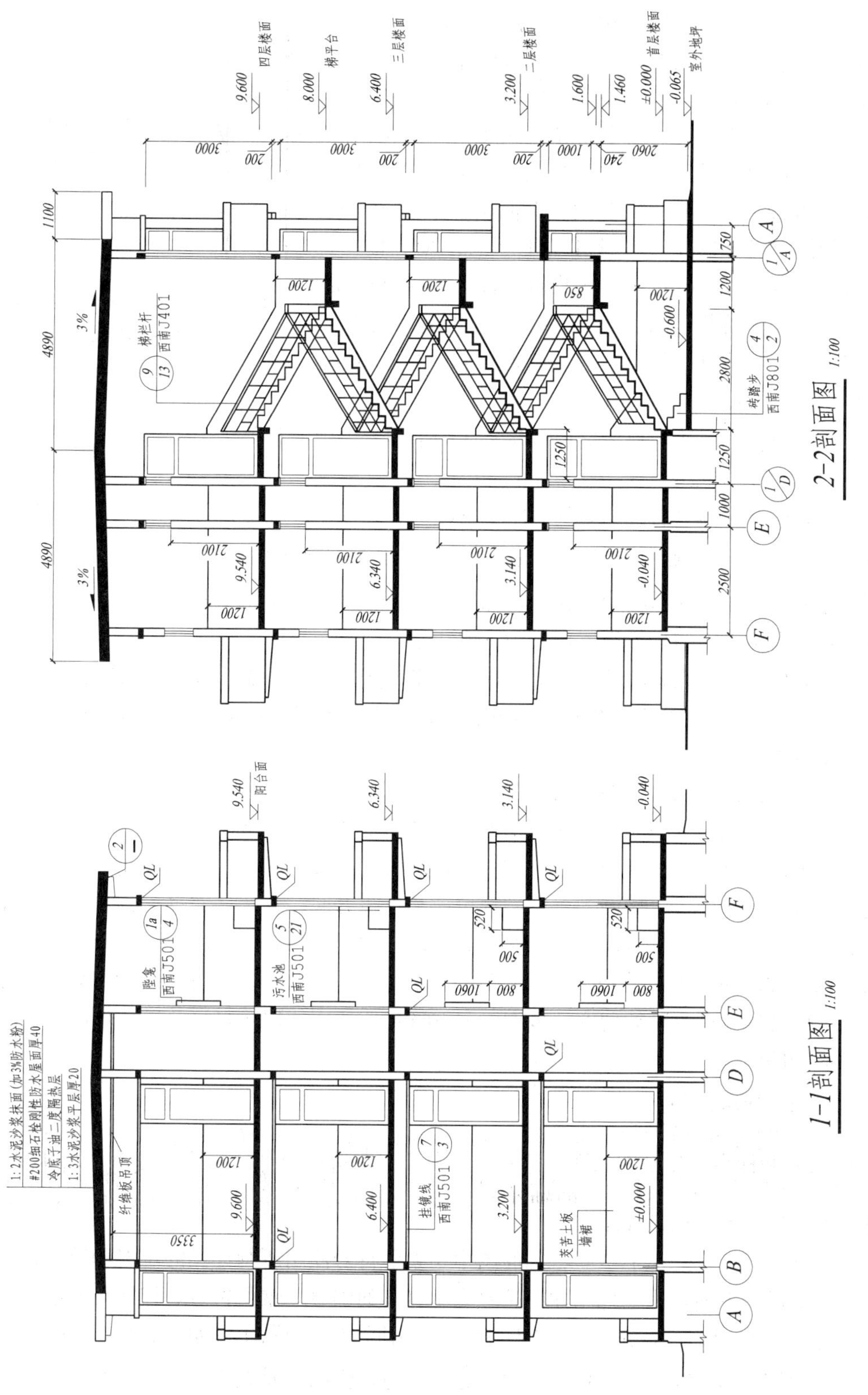
2-2剖面图 1:100
1-1剖面图 1:100
四层楼面
梯平台
三层楼面
二层楼面
首层楼面
室外地坪
梯栏杆
西南J401
砖踏步
西南J801
阳台面
陛凳
西南J501
污水池
西南J501
挂镜线
西南J501
纤维板吊顶
1:2水泥沙浆抹面(加3%防水粉)
#200细石砼刚性防水屋面厚40
冷底子油二度隔热层
1:3水泥沙浆平层厚20

图 10—21　建筑剖面图

建筑剖面图还需注室内外各部分的地面、楼面、楼梯休息平台面、屋顶檐口顶面等的标高和某些梁、板底面等处的标高。

标高有建筑标高（也称完成面标高）和结构标高（也称毛面标高）之分。如图 10－22 所示，建筑标高是指楼地面、屋面装修完成后表面的标高。在平、立、剖面图及详图中，楼地面、地下层地面、楼梯、阳台、平台、台阶等处均标注建筑标高。结构标高是指各结构件未经装修（即不包括粉刷）的表面标高。门窗洞的上、下沿，檐口、雨蓬底面，梁、板等承重构件下表面应标注结构标高。

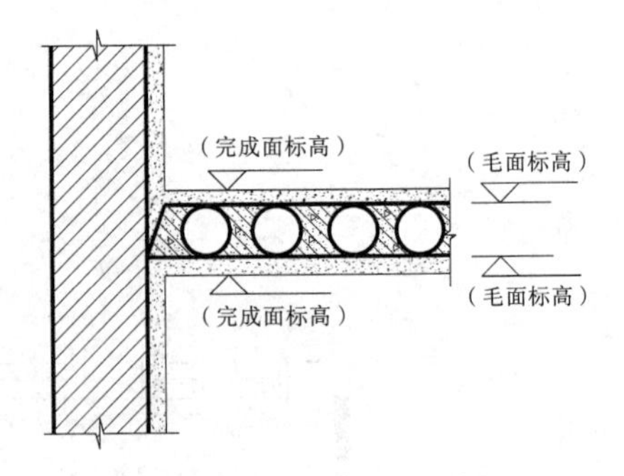

图 10－22　建筑标高与结构标高注法示例

⑤定位轴线。通常画出剖切后与平面图上编号一致的相关定位轴线，以便与平面图对照。如图 10－21 所示。

⑥索引符号和引出线。对剖面图中某些未表达清楚的细部，可用索引符号指明详图的位置，如图 10－21 所示 2－2 剖面图中的 9/13 梯栏杆/西南J401；或用引出线引出文字来说明房屋的地面、楼面、屋面等的不同构成材料，如图 10－21 所示 1－1 剖面图中屋面的多层引出线。索引符号和引出线的相关规定详见 10.1.3.5。

⑦其他。房屋倾斜的地方（如屋面、散水、排水沟等）需用坡度表明倾斜的程度，如图 10－21 中 2－2 剖面图，屋面上方的坡度是用百分数表示坡度大小，其下方用半边箭头表示水流方向。

（3）建筑剖面图的读图方法。

建筑剖面图的读图应结合建筑平面图、建筑立面图、门窗表及相关文字说明来进行。其读图方法：首先，阅读图名、比例、定位轴线，通过图名和定位轴线找到首层平面图上对应的剖切符号，了解该剖面图的剖切位置和投影方向；其次，通过结合平面图，综合分析其尺寸和标高，了解房屋的分层情况、层高和内部布局，并弄清楚房屋的结构与构造形式、墙和柱之间的相互关系；第三，通过阅读索引符号引出的详图和引出线上的文字说明，了解房屋各部分（如地面、楼面、屋面等）所使用的建筑材料及作法；最后，完成建筑剖面图的阅读。

10.2.1.5　建筑详图

由于房屋建筑图的平、立、剖面图的比例都比较小，细部构造无法表达清楚，所以需要用较大的比例把房屋细部构造及构配件的形状、大小、材料和施工方法详细地表达出来，这种图样称为建筑详图。

画详图时，首先在平、立、剖面图中用索引符号注明所画详图的位置和编号，然后再在所画详图的下面，相应地用详图符号表示详图的编号。索引符号、详图符号的画法及相关规定详见 10.1.3.5。如图 10－23 为檐口、山墙檐口的详图，其中详图②是被图 10－21 中 1－1 剖面图上檐口位置的索引符号 2/— 索引的，详图③是被图 10－19 Ⓕ～Ⓐ 立面图上山墙檐口位置的索引符号 3/— 索引的。

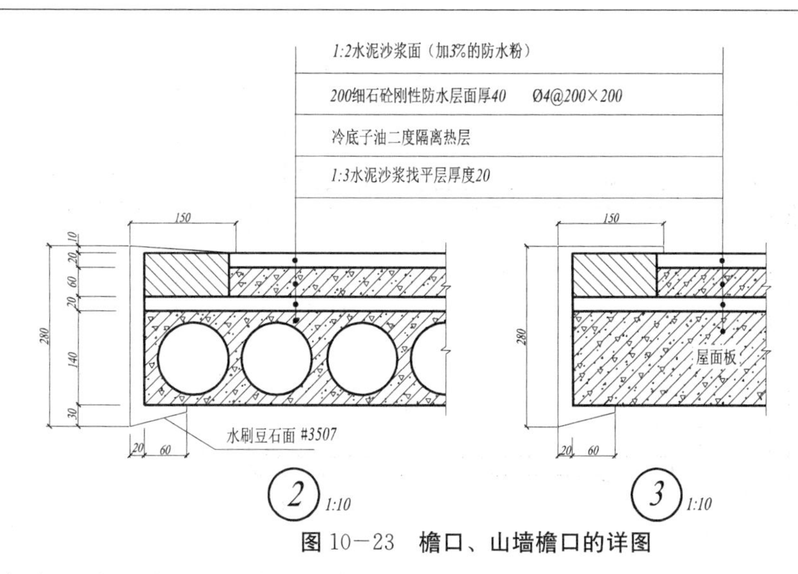

图 10－23　**檐口、山墙檐口的详图**

下面仅介绍楼梯详图的内容和阅读方法。

楼梯是楼房上下交通的主要设施，它是由楼梯段（简称楼段，包括踏步和斜梁）、平台和栏杆（或栏板）组成的，构造一般较复杂，需画详图才能满足施工要求。楼梯详图一般包括平面图、剖面图及踏步、栏杆的详图等，它主要表示楼梯类型、结构形式、尺寸和装修作法，是楼梯施工放样的主要依据。

（1）楼梯平面图。

一般每层楼梯都要画一个平面图。若中间各层楼梯的梯段数、踏步数和大小尺寸等都相同，通常只画首层、中间层和顶层三个平面图。本例画了首层、二层、顶层的楼梯平面图，如图 10－24 所示。

楼梯平面图的剖切位置在该层向上走的第一梯段的中间，被剖切的梯段用 45°折断线表示，在每一梯段处画一个箭头，并注写“上”或“下”和踏步数。如图 10－24 所示，二层楼梯平面图中“下 20”表示二层楼面往下走 20 步级可到达首层楼面，“上 20”表示二层楼面向上走 20 步级可到达三层楼面。此外，还要标注踏面数、踏面宽和梯段长，这几个尺寸通常合并标注在一起，各层平面图上所画的每一分格，表示梯段的每一个踏面。但因梯段最高一级的踏面与平台面或楼层面重合，因此平面图中的每一梯段所画出的踏面数，总比步级数少一个踏面，即少一格。所以在该平面图中，注写的 10×280＝2800 mm，实际上是把梯段最高一级与平台或楼面重合的那个踏面的宽度加上去了。

（2）楼梯剖面图。

假想用一个铅垂剖切平面通过各层的一个梯段和门、窗洞将楼梯切开，并向另一个没有被切到的梯段方向投影所得的剖面图就是楼梯剖面图，如图 10－25（a）所示，其剖切位置规定画在楼梯的首层平面图中，如图 10－24 所示。图 10－25（b）为 3－3 剖面图的轴侧图。从剖面图中可以了解楼房的层数、梯段数、步级数和楼梯构造形式。

剖面图中注有地面、平台、楼面的标高以及各梯段的高度尺寸。在高度尺寸中，如 10×160＝1600 mm，其中 10 是步级数，160 mm 指每步级高度，1600 mm 为梯段高。该楼房每层楼面之间有两个梯段，从首层楼面到四层楼面共六个梯段。楼梯栏杆为空花式钢木结构，扶手选用西南建筑标准图集的硬木扶手（见详图索引符号）。

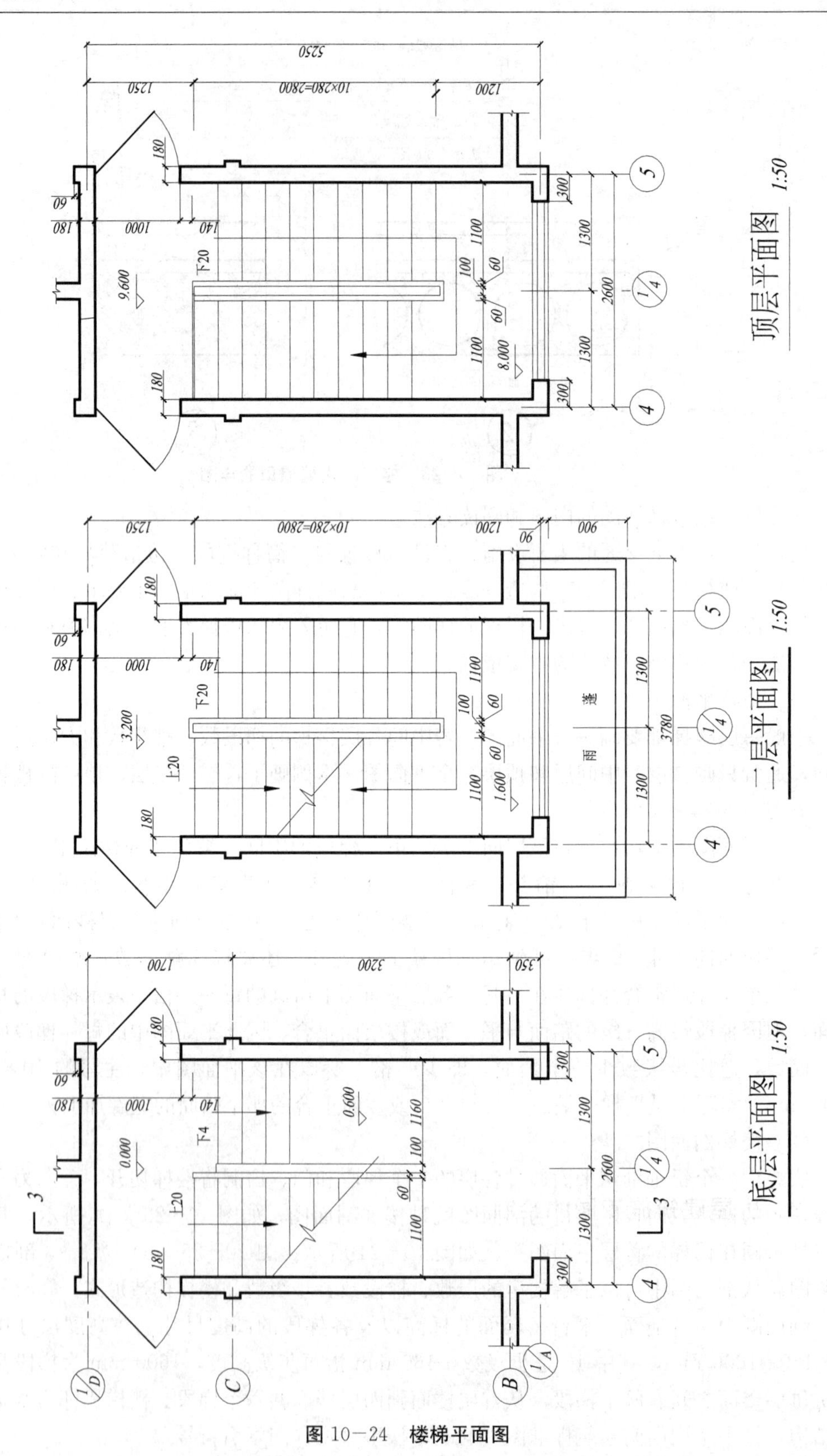
顶层平面图 1:50
二层平面图 1:50
底层平面图 1:50
5250
1250
10×280=2800
1200
1700
3200
350
900
2600
3780
1300
1100
1160
9.600
8.000
3.200
1.600
0.600
0.000
下20
上20
下4
雨
蓬

图 10－24　楼梯平面图

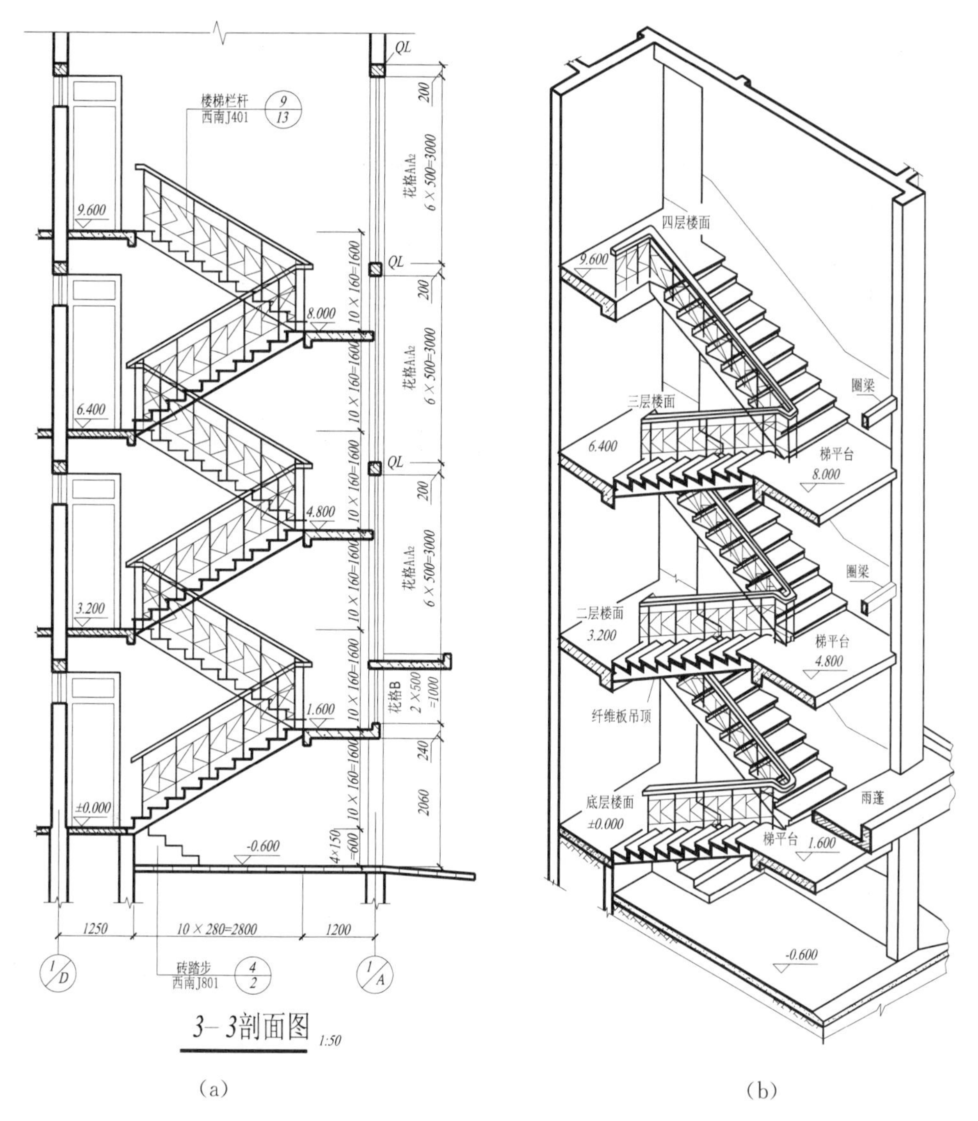

(a)　　　　(b)

图 10—25　**楼梯剖面图**

工业厂房施工图的图示原理与民用房屋施工图一样，因此，其阅读方法也按先文字说明后图样、先整体后局部、先图形后尺寸，或先粗后细、先大后小的顺序依次阅读。读者可选择阅读附录中的“单层工业厂房建筑施工图”。

10.2.2　房屋建筑施工图的绘制

施工图的绘制除了必须掌握平面图、立面图、剖面图及详图的内容和图示特点外，还必须遵照绘制施工图的方法步骤。一般先绘平面图，然后再绘立面图、剖面图、详图等。

现以职工住宅建筑平面图、立面图、剖面图为例，说明绘图的几个步骤。

10.2.2.1　平面图的绘制步骤

平面图的绘制步骤如图 10—26 所示。

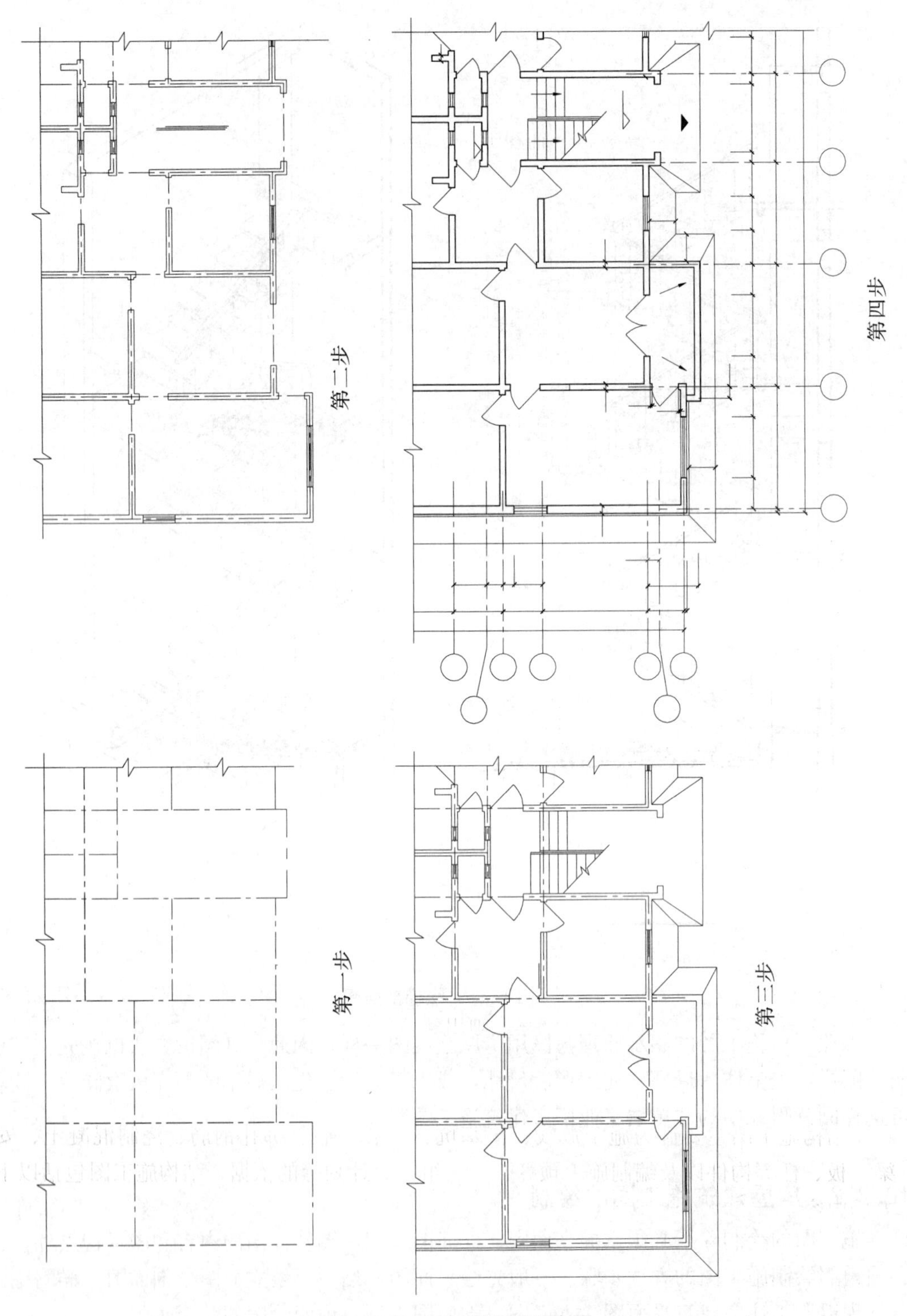

图 10－26　平面图的绘制步骤

第一步，画定位轴线。

第二步，画墙身线和门窗位置。

第三步，画门窗、楼梯、台阶、阳台、厨房、散水、厕所等细部。

第四步，画尺寸线、标高符号等。

按上述绘图步骤完成底图后，认真校核，确定无误后，按图线粗细要求加深（或上墨），最后注写尺寸、标高数字、轴线编号、文字说明、详图索引符号等。

10.2.2.2　立面图的绘制步骤

第一步，画地坪线、轴线、楼面线、屋面线和外墙轮廓线。

第二步，画门窗位置、雨蓬、阳台、台阶等部分的轮廓线。

第三步，画门窗扇、窗台、台阶、勒脚、花格等细部。

第四步，画尺寸线、标高符号和注写装修说明等。

10.2.2.3　剖面图的绘制步骤

第一步，画室内外地坪线、楼面线、墙身轴线及轮廓线、楼梯位置线。

第二步，画门窗位置、楼板、屋面板、楼梯平台板厚度、楼梯轮廓线。

第三步，画门窗扇、窗台、雨蓬、门窗过梁、檐口、阳台、楼梯等细部。

第四步，画尺寸线、标高符号等。

由此看出，平面图、立面图、剖面图的绘制步骤：首先画定位轴线网；然后画建筑物的构配件的主要轮廓；再画各建筑物细部；最后画尺寸线、标高符号、索引符号等。在检查底图无误后，才加深图线、注写尺寸、标高数字和有关文字说明及填写标题栏等，并完成全图。

10.3　房屋结构施工图的阅读

10.3.1　概述

房屋的基础、墙、柱、梁、楼板、屋架和屋面板等是房屋的主要承重构件，它们构成支撑房屋自重和外载荷的结构系统，好像房屋的骨架，这种骨架称为房屋的建筑结构，简称结构，如图 10—27 所示。各种承重构件称为结构构件，简称构件。

在房屋设计中，除进行建筑设计、画出建筑施工图外，还要进行结构设计和计算，决定房屋的各种构件形状、大小、材料及内部构造等，并绘制图样，这种图样称为房屋结构施工图，简称“结施”。

结构施工图主要作为施工放线、挖基坑、安装木版、绑扎钢筋、浇制混凝土、安装梁、板、柱等构件以及编制施工预算、施工组织、计划等的依据。结构施工图包括以下三方面内容：

（1）结构设计说明。

（2）结构平面图。包括基础平面图、楼层结构平面图和房屋结构平面图。

（3）构件详图。包括梁、板、柱及基础结构详图，楼梯结构详图，屋架结构详图和其他详图等。

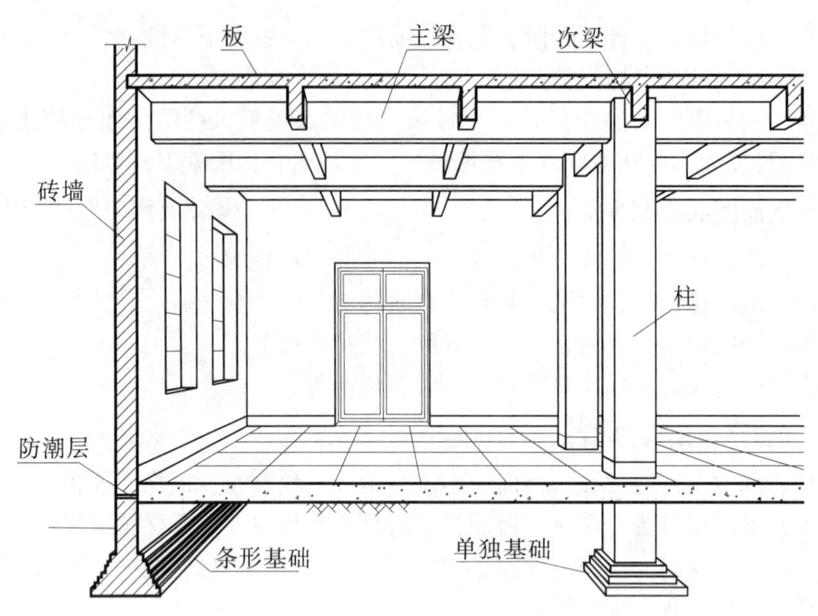

图 10－27　房屋结构图

房屋结构的基本构件（如梁、板、柱等）品种繁多，布置复杂，为了图示简单明确，便于施工查阅，《建筑结构制图标准》规定，常用构件名称用代号表示，见表 10－7。

表 10－7　常用构件代号

序号	名称	代号	序号	名称	代号	序号	名称	代号
1	板	B	15	吊车梁	DL	29	基础	J
2	屋面板	WB	16	圈梁	QL	30	设备基础	SJ
3	空心板	KB	17	过梁	GL	31	桩	ZH
4	槽形板	CB	18	连系梁	LL	32	柱间支撑	ZC
5	折板	ZB	19	基础梁	JL	33	垂直支撑	CC
6	密肋板	MB	20	楼梯梁	TL	34	水平支撑	SC
7	楼梯板	TB	21	檩条	LT	35	梯	T
8	盖板或沟盖板	GB	22	屋架	WJ	36	雨篷	YP
9	挡雨板或檐口板	YB	23	托架	TJ	37	阳台	YT
10	吊车安全走道板	DB	24	天窗架	CJ	38	梁垫	LD
11	墙板	QB	25	框架	KJ	39	预埋件	M
12	天沟板	TGB	26	刚架	GJ	40	天窗端壁	TD
13	梁	L	27	支架	ZJ	41	钢筋网	W
14	屋面梁	WL	28	柱	Z	42	钢筋骨架	G

预应力钢筋混凝土构件代号，应在上列构件代号前加注“Y”，如 Y－KB 表示预应力钢筋混凝土空心板。

承重构件所用材料，有钢筋混凝土、钢、木、砖石等，所以按材料不同可分为钢筋混凝土构件、钢构件、木构件等。

本节仍以前节“建施”的职工宿舍为例，说明结构施工图的图示内容和阅读方法。该四层楼房的主要承重构件除砖墙外，其他都采用钢筋混凝土构件。砖墙的布置、尺寸已在建筑施工图中表明，所以不需再画砖墙施工图，只要在施工总说明中写明砖和砌筑砂浆的规格和标号。该楼房的“结施”图中需画出基础平面图和详图、楼层结构平面图、屋面结构平面图、楼梯结构详图、阳台结构详图、各种梁、板的结构详图及各构件的配筋表等。

对于钢结构图、木结构图和构件详图等，均有各自的图示方法和特点，本节从略。下面仅以“结施”图中的基础图、楼层结构平面图和部分钢筋混凝土构件详图为例，说明图示特点和读图方法。

10.3.2　基础图

基础图是表达房屋内地面以下基础部分的平面布置和详细构造的图样，通常包括基础平面图和基础断面详图。它是房屋建筑施工时，在地面上放灰线，开挖基坑和砌筑基础的依据。

基础是在建筑物地面以下承受房屋全部载荷的构件，由它把载荷传给地基，地基是支承基础下面的土层，基坑是为基础施工开挖的坑槽，基底就是基础底面。砖基础由基础墙、大放脚、垫层组成，如图 10－28（a）所示。基础的形式一般取决于上部承重结构的形式，常用的形式有条形基础（见图 10－28（b））和单独基础（见图 10－28（c））。现以职工宿舍的条形基础为例进行介绍。

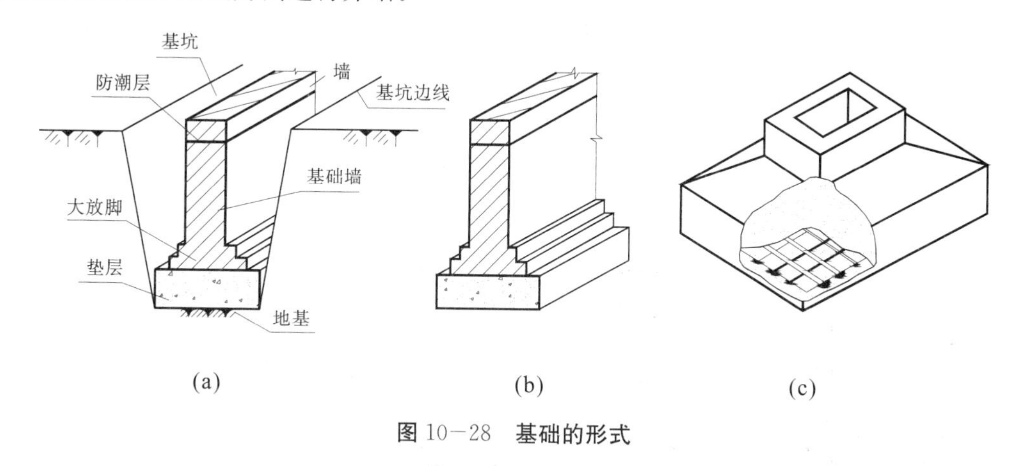

图 10－28　基础的形式

10.3.2.1　基础平面图

基础平面图是假想用一个水平剖切面沿房屋的室内地面与基础之间把整幢房屋剖开后，移开上层房层和基坑回填土后画出的水平剖面图，如图 10－29 所示，它表示回填土时基础平面布置的情况。

在基础平面布置图中，要求只用粗实线画出墙（或柱）的边线，用细实线画出基础边线（指垫层底面边线）。习惯上不画大放脚（基础墙与垫层之间做成阶梯形的砌体称为大放脚）的水平投影，基础的细部形状将具体在基础详图中反映。基础平面图常用比例为 1∶100 或

1∶200。纵横向轴线编号应与相应的建筑平面图一致，剖到的基础墙或柱的材料图例应与建筑剖面图相同。尺寸标注主要注出纵横向各轴线之间的距离以及基础宽和墙厚等。

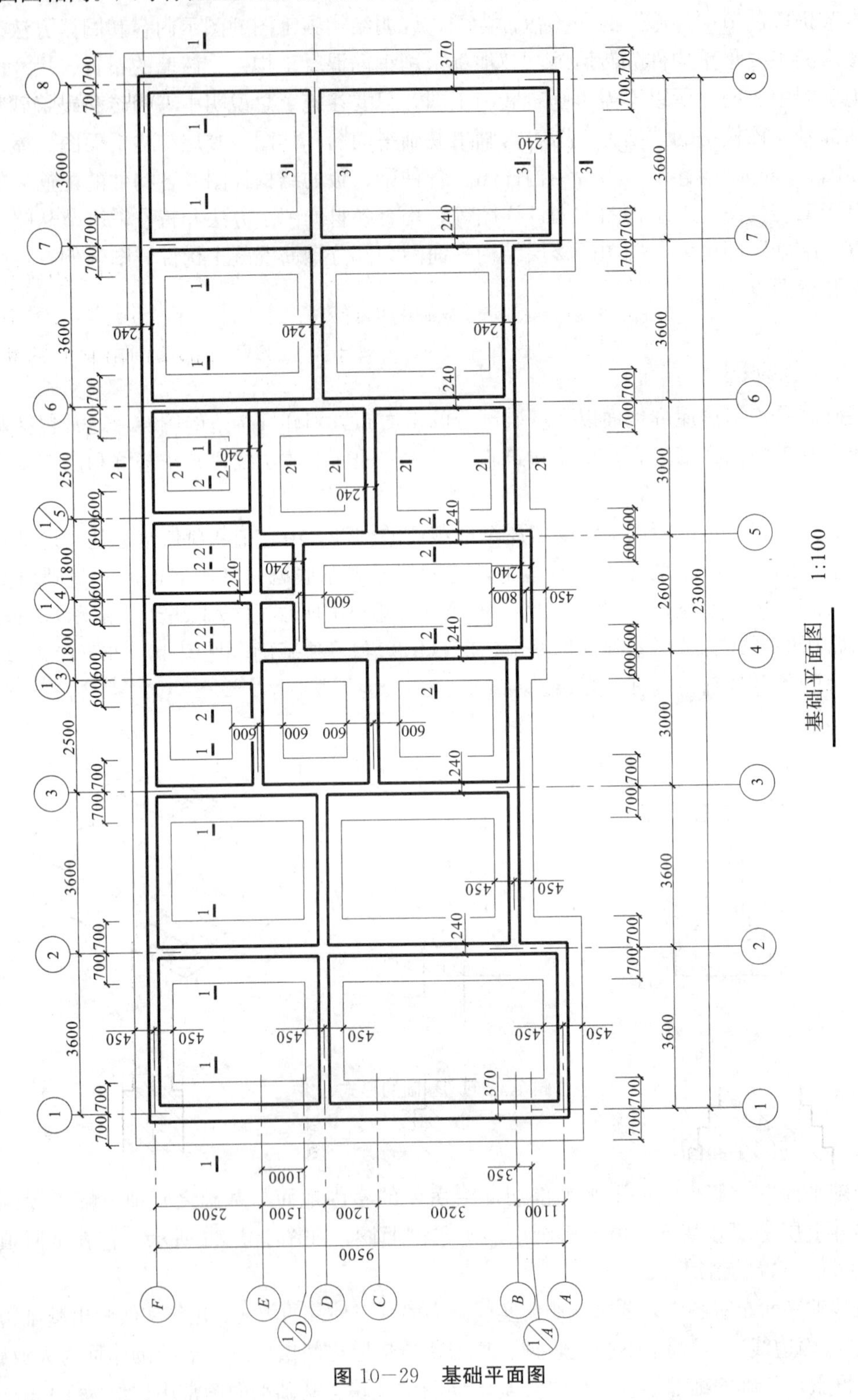

图 10—29　基础平面图

图 10－29 是图 10－1 所示的职工住宅的基础平面图，比例为 1∶100，该房屋的基础全部是条形基础。纵横向轴线两侧的粗实线是基础墙边线，细实线是基础底面边线，如①号轴线，图中注出的基础宽度为 1400，基础山墙厚为 370，左右墙边到①号轴线的定位尺寸为 185，基础边线到轴线的定位尺寸为 700。总的看来，①、②、③、⑥、⑦、⑧轴线墙基宽度都是 1400，④、⑤轴线墙基宽度为 1200；Ⓐ、Ⓑ、Ⓓ、Ⓕ轴线墙基宽度为 900，其他Ⓒ、Ⓔ、(1/A)、(1/D)轴线墙基宽度为多少由读者分析。对于南北阳台基础平面布置图，本图中未表示。

10.3.2.2　基础断面详图

基础平面图只表示出房屋基础的平面布置，而基础各部形状、大小、材料、构造及基础的埋置深度均未表达出来，所以需要画出基础断面详图。同一幢房屋，由于各处载荷不同，地基承载能力不同，基础形状、大小也不同。对于不同的基础都要画出它们的断面图，并在基础平面图上用 1－1，2－2，3－3 等剖切线表明该断面的位置，如图 10－29 所示。如果基础形状相同，配筋形式类似，只需画出一个通用断面图，再加上附表列出不同基础底宽及配筋即可。

基础详图就是基础的垂直断面图，如图 10－30 所示。基础详图是用 1∶20 的比例画出的 1－1，2－2，3－3 表示出条形基础底面线，室内外地面线，但未画出基坑边线。详细画出了砖墙大放脚形状和防潮层的位置，标注了室内地面标高±0.000，室外地坪标高－0.650，基础底面标高－1.800，由此可以算出基础的埋置深度是 1.80 m（指室内地面至基础底面的深度）。三种断面的基础都用混凝土做垫层，上面是砖砌的大放脚，再上面是基础墙。所有定位轴线（点画线）都在基础墙身的中心位置。如 2－2，它是条形基础 2－2 断面详图，混凝土垫层高 300，宽 1200，垫层上面是四层大放脚，每层两侧各缩 65（或 60），每层高 125，基础墙厚 240，高 1000，防潮层在室内地面下 60 mm 处，轴线到基底两边距离均为 600，轴线到基础墙两边的距离均为 120。阳台的基础详图从略。

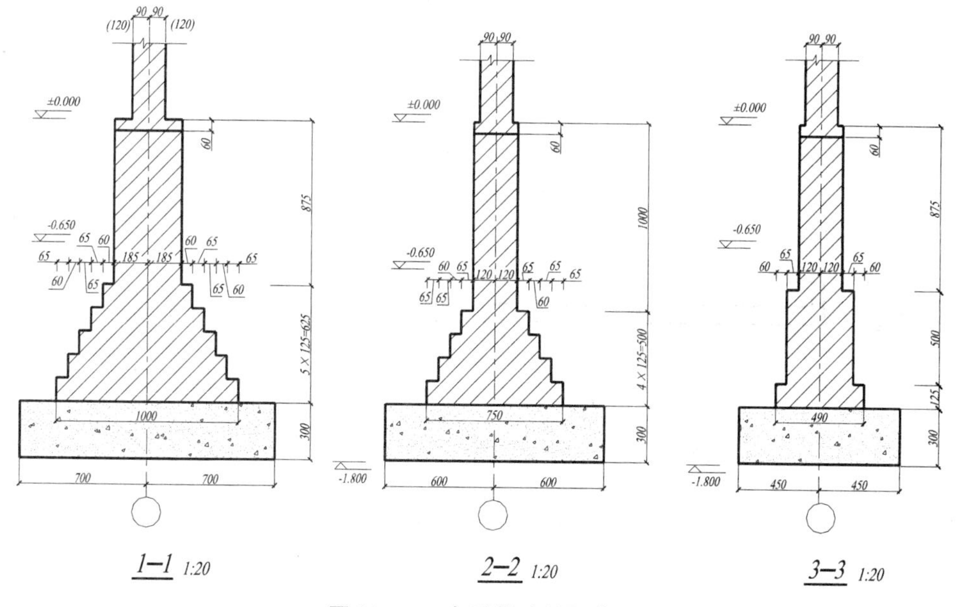

图 10－30　条形基础断面详图

10.3.3 楼层结构平面图

楼层结构平面图是表示建筑物室外地面以上各层承重构件平面布置的图样。在楼房建筑中，当底层地面直接建筑在地基上时，一般不再画底层结构平面图，它的做法、层次、材料直接在建筑详图中表明，此时只需画出楼层结构平面图、屋顶结构平面图。楼层结构平面图是施工时布置、安放各层承重构件的依据，其图示内容、要求和阅读方法如下。

10.3.3.1 图示内容和要求

楼层结构平面图是用来表示每层楼的梁、板、柱、墙的平面布置、现浇楼板的构造和配筋以及它们之间的结构关系，一般采用 1∶100 或 1∶200 的比例绘制。对楼层上各种梁、板、构件（一般有预制构件和现浇构件两种），在图中都用“结标”规定的代号和编号标记。定位轴线及其编号必须与相应的建筑平面图一致。画图时可见的墙身、柱轮廓线用中实线表示，楼板下不可见的墙身线和柱的轮廓线画成中虚线。各种构件（如楼面梁、雨蓬梁、阳台梁、圈梁和门窗过梁等）也用中虚线表示它们的外形轮廓，若能用单位表示清楚时也可用单位表示，并注明各自的名称、代号和规格。预制楼板的布置可用一条对角线（细实线）表示楼板的布置范围，并沿着对角线方向写出预制楼板的块数和型号。还可用细实线将预制板全部或部分分块画出，显示铺设方向。构件布置相同的房间可用代号表明，如甲、乙、丙等。

楼梯间的结构布置较复杂，一般在楼层结构平面图中难以表明，常用较大的比例（如 1∶50）单独画出楼梯结构平面图。

10.3.3.2 读楼层结构布置平面图

现以职工宿舍的二层结构平面图为例说明楼层平面图的阅读方法（见图 10－31）。

二层结构平面图是假设沿二层楼面将房屋水平剖切后画出的水平剖面图，比例为 1∶100。楼板下被挡住的①～⑧轴线、Ⓐ～Ⓕ轴线的内外墙、阳台梁都用中虚线画出。门、窗过梁 GL1、GL2、圈梁 QL、阳台梁 YTL04、YTL12、YTL15 等用粗点画线表示它们的中心位置。楼层上所有的楼板（如 3KB3662、5B3061、B02、2KB2 等）、各种梁（如 GL1、GL2、YTL12、QL 等）都是用规定代号和编号标记的。查看这些代号、编号和定位轴线就可以了解各构件的位置和数量。从这张结构平面图可以看出，这幢四层楼房属于混合结构，用砖墙承重。楼面荷载通过楼板传递给墙（或楼面梁、柱）。①～⑧轴线，Ⓐ～Ⓕ轴线之间的楼面以下，用砖墙分隔成卧室、工作室、起居室、门厅、厕所、厨房等。楼板放置在①～⑧轴线间的横（或纵）墙上。出入口雨蓬、山墙窗口上方雨蓬由雨蓬板 YPM、YPC 构成。阳台由阳台挑梁 YTL12、YTL15 、YTL04 等支撑。此外，为了加强楼房整体的刚度，在门、窗口上方设有圈梁 QL、过梁 GL1、GL2 等以及轴线①～④、⑤～⑧部分铺设的预制钢筋混凝土空心板 KB。空心板的编号各地不同，没有统一规定，本图用的是西南地区的编法。如工作室的二层楼面板由 3KB3662 和 7KB3652 铺设。3KB3662 中的第一个“3”表示构件块数，KB 表示钢筋混凝土多孔板代号，36 表示板的跨度为 3600，6 表示板的宽度为 600，2 表示活荷重等级。3KB3662 表示 3 块跨度为 3600、宽度为 600、活荷重为 2 级的钢筋混凝土多孔板。

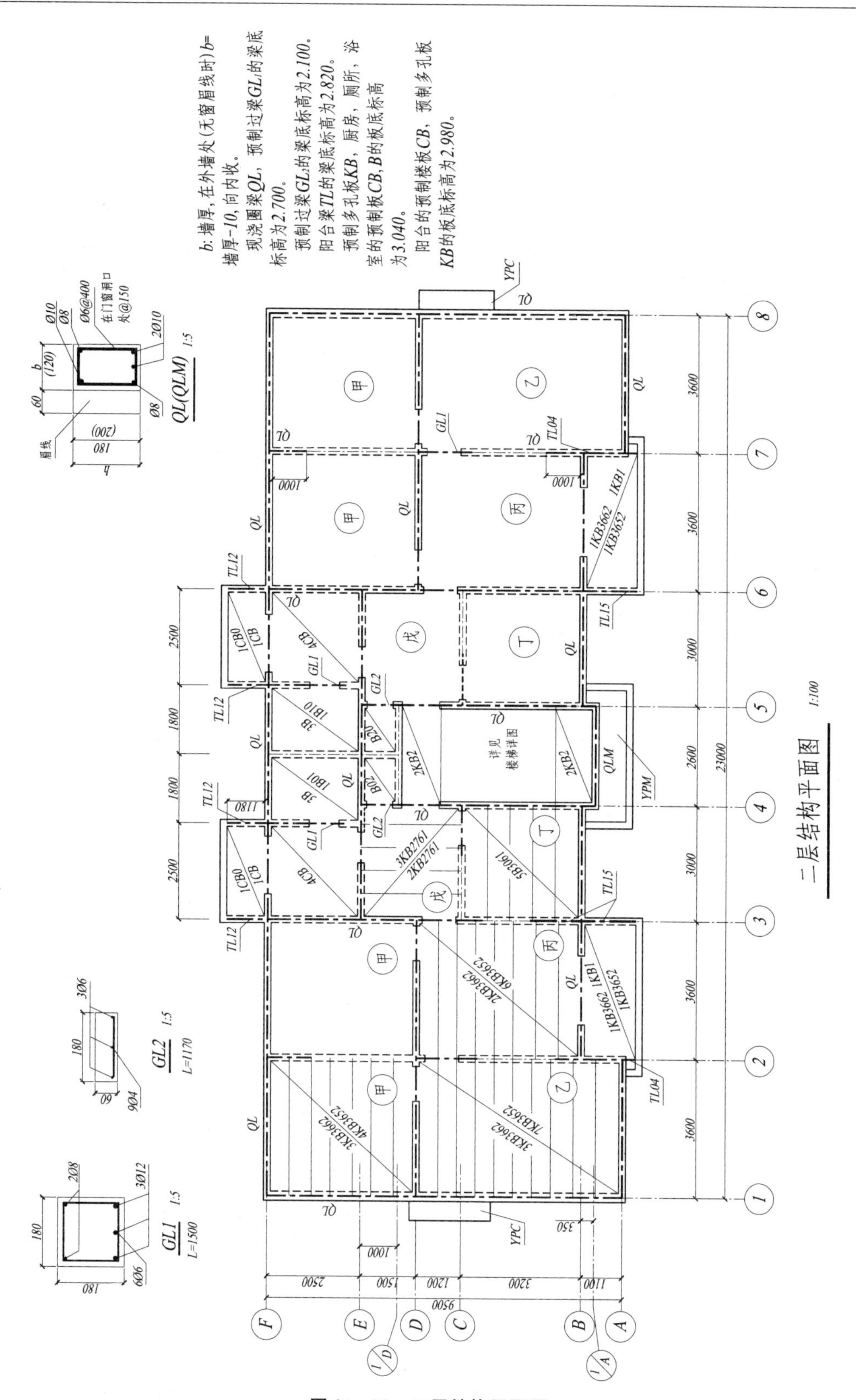

图 10-31　二层结构平面图

10.3.4 钢筋混凝土构件详图

10.3.4.1 概述

楼层结构平面图只表示建筑物各承重构件的平面布置及它们的相互位置关系，构件的形状、大小、材料、构造等还需要画出构件详图表达。职工宿舍的承重构件除砖墙外，主要是钢筋混凝土结构。钢筋混凝土构件有定型构件和非定型构件两种。定型构件不绘制详图，可根据选用构件所在的标准图集或通用图集的名称、代号，便可直接查到相应的结构详图。

为了正确绘制和阅读钢筋混凝土构件详图，应对钢筋混凝土有一个初步了解。

混凝土是由水泥、砂子、小石块和水按一定比例拌和而成的，凝固后坚硬如石，其受压能力好，但受拉能力差。为此可在混凝土受拉区域内加入一定数量的钢筋，并使两种材料粘结成一整体，共同承受外力。这种配有钢筋的混凝土称为钢筋混凝土；用钢筋混凝土制成的梁、板、柱等结构构件称为钢筋混凝土构件。

按钢筋在结构中的作用，可分为下列五种（见图10－32）：

（1）受力钢筋（主筋）。主要承受拉应力的钢筋，用于梁、板、柱等各种钢筋混凝土构件中。

（2）箍筋。用以固定受力钢筋或纵筋的位置，并承受一部分斜向拉应力，多用于梁和柱内。

（3）架立钢筋。用以固定钢筋和受力钢筋的位置，构成梁、柱内的钢筋骨架。

（4）分布钢筋。用以固定受力钢筋的位置，并将承受的外力均匀分布给受力钢筋。一般用于钢筋混凝土板内。

（5）其他钢筋。有吊环、腰筋和预埋锚固筋等。

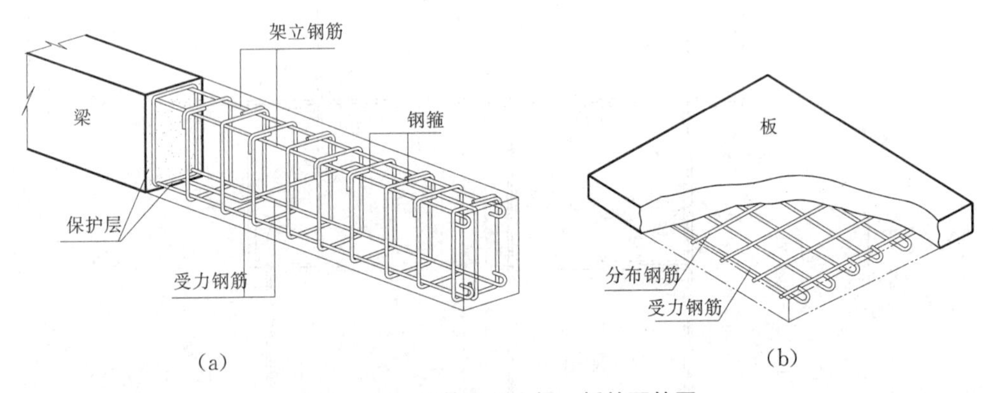

图10－32 钢筋混凝土梁、板的配筋图

国产建筑用钢筋种类很多，为了便于标注与识别，不同种类和级别的钢筋在“结施”图中用不同的符号表示，如表10－8所示。

由钢筋边缘到混凝土表面的一层混凝土保护层（如图10－32所示），用以保护钢筋，防止锈蚀。梁、柱保护层一般厚25 mm，板和墙的保护层可薄到10～15 mm。

对于光面（表面未做凸形螺纹或节纹）的受力钢筋，为了增加与混凝土的粘结、抗滑力，在钢筋的两端要做成弯钩。钢筋端部的弯钩常用的两种类型，即半圆钩和直弯钩，如

图 10－33 所示。

表 10－8　钢筋的种类和符号

钢筋种类	曾用符号	强度设计值（N/mm²）	钢筋种类	曾用符号	强度设计值（N/mm²）
Ⅰ级（A3、AY3）	Φ	210	冷拉Ⅱ级钢	$Φ^l$	380 360
Ⅱ级（20MnSi） d≤25 d＝28～40	Φ	310 290	冷拉Ⅲ级钢	$Φ^l$	420
Ⅲ级（25MnSi）	Φ	340	冷拉Ⅳ级钢	$Φ^l$	580
Ⅳ级（40MnSiV）	Φ	500	钢 d＝9 绞 d＝12.0 线 d＝15.0	$Φ^j$	1130 1070 1000
冷拉Ⅰ级钢	$Φ^l$	250			

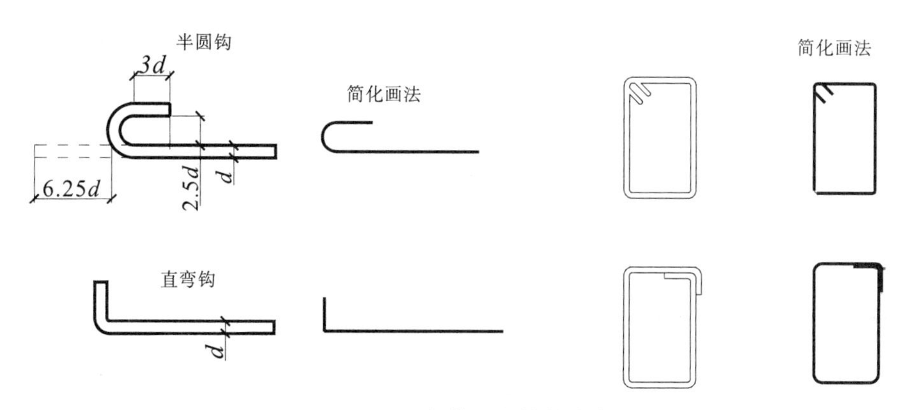

图 10－33　**钢筋和钢箍的弯沟**

10.3.4.2　构件详图

钢筋混凝土构件详图是加工钢筋和浇制构件的施工依据，其图形内容包括模板图、构件配筋图、钢筋详图、钢筋明细表及必要的文字说明等。

（1）模板图。指构件外形立面图，供模板制作、安装之用，一般对外形复杂、预埋件多的构件需绘制模板图。

（2）构件配筋图。钢筋混凝土构件中钢筋布置的图样称为配筋图，它是主要构件的详图。配筋图除表达构件的形状、大小以外，着重表示构件内部钢筋的配置部位、形状、尺寸、规格、数量等，因此需要用较大的比例将各构件单独地画出来。画配筋图，不画混凝土图例。钢筋用粗实线表示，钢筋的断面用小黑圆点表示，构件轮廓用细实线表示。要对钢筋的类别、数量、直径、长度及间距等加以标注。

下面以图 10－34 所示的钢筋混凝土梁为例，说明配筋图的内容和表达方法。梁的配筋图包括立面图、钢筋详图、断面图和钢箍详图。

①立面图。立面图（假设混凝土为透明体）反映梁的轮廓和梁内钢筋总的配置情况。图中①、②、③、④四个编号表示该梁内有四种不同类型的钢筋：①、②号都是受力钢

筋；②号是弯起钢筋；③号是架立钢筋；④号是钢箍，其引出线上写的 $\frac{\phi 6}{@200}$ 表示直径为 6 mm 的Ⅰ级光面钢箍，每隔 200 mm 放一根，@是相等中心距的代号。为使图面清晰和简化作图，配置在全梁的等距钢箍，一般只画出三四个，并注明其间距。

画立面图时，先画梁的外形轮廓，后画各类钢筋，要注意留出保护层厚度。为了分清主次，钢筋用粗实线画出，梁的外形轮廓用细实线。纵钢筋、钢箍的引出线应尽量采用 45°斜细实线或转折成 90°的细实线。各种钢筋编号圆用细实线绘制，圆的直径为 4～6 mm。

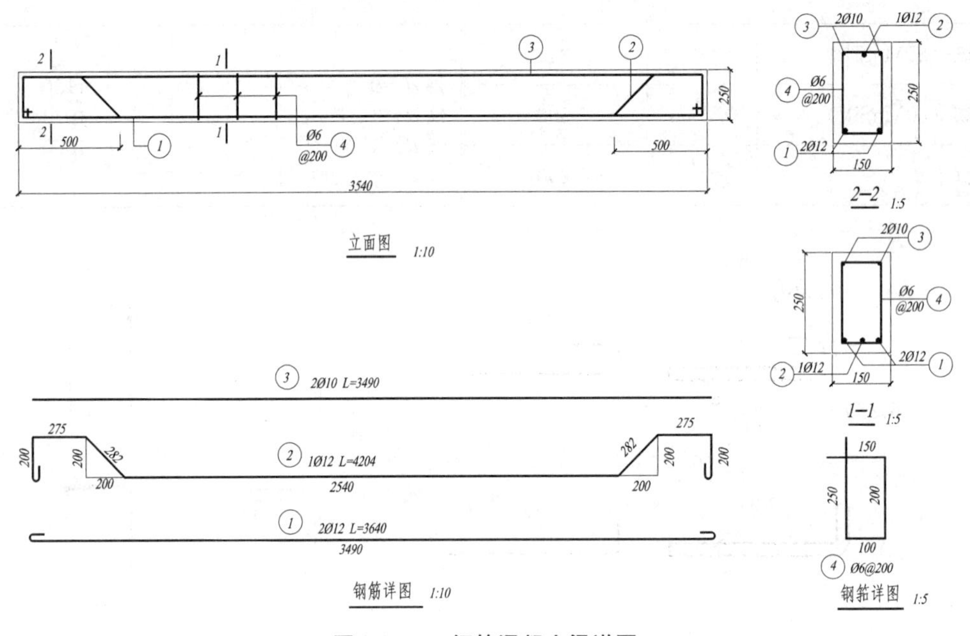

图 10—34　**钢筋混凝土梁详图**

②钢筋详图。对于配筋较复杂的钢筋混凝土构件，应把每种钢筋抽出，另画钢筋详图表示钢筋的形状、大小、长度、弯折点位置等，以便加工。

钢筋详图应按钢筋在梁中位置由上向下逐类抽出，用粗实线画在相应的梁（柱）的立面图下方或旁边，应用相同的比例，其长度与梁中相应的钢筋一致。同一编号的钢筋只需画一根。依次画好各类钢筋的详图后，应随后在每一类钢筋的图形上注明有关数据与符号，例如②号钢筋是弯起钢筋，从标注 1ϕ12 可知这种钢筋只配有一根Ⅰ级钢筋，直径为 12 mm，总长 L 为 4204 mm，每分段的形状和长度直接注明在各该段处，不必画尺寸线，如 282、275、200 等。有斜段的弯折处，用直接注写两直角边尺寸数字的方式来表示斜度，如图中的水平和竖向的 200。对于③、①号直筋，除同样给以编号，注出根数 2、直径和型号 ϕ、总长 L 外，还要注出平直部分（①号钢筋是算到弯钩外缘的顶端）的长度为 3490。

③断面图。梁的断面图表示梁的横断面形状、尺寸和钢筋的分布情况。下面以 1—1 断面为例加以说明：1—1 断面是一个矩形，高 250、宽 150，图中黑圆点表示钢筋的横断面。梁下部有三个圆点，其编号是①和②，①号钢筋共 2 根，分居梁的两侧，直径均为

12 mm。②号钢筋在两根①号钢筋的中间，只有一根，其直径为12 mm。断面的上部有两个黑圆点，编号为③，是架立钢筋，直径为10 mm，围住五个黑圆点的矩形粗实线是④号钢箍，直径是6 mm。显然，横断面图是配合立面图进一步说明梁中配筋构造的。

由于梁的两端都有钢筋弯起，所以在靠近梁的左端面处，再截取2—2断面，以表示该处的钢筋布置情况。一般在钢筋排列位置有变化的区域都应取断面，但不要在弯起段内（如②号钢筋的两个斜段）取断面。

绘制立面图的比例可用1∶50或1∶40，断面图的比例可比立面图的比例放大一倍，即用1∶25或1∶20画出。

④钢箍详图。钢箍详图一般画在断面图的旁边，图10—34中画在断面图的下方，用与断面图相同的比例画出，并注明钢箍四个边的长度，如250、200、150、100。这里要注意带有弯钩的两个边，习惯上假设把弯钩扳直后画出，以方便施工人员下料。

此外，为了做施工预算，统计用料以及加工配料等还要列出钢筋表，如表10—9所示。

表10—9　钢筋表

钢筋编号	直径(mm)	简图	长度(mm)	根数	总长(mm)	总重(kg)	备注
1	ϕ12		3640	2	7.280	7.41	
2	ϕ12		4240	1	4.204	4.45	
3	ϕ10		3490	2	6.980	4.31	
4	ϕ6		700	18	12.600	2.80	

10.4　室内给水排水工程图

10.4.1　概述

给水排水工程包括给水工程和排水工程两个部分。给水工程是指水源取水、水质净化、净水输送、配水使用等工程；排水工程是指污水（生活、粪便、生产等污水）排除、污水处理、处理后的符合排放标准的水进入江湖等工程。给水排水工程都是由各种管道及其配件、水的处理和存储设备等组成的。

给水排水工程的设计图样，按其工程内容的性质大致可分为以下三类：

（1）室内给水排水工程图。

（2）室外给水排水工程图。

（3）净水设备工艺图。

室内给水排水工程图一般由管道平面图、管道系统图、安装图及施工说明等组成。本节只介绍室内给水排水工程图的表达和图示特点。

在用水房间的建筑平面图上，用直接正投影法画出卫生设备、盥洗用具和给排水管道布置的图样，这种图称为室内给排水管道布置平面图。

为了说明管道的空间联系和相对位置，通常将室内管道布置绘成正面斜轴测图，这种图称为室内给排水系统图。管道平面图是室内给排水工程图的基本图样，是画管道轴测图的重要依据。

由于管道断面尺寸比长度尺寸小得多，所以在小比例的施工图中均以单线条表示管道，用图例表示管道配件，这些图线和图例符号应按“给标”绘制，常用的给排水图例见表 10—10。

表 10—10　给排水图例

名称	图例	名称	图例
水盆水池		管道	
洗脸盆		管道	J P
立式洗脸盆		管道	
浴盆		交叉管道	
化验盆、洗涤盆		三通管道	
漱洗槽		四通管道	
污水池		坡向	
蹲式大便器		管道立管	XL XL
坐式大便器		存水弯	
小便槽		检查口	
水表井		清扫口	
沐浴喷头		通气帽	
排水漏斗		旋塞阀	
圆形地漏		止回阀	
截止阀		延时自闭冲洗阀	
放水龙头		室内消火栓（单口）	

10.4.2　室内给水工程图

10.4.2.1　室内给水管道的组成

图 10—35 所示为三层楼房中给水系统的实际布置情况。给水管道的组成如下：

（1）引入管。引入管是自室外（厂区、校区等）给水管网引入房屋内部的一段水管。每条引入管都装有阀门或泄水装置。

（2）水表节点。记录用水量，根据用水情况可在每个用户、每个单元、每幢建筑物或在一个居住区设置一个水表。

（3）室内配水管道。包括干管、立管、支管。

（4）配水器具。包括各种配水龙头、闸阀等。

（5）升压和贮水设备。当用水量大而水量不足时，需要设置水箱和水泵等设备。

（6）室内消防设备。包括消防水管和消火栓等。

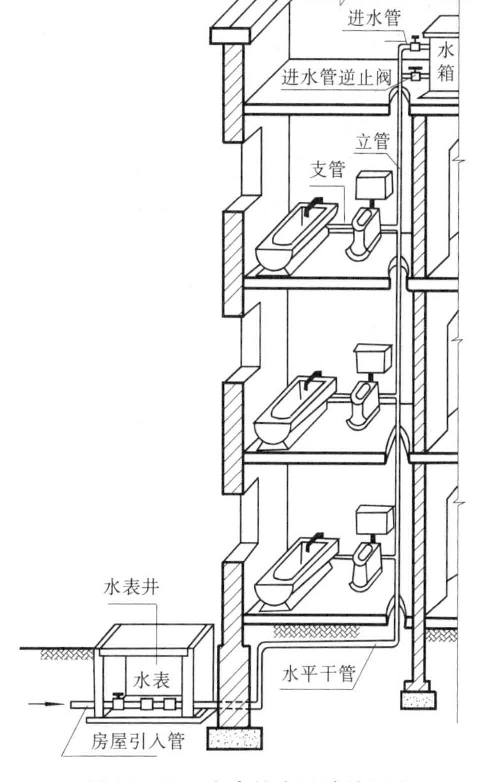

图 10—35　室内给水系统的组成

10.4.2.2　布置室内管道的原则

（1）管系统选择应使管道最短，并便于检修。

（2）根据室外给水情况（水量和水压等）和用水对象以及消防要求等，室内给水管道可布置成水平环形下行上给式或树枝形上行下给式两种。图 10—36（a）所示的布置为干管首尾相接，两根引入管，一般应用于生产性建筑；图 10—36（b）所示的布置为干管首尾不相接，只有一根引入管，一般用于民用建筑。

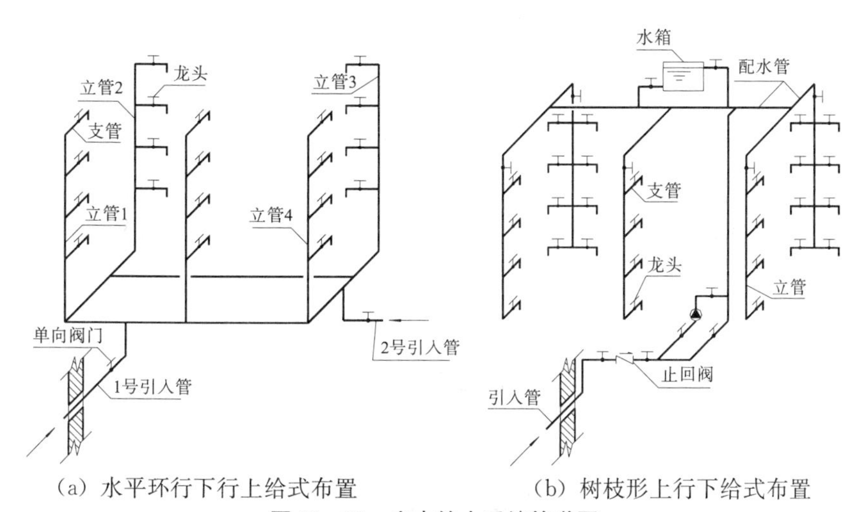

（a）水平环行下行上给式布置　　（b）树枝形上行下给式布置

图 10—36　室内给水系统管道图

10.4.2.3　室内给水平面图

（1）平面图。主要为给水管道、卫生器具的平面布置图。图 10－37 是本章介绍的职工宿舍给水管道布置平面图，其图示特点如下：

①用 1∶50 或 1∶100 比例画出简化后的用水房间（如厕所、厨房、盥洗间等）的平面图，墙身和其他建筑物轮廓用细实线绘制。轴线编号和主要尺寸与建筑平面图相同。

②卫生设备的平面图以中实线（也用细实线）按比例用图例画出大便器、小便斗、洗脸盆、浴盆、污水池等卫生设备的平面位置。

③管道的平面布置通常用单线条粗实线表示管道，底层平面图应画出引入管，水平干管、立管、支管和放水龙头。

管道有明装和暗装敷设方式，暗装时要有施工说明，而且管道应画在墙断面内。

从图 10－37 可知，给水管自房屋轴线③～⑥之间北面入户，通过四路水平干管进入厨房、浴室等用水房间，再由 4 条给水立管分别送到二、三、四层楼，通过支管送入用水设备，图中 JL 为给水立管的代号，1、2 为立管编号，DN50 表示管道公称直径，给水管标高－0.850 是指管中心线标高。

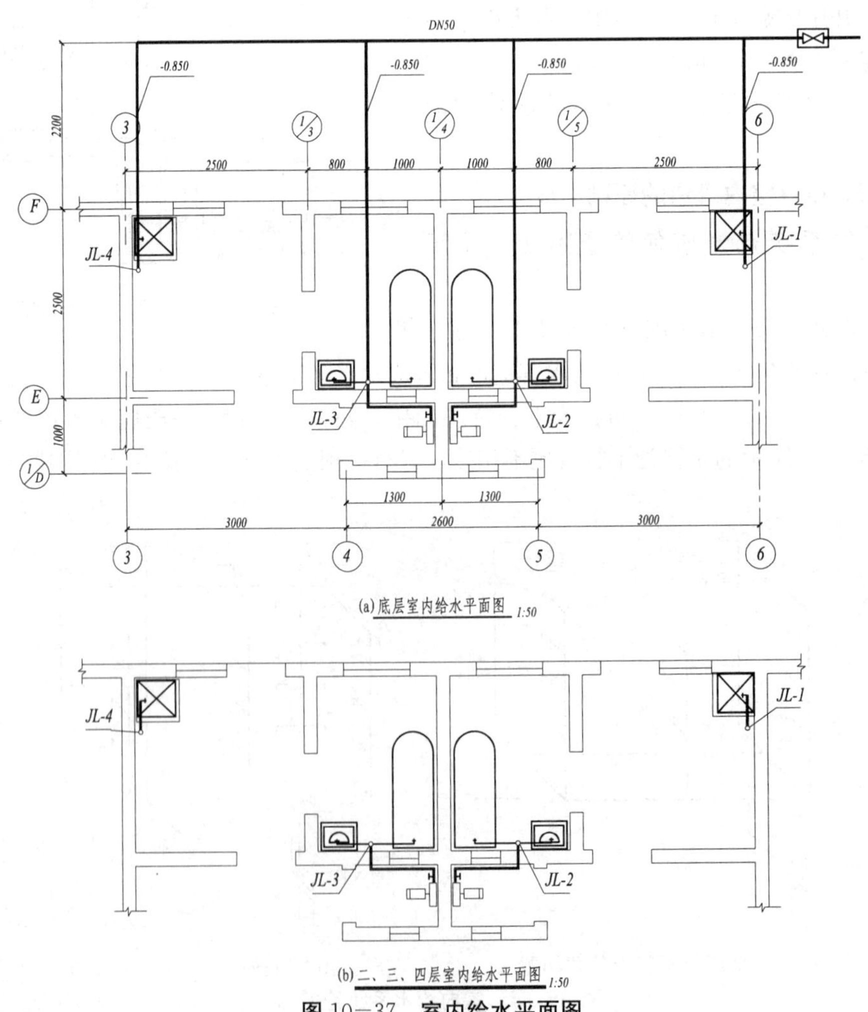

(a)底层室内给水平面图 1:50

(b)二、三、四层室内给水平面图 1:50

图 10－37　室内给水平面图

(2) 管道系统图。图10－38是45°正面斜等测绘制的给水管系统图，为了表示管道、用水器具及管道附件的空间关系，绘图时应注意以下三点：

① 轴向选择的原则：房屋高度方向作为 *OZ* 轴，*OX*、*OY* 轴的选择使管道简单明了，避免过多的交错。图10－38是根据图10－37管道平面图绘制的，图中方向应与平面图一致，并按比例绘制。

② 轴测图比例应与平面图相同，*OX* 和 *OY* 方向的尺寸直接由平面图量取，*OZ* 方向的尺寸是根据房屋层高（本例层高为3.200 m）与配水龙头的习惯安装高度来决定的。该图配水龙头安装高度一般距楼地面1.00 m左右。

③ 轴测图中仍以粗实线表示给水管道，大便器、高位水箱、配水龙头、阀门等图例符号用中实线表示。当各层管道布置相同时，中间层的管道系统可省略不画，在折断处注上“同×层”即可，如图10－38所示。

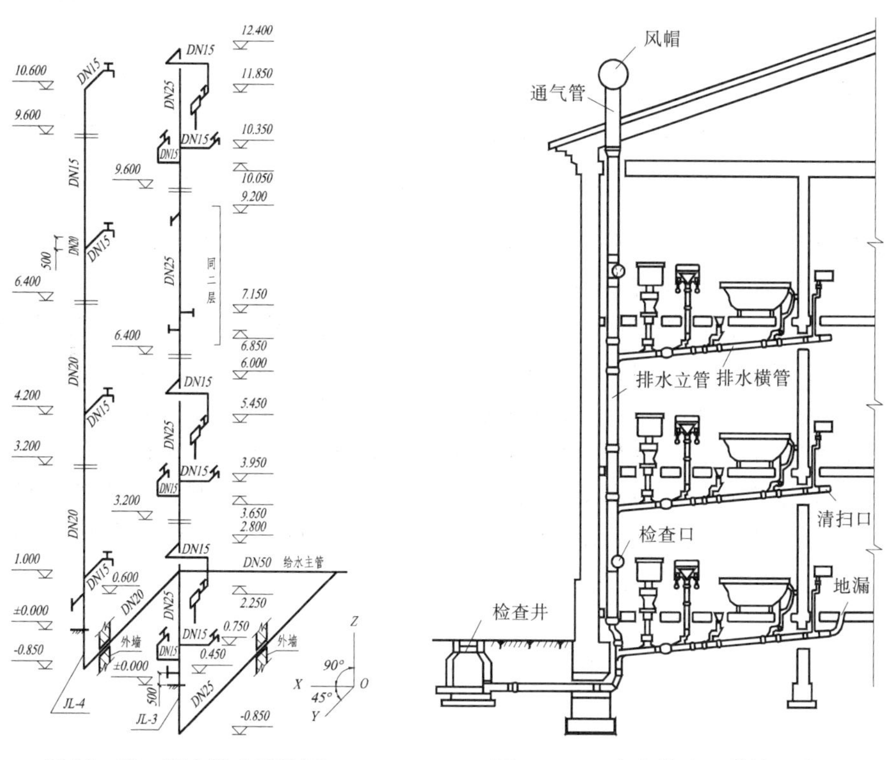

图10－38　室内给水系统图　　　　图10－39　室内排水系统的组成

10.4.3　室内排水工程图

10.4.3.1　室内排水管道的组成

室内排水系统的组成如图10－39所示。

(1) 排水横管。连接卫生器具和大便器的水平管段称为排水横管，管径不小于100 mm，且流向立管的坡度为2%。当大便器多于一个或卫生器具多于两个时，排水横管应设清扫口。

(2) 排水立管。管径一般为100 mm，但不能小于50 mm或所连接的横管管径。立管在顶层和底层应有检查口，在多层建筑中每隔一层应有一个检查口，检查口距地面高度为1.00 m。

(3) 排出管。将室内排水立管的污水排入检查井（或化粪池）的水平管段称为排出管，管径应大于或等于100 mm。倾向检查井方向应有1%~3%的坡度。

(4) 通气管。在顶层检查口以上的一段立管称为通气管，通气管应高出屋面0.3 m（平顶屋）至0.7m（坡屋顶）。

10.4.3.2 **布置室内排水管应注意的问题**

(1) 立管布置要便于安装和检修。

(2) 立管应尽量靠近污物、杂质最多的卫生设备（如大便器、污水池等），横管应有坡度倾向立管。

(3) 排水管应选择最短途径与室外管道相接，连接处应设检查井或化粪池。

10.4.3.3 **室内排水工程图**

(1) 平面图。主要表示排水管、卫生器具的平面布置。图10－40是本章所示职工宿舍用水房间排水管道平面图，排水横管和排出管均用粗虚线绘制，排水立管用小圆圈表示，$\frac{P}{1}$代表排水管出口符号，卫生器具等按图例用中实线绘制。P为排水横管代号，PL为排水立管代号，1、2、3等分别为立管和横管的编号。通常将给、排水管道平面布置放在一起绘成一个平面图，但必须注意图中管道的清晰性。

(2) 室内排水管道系统图。排水管道同样需要用系统图表示空间连接和布置情况。排水管道系统图仍选用45°正面斜等测图表示，在同一幢房屋中给排水系统图的轴向选择应一致。由图10－41可知，一个单元的用水房间分四路排水管将污水排出室外，由于每两路排水管道布置均相同，所以只画出从底层至顶层四个用户的两路排水系统图即可。图10－41 (a) 是用户厨房的污水排水系统图，用直径100 mm的排出管将污水排入窨井。图10－41 (b) 是用户的厕所、盥洗间等排水系统图，用直径100 mm的排出管把污水排入化粪池。排水横管标高是管内底标高。

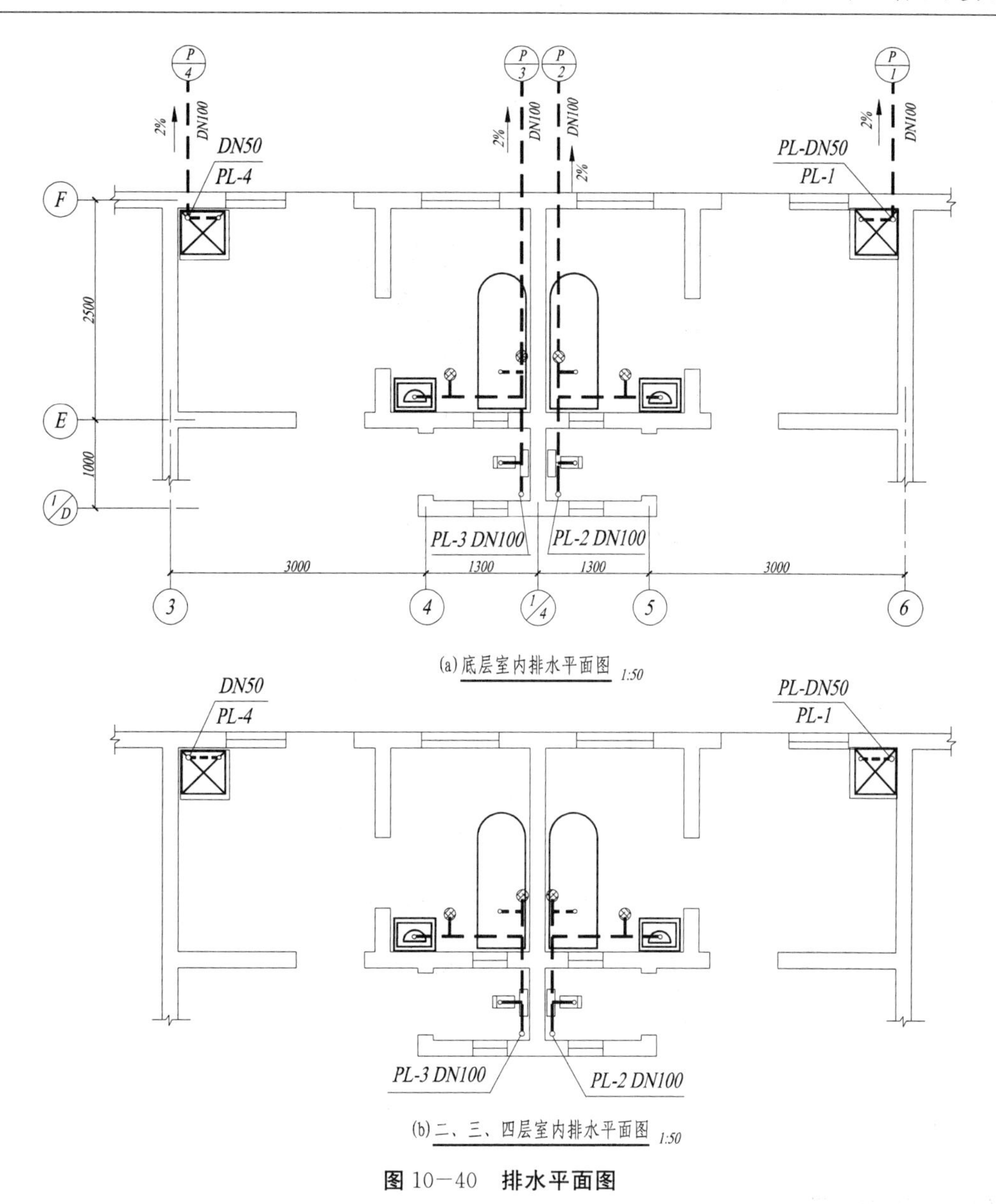
P/4
P/3
P/2
P/1
2%
DN100
DN50
PL-4
PL-DN50
PL-1
F
E
1/D
2500
1000
PL-3 DN100
PL-2 DN100
3000
1300
1300
3000
3
4
1/4
5
6
(a)底层室内排水平面图 1:50
DN50
PL-4
PL-DN50
PL-1
PL-3 DN100
PL-2 DN100
(b)二、三、四层室内排水平面图 1:50

图 10—40　排水平面图

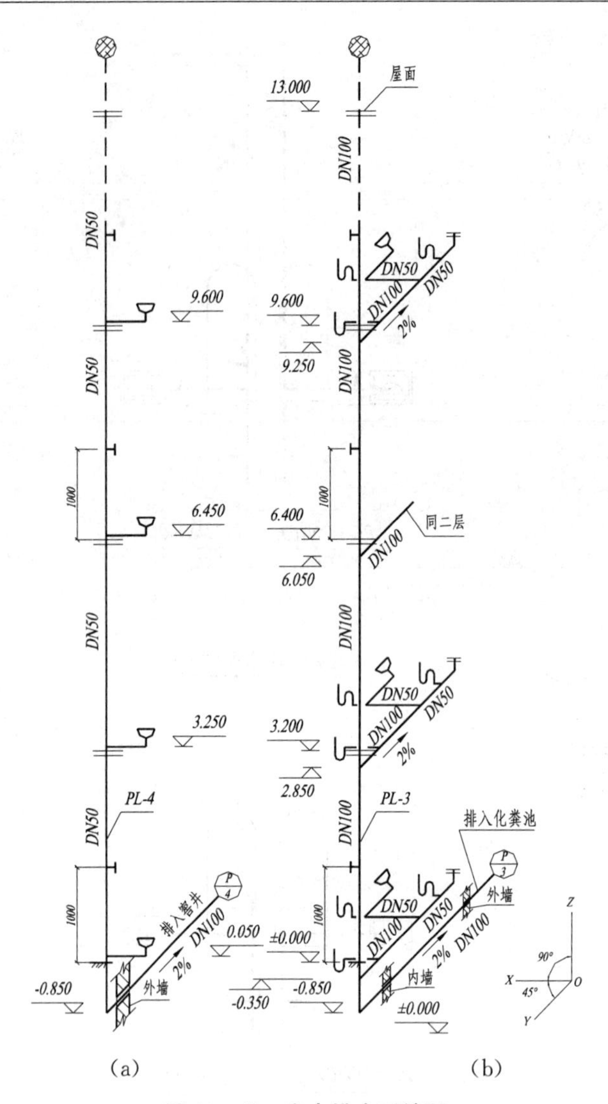

图 10—41 **室内排水系统图**

【复习思考题】

1. 建筑施工图包括哪些图表?

2. 建筑平面图是如何形成的?建筑平面图有何用途?建筑平面图主要包括哪些内容?

3. 平面图有哪三道尺寸?各道尺寸有什么特点?

4. 首层平面图中应标注哪些标高?标高符号应如何画?

5. 建筑立面图应包括哪些内容?熟悉建筑立面图的有关图例符号、画法规定和立面上各种做法的表示方法。

6. 正立面图中应标注哪些尺寸和标高?

7. 立面图中有哪几种实线?如何区分其粗细层次?

8. 建筑剖面图是如何形成的?它与建筑平面图有何关系?建筑剖面图主要包括哪些

内容？

9. 剖面图的剖切位置通常选在房屋内的什么地方？当剖切面剖到楼梯间时应注意什么？

10. 你认为建筑平面图、立面图、剖面图各有什么特点和区别？它们之间又有什么联系？在看图时三者的关系如何？

11. 建筑详图中若索引符号用于索引剖面详图，应在被剖切的部位绘制剖切位置线，并应以引出线引出索引符号。引出线所在一侧与剖视方向有什么关系？

12. 索引符号和详图符号应怎样画？

13. 结构施工图一般包括哪些内容？

14. 结构施工图中各种常用的代号有哪些？各代表什么意义？

15. 结构施工图的识读方法和步骤是什么？

16. 给水工程和排水工程分别包括哪些内容？

17. 给水排水工程的设计图样，按其工程内容可分为哪几类？

18. 试描述给水排水工程设计图样中对图线的规定。

第11章 装饰施工图

11.1 概述

20世纪90年代以来，随着社会的进步和物质的丰富，人们对居住环境的要求越来越高，我国室内装饰业迅猛发展。无论是公共建筑还是居住建筑，其室内外空间设计、装饰材料的种类、施工工艺及其做法、灯光音响、设备布置等都日新月异。而这些复杂的装饰设计内容依然要靠图纸来表达，从而使“装饰施工图”从建筑施工图中分离出来，成为建筑装修的指导性文件。

11.1.1 装饰施工图的形成与特点

装饰施工图是设计人员根据投影原理并遵照建筑及装饰设计规范所编制的用于指导装饰施工、生产的技术文件。它既是用来表达设计构思、空间布置、构造做法、材料选用、施工工艺等的技术文件，也是进行工程造价、工程监理等工作的主要技术依据。

由于装饰设计通常都是在建筑设计的基础上进行的，所以装饰施工图和建筑施工图密切相关，两者既有联系又有区别。装饰施工图和建筑施工图都是用正投影原理绘制的用于指导施工的图样，都遵守《房屋建筑制图统一标准》（GB/T50001—2001）的要求。装饰施工图主要反映的是建筑表面的装饰内容，其构成和内容复杂，多用文字和符号作辅助说明。其在图样的组成、施工工艺以及细部做法的表达等方面都与建筑施工图有所不同。

装饰施工图的主要特点如下：

（1）装饰施工图采用了和建筑施工图相同的制图标准。

（2）装饰施工图表达的内容很细腻、材料种类繁多，所以采用的比例一般都较大。

（3）装饰施工图中采用的图例符号尚未完全规范。

（4）装饰施工图中常采用文字注写来补充图的不足。

11.1.2 装饰施工图的组成

装饰施工图一般由下列图样组成：

（1）装饰平面图。

（2）装饰立面图。

（3）装饰详图。

（4）家具图。

11.1.3　装饰施工图中常用的图例和符号

装饰施工图的图例符号应遵守《房屋建筑制图统一标准》(GB/T 50001—2001) 的有关规定，除此之外还可以采用表 11−1 所示的常用图例。

表 11−1　装饰施工图常用图例

图例	名称	图例	名称	图例	名称
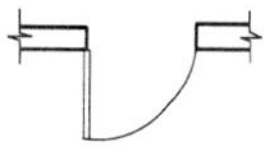	单扇门		其他家具		盆花
	双扇门		双人床及床头柜		地毯
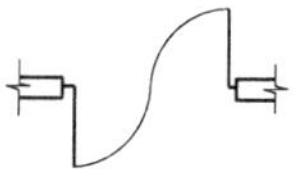	双扇内外开弹簧门				筒灯
					台灯或落地灯
	门铃、门铃按钮		单人床及床头柜		斗胆灯
					转向射灯
					壁灯
	四人桌椅		电风扇		吸顶灯
			电风扇		吊灯
					镜前灯
	沙发		电视机		消防喷淋器
					长条形格栅灯
	各类椅凳		窗布		浴霸
			消防烟感器		浴缸
	衣柜		钢琴		洗面台
					座便器

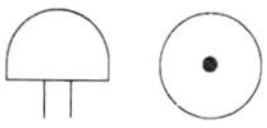

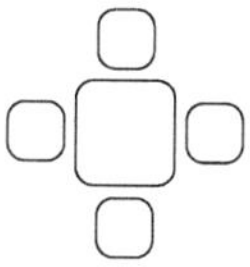

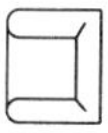

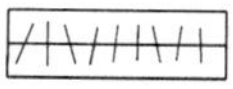

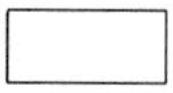

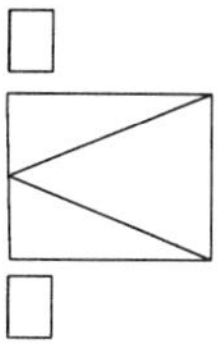

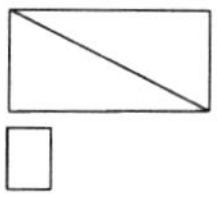

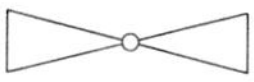

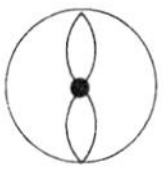

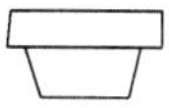

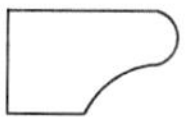

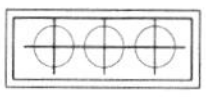

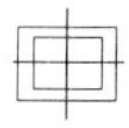

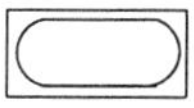

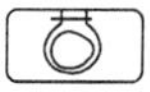

11.2 装饰平面图

装饰平面图是装饰施工图的基本图样，其他图样均是以平面图为依据而设计绘制的。装饰平面图包括平面布置图、地面平面图和顶棚平面图。

11.2.1 平面布置图

11.2.1.1 平面布置图的形成与表达

平面布置图和建筑平面图一样，是一种水平剖面图，主要反映建筑平面布局、装饰空间及功能区域的划分、家具设备的布置、绿化及陈设的布局等内容。平面布置图常用的比例为 1∶50、1∶100 和 1∶150。

平面布置图中剖切到的墙、柱的断面轮廓线用粗实线表示；未剖切到但可见形体的轮廓线用细实线表示，如家具、地面分格、楼梯台阶等。剖切到的钢筋混凝土柱子断面较小时，可用涂黑的方式表示。

11.2.1.2 平面布置图的图示内容

图 11－1 所示为某别墅的底层平面布置图。该底层空间的划分主要有门廊、门厅、娱乐室、储藏间、工人房、车库、卫生间和楼梯间。门廊布置有休闲桌椅，门厅对称布置有 4 张椅子和 2 个茶几；娱乐室有棋牌桌和长条台桌以及凳子；卫生间有洗衣机、水槽、洗面盆、小便器和蹲便器等；车库为两车位车库。平面布置图主要反映的内容有：

（1）建筑平面图的基本内容，如墙柱与定位轴线、房间布局与名称、门窗位置及编号、门的开启线等。

（2）室内楼（地）面标高（如门厅的地面标高为±0.000，门廊的地面标高为－0.020m 等）。

（3）室内固定家具（如工具柜、洁具等）、活动家具（如棋牌桌、椅子等）、家用电器等的位置。

（4）装饰陈设、绿化美化等位置及图例符号（如窗帘、盆花等）。

（5）室内立面图的投影符号。

如图 11－2 所示，投影符号用以表明与此平面图相关的立面图的投影关系，常按顺时针方向从上至下在 8mm～12mm 的细实线圆圈内用拉丁字母或阿拉伯数字进行编号。该符号在室内的位置即是站点，分别以 *A*、*B*、*C*、*D* 四个方向（四个黑色尖角代表视向）观看所指的墙面。该符号的位置可以平移至各室内空间，也可以放置在视图外。

（6）房屋外围尺寸及轴线编号等。

（7）索引符号、图名及必要的说明等。

11.2.2 地面平面图

11.2.2.1 地面平面图的形成与表达

地面平面图同平面布置图的形成一样，所不同的是地面平面图不画活动家具及绿化等

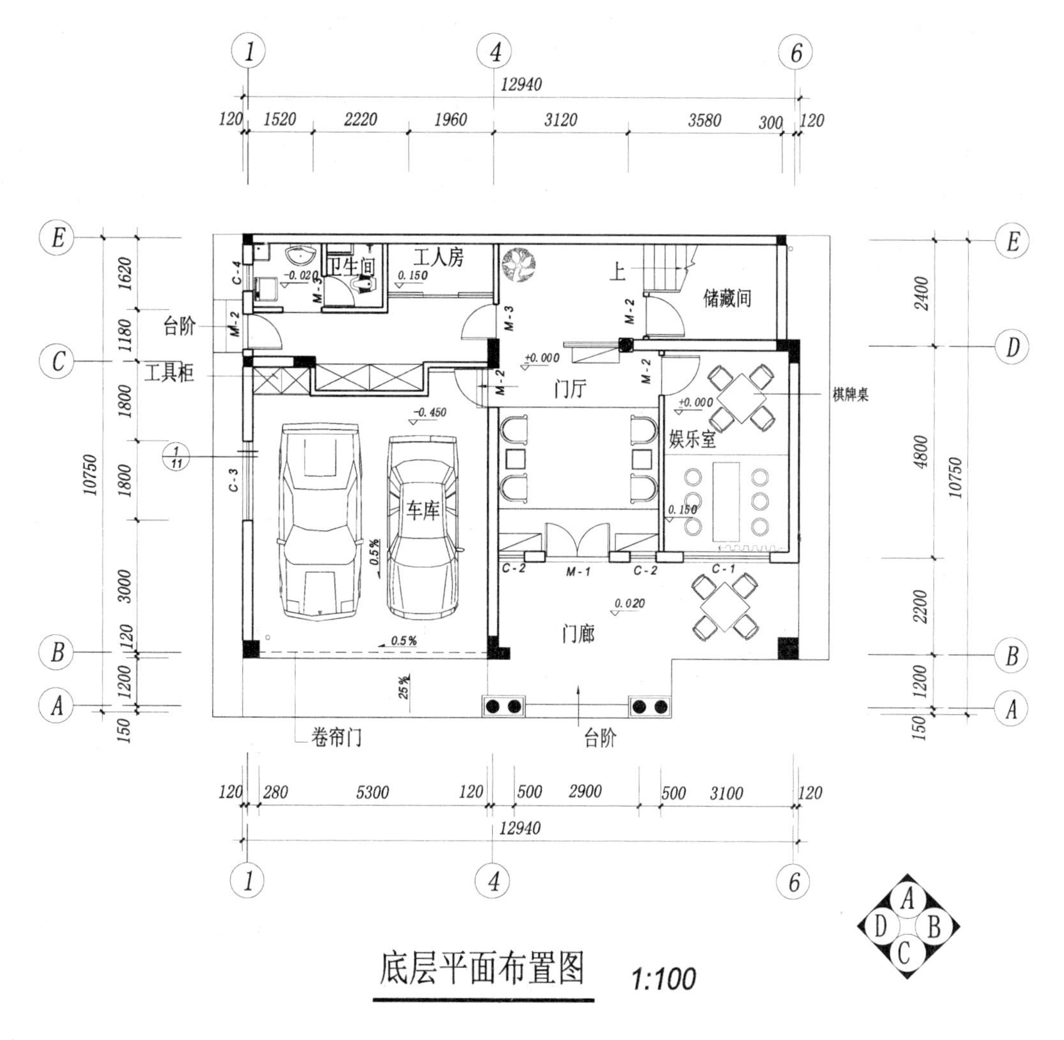

图 11—1　某别墅室内装饰平面图（一）

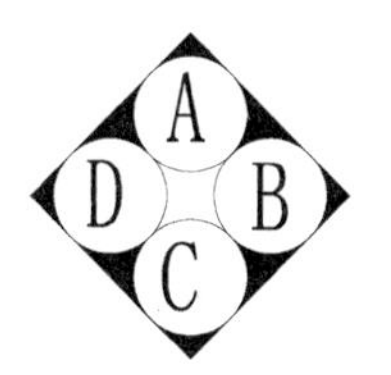

图 11—2　投影符号

布置，只画出地面的装饰分格，标注地面材质、尺寸和颜色以及地面标高等，如图 11—3 所示。

其常用比例为 1∶50、1∶100、1∶150。图中的地面分格线采用细实线表示，其他内容按平面布置图要求绘制。

11.2.2.2　地面平面图的图示内容

图 11—3 为别墅的底层地面平面图。该底层地面的通道部分如门廊、门厅、楼梯间等均采用耐磨的地砖或石材装饰；车库采用美观耐磨的广场砖；卫生间由于水多较潮湿，采

用了防滑地砖；工人房和娱乐室为人们活动的主要场所，采用了脚感舒适的实木地板。地面平面图一般图示的内容有：

（1）建筑平面图的基本内容，如图中的墙柱断面、门窗位置及编号等。

（2）室内楼、地面的材料选用、颜色与分格尺寸以及地面标高等（如门厅地面为深色石材，车库地面为500×500的广场砖、卫生间地面为400×400的防滑砖，各部分的标高也已标注出）。

（3）索引符号、图名及必要的说明。

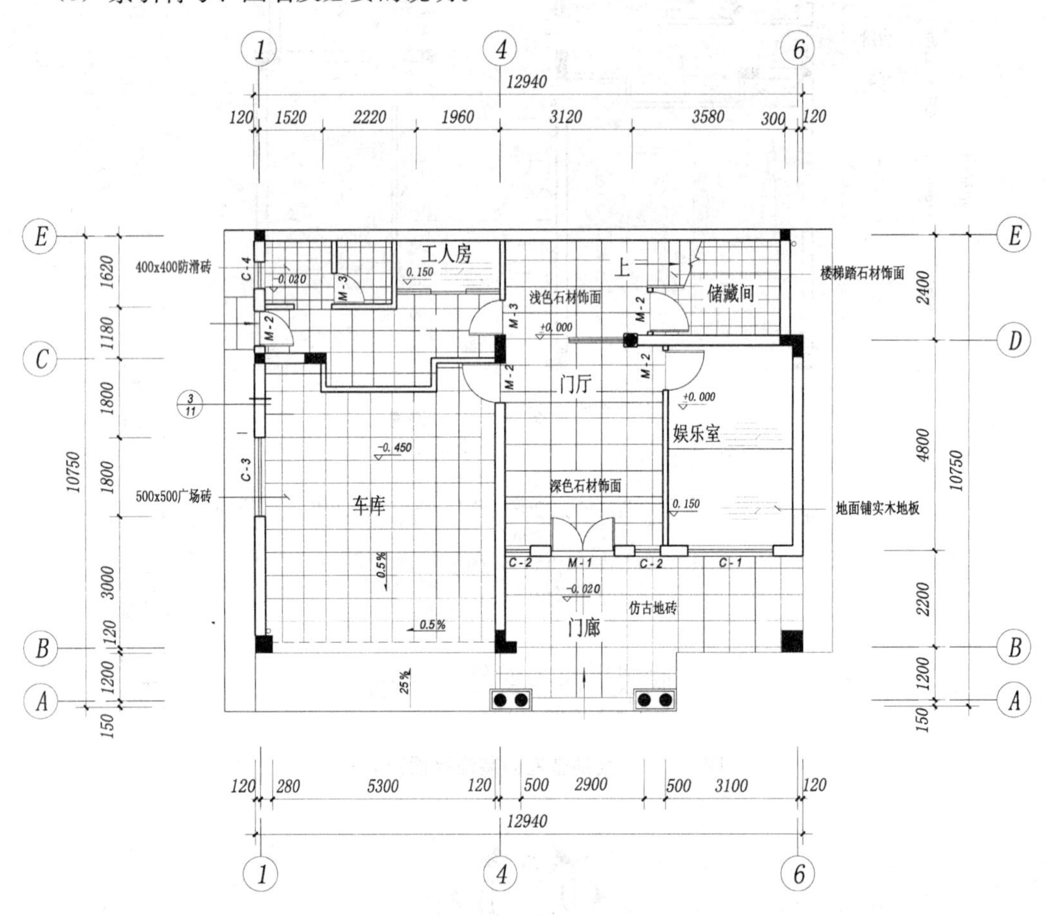

图 11-3　某别墅室内装饰平面图（二）

在实际装修应用中，地面平面图往往和平面布置图组合在一起，形成楼、地面装饰平面图，如图 11-4 所示为该别墅的二层楼、地面装饰平面图。

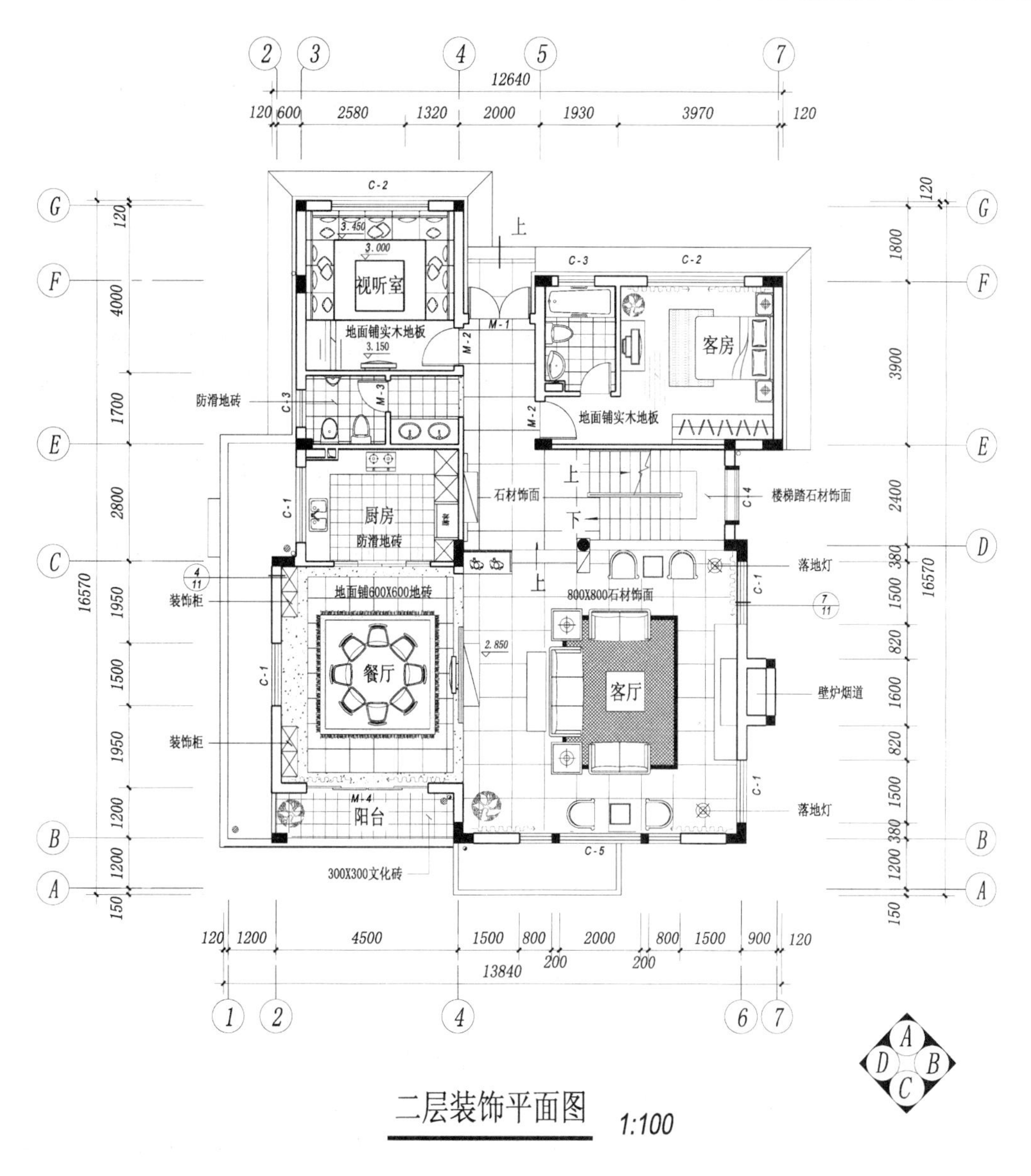

图 11—4　某别墅室内装饰平面图（三）

11.2.3　顶棚平面图

11.2.3.1　顶棚平面图的形成与表达

顶棚平面图是以镜像投影法画出的反映顶棚平面形状、灯具位置、材料选用、标高及构造做法等内容的水平镜像投影图。它是假想以一个水平剖切平面沿顶棚下方门窗洞口位置进行剖切，移去下面部分后对上面墙体、顶棚所作的镜像投影图。顶棚平面图是装饰施工的主要图样之一。

顶棚平面图的常用比例为 1∶50、1∶100、1∶150。在顶棚平面图中剖切到的墙柱用粗实线表示，未剖切到但能看到的顶棚、灯具、风口等用细实线表示。

11.2.3.2 顶棚平面图的图示内容

图 11-5 为别墅的二层顶棚平面图，从图中可以看到客厅的大部分空间为中空，和三楼的空间融合在一起，局部有吊顶设计，安装了筒灯和转向射灯，角落有一盏斗胆灯；餐厅顶部全部有吊顶，中间有一圆形造型，并安装了一盏大型吊灯，周边分布小筒灯；厨房、过道和楼梯间有简单吊顶，灯具以筒灯为主，楼梯间安装了长条形格栅灯和一个吸顶灯；客房和视听室顶部有实木造型，选材和做法通过文字进行了说明。顶棚平面图的主要内容包括：

（1）顶棚装饰造型的平面形状（如客房顶部的实木造型、餐厅的圆形吊顶等）。

（2）顶棚装饰所用的装饰材料及规格（如视听室、客房顶部用的实木造型，卫生间顶部采用 200mm 宽长条铝扣板等）。

（3）灯具的种类（如图中的筒灯、转向射灯、斗胆灯、吊灯、镜前灯、壁灯等）、规格及布置形式和安装位置，以及顶棚的完成面标高。

（4）空调送风口位置、消防自动报警系统与吊顶有关的音响设施的平面布置形式和安装位置（如图中厨房顶部的通风口等）。

（5）索引符号、说明文字、图名及比例等。

11.2.4 装饰平面图的识读要点

装饰平面图是装饰施工图中最主要的图样，其表现的内容主要有三大类：第一类是建筑结构及尺寸；第二类是装饰布局和装饰结构以及尺寸关系；第三类是设施、家具的安放位置。在识读装饰平面图的过程中要注意以下几个要点：

（1）首先识读标题栏，认清为何种平面图，进而了解整个装饰空间的各房间功能划分及其开间和进深，了解门窗和走道位置。

（2）识读各房间所设置的家具与设施的种类、数量、大小及位置尺寸，应熟悉各种图例符号，如图 11-1 所示。

（3）识读平面图中的文字说明，明确各装饰面的结构材料及装饰面材料的种类、品牌和色彩要求，了解装饰面材料间的衔接关系，如图 11-3 所示。

（4）通过平面图上的投影符号，明确投影图的编号和投影方向，进一步查阅各投影方向的立面图，如图 11-4 所示。

（5）通过平面图上的索引符号（或剖切符号），明确剖切位置及剖切后的投影方向，进一步查阅装饰详图。

（6）识读顶棚平面图，需要明确面积、功能、装饰造型尺寸、装饰面的特点及顶面的各种设施的位置等关系尺寸，未标注部分进一步查阅装饰详图。此外，要注意顶棚的构造方式，应同时结合对施工现场的勘察，如图 11-5 所示。

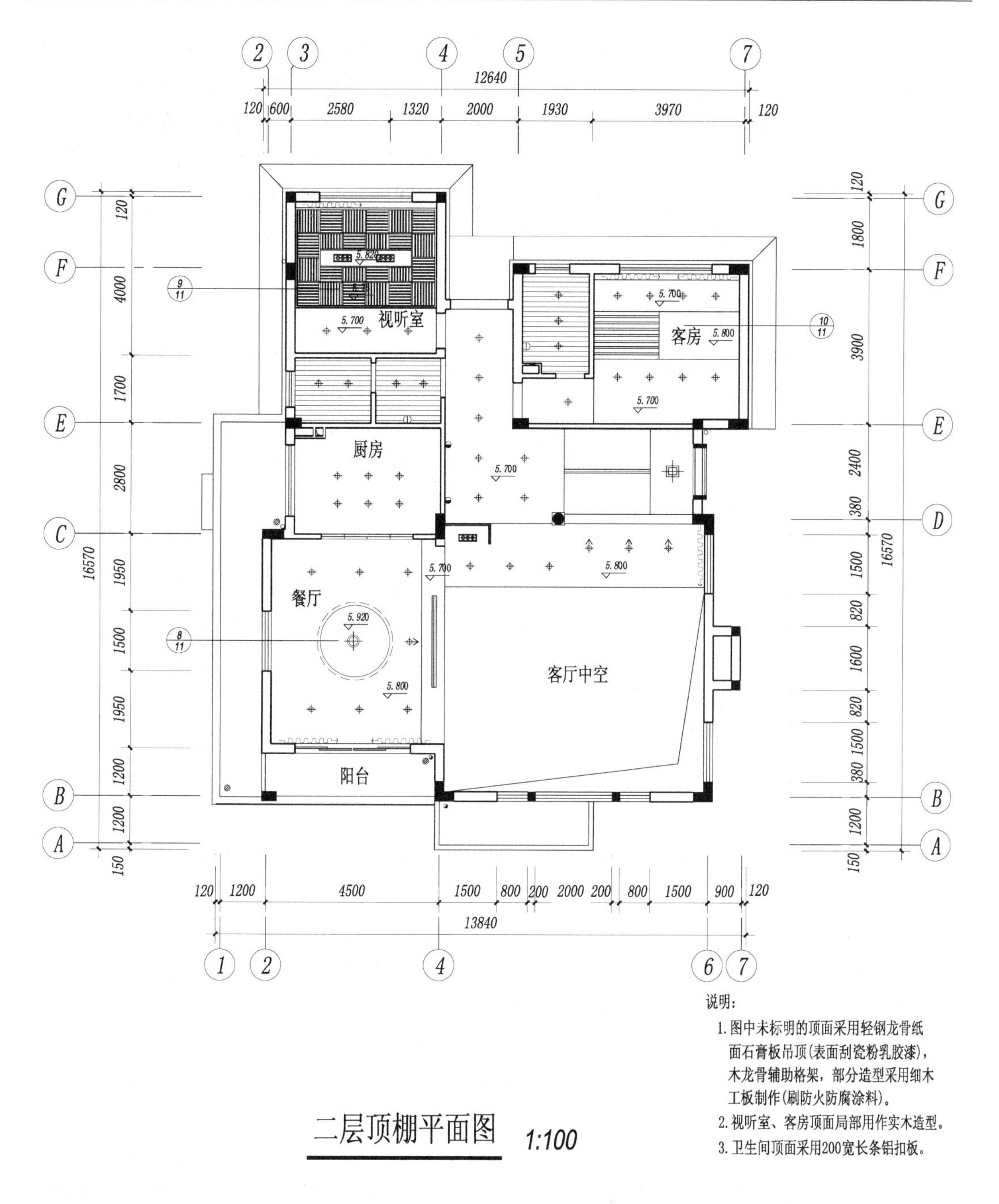

图 11-5 某别墅室内装饰平面图(四)

11.3 装饰立面图

11.3.1 装饰立面图的形成与表达

装饰立面图以室内装饰立面图最为常见，它是将房屋的内墙面按投影符号的指向，向直立投影面所作的正投影图，用于反映房屋内墙面垂直方向的装饰设计形式、尺寸与做法、材料与色彩的选用等内容，是装饰施工图中的主要图样之一，是确定墙面做法的主要依据。房屋装饰立面图的名称，应根据平面布置图中投影符号的编号或字母确定。

室内装饰立面图多表现单一的室内空间，以粗实线绘出这一空间的周边断面轮廓线（即楼板、地面、相邻墙交线），以中实线绘制墙面上的门窗及凸凹于墙面的造型，其他图示内容、尺寸标注、引出线等用细实线表示。室内立面图一般不画虚线。

装饰立面图的常用比例为 1∶50，可用比例为 1∶30、1∶40 等。

11.3.2 装饰立面图的内容

图 11－6 所示为别墅的二层客厅 B 立面图，是人站在客厅往 B 方向（如图 11－4 中投影符号所示）看到的墙面。该墙面主体装饰为一壁炉，壁炉的台面为黑金沙石材；壁炉的背景墙由彩陶砖造型，上面挂有壁画；壁炉两侧用硅钙板造型，用乳胶漆刷面，无造型的墙面用布艺纱帘装饰。另外室内有两个落地灯、两盏羊皮吊灯，壁炉台面上有烛台。总的来说装饰立面图主要有以下几项内容：

（1）室内立面轮廓线。

（2）墙面装饰造型及陈设、门窗造型及分格、墙面灯具、暖气罩等装饰内容。

（3）装饰选材、立面的尺寸、标高及做法说明。图外一般标注一至两道竖向及水平尺寸，以及楼地面、顶棚等的装饰标高。

（4）附墙的固定家具及造型。

（5）索引符号、说明文字、图名及比例等。

11.3.3 装饰立面图的识读要点

（1）首先查看装饰平面图，了解室内装饰设施及家具的平面布置位置，由投影符号查看立面图。

（2）明确地面标高、楼面标高、楼梯平台等与装饰工程有关的标高尺寸。

（3）识读每个立面的装饰面，清楚了解每个装饰面的范围、选材、颜色及相应做法。

（4）立面上各装饰面之间的衔接收口较多，应注意收口的方式、工艺和所用材料。这些收口的方法一般按图中的索引符号去查找节点详图。

（5）注意有关装饰设施在墙体的安装位置，如电源开关、插座的安装位置和安装方式。

（6）根据装饰工程的规模，一项工程往往需要多幅立面图才可以满足施工要求，这些立面图的投影符号均在楼、地面装饰平面图中标出。因此，识读装饰立面图时，必须结合平面图查对，细心地进行相应的分析研究，再结合其他图纸逐项审核，掌握装饰立面的具体施工要求。

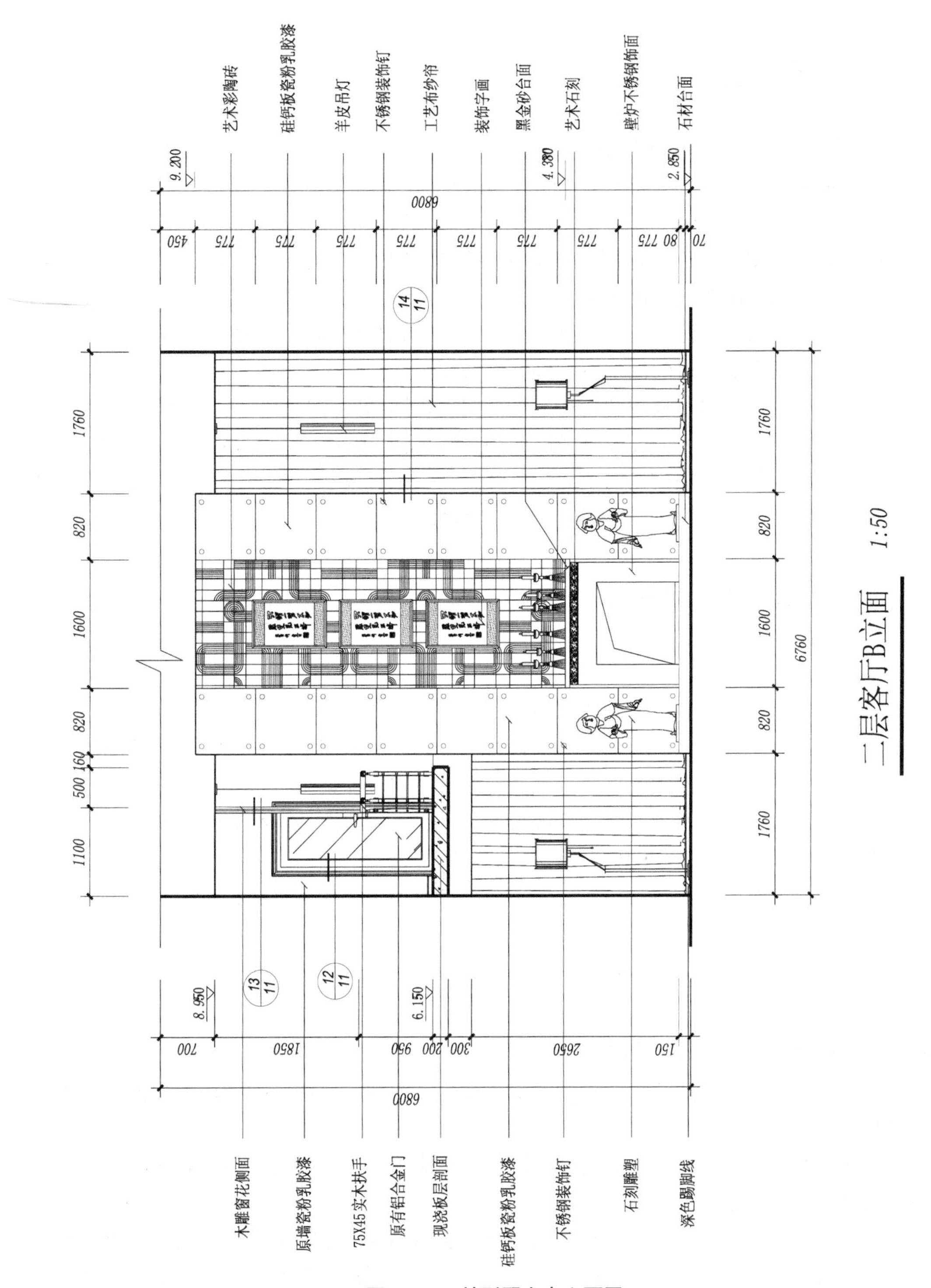

图 11—6 某别墅室内立面图

11.4　装饰详图

11.4.1　装饰详图的形成与表达

由于装饰平面图、装饰立面图的比例一般较小，很多装饰造型、构造做法、材料选用、细部尺寸等难以表达清楚，满足不了装饰施工、制作的需要，故需放大比例画出详细图样，形成装饰详图，又称大样图。装饰详图是对装饰平面图和装饰立面图的深化和补充，是装饰施工以及细部施工的依据。

装饰详图一般采用的比例为 1∶1～1∶20。在装饰详图中剖切到的装饰体轮廓用粗实线绘制，未剖切到但能看得到的部分用细实线绘制。

装饰详图包括装饰剖面详图和构造节点详图。装饰剖面详图是将装饰面整个或者局部剖切，并按比例放大后画出剖面图（或断面图），以精确表达其内部构造做法及详细尺寸。构造节点大样图则是将装饰构造的重要连接部分，以垂直或水平方向切开，或把局部立面按一定放大比例画出的图样。图 11－7 所示为窗帘盒大样图。

11.4.2　装饰详图的图示内容

装饰详图的图示内容一般有：

（1）装饰形体的建筑做法。

（2）造型样式、材料选用、尺寸标高。

（3）装饰结构与建筑主体结构之间的连接方式及衔接尺寸；如钢筋混凝土与木龙骨、轻钢及型钢龙骨等内部骨架的连接图示，选用标准图时应加索引符号。

（4）装饰体基层板材的图示（剖面或者断面图），如石膏板、木工板、多层夹板、密度板、水泥压力板等用于找平的构造层次（通常固定在骨架上）。

（5）装饰面层、胶缝及线角的图示（剖面或断面图）、复杂线及造型等还应绘制大样图。

（6）色彩及做法说明、工艺要求等。

11.4.3　装饰详图的识读要点

（1）结合装饰平面图和装饰立面图，了解装饰详图源自何部位的剖切，找出与之相对应的剖切符号或索引符号。

（2）熟悉和研究装饰详图所示内容，进一步明确装饰工程各组成部位或其他图纸难以表明的关键性细部的做法。

（3）由于装饰工程的工程特点和施工特点，表示细部做法的图纸往往比较复杂，不能像土建和安装工程图纸那样广泛运用国标、省标及市标等标准图册，所以读图时要反复查阅图纸，特别注意剖面详图和节点图中各种材料的组合方式以及工艺要求等。

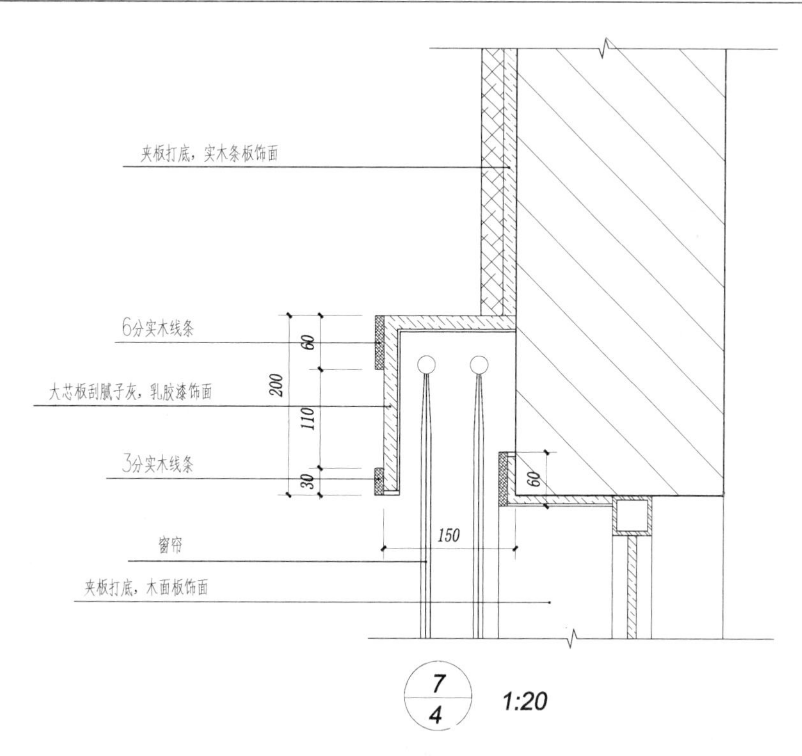

图 11－7 窗帘盒大样图

11.5 家具图

家具是室内环境设计中不可缺少的组成部分。家具具有使用、观赏和分割空间关系的功能，有着特定的空间含义。它们与其他装饰形体一起，构成室内装饰的风格，表达出特有的艺术效果和提供相应的使用功能。在室内装饰工程中，为了与装饰风格和色彩协调配套，室内的配套家具往往需要在装修时一并做出，如电视柜、椅子、酒柜等。这时就需要家具图来指导施工。

11.5.1 家具图的组成与表达

家具图通常由家具立面图、平面图、剖面图和节点详图组成。图示比例与线宽选用同前述的装饰详图。

11.5.2 家具图的内容与识读

图 11－8 为一佛龛的详图。家具图的图示内容一般有：

（1）家具的材料选用、结合方式（榫结合、钉结合或者胶结合）。

（2）家具的饰面材料、线脚镶嵌装饰、装饰要求和色彩要求。

（3）装配工序所需用的尺寸。

在装饰施工图中，家具图以详图的形式予以重点说明有利于单独制作和处理。家具图的识读与装饰详图、平面图和立面图等相同。

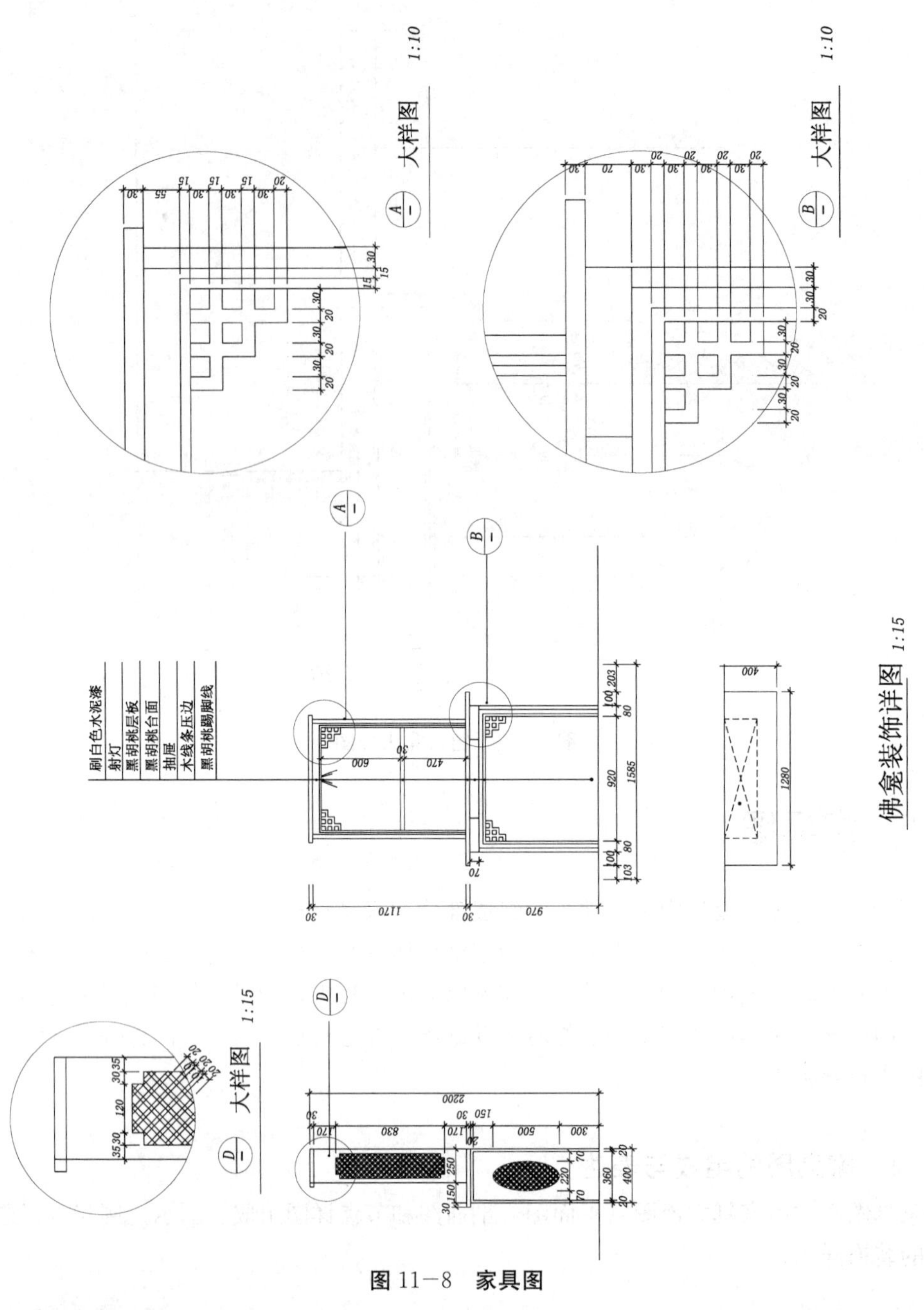

图 11—8　家具图

【复习思考题】

1. 装饰施工图有什么特点？包括哪些图样？
2. 楼、地面装饰平面图与建筑平面图有什么区别？
3. 顶棚平面图采用什么投影法绘制？试述顶棚平面图的内容。
4. 试述装饰立面图的内容。装饰立面图的投影符号在哪个图样上查找？
5. 装饰详图有哪些图示方法？试述装饰详图的内容。
6. 试述家具图由哪些图样组成？试述家具图的内容。

第 12 章　AutoCAD 绘图基础

12.1　概述

AutoCAD 是由美国 Autodesk 公司开发研制的计算机辅助设计软件，在建筑、机械、电子、地理等世界工程设计行业广泛使用，能够绘制二维及三维图形、标注尺寸、渲染图形及打印输出图纸，是目前工程设计领域应用最广泛的计算机辅助设计软件之一。

12.1.1　AutoCAD 的工作界面

AutoCAD 的操作界面是 AutoCAD 显示、编辑图形的区域。本章采用 AutoCAD 经典风格的界面介绍，如图 12-1 所示。

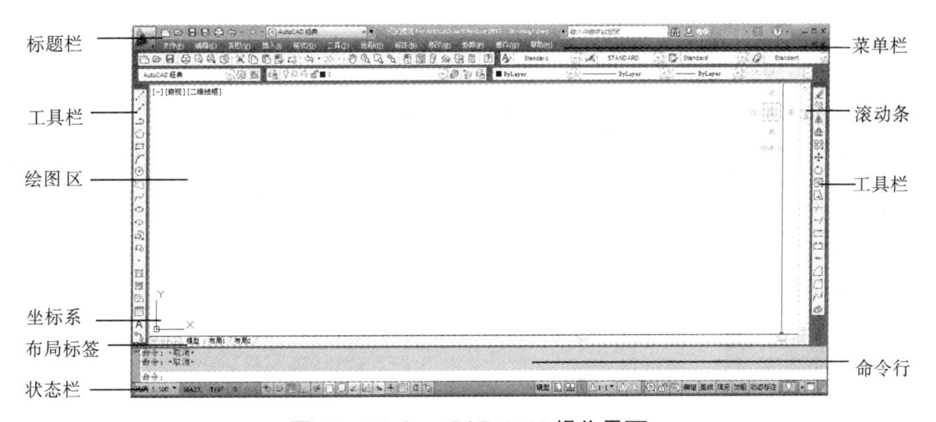

图 12-1　AutoCAD 2012 **操作界面**

12.1.2　图形文件的管理

12.1.2.1　新建图形文件

(1) 执行方式。

有三种方式：①菜单栏：【文件】|【新建】；②命令行：输入 NEW 后按空格或回车键；③键盘快捷方式：Ctrl+N。注意，命令行执行方式在后文中如无特殊说明，均视为输入相应的字母后按空格或回车键。

(2) 操作说明。

执行以上任意操作后系统将弹出“选择样板”对话框。用户可以根据绘图需要选择不同的绘图样板，“预览”框中将显示该样板的图样。

12.1.2.2 打开图形文件

（1）执行方式。

①菜单栏：【文件】｜【打开】；②命令行：OPEN；③键盘快捷方式：Ctrl+O。

（2）操作说明。

执行以上任意操作后系统弹出“选择文件”对话框，直接双击目标即可打开该图形。

12.1.2.3 保存图形文件

（1）执行方式。

①菜单栏：【文件】｜【保存】；②命令行：SAVE；③键盘快捷方式：Ctrl+S。

（2）操作说明。

如果文件是首次保存，执行以上任意操作后系统将弹出“图形另存为”对话框。用户输入文件名，单击【保存】即可保存该图形。

12.1.3 基本输入操作

12.1.3.1 鼠标及键盘定义

（1）鼠标左键：拾取（确定点坐标、选择图形等）；右键：回车（命令结束按回车）。

（2）键盘空格键可以作回车键。

12.1.3.2 命令输入方式

（1）从下拉菜单中，选择相应的命令选项。

（2）在工具栏或功能区面板中，单击相应的图标。

（3）在“命令:”提示下，通过键盘直接输入命令字符，然后按回车键或空格键。一条命令执行完毕后，在“命令:”提示符下紧接着再敲一次回车键或空格键，等效于重复键入了上一道命令。

（4）使用快捷键。

12.1.3.3 功能键的使用

AutoCAD提供了绘图的工具型命令，这些命令本身并不产生实体，但可以为用户设置一个更好的工作环境，提高作图的准确性和绘制速度。各工具型命令常用功能键及功能如表12－1所示。

表12－1 常用工具型命令功能键及功能

键	功能	键	功能	键	功能
F1	帮助	F5	设置当前的等轴平面	F9	开关捕捉
F2	开关文本窗口	F6	坐标显示方式转换	F10	开关极轴捕捉
F3	开关对象捕捉	F7	开关栅格	F11	开关对象捕捉跟踪
F4	开关数字化仪	F8	开关正交	ESC	取消或中断命令

12.1.3.4 坐标输入方式

（1）绝对坐标：相对于坐标原点（0，0，0）的坐标。输入格式：“X，Y”。

（2）相对坐标：相对于前一个点的坐标。输入格式："@X，Y"。

（3）绝对极坐标：通过相对于原点的距离和角度来定义。输入格式："距离<角度"。

（4）相对极坐标：相对于前一个点的距离和角度来定义。输入格式："@距离<角度"。

（5）坐标的简单输入方法：按 F8 打开正交，鼠标指明方向，输入距离。

12.1.4　图层的管理

12.1.4.1　图层的概念

图层就像一张张透明图纸，可以在上面分别绘制不同实体，最后再叠加起来得到最终的复杂图形。每一层都有名字，并设置了颜色、线型、线宽等属性，通过控制同类图形实体的显示、冻结等特性，方便对图形对象的显示和编辑，提供绘图效率，节省存储空间。

12.1.4.2　图层分类

在绘制图形之前，需要对图形进行合理分类。创建具有不同特性的多个图层，将每类图形放置到一个图层下（如墙体、轴线、门窗等），便于显示编辑。下面介绍一些特殊图层：

（1）0 层是 AutoCAD 自动建立的图层，只要打开图形就有 0 层。

（2）当前层是正在使用的图层。新建的图形自动放入当前层。

（3）定义点图层：标注尺寸时自动建立的，只能显示，不能打印。

12.1.4.3　图层特性管理器

图层特性管理器用来对图层进行控制，包括创建和删除图层、设置颜色和线型、打印输出设备、控制图层状态等内容，执行以下任意操作可打开"图层特性管理器"对话框。

①菜单栏：【格式】｜【图层】；②命令行：LAYER/LA；③工具栏：【图层】工具栏｜【图层特性】按钮。

12.1.4.4　图层基本操作

（1）新建图层：单击【新建】创建一个新图层，双击图层名可为其重命名。

（2）删除图层：选中要删除的图层，单击【删除】按钮。以下图层不能删除：0 层和定义点图层；当前图层和含有实体的图层；外部引用依赖层。

（3）设置当前层：选择用户所需的图层，然后单击【置为当前】按钮。

（4）设置图层颜色：单击【颜色】按钮，在"颜色"对话框中选择颜色，单击【确定】。

（5）设置图层线型：在缺省情况下，线型为实线。如果要使用其他线型，单击【加载】按钮，弹出"加载或重载线型"对话框，从中选择相应的线型，单击【确定】。用户可以通过 Ltscale 命令改变线型的短线和空格的比例。通常线型比例应与绘图比例协调。

（6）设置图层线宽：单击【线宽】按钮，在"线宽"对话框中选择线宽，单击【确定】。

12.1.4.5　图层状态控制

在绘制复杂图形时，可以通过在"图层特性管理器"对话框中单击【开关】、【冻结】、【锁定】、【打印】相应图标对图层进行状态控制。各选项含义如下：

（1）打开/关闭：关闭层中的对象不显示也不能编辑和打印，但重生成时要计算。

（2）冻结/解冻：冻结层中的对象不显示也不能编辑和打印，重生成时不计算。

（3）锁定/解锁：锁定层中的对象不能被选择和编辑，可以显示和定位。

（4）打印/不打印：如设置图层不打印，则该图层上的对象会显示出来，但无法打印。

12.2 基本绘图命令

12.2.1 绘制直线

（1）执行方式。

①菜单栏：【绘图】｜【直线】；②命令行：LINE（L）；③工具栏：。

（2）操作说明。

执行该命令后，系统提示，各选项含义如下：

①“指定第一点：”输入直线段的起点（鼠标在屏幕上拾取点，也可输入起点坐标）。

②“指定下一点或［放弃（U）］：”用坐标输入下一点，若输入“U”，则取消刚刚画好的线段。

③绘制两条以上直线段后，若输入“C”响应“指定下一点：”提示，系统会自动连接起始点后最后一个端点使折线封闭并结束操作。

④要绘制水平或垂直线，可按下 F8 正交模式。

12.2.2 绘制曲线类对象

12.2.2.1 绘制圆

（1）执行方式。

①菜单栏：【绘图】｜【圆】；②命令行：CIRCLE（C）；③工具栏：

（2）操作说明。

AutoCAD 2012 提供了 6 种绘制圆的方式，如图 12－2 所示。

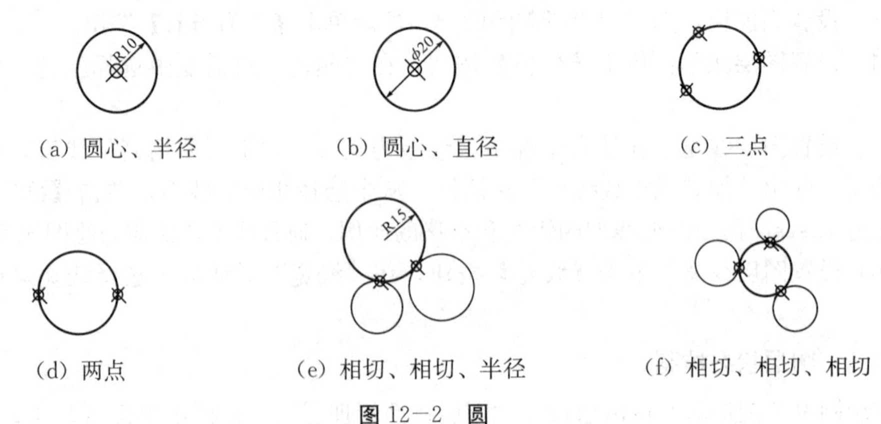

（a）圆心、半径　（b）圆心、直径　（c）三点

（d）两点　（e）相切、相切、半径　（f）相切、相切、相切

图 12－2　圆

12.2.2.2　绘制圆弧

（1）执行方式。

①菜单栏：【绘图】｜【圆弧】；②命令行：ARC（A）；③工具栏：

（2）操作说明

AutoCAD 2012 提供了 11 种绘制圆弧的方式，如图 12－3 所示。需要强调的是“继续”方式，绘制的圆弧与上一线段或圆弧相切，继续画圆弧段，因此提供端点即可。

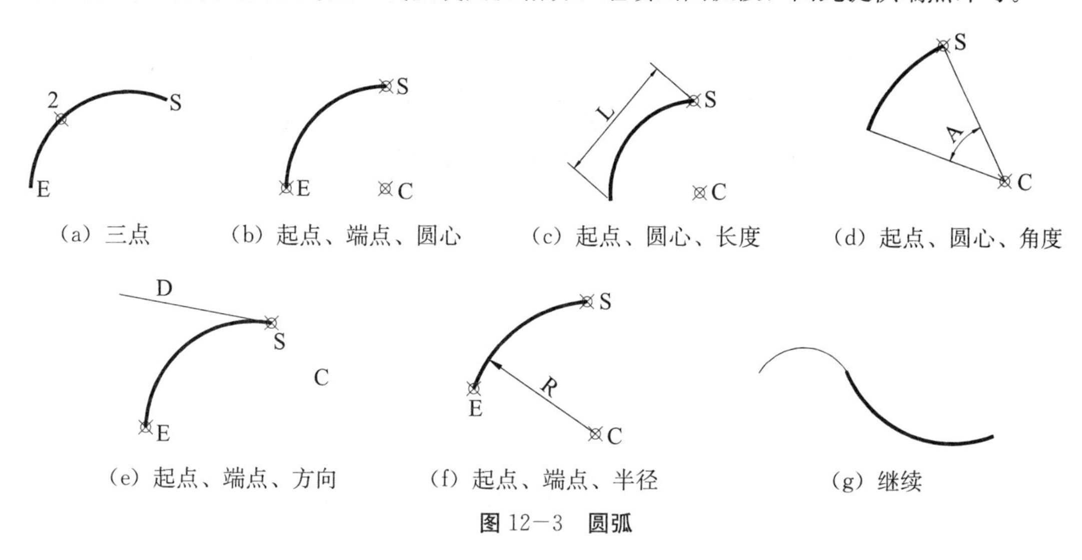

图 12－3　圆弧

12.2.2.3　绘制圆环

（1）执行方式。

①菜单栏：【绘图】｜【圆环】；②命令行：DONUT（DO）；③工具栏。

（2）操作说明。

①指定圆环的内径、外径，则可画出空心圆环，如图 12－4（a）所示。

②若指定内径为零，则画出实心填充圆，如图 12－4（b）所示。

③输入命令 FILL 可以控制圆环是否填充，如图 12－4（c）所示。

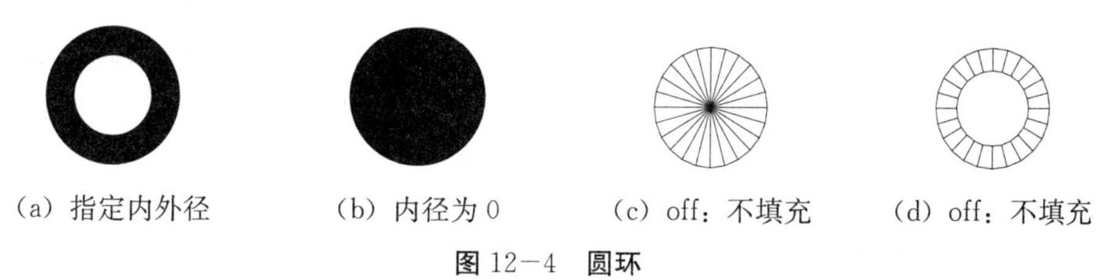

图 12－4　圆环

12.2.2.4　绘制椭圆与椭圆弧

（1）执行方式。

①菜单栏：【绘图】｜【椭圆】；②命令行：ELLIPSE（EL）；③工具栏：。

（2）操作说明。

执行 EL 命令后，系统提示：“指定椭圆的轴端点或［圆弧（A）/中心点（C）］:”，各选项含义如下：

①轴端点：通过确定椭圆的一个轴的两个端点和另一个轴的半轴长度绘制，如图12－5（a）所示。

②中心点（C）：通过确定椭圆的中心，再输入两个半轴距绘制椭圆，如图12－7（b）所示。

③圆弧（A）：执行该选项绘制椭圆弧，操作与绘制椭圆相同，先确定椭圆形状，再按起始角和终止角绘制椭圆弧，如图12－5（c）所示。

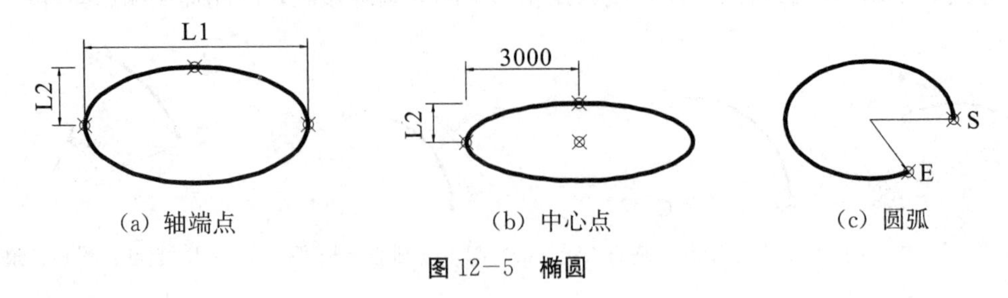

图 12－5 椭圆

12.2.3 绘制多边形

12.2.3.1 绘制矩形

（1）执行方式。

①菜单栏：【绘图】｜【矩形】；②命令行：RECTANG（REC）；③工具栏：▭。

（2）操作说明。

执行REC命令后，系统提示："指定第一个角点或［倒角（C）/标高（E）/圆角（F）/厚度（T）/宽度（W）］："，各选项含义如下：

①第一个角点：通过确定矩形的两个对角点绘制矩形，如图12－6（a）所示。

②倒角（C）：绘制带倒角的矩形，如图12－6（b）所示。

③圆角（F）：绘制带圆角的矩形，如图12－6（c）所示。

④宽度（W）：用于确定矩形的线宽，如图12－6（d）所示。

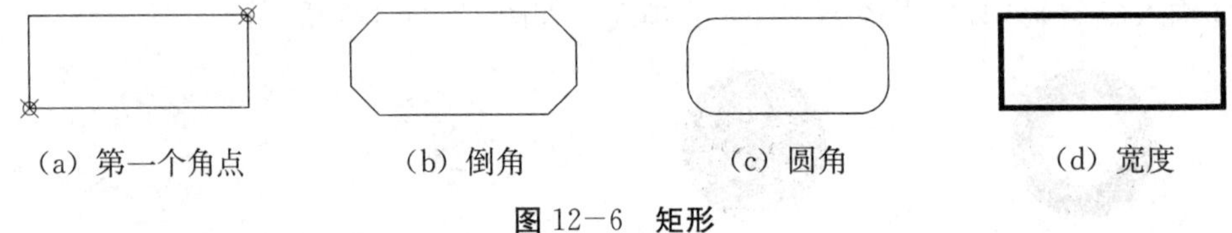

图 12－6 矩形

12.2.3.2 绘制正多边形

（1）执行方式。

①菜单栏：【绘图】｜【正多边形】；②命令行：POLYGON（POL）；③工具栏：⬠。

（2）操作说明。

执行POL命令后，有确定正多边形的中心点或边长两种绘制方式，如图12－7所示。

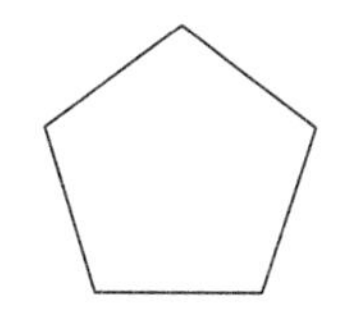
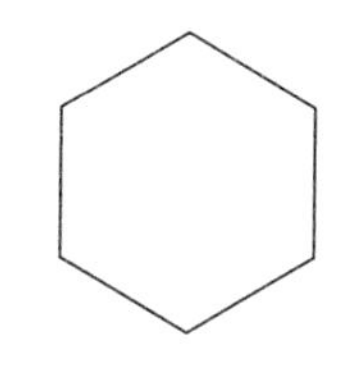
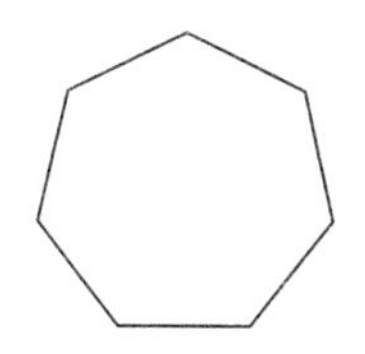

图 12－7　正多边形

12.2.4　绘制多段线

（1）执行方式。

①菜单栏：【绘图】｜【多段线】；②命令行：PLINE（PL）；③工具栏：。

（2）操作说明。

多段线是由相连的直线和弧线组成的整体，不能分别编辑。执行 PL 命令后，系统提示“指定下一个点或［圆弧（A）/半宽（H）/长度（L）/放弃（U）/宽度（W）］:”，各选项含义如下：

①圆弧（A）：PL 命令由绘制直线变为圆弧方式，并给出绘制圆弧的提示，如图 12－8（a）所示。

②闭合（C）：执行该选项，系统从当前点到多段线的起点以当前线宽绘制一条直线，构成封闭多段线，并结束命令。必须至少指定两个点才能使用该选项。

③半宽（H）：此项用来定义多段线中心到一边的宽度。

④长度（L）：用于确定多段线的长度。

⑤放弃（U）：删除多段线中刚画的直线或圆弧。

⑥宽度（W）：此项用来定义多段线的宽度，与半宽选项操作类似，如图 12－8（b）和 12－8（c）所示。

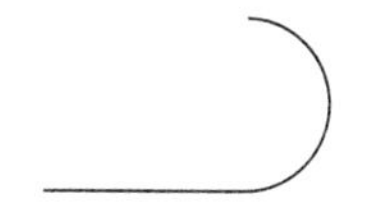

（a）圆弧

（b）宽度，起点和端点宽度相同

（c）宽度，起点和端点宽度不同

图 12－8　多段线

12.2.5　绘制样条曲线

（1）执行方式。

①菜单栏：【绘图】｜【样条曲线】；②命令行：SPLINE（SPL）；③工具栏：。

（2）操作说明。

样条曲线是一种通过指定点的光滑拟合曲线。执行该命令后，默认情况下依次指定样条曲线上的所有点后回车，确定样条曲线的起点切线方向和终点切线方向，即可完成绘制。

12.2.6 绘制多线

12.2.6.1 绘制多线

（1）执行方式。

①菜单栏：【绘图】｜【多线】；②命令行：MLINE（ML）。

（2）操作说明。

多线是由连续直线段组成的复合线，一次命令绘制完成后是一个整体。可用于绘制建筑墙线、管线等，如图 12－9 所示。各选项含义如下：

①对正（J）：该选项用于绘制多线的基准。共有三种对正类型，“上”“中”“下”分别表示以多线上侧、中心、下侧为基准绘制多线。例如，建筑图中以中心轴线为基准绘制墙体，则选“中”。

②比例（S）：用于确定多线的全局宽度。在绘制建筑墙体时，设为墙体宽度。

③样式（ST）：该选项用于设置当前使用的多线样式。注意，多线样式可在【格式】｜【多线样式】中设置。

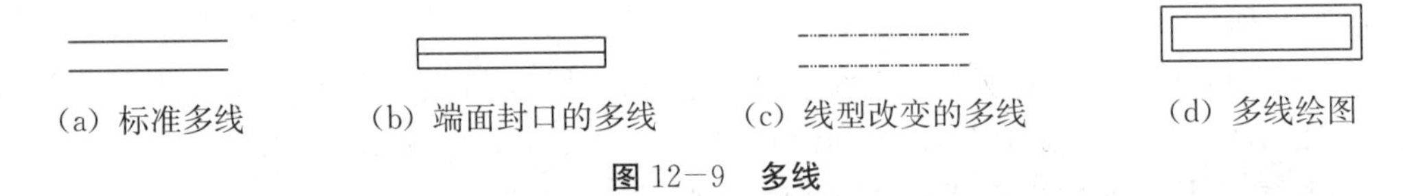

（a）标准多线　（b）端面封口的多线　（c）线型改变的多线　（d）多线绘图

图 12－9　多线

12.2.6.2 编辑多线

（1）执行方式。

①菜单栏：【修改】｜【对象】｜【多线】；②命令行：MLEDIT。

（2）操作说明。

执行该命令后打开如图 12－10（a）所示的“多线编辑工具”对话框，提供了 12 种编辑工具方便用户修改图形。图 12－10（b）为常用 3 种多线编辑工具。

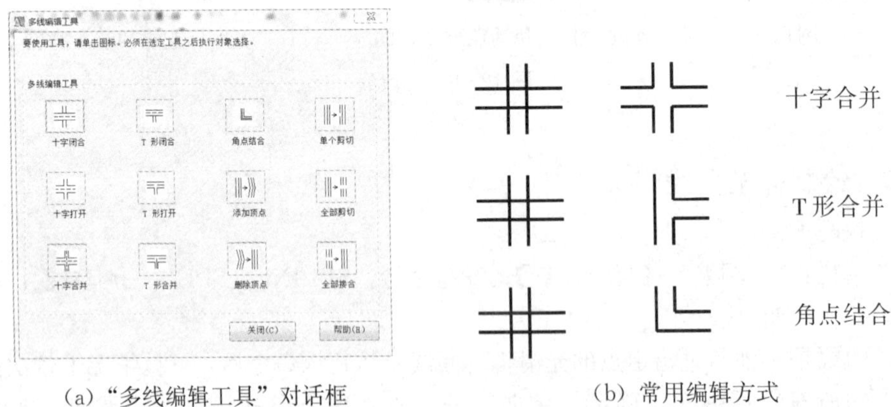

（a）“多线编辑工具”对话框　（b）常用编辑方式

图 12－10　多线编辑

12.2.7　绘制等分点

12.2.7.1　绘制定数等分点

（1）执行方式。

①菜单栏：【绘图】｜【点】｜【定数等分】；②命令行：DIVIDE/DIV。

（2）操作说明。

在某一图形上以等分长度设置点（如图 12－11（a）所示）或块（如图 12－11（b）、（c）所示）。

（a）等分长度设置点

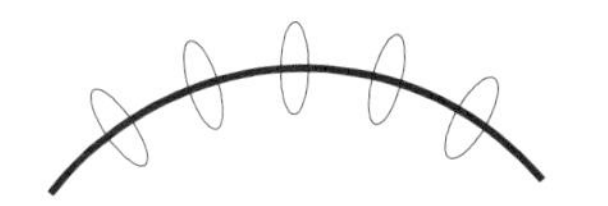

（b）等分长度设置块（对齐）

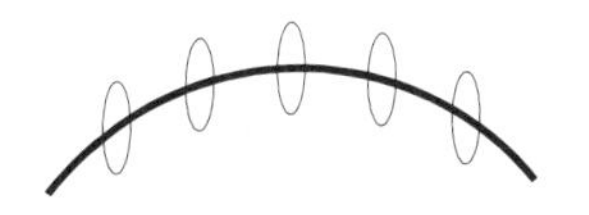

（c）等分长度设置块（不对齐）

图 12－11　定数等分

12.2.7.2　绘制定距等分点

（1）执行方式。

①菜单栏：【绘图】｜【点】｜【定距等分】；②命令行：MEASURE/ME。

（2）操作说明。

ME 命令是沿选定对象按指定间隔设置点或块，操作与 DIV 命令类似。

12.3　图形编辑命令

图形编辑是对已有的图形进行修改、移动、复制和删除等操作。AutoCAD 2012 为用户提供了多种实用而有效的图形编辑命令，与图形绘制命令共同使用，以达到准确绘制图形、提高绘图效率的目的。

12.3.1　对象选择

在使用图形编辑命令时，首先要对编辑的图形进行选择，单个对象或复杂的对象组均可以构成选择集。AutoCAD 中提供了多种对象选择方法，下面介绍常用的几种。

当输入编辑命令后，系统会提示“选择对象：”，十字光标也会变成选择靶框，用户可按以下方式选择对象。

12.3.1.1　直接选取

直接选取又称点取对象，将拾取框移动到要选取的对象上，单击鼠标左键就完成选择。按住“Shift”键再单击已选择的对象，则可取消选取。此为系统默认方式。

12.3.1.2　窗口、窗交选取

两种方式均是以指定对角点的方式定义矩形选取范围。窗口选取时从左往右拉选择框，只有全部位于矩形窗口中的图形对象才会被选中；窗交选取时从右往左拉选择框，无论全部或部分位于矩形窗口中的图形对象都会被选中。如图 12－12 所示，窗口方式：1→2 拉

选择框，只有对象A、B被选中；窗交方式：2→1拉选择框，对象A、B、C都被选中。

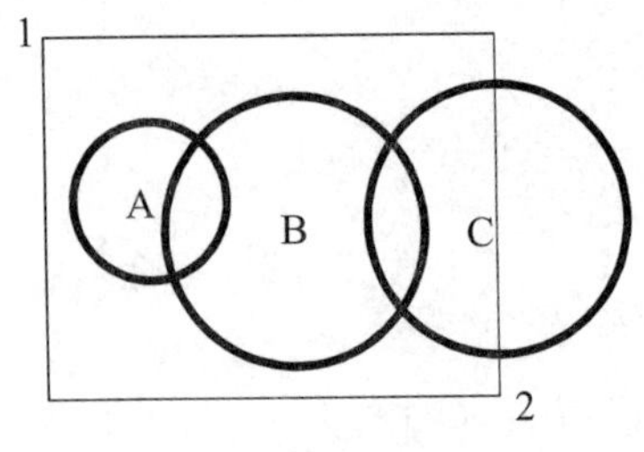

图12—12　窗选

12.3.2　删除及恢复命令

12.3.2.1　删除

（1）执行方式。

①菜单栏：【修改】｜【删除】；②命令行：ERASE（E）；③工具栏：。

（2）操作说明。

执行该命令后，选择要删除的对象，回车完成操作后，结束命令。

12.3.2.2　恢复

（1）执行方式。

①命令行：Undo或U；②快捷键：Ctrl+Z；③工具栏：标准工具栏→。

（2）操作说明。

若不小心进行了误操作，可以执行该命令后回车恢复上一步。其中，Undo可以无限制地逐级取消多个操作步骤，不受存储图形的影响，并且适用于几乎所有的命令。Undo命令不仅可以取消用户的绘图操作，而且能取消模式设置、图层的创建以及其他操作。

12.3.3　复制类命令

12.3.3.1　复制

（1）执行方式。

①菜单栏：【修改】｜【复制】；②命令行：COPY（CO）；③工具栏：。

（2）操作说明。

执行该命令后，选择对象，指定复制基点，然后拖到鼠标指定新基点或给定方向和距离，即可完成复制操作。继续单击，可重复复制图形对象，如图12—13所示。

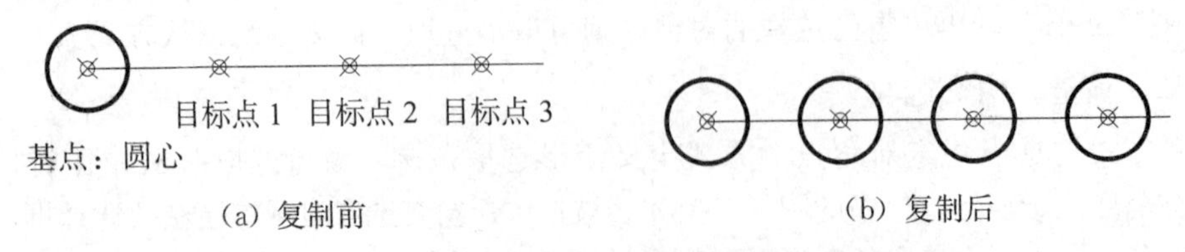

(a) 复制前　　(b) 复制后

图12—13　复制

12.3.3.2　偏移

（1）执行方式。

①菜单栏：【修改】｜【偏移】；②命令行：OFFSET（O）；③工具栏：。

（2）操作说明。

该命令可以按指定方向创建与源对象成一定距离的形状相同或相似的新图形对象。可平行复制直线、多段线、圆、椭圆、弧、多边形、曲线等。在建筑制图中，常使用该命令由单一多段线生成人行横道线、双墙线、环形跑道，如图 12－14 所示（粗线为源对象）。

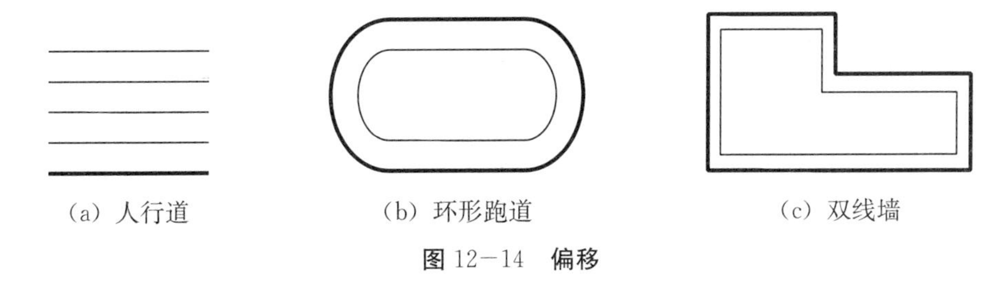

（a）人行道　　（b）环形跑道　　（c）双线墙

图 12－14　偏移

12.3.3.3　镜像

（1）执行方式。

①菜单栏：【修改】｜【镜像】；②命令行：MIRROR（MI）；③工具栏：。

（2）操作说明。

镜像是将选择对象以镜像线对称复制。源对象可以删除或保留。

下面以图 12－15 双扇门为例，介绍“镜像”命令的操作方法。

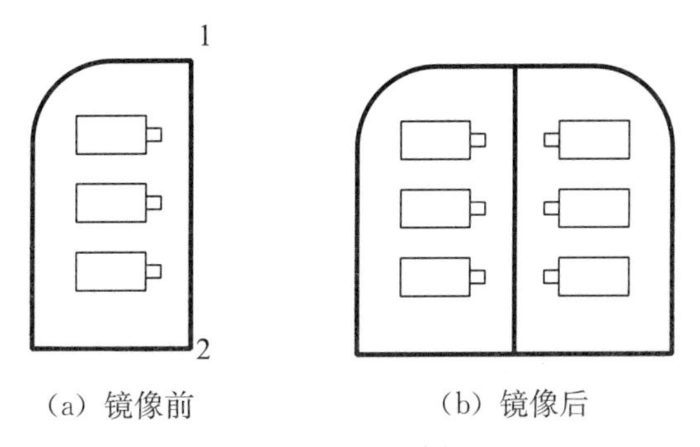

（a）镜像前　　（b）镜像后

图 12－15　镜像

①命令：MI↙

②选择对象：（选择要镜像的对象）↙

③指定镜像线的第一点：（选择 1 点）

④指定镜像线的第二点：（选择 2 点）

⑤要删除源对象吗？[是（Y）/否（N）]<N>：↙

12.3.3.4　阵列

（1）执行方式。

①菜单栏：【修改】｜【阵列】；②命令行：ARRAY（AR）；③工具栏：。

（2）操作说明。

阵列是按矩形、环形（极轴）或路径方式，以定义距离、角度或路径复制对象或选择集。矩形阵列，可控制行和列的数目以及间距（如图 12－16（a）所示）；环形阵列，可以控制复制对象的数目和是否旋转对象（如图 12－16（c）所示）。

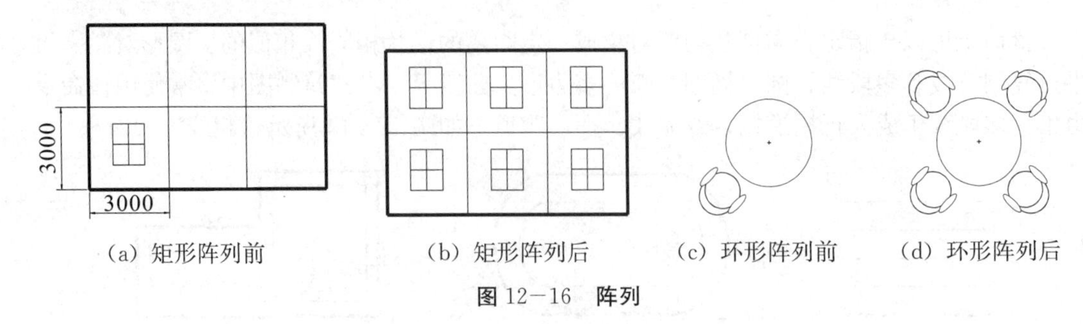

图 12－16　阵列

12.3.4　改变位置类命令

12.3.4.1　移动

（1）执行方式。

①菜单栏：【修改】｜【移动】；②命令行：MOVE（M）；③工具栏：。

（2）操作说明。

执行该命令后，选择要移动的对象后回车，可以在指定方向上按指定距离移动对象，也可以指定第二点来重定位。

12.3.4.2　旋转

（1）执行方式。

①菜单栏：【修改】｜【旋转】；②命令行：ROTATE（RO）；③工具栏：。

（2）操作说明。

旋转是将所选对象绕基点（如图 12－17（a））旋转至指定的角度。命令选项含义如下：

①指定角度：按逆时针方向旋转指定角度，如图 12－17（b）所示。

②复制（C）：在旋转的同时保留原对象，如图 12－17（c）所示。

③参照（R）：采用参考方式旋转对象，系统提示：

指定参照角<0>：（即指定原角度，如图 12－17（d）所示，先拾取基点，再拾取 1 点）。

指定新角度：（输入旋转后的角度，如图 12－17（d）所示，先拾取基点，再拾取 2 点）。

将图形从参照角旋转到新角度，完成操作，如图 12－17（e）所示。

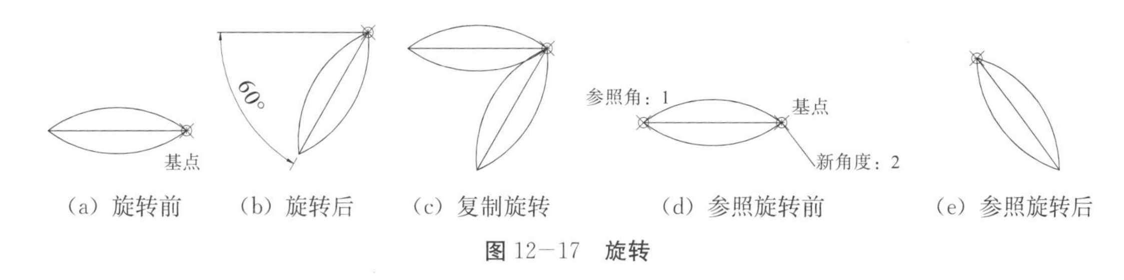

（a）旋转前　（b）旋转后　（c）复制旋转　（d）参照旋转前　（e）参照旋转后

图 12—17　**旋转**

12.3.5　改变几何特性类命令

12.3.5.1　缩放

（1）执行方式。

①菜单栏：【修改】｜【缩放】；②命令行：SCALE（SC）；③工具栏：。

（2）操作说明。

缩放是将对象以指定基点缩小或放大一定比例。操作与旋转类似。

12.3.5.2　修剪

（1）执行方式。

①菜单栏：【修改】｜【修剪】；②命令行：TRIM（TR）；③工具栏：。

（2）操作说明。

修剪是删去对象超过指定剪切边的部分。可修剪的对象为：弧、圆、椭圆弧、直线、打开的二维和三维多段线，射线、构造线和样条曲线，如图 5—18（a）、（b）所示。剪切边也可同时作为修剪边。

12.3.5.3　延伸

（1）执行方式。

①菜单栏：【修改】｜【延伸】；②命令行：EXTEND（EX）；③工具栏：。

（2）操作说明。

延伸是把选择的图形延伸到指定的边界，如图 12—18（c）、（d）所示。在选择对象时，如果按下 Shift 键，自动将“延伸”命令变成“修剪”命令。操作与“修剪”类似。

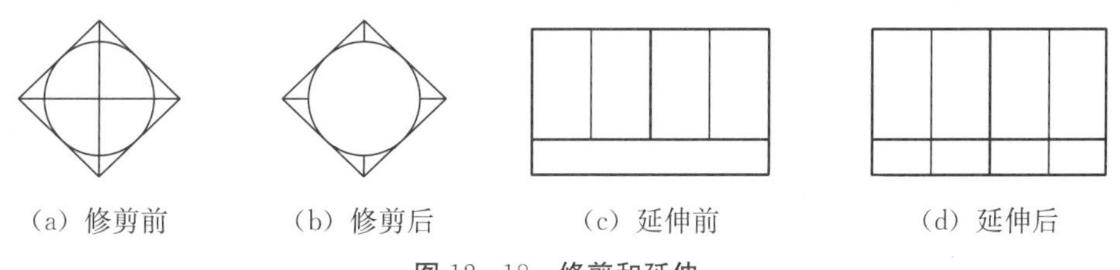

（a）修剪前　（b）修剪后　（c）延伸前　（d）延伸后

图 12—18　**修剪和延伸**

12.3.5.4　拉伸

（1）执行方式。

①菜单栏：【修改】｜【拉伸】；②命令行：STRETCH（S）；③工具栏：。

（2）操作说明。

用窗交方式选择，可拉伸或压缩对象，如图 12—19 所示；用窗围方式选择，则是移动。

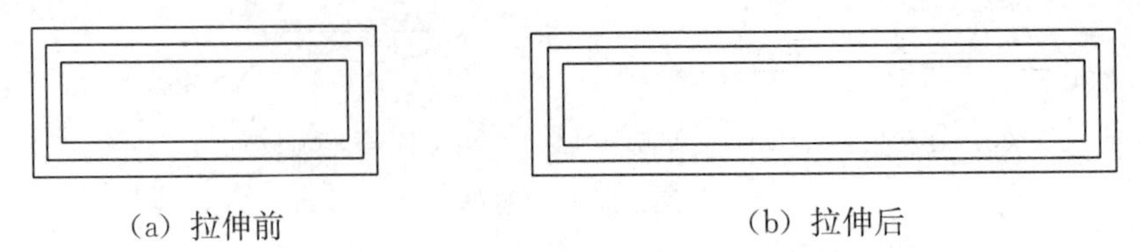

（a）拉伸前　　（b）拉伸后

图 12—19　拉伸

12.3.5.5　倒角

（1）执行方式。

①菜单栏：【修改】｜【倒角】；②命令行：CHAMFER（CHA）；③工具栏：。

（2）操作说明。

倒角是在两对象之间产生一条直线连接。执行该命令后选择“D”选项，用距离确定倒角的大小，再选择要进行倒角的两条边即完成操作，如图 12—20（a）所示。

12.3.5.6　圆角

（1）执行方式。

①菜单栏：【修改】｜【圆角】；②命令行：FILLET（F）；③工具栏：。

（2）操作说明。

圆角是在两对象之间产生一个指定半径的圆弧连接。执行该命令后选择“R”，用半径确定圆角的大小，操作与倒角相似，倒圆效果如图 12—20（b）所示。

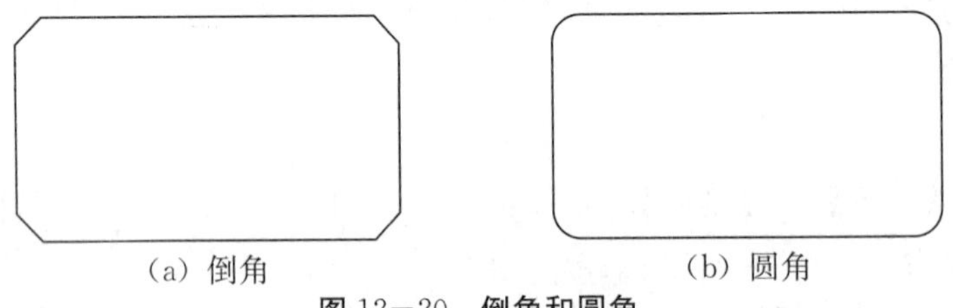

（a）倒角　　（b）圆角

图 12—20　倒角和圆角

12.3.5.7　打断

（1）执行方式。

①菜单栏：【修改】｜【打断】；②命令行：BREAK（BR）；③工具栏：。

（2）操作说明。

打断是通过指定点删除部分对象或把对象分解为两部分。下面以图 12—21 为例介绍【打断】命令的具体操作。

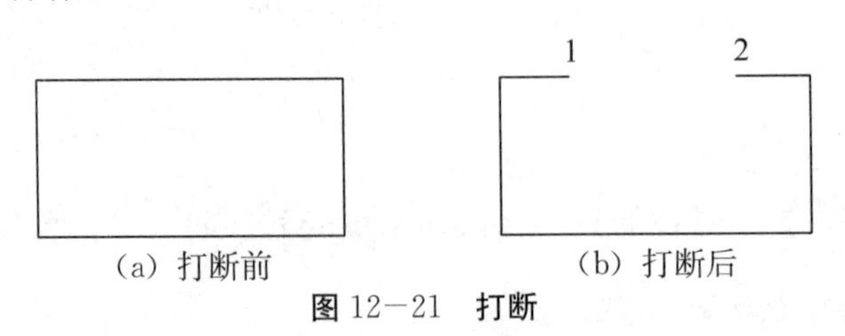

（a）打断前　　（b）打断后

图 12—21　打断

①命令：br↙

②选择对象：选择要打断的图形

③指定第二个打断点 或［第一点（F）］：f

④指定第一个打断点：选取 1 点

⑤指定第二个打断点：选取 2 点

12.3.5.8　分解

（1）执行方式。

①菜单栏：【修改】｜【分解】；②命令行：EXPLODE（X）；③工具栏：。

（2）操作说明。

执行该命令，选择要分解的对象后回车即完成操作，分解命令可将块或多线等整体图形分解为单个线条对象，如图 12－22 所示。

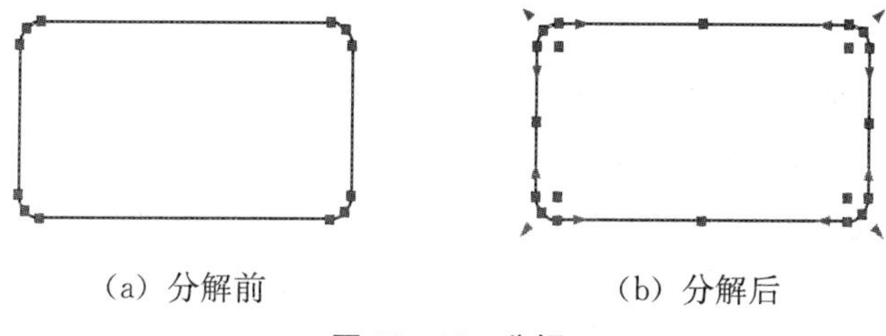

（a）分解前　　（b）分解后

图 12－22　分解

12.3.5.9　合并

（1）执行方式。

①菜单栏：【修改】｜【合并】；②命令行：JOIN（J）；③工具栏：。

（2）操作说明。

合并是将多个对象合并成一个完整的对象。执行该命令后，选择源对象和要合并到源的对象即可完成操作。多条直线合并时，如果所有直线都处于同一条直线上，这些直线间可以不必首尾相连也可执行合并命令，如图 12－23（a）、（b）所示。如果要将圆弧和直线合并，直线与圆弧首尾必须平滑连接，并且在合并前输入 PE 命令将直线转化为多段线后，才能与圆弧合并，如图 12－23（c）、（d）所示。

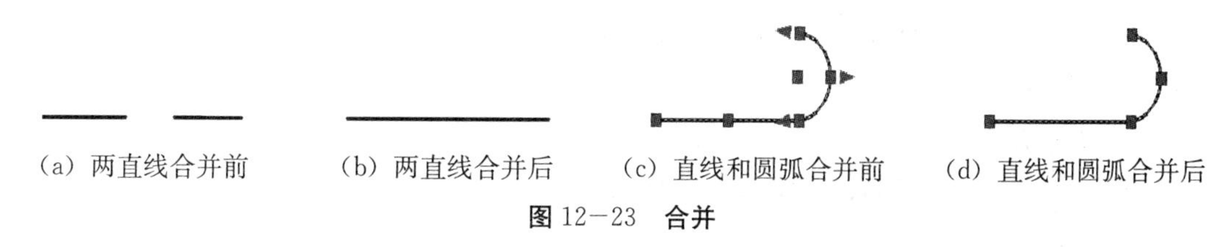

（a）两直线合并前　（b）两直线合并后　（c）直线和圆弧合并前　（d）直线和圆弧合并后

图 12－23　合并

12.4　图形显示查询

12.4.1　显示类命令

为了便于绘图操作，AutoCAD 提供了一些控制图形显示的命令，可以用来任意放大、缩小或移动屏幕上的图形显示以便于观察图形，但并不改变图形的实际尺寸。

12.4.1.1 **平移**

（1）执行方式。

①菜单栏：【视图】|【平移】|【实时】；②命令行：PAN（P）；③工具栏："标准"→"实时平移"；④按住鼠标滚轮并移动鼠标。

（2）操作说明。

执行该命令后，按下鼠标，移动手形光标就可以任意平移图形。

12.4.1.2 **缩放**

（1）执行方式。

①菜单栏：【视图】|【缩放】；②命令行：ZOOM（Z）；③工具栏："标准"→"实时缩放"；④滑动鼠标滚轮。

（2）操作说明。

执行该命令后，各常用选项含义如下：

①窗口（W）：直接确定窗口的两个角点进行窗口放大。

②全部（A）：将所有图形实体都显示到设定的图形范围之内。

③动态（D）：出现动态窗口，可以移动位置和调整大小，动态窗口中的图形被放大。

④范围（E）：将所有图形显示在屏幕上，并最大限度充满整个屏幕。

⑤上一个（P）：返回上一视图。最多可保存10个视图。

⑥对象（O）：尽可能大地显示一个或多个选定的对象，并使其位于绘图区域的中心。

12.4.2 查询类命令

AutoCAD绘图中提供查询某个图形的距离、所在的图层等信息的查询类命令。

12.4.2.1 **距离**

（1）执行方式。

①命令行：DIST（DI）；②工具栏："查询"→"距离"。

（2）操作说明。

DIST命令用于查询两点之间的距离并显示。

12.4.2.2 **列表**

（1）执行方式。

①命令行：LIST（LI）；②工具栏："查询"→"列表"。

（2）操作说明。

执行该命令后选择对象，文本窗口将显示对象类型、对象图层、相对于当前用户坐标系（UCS）的 *X*、*Y*、*Z* 位置以及对象是位于模型空间还是图纸空间。

12.4.2.3 **面积**

（1）执行方式。

①命令行：AREA；②工具栏："查询"→"面积"。

（2）操作说明。

此命令用来计算由指定点定义的区域的面积和周长。

12.5　注写编辑文字

在土木工程图中，不仅有图形，还需要为之注写说明等文字，AutoCAD 提供了强大的文字编辑功能。

12.5.1　创建文字样式

（1）执行方式。

①菜单栏：【格式】|【文字样式】；②命令行：STYLE/ST；③工具栏："文字"→"文字样式"。

（2）操作说明。

执行该命令后，打开"文字样式"对话框。

①设置样式名：单击【新建】按钮，打开"新建文字样式"对话框，输入样式名后单击【确定】，新建文字样式将显示在"样式名"下拉列表框中。

②设置字体：【字体】选项组用来确定文字样式使用的字体文件、字体风格和字高等。

AutoCAD 提供了 SHX 和 TrueType 两种字体。其中 TrueType 是 Windows 的点阵字体，美观但容量大；SHX 字体是 CAD 自带的字体文件，由线条组成的，容量较小，不够美观。

12.5.2　创建单行文字

（1）执行方式。

①菜单栏：【绘图】|【文字】|【单行文字】；②命令行：TEXT/DTEXT（DT）；③工具栏："文字"→"单行文字" AI。

（2）操作说明。

输入该命令后，根据提示指定起点即可创建单行文字，如图 12−24（a）所示。

12.5.3　创建多行文字

（1）执行方式。

①菜单栏：【绘图】|【文字】|【多行文字】；②命令行：MTEXT（MT）；③工具栏："文字"→"多行文字" A。

（2）操作说明。

执行该命令后，用指定对角点创建一个矩形区域（其宽度作为多行文本的宽度），打开多行文字编辑器，即可在里面书写编辑多行文字，并设置多行文字格式，如图 12−24（b）所示。

计算机绘图基础　　计算机绘图基础

(a) 单行文字　　(b) 多行文字

图 12－24　文字

12.5.4　文字的修改

(1) 执行方式。

①菜单栏：【修改】|【对象】|【文字编辑】；②命令行：DDEDIT；③工具栏："文字"→"编辑文字"。

(2) 操作说明。

执行以上任意操作或直接双击文字即可修改，如果要修改单行文字的字体样式、字高等属性，则需修改该单行文字的文字样式；多行文字则可对其文字样式和内容都作修改。

12.5.5　特殊符号的输入

在土木工程图中有时会遇到一些特殊符号，这里列举部分特殊符号的输入方法：φ→%%C，◇→%%D，±→%%P。

12.6　标注编辑尺寸

在图形绘制完成以后，我们还需要对图形对象进行尺寸标注，下面介绍尺寸样式的设置和标注尺寸。

12.6.1　尺寸样式

在标注尺寸以前，首先要设置合适的尺寸样式。

(1) 执行方式。

①菜单栏：【格式】|【标注样式】；②命令行：DIMSTYLE/D；③工具栏："标注"→"标注样式"。

(2) 操作说明。

执行上述操作，打开"标注样式管理器"对话框，可以新建、修改、替代、比较尺寸样式，也可以将某一种尺寸样式置为当前。

12.6.2　标注尺寸

AutoCAD 提供了多种尺寸标注类型，以供用户根据不同的图形对象来选择，从而使尺寸标注符合设计和规范要求，尺寸标注如图 12－25 所示。常用尺寸命令如表 12－2 所示。

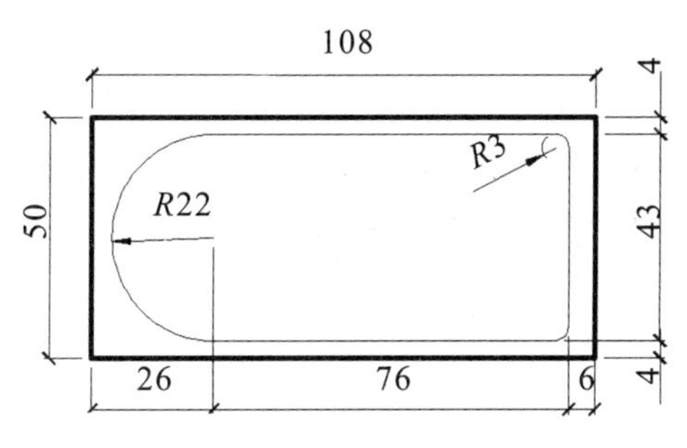

图 12—25　**尺寸标注**

表 12—2　常用尺寸标注命令的图标及功能

图标	命令	功能
	DIMLINEAR（线性标注）	对选定两点进行水平、垂直或旋转标注
	DIMALIGNED（对齐标注）	对选定两点进行平行与两点连线的标注
	DIMORDINATE（坐标标注）	对选定点引出标注（到原点的距离等）
	DIMBASELINE（基线标注）	标注具有共同基线的多个尺寸
	DIMCONTINUE（连续标注）	从前一尺寸标注的第二条标注界线进行连续标注
	QDIM（快速标注）	对选定的对象创建一系列标注
	DIMRADIUS（半径标注）	为圆或弧的半径进行标注
	DIMDIAMETER（直径标注）	为圆或弧的直径进行标注
	DIMANGULAR（角度标注）	对圆弧、圆、直线等进行角度标注
	LEADER（引线标注）	为图形添加注释、说明等

12.6.3　编辑尺寸标注

在 AutoCAD 2012 中，可以对已标注对象的文字、位置及样式等内容进行修改。

12.6.3.1　编辑标注

（1）执行方式。

①菜单栏：【标注】｜【编辑标注】；②命令行：DIMEDIT（DED）；③工具栏："标注"→"编辑标注"。

（2）操作说明。

该命令可以修改标注的文字及位置，也可使标注界线倾斜指定的角度，可同时修改多个标注。

12.6.3.2　编辑标注文字

（1）执行方式。

①菜单栏：【标注】｜【编辑标注文字】；②命令行：DIMTEDIT；③工具栏："标

注”→“编辑标注文字”。

（2）操作说明。

该命令用于移动或旋转标注文字。执行该命令后，选择要编辑的尺寸文字，默认情况下拖曳动态更新标注文字的位置。也可以输入相应选项指定文字新位置。

12.7 图块

图块是指由多个图形对象组成的整体。比如在绘制工程图时，我们将门、窗等构件图形定义为块，就可以在图中任意指定位置插入，并指定不同的缩放比例和旋转角度，避免重复绘制，提高绘图效率。此外，块是作为一个对象进行编辑修改等操作，如果对块进行重定义，则整个图中插入的所有此块都会自动更新，方便编辑修改，还可以节省存储空间。

12.7.1 定义图块

（1）执行方式。

①菜单栏：【绘图】｜【块】｜【创建】；②命令行：BLOCK（B）；③工具栏：“绘图”→“创建块”。

（2）操作说明。

执行该命令，打开“块定义”对话框，可以定义图块并为之命名。

12.7.2 插入图块

（1）执行方式。

①菜单栏：【插入】｜【块】；②命令行：INSERT（I）；③工具栏：“插入点”→“插入块”。

（2）操作说明。

执行该命令，可以在其中选择插入的图块并设置。

12.7.3 重定义图块

对图块重定义后整个图形中的所有此图块随之更新。操作步骤如下：

（1）分解图块：EXPLODE。

（2）修改图块：用绘制类及编辑类命令修改图块。

（3）重新定义图块：重新定义的图块名称与原图块一样。

12.8 图形剖面图案填充

图案填充是在一个封闭的区域中填充指定的图案。在土木工程图的绘制中，经常使用这一命令来表示剖切面图的材料图例，如结构工程图中的钢筋混凝土、总平面图中的草地、立面图中的砖等材质在CAD里都可以用相应的图案进行填充。

12.8.1　创建图案填充

（1）执行方式。

①菜单栏：【绘图】｜【图案填充】；②命令行：BHATCH；③工具栏：▦。

（2）操作说明。

执行该命令后，打开“图案填充和渐变色”对话框，各选项组含义如下：

①“图案填充”选项卡：用来确定图案及参数。单击“图案”右侧的…按钮，出现“图案填充选项板”，在其中选择填充图案，并设置填充的“角度”和“比例”。

②“渐变色”选项卡：可以在其中选择“单色”“双色”“渐变方式”。

③“边界”：有两种方式创建填充边界，即“拾取点”方式（在填充区域内部任何地方点一下就可以建立填充边界）和“选择对象”方式（用拾取框选择边界对象）。

完成以上设置以后，单击【预览】可查看填充效果，满意就回车完成操作；若不满意填充效果，可按 Esc 键返回“图案填充和渐变色”对话框重新调整设置。如图 12－26 所示。

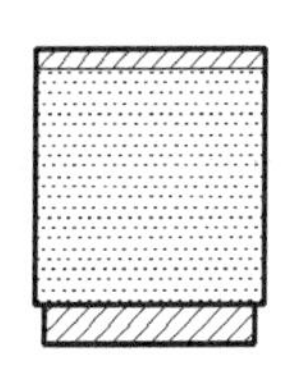
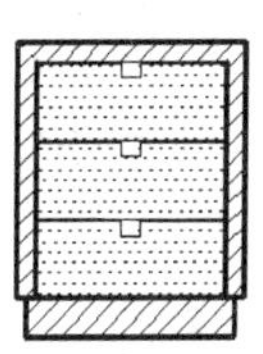

图 12－26　图案填充

12.8.2　编辑图案填充

（1）执行方式。

①菜单栏：【修改】｜【对象】｜【图案填充】；②命令行：HATCHEDIT。

（2）操作说明。

执行该命令后，选择图案填充对象，系统弹出“图案填充编辑”对话框，该对话框与“图案填充和渐变色”对话框各项含义相同，可在里面对选中的填充图案作编辑修改。

12.9　图形输出打印

在图形绘制完成以后，就要进行图形输出，包括将图形打印在图纸上，或是输入为其他格式的电子文件，如 DWF 文件和各种光栅文件。

12.9.1　模型与布局

AutoCAD 提供了两个并行的工作环境：模型空间和图纸空间，可以通过状态栏中的【模型】、【布局】选项卡来切换。模型空间是创建工程模型的三维绘制空间，图纸空间是用于打印输出时布置图纸的二维空间。

12.9.1.1 布局的概念

通常在模型空间画完图后就进入图纸空间布置图形。布局模拟图样页面，并提供直观的打印设置，实现所见即所得。在布局中可以创建视口，还可以添加标题栏或其他对象和几何图形。每个布局可以使用不同的打印比例和图样尺寸，即一种标注样式就可以完成不同出图比例的图纸的标注。

12.9.1.2 创建布局

（1）执行方式。

创建布局有四种方式，最简单直观的方式就是利用向导创建布局，具体操作如下：

菜单栏：【插入】｜【布局】｜【创建布局向导】/【工具】｜【向导】｜【创建布局】。

（2）操作说明。

执行该命令后，打开“创建布局-开始”向导对话框。输入新建布局名，单击【下一步】，然后按照对话框提示逐步设置打印机、图样尺寸、方向、标题栏、定义视口、拾取位置等参数，完成一个新布局的创建。

（3）在布局标注尺寸时要注意的问题。

①一定要在尺寸标注样式中的调整页面中把“将标注缩放到布局”勾选。

②在【工具】｜【选项】｜【用户系统配置】勾选“使新标注与对象关联”，这样就可以保证模型空间与图纸空间的尺寸一致。

12.9.2 打印样式

打印样式是一种对象特性，用于修改打印图形的外观，包括对象的颜色、线型和线宽等。AutoCAD 提供了两种类型的打印样式：颜色相关和命名。

颜色相关打印样式表建立在图形实体颜色设置的基础上，通过颜色来控制图形输出。例如，可以设置所有用白色绘制的图形设置相同的特性。颜色相关打印样式存储的文件后缀为“. ctb”。

命名打印样式表与图形实体颜色无关，用户可将其直接赋予指定对象。可以在图层特性管理器中为某图层指定打印样式，也可以在“特性”选项板中为单独的图形对象设置打印样式属性。命名打印样式存储的文件后缀为“. stb”。

（1）执行方式。

①菜单栏：【文件】｜【打印样式管理器】；②命令行：STYLESMANGER。

（2）操作说明。

执行该命令后，打开【打印样式管理器】窗口，双击“添加打印样式表向导”图标，打开添加“添加打印样式表”对话框，完成新打印样式的设置。

12.9.3 打印输出

12.9.3.1 图形打印

（1）执行方式。

①菜单栏：【文件】｜【打印】；②命令行：PLOT。

（2）操作说明。

执行该命令后，在模型空间将显示“打印－模型”对话框，在图纸空间将显示“打印－布局 1”窗口。模型空间和图纸空间打印参数的设置是类似的。

（3）选项说明。

①页面设置：可以选择和添加页面设置。在【名称】下拉列表中可以选择打印设置，并能够随时保存、命名和恢复【打印】和【页面设置】对话框中所有的设置。单击【添加】可以添加新的页面设置。

②打印/绘图仪：在【名称】下拉列表框中选择要使用的绘图仪。

③打印到文件：勾选则代表将图形输出到文件而不是绘图仪。

④图纸尺寸：选择合适的图纸幅面。如果从“布局”打印，可以先在“页面设置”对话框中指定，从“模型”打印则在此选择。

⑤打印区域：指定图形的打印区域，有四个选项：【布局】（指定图纸尺寸的可打印区域内的所有内容）；【窗口】（指定对角点确定矩形打印区域）；【范围】（包含对象的图形的部分当前空间）；【显示】（当前视图）。

⑥打印比例：当勾选“布满图纸”复选框后，其他项不能更改；取消后则可以选择比例。

⑦打印样式表：可以从下拉表框中选择合适的打印样式。

⑧预览打印效果：单击【预览】按钮可以预览打印效果，若不满意可以返回修改。

⑨打印：单击【确定】按钮进行打印。

12.9.3.2　图形的电子输出

图形除了可以打印到图纸上外，还可以打印成其他格式的电子文件。在打印设置时只需要在“打印机/绘图仪”下拉列表中选择所需的电子文件格式所对应的电子打印机即可，其他设置与图形打印相同。

12.10　天正建筑简介

12.10.1　天正建筑概述

TArch（天正建筑）是北京天正工程软件公司在 AutoCAD 平台上二次开发的系列专用建筑绘图软件，涵盖建筑设计、装修设计、暖通空调、给水排水、建筑电气与建筑结构等多个专业，是目前国内使用普遍的建筑设计绘图软件，可以说天正建筑已经成为国内建筑 CAD 的行业规范，它的图档格式已经成为各设计单位与甲方之间图形信息交流的基础。

TArch 以其先进的设计理念服务于建筑施工图设计，可以用来绘制建筑平面图、剖面图、立面图和某些结构详图等，其速度比 AutoCAD 等通用软件快得多，且更加易于掌握，可轻松完成各个设计阶段的任务。一般多用天正建筑等专用绘图软件绘制主要建筑图样，而用 AutoCAD 绘制专用软件难以绘制的其他图样。将两者联合应用，不但可以减轻工作强度，还可以提高出图效率和质量。

12.10.2 天正建筑主要功能特点

12.10.2.1 TArch 目标定位

快速、方便地达到施工图设计深度，同步提供三维模型是天正建筑软件的设计目标。在天正建筑软件中，当完成各层标准平面图后，打开新图即可生成整体建筑模型、立面图或剖面图，但生成的立面、剖面图仅是基本的构件及轮廓，还需要进行修改和完善。

12.10.2.2 自定义对象技术

天正开发了一系列面向建筑专业的自定义对象表示专业构件，例如，预先建立了各种材质的墙体、门窗、柱子、楼梯等，具有完整的几何和物理特征，用户只需要在插入时按设计要求定义尺寸即可，具有使用方便、通用性强的特点。

12.10.2.3 专业化标注系统

天正建筑软件专门针对建筑行业图纸的尺寸标注开发了自定义尺寸标注对象，轴号、尺寸标注、符号标注、文字、表格等都使用对建筑绘图最方便的自定义对象进行操作，取代了传统的尺寸、文字对象。

12.10.2.4 天正图库管理系统

天正建筑软件提供完备的图库管理系统，方便用户筛选建筑构件和材质等图库类型，并可通过平面图快速获得立面图和剖面图。

12.10.2.5 提供工程量查询与面积计算

在平面图设计完成后，即可获得各种构件的体积、重量、墙面面积等数据；各种面积计算命令可计算房间的净面积，可按照最近颁布的国家标准《房产测量规范》的各种规定计算住宅单元的套内建筑面积，还提供了实时房间面积查询功能。

12.10.2.6 日照分析

全面增强的日照分析模块不仅大大提高了计算速度，并且确保计算规模从几栋建筑到整个小区规划，计算精度也更加准确。

12.10.2.7 参数化的实景造型系统

根据建筑专业特点，对 AutoCAD 的 ACIS 实体造型系统进行了扩展，并提供了桥拱、圆拱、山墙、球缺等多种基本形体模型。形体模型用参数进行描述，并可以反复修改，可以用于建筑设计早期的建筑形体方案推敲、小区规划布置、家具或其他三维体的建模。

12.10.3 天正建筑设计流程

TArch 的主要功能可支持建筑设计各个阶段的需求。TArch 不需要先三维建模、后做施工图设计这样的转换过程，除了具有因果关系的步骤必须严格遵守外，通常没有严格的先后顺序限制。图 12－27 是包括日照分析与节能设计在内的建筑设计流程图。

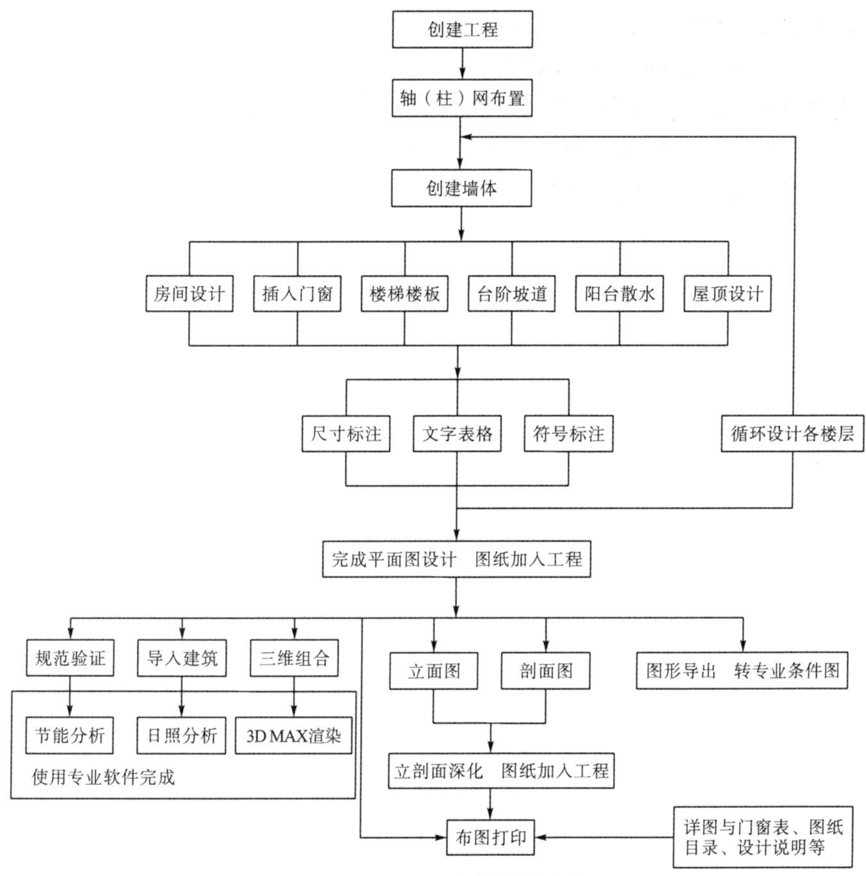

图 12－27　天正建筑操作流程

【复习思考题】

1. 使用图层有什么好处？
2. 坐标输入有哪些方式？分别适用于什么情况？
3. 命令输入有哪些方式？
4. 在土木工程图中多线一般用于绘制哪些部分？
5. 绘制圆有几种方法？
6. 窗交和窗围的选择方式有何区别？
7. 可以改变图形对象几何特性的命令有哪些？
8. 复制类的命令有哪些？
9. 改变图形位置的命令有哪些？
10. “面积”命令有何功能？
11. 注写文字的方法和步骤有哪些？
12. 试述设置尺寸标注样式的方法。
13. 尺寸标注的类型有哪些？
14. 试述图块重定义的步骤。

15. 如何创建图形的剖面图案填充？
16. AutoCAD 提供哪两种打印样式表？
17. 试述 AutoCAD 除了打印为图纸外，还可以打印成哪些电子文件。
18. 天正建筑软件有哪些主要的功能特点？
19. 试述天正建筑软件的操作流程。

附录

单层工业厂房建筑施工图的阅读

工业厂房施工图的图示原理与民用房屋施工图一样，因此，其阅读方法也按先文字说明后图样、先整体后局部、先图形后尺寸，或先粗后细、先大后小的顺序依次阅读。即先从施工总说明、总平面图中了解房屋的位置和周围环境的情况，再读平面图、立面图、剖面图、详图等图样，读图时还必须注意各图样间的关系，配合起来仔细分析。

根据不同的生产工艺要求，工业厂房通常分为单层厂房和多层厂房两大类。单层厂房多采用装配式钢筋混凝土结构，其主要构件有基础、柱子、屋盖结构、吊车梁、支撑、围护结构等部分，如图 1 所示。

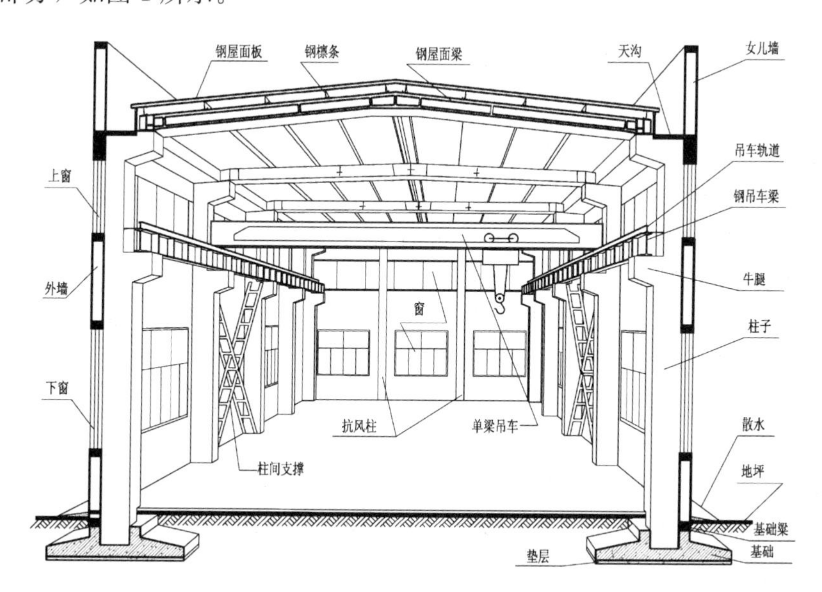

图 1　单层工业厂房的组成与名称

（1）基础。用以支承柱子和基础梁，并将荷载传给地基。单层厂房的基础多采用杯形基础。

（2）柱子。用以支承屋架和吊车梁，是厂房的主要承重构件。柱子安装在基础的杯口内。

（3）屋盖结构。屋盖结构起承重和围护作用，其主要构件有屋面板、檩条、屋面梁（或屋架）等，屋面板安装在檩条上，檩条安装在屋面梁（或屋架）上，屋面梁（或屋架）安装在柱子上。

（4）吊车梁。有吊车的厂房，为了吊车的运行要设置吊车梁。吊车梁用来支撑吊车，两端安装在柱子的牛腿上。

(5) 支撑。包括屋盖结构的水平和垂直支撑，以及柱子之间的支撑。其作用是加强厂房整体的稳定性和抗震性。

(6) 围护结构。主要指厂房的外墙及与外墙连在一起的加强外墙整体稳定性圈梁、抗风柱等。

现以某厂 5 号车间为例，如图 1、图 2 和图 3 所示，着重介绍单层单跨工业厂房建筑施工图中主要图样的阅读方法。

一、总平面图

总平面图主要表示新建筑物的平面形状、位置、朝向、占地范围、相互间距、道路布置等内容。建筑总平面图是新建厂房施工定位、土方施工及施工总平面设计的重要依据。在读总平面图时，重点要了解总平面图中的比例、图线（如新建房屋的轮廓线用粗实线，其余如拆除房屋轮廓、道路等均用细实线等）、建筑物朝向（由指北针或风向频率玫瑰图确定）、建筑物图例、标高等内容。

二、建筑平面图

如图 2 所示，某厂 5 号车间的建筑平面图表达了以下内容：

1. 柱网布置

在厂房中，为了确定柱子的位置以支承屋顶和吊车，在平面图上需要布置定位轴线。如图 2 所示，平面图中的横向定位轴线①、②、③、…、⑩和纵向定位轴线Ⓐ、Ⓑ构成柱网，表示厂房的柱距与跨度。厂房的柱距决定屋架的间距和檩条、吊车梁等构件的长度；车间跨度决定屋架的跨度和起重机的轨距。该车间柱距是 6 m（即横向定位轴线①、②、③、…、⑩间的距离），跨度为 12 m（即纵向定位轴线Ⓐ与Ⓑ之间的距离）。我国单层厂房的柱距与跨度的尺寸都已系列化、标准化。

定位轴线一般是柱或承重墙中心线，而在工业建筑中的端墙和边柱处的定位轴线，常常设在端墙的内墙面或边柱的外侧处，如横向定位轴线①和⑩，纵向定位轴线Ⓐ和Ⓑ。

在两个定位轴线间，必要时可增设附加定位轴线。如图 2 所示，平面图中(1/1)轴线表示在①轴线后附加的第一根轴线，(1/9)轴线表示在⑨轴线后附加的第 1 根轴线。

2. 吊车布置

车间内设有梁式吊车两台，如图 2 所示，平面图中吊车用表示，上面标注了所选用吊车的吊起重量（Q_n=1 t）和吊车的跨度（S=10.5 m），即吊车的起重量为 1 t，吊车跨度为 10.5 m。

3. 墙体、门窗布置

在平面图中应表明墙体和门窗的位置、型号及数量。该例图中的外墙为 240 砖墙；在表示门窗的图例旁边注写代号，门的代号是 M，窗的代号是 C，在代号后面要注写序号（如 M4245、C5624 等），同一序号表示同一类型门窗，它们的构造和尺寸相同。在建筑施工图中还需列出门窗明细表（见表 1），以表示门窗的大小、型式和数量。为减少篇幅，此例中未将该部分图示出。

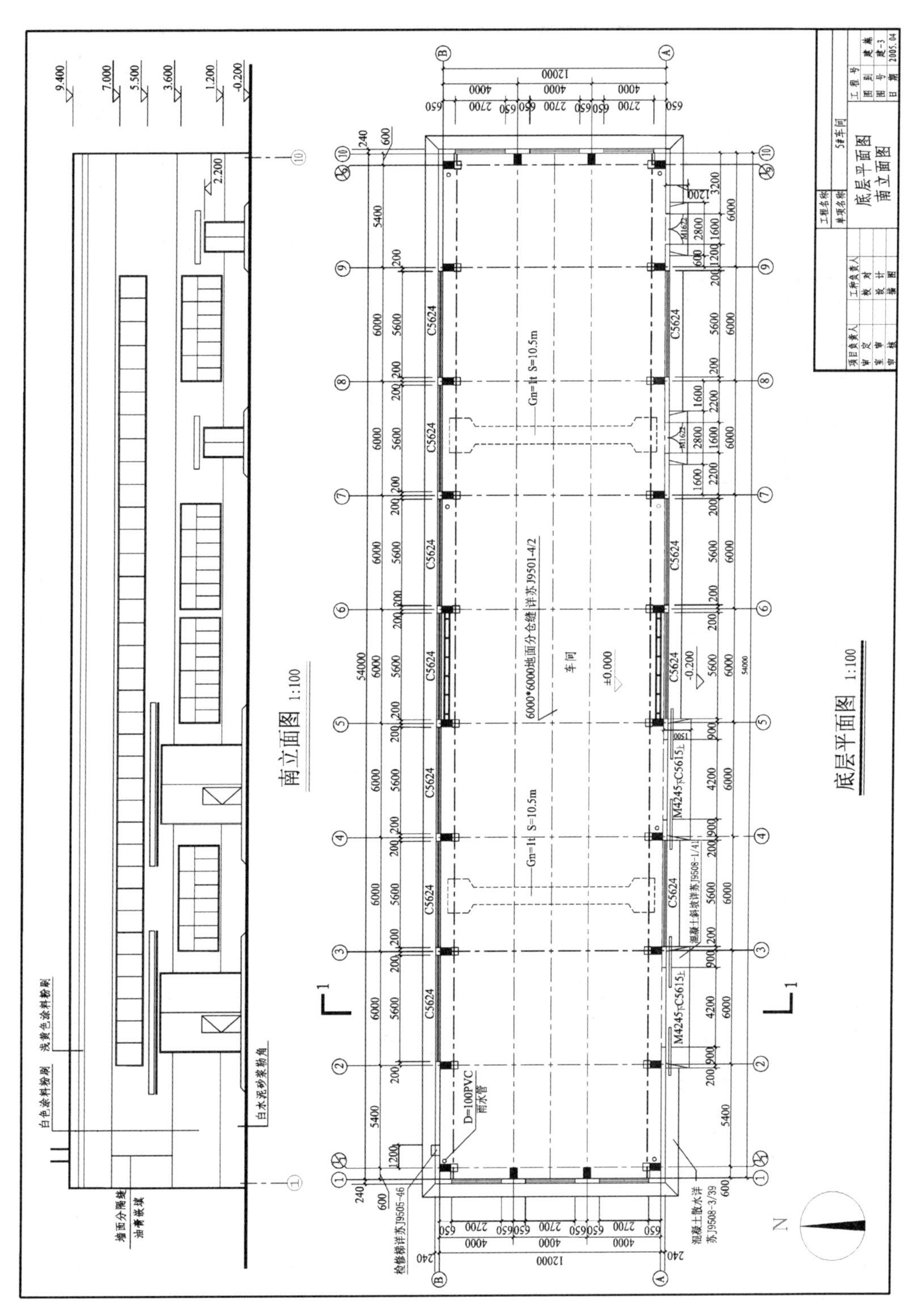
南立面图 1:100
底层平面图 1:100
C5624
M4245
车间
±0.000
54000
12000
6000*6000地面分仓缝 详苏J9501-4/2
Gn=1t S=10.5m
D=100PVC
雨水管
底层平面图
南立面图

图2　建筑平面图、立面图

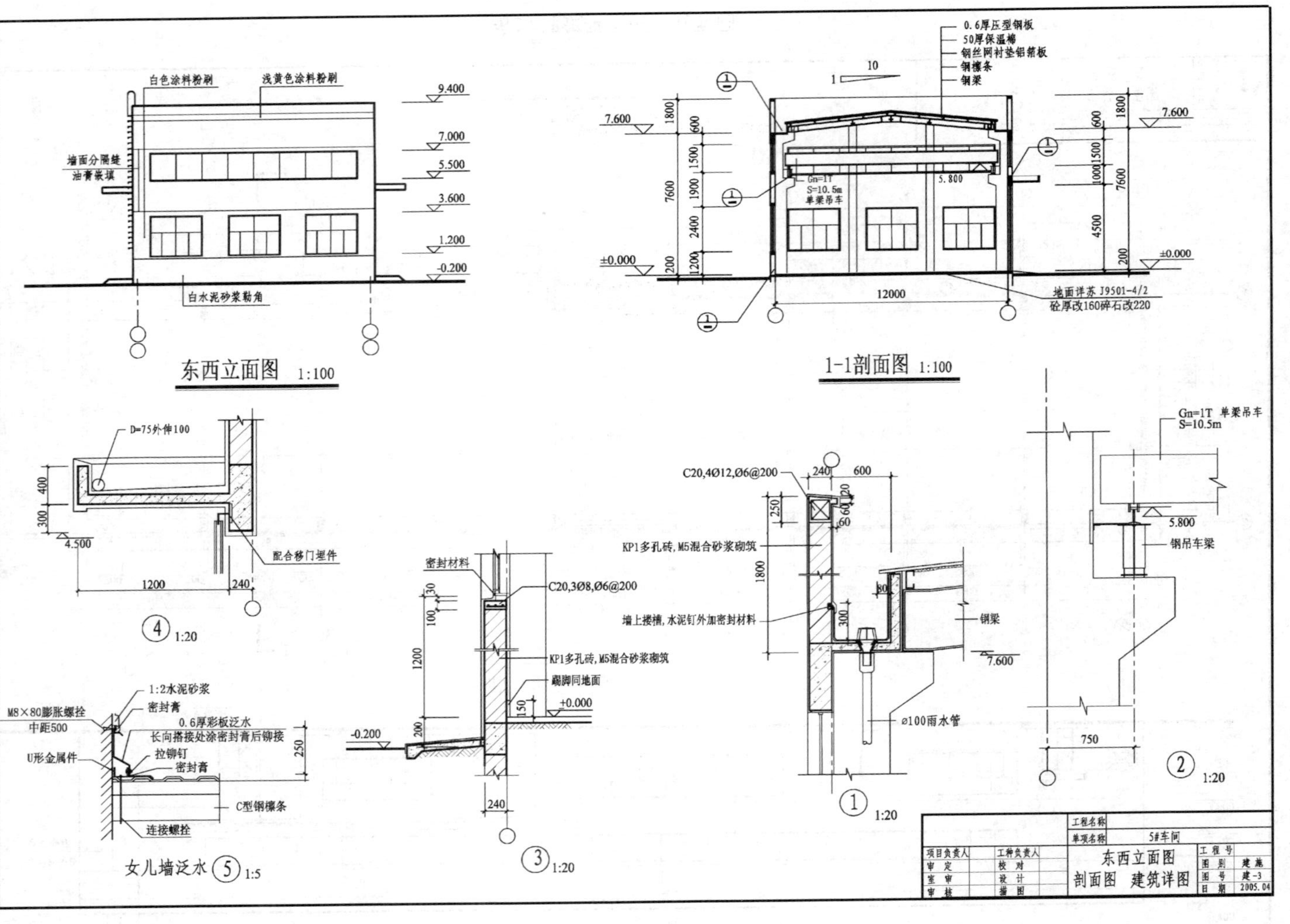

图3 建筑立面图、剖面图、详图

表1　门窗明细表

门窗设计编号	门洞宽（mm）	门洞高（mm）	数量	备　注
M4245	4200	4500	2	钢板门（参02J611－2钢大门图集）
M1622	1600	2200	2	钢板门（参02J611－1钢大门图集）
C5624	5600	2400	11	塑钢窗（参苏J002－2000塑料门窗图集）
C2724	2700	2400	6	
C10715	10700	1500	2	
C41615	41600	1500	2	

4. **尺寸布置**

平面图上通常沿长、宽两个方向分别标注三道尺寸：第一道尺寸是厂房的总长和总宽；第二道尺寸是定位轴线间尺寸：第三道尺寸是外墙上门窗宽度及其定位尺寸。此外，还包括厂房内部各部分的尺寸、其他细部尺寸和标高尺寸。

5. **其他有关符号布置**

（1）指北针。

在建筑物的底层平面图中应画出指北针表明建筑物朝向，指北针常画在图纸的左下角，如图1所示。指北针用细实线绘制，一般情况下，圆的直径为24 mm，指北针尾部宽度为3 mm（若需用较大直径绘制，则指针尾部宽度宜为直径的1/8），指针尖端部位写上“北”或“N”字表示北方。从图中的指北针可以看出该工业厂房为坐北向南。

（2）剖切符号。

建筑物剖面图的剖切位置要在底层平面图中画出，以反映剖面图的剖切位置及剖视方向。如图2所示中的1－1剖面（其剖面图绘制在图3中）。

（3）索引符号。

建筑平面图中，应在需要另画详图的局部或构件处画出索引符号。

三、建筑立面图

工业厂房建筑立面图除了反映厂房的整个外貌形状以及屋顶、门、窗、天窗、雨篷、台阶、雨水管等细部的形状和位置外，还反映出厂房室外装修及材料做法等内容。

在立面图上，通常要注写出室内外地面、窗台、门窗顶、雨篷底面以及屋顶等处的标高。

读立面图时应配合平面图。该厂房的南立面图（即①～⑩立面图）如图2上图所示，东（西）立面图如图3所示。这两个立面图主要表达了以下内容：

1. **厂房立面形状**

从南立面图和东（西）立面图看，该厂房为一矩形立面。

2. **门、窗的形式**

门、窗的立面形式、开启方式和立面布置如图中所示。门窗做法要参见相应的门窗表和详图。

3. 标高

立面图上一般注有室内外地面标高、门窗上下口标高、墙顶标高等，还有各部位的高度及总高。例如，本例室外地面标高为－0.200 m，总高为 9.400 m。

4. 墙面装修

墙面的装修一般在立面图中标注有简单的文字说明。如图 2 所示，南立面图中墙面做法标注有“外墙涂料饰面及分格同主车间”，即该厂房墙面按主车间立面图中的文字说明装修。

四、建筑剖面图

建筑剖面图有横剖面图和纵剖面图。

在单层厂房建筑设计中，纵剖面图除在工艺设计中有特殊要求需画出外，一般情况下不必画出。如图 3 所示，该厂房的 1－1 剖面图（横剖面图）所表达的内容如下：

1. 主要构配件的相互关系

该剖面图表达了厂房内部的柱、吊车梁断面及屋架、屋面板以及墙、门窗等构配件的相互关系。

2. 厂房竖向尺寸和标高

该剖面图表达了厂房各部位的竖向尺寸和主要部位的标高尺寸。

3. 单层厂房的两个重要尺寸

该剖面图中所标注的屋架下弦底面（或柱顶）的标高 7.600 m，以及吊车轨顶的标高 5.800 m 是单层厂房的重要尺寸。这两个尺寸是根据生产设备的外形尺寸、吊车类型及被吊物件尺寸、操作和检修所需的空间等要求来确定的。

4. 详图索引符号

由于剖面图比例较小，不能很好地表达建筑物的细部或配构件形状、尺寸、材料、构造做法等内容，需要另外绘制出比例较大的建筑详图来表达，所以在建筑剖面图上应标出相应的索引符号，如剖面图 1－1 中的$\frac{1}{-}$、$\frac{2}{-}$、$\frac{3}{-}$、$\frac{4}{-}$。

五、建筑详图

为了将厂房细部或构配件的形状、尺寸、材料、构造做法等表达清楚，需要用较大的比例绘制详图。

单层厂房一般都要绘制墙身剖面详图，用来表示墙体各部分，如门、窗、勒脚、窗套、过梁、圈梁、女儿墙等详细构造、尺寸标高以及室内外装修等。单层工业厂房的外墙剖面还应表明柱、吊车梁、屋架、屋面板等构件的构造关系和联结。

如图 3 所示绘出了①、②、③、④、⑤详图。

参考文献

［1］贾洪斌，雷光明，王德芳．土木工程制图［M］．北京：高等教育出版社，2006．
［2］王晓琴，庞行志．画法几何及土木工程制图［M］．武汉：华中科技大学出版社，2004．
［3］赵景伟，宋琦．土木工程制图［M］．北京：中国建材工业出版社，2006．
［4］高远．建筑装饰制图与识图［M］．北京：机械工业出版社，2004．
［5］顾世权．建筑装饰制图［M］．北京：中国建筑工业出版社，2000．